全国水利行业规划教材　高职高专水利水电类
全国水利职业教育优秀教材
中国水利教育协会策划组织

工程水文与水利计算

(第2版)

主　编　黎国胜　刘贤娟　于　玲
副主编　张志刚　徐成汉　张　雄
　　　　张　涛
主　审　关洪林

黄河水利出版社
·郑州·

内 容 提 要

本书是全国水利行业规划教材，是根据中国水利教育协会职业技术教育分会高等职业教育教学研究会组织制定的工程水文与水利计算课程标准编写完成的。全书包括绪论、水分循环与水文资料收集整理、水文统计、径流计算、设计洪水、水库调洪计算、水库兴利调节计算等内容。本书配套《工程水文与水利计算综合训练》(另册)，便于学生巩固、提高所学理论知识与技能。

本书可供高等职业技术学院、普通高等专科学校水利水电建筑工程、水利工程、灌溉排水技术等专业教学使用，也适用于水利工程监理、水利工程施工、水利工程管理等专业教学，并可用于成人专科学校及普通本科院校同类专业教学，还可供水利水电工程技术人员学习参考。

图书在版编目(CIP)数据

工程水文与水利计算/黎国胜，刘贤娟，于玲主编．2版.—郑州：黄河水利出版社，2016.1 (2023.1 重印)
全国水利行业规划教材
ISBN 978-7-5509-1364-6

Ⅰ.①工… Ⅱ.①黎… ②刘… ③于… Ⅲ.①工程水文学-高等职业教育-教材②水利计算-高等职业教育-教材 Ⅳ.①TV12②TV214

中国版本图书馆 CIP 数据核字(2016)第 018573 号

组稿编辑：王路平 电话：0371-66022212 E-mail：hhslwlp@ 163. com

出 版 社：黄河水利出版社 网址：www.yrcp.com
地址：河南省郑州市顺河路黄委会综合楼 14 层 邮政编码：450003
发行单位：黄河水利出版社
发行部电话：0371-66026940、66020550、66028024、66022620(传真)
E-mail：hhslcbs@ 126. com
承印单位：河南育翼鑫印务有限公司
开本：787 mm×1 092 mm 1/16
印张：19.5
字数：450 千字 印数：14 001—16 000
版次：2009 年 8 月第 1 版 印次：2023 年 1 月第 5 次印刷
2016 年 1 月第 2 版

定价：40. 00 元(全二册)

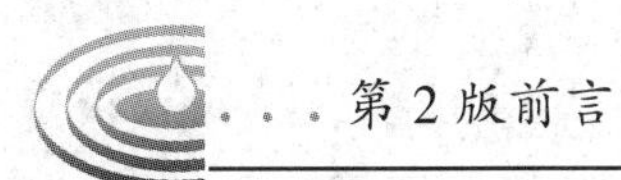

第2版前言

本书是贯彻落实《国家中长期教育改革和发展规划纲要(2010—2020 年)》《国务院关于加快发展现代职业教育的决定》(国发〔2014〕19 号)、《现代职业教育体系建设规划(2014—2020 年)》和《水利部教育部关于进一步推进水利职业教育改革发展的意见》(水人事〔2013〕121 号)等文件精神,在中国水利教育协会指导下,由中国水利教育协会职业技术教育分会高等职业教育教学研究会组织编写的第三轮水利水电类专业规划教材。第三轮教材以学生能力培养为主线,体现出实用性、实践性、创新性的教材特色,是一套理论联系实际、教学面向生产的高职教育精品规划教材。

本书在 2017 年由中国水利教育协会组织的优秀教材评选中,被评为"全国水利职业教育优秀教材"。

本书第 1 版自 2009 年 8 月出版以来,因其通俗易懂,全面系统,应用性知识突出,可操作性强等特点,受到全国高职高专院校水利类专业师生及广大水利工程技术人员的喜爱。随着我国工程水文与水利规划理论水平的不断发展,为进一步满足教学需要,应广大读者的要求,编者在第 1 版的基础上对原教材内容进行了全面修订、补充和完善。本次再版,根据本课程的培养目标和当前工程水文与水利规划理论的发展状况,力求拓宽专业面,扩大知识面,反映先进的理论水平以适应发展的需要;力求综合运用基本理论和知识,以解决工程实际问题;力求理论联系实际,以应用为主,内容上尽量符合实际需要。

中央一号文件《关于加快水利改革发展的决定》指出:水利职业教育面临巨大的发展机遇,水利建设任务繁重,急需大批第一线的高端技能型专业水利人才。实现校企深度合作,完善工学结合的人才培养模式;急需调整专业结构,优化相应课程体系,依据水利工程企业职业岗位任职要求深化课程体系的改革,完善工学结合的课程体系,开发特色教材。按"项目导向,工程育人"进行核心课程建设。课程开发应引入企业规范和标准,以项目为载体,把岗位职业能力所需要的知识、技能和素质融入教学情景之中,体现出实用性、实践性、创新性的教材特色。国家《防洪标准》(GB 50201—2014)已于 2015 年 5 月 1 日实施,《水资源规划规范》(GB/T 51051—2014)等新规范也将实施,这些新规范和修订规范的实施,对水文与水利计算均有新要求和变化,并推广应用了一些新技术,对生态基流和生态环境及河湖生态需水均有严格要求和控制指标,对水生态文明建设和水文化建设等方面提出了更高的要求,适时修订《工程水文与水利计算》教材是十分必要的。

本书编写针对现阶段高职特点,以培养学生技能、提高学生从业综合素养和能力为主,理论叙述力求深入浅出,概念清晰、通俗易懂;内容安排力求结合实际工程规范,紧密结合工作岗位和工作过程,具有一定的先进性;写作上力求理论分析与工程项目案例研究相结合,并结合我国现行水利工程规划设计中水文与水利计算规范进行编写,力求结合专业特点,突出实用性,体现高职高专教育的特色。通过学习不断提高学生思考问题、解决问题的能力。教材的编写格式基本不变,主要调整那些太理论化和过时的内容及水利水电建筑工程专业工作中用得很少的内容,修改完善新规范、新标准有新要求和变化的内容,对现在基本不用的内容进行精简或删除;专门增加习题集和以实际工程案例为主的生产性案例综合练习实训任务书及指导书,方便学生复习和练习,提高学生动手能力,加强生产性实训案例教学,充分利用现行规范,使学生能掌握行业最前沿的知识。

本书编写人员及编写分工如下:湖北水利水电职业技术学院黎国胜(教授级高级工程师)编写绪论、第一章、附录和综合训练等;湖北水利水电职业技术学院张志刚编写第二章;山西水利职业技术学院刘贤娟编写第三章;山西水利职业技术学院张杰编写第三章部分内容;云南经济管理职业学院张涛编写第四章;安徽水利水电职业技术学院于玲编写第五章;内蒙古机电职业技术学院张雄编写第六章;长江工程职业技术学院徐成汉编写第七章;湖北水利水电职业技术学院廖琼瑶编写综合训练;湖北水利水电职业技术学院高玉清编写综合训练部分内容。本书由黎国胜、刘贤娟和于玲担任主编,由黎国胜负责全书统稿;由张志刚、徐成汉、张雄、张涛担任副主编;由湖北省水利水电科学研究院总工、教授级高级工程师关洪林博士担任主审。

书中引用的各种文献、资料未能　　列出,在此对引用文献的作者表示最诚挚的感谢!

由于编者水平有限,不足之处恳请广大读者批评指正。

编　者

2020 年 8 月

目录

第一章　绪论

学习目标及要点

1. 了解水文水利计算在工程规划与设计中的作用，了解水资源开发利用和水文现象及研究方法，了解本课程的性质及任务。

2. 掌握水利水电建设的各个阶段对水文水利计算的要求。

3. 使学生初步具有理解水文水利计算知识在水利工程建设中应用的技能，逐步培养同学们应用水文水利计算知识的能力。

第一节　水资源及开发利用与保护

一、水资源

水是生命之源、生产之要、生态之基。水是自然资源，是生命的缔造者，是生物体内最基本的物质成分，是人类赖以存在和发展的基本物质条件，是人类生产生活所必不可少的重要自然资源。人类一切社会经济活动都离不开水这一极其宝贵的自然资源，随着人口的增长、工农业生产的发展和人民生活水平的提高，人类对水资源的需求量也不断增长。

水资源有广义和狭义之分。广义的水资源是指地球水圈内的水，包括自然界所有的液态、气态和固态水体。我们通常所说的水资源是狭义概念，是指在目前的经济技术条件下，可供人们取用的、在一定时间内能够自然恢复和更新的地表及地下淡水量。地球上水资源的总储量达 13.86 亿 km^3，其中海水占 96.5%；天然淡水量约 0.35 亿 km^3，占总储量的 2.53%，而其中的 99.86% 是深层地下水和两极、高山冰雪等难以为人们所利用的静态水。真正与人类活动密切相关的江、河等河槽淡水量只占淡水总储量的 0.006%；而地下淡水的储量却占淡水总储量的 30%。

按水体所处空间位置，水资源可分为地表水资源和地下水资源。按水资源的作用可分为：江河、湖泊、井泉以及高山积雪、冰川等可供人类长期利用的水源资源；利用江河、湖泊等天然航道以及水库、运河等人工航道发展交通运输的水运资源；用来发展水产养殖以及旅游事业的水域资源；河川水流、沿海潮汐等所蕴藏的水能资源等。

二、水资源开发利用与保护

水资源是基础自然资源，又是战略性经济资源。水资源作为与人类生活、生产关系十分密切的自然资源，是一种动态资源，其特性主要表现为再生性、有限性、用途多样性、分布不均匀性等，其特点主要表现为可恢复性、有限性、时空分布不均匀性和利害双重性。

人们在长期的生产生活过程中，为了自身和环境的需要在不断地认识和开发利用水资源，其内容包括兴水利、除水害和保护水环境。兴水利主要指农田灌溉、水力发电、城乡给水排水、水产养殖、航运等；除水害主要是防止洪水泛滥成灾；保护水环境主要是防治水污染，维护生态平衡，为子孙后代的可持续利用和发展留一片绿水青山。

水资源的开发利用主要是通过各种各样的工程措施来实现的。

按照开发利用水资源的目的，工程措施可分为：

兴利工程：农田灌溉工程、水力发电工程、城乡给水排水工程、航道整治工程等。

防洪工程：水库工程、堤防工程、分洪工程、滞洪工程等。

水环境保护工程：治污工程、水土保持工程、天然林保护工程等。

按照开发利用水资源的类型，工程措施可分为：

地表水资源开发利用工程：引水工程、蓄水工程、扬水工程、调水工程等。

地下水资源开发利用工程：管井、大口井、辐射井、渗渠等。

综上所述，无论哪种工程措施都与水密切相关。所以，工程的规划设计、施工和管理运用都必须用到关于水的科学知识。缓解水资源供需矛盾的主要对策是开源、节流、保护水质、加强管理。

三、我国水资源的特点

我国地域辽阔，地形复杂，受太平洋影响，大陆性季风气候显著。人们在这块古老的土地上休养生息，同时也干扰和破坏了自然的水土构成，形成了我国水资源所具有的特点。

（一）水资源总量多，但人均占有量少，水资源量并不丰富

我国平均年降水量为 648 mm，年水资源总量约为 28 124 亿 m^3，其中河川径流量 27 115亿 m^3，总量在世界上居第六位。但我国人口众多，人均占有水资源量按照 2011 年公布的第六次人口普查的数据计算，我国人均水资源占有量 2 119 m^3，不足世界平均水平的 1/3。全国年平均缺水量 500 多亿 m^3，2/3 的城市缺水，农村有近 3 亿人饮水不安全，为美国的 1/4，俄罗斯的 1/12，巴西的 1/20，加拿大的 1/44，在统计的 149 个国家中，排列第 109 位，属于人均水资源贫乏的国家之一。耕地亩均占有河川径流量也只有 1 900 m^3，相当于世界亩均水量的 2/3 左右，远低于印度尼西亚、巴西、日本和加拿大。因此，我国水资源总量从绝对数来看还算丰富，但人均、亩均水量却很少。

（二）水资源分布不均匀，水土资源配置不均衡

我国水资源的地区分布很不均匀，南多北少，相差悬殊，与耕地和人口的分布极不相适应，是我国水资源开发利用中的一个突出问题。总趋势是南方水多地少，北方水少地多。

北方人口占全国的46.5%，耕地面积占全国的65.2%，但水资源量只占全国的19%；南方 4 片人口占全国的 53.5%，耕地面积占全国的 34.8%，而水资源量占全国的 81%。西南诸河流域水资源最为丰富，而海河流域水资源最为匮乏。

（三）水资源变化大，水旱灾害频繁

我国大部分地区受季风的影响，水资源量的年际、年内变化较大。南方地区年降水量

的最大值与最小值的比值达 2～4，北方地区为 3～6；最大年径流量与最小年径流量的比值，南方为 2～4，北方为 3～8。水量的年内分配也不均衡，主要集中在汛期。汛期的水量占年水量的比重，从长江以南地区的 60% 左右（4～7 月），到华北平原等部分地区河流的 80% 以上（6～9 月）。大部分水资源量集中在汛期以洪水的形式出现，利用困难，且易造成洪涝灾害。近一个世纪以来，受气候变化和人类活动的影响，我国水旱灾害更加频繁，平均每 2～3 年就有一次水旱灾害，如 1991 年的长江大水，1998 年的长江和松花江大洪水，1999 年、2000 年北方及黄淮流域的大旱，灾害损失愈来愈重。水旱灾害仍然是中华民族的心腹之患。

（四）雨热同期

我国国土面积仅占世界陆地面积的 7%，却抚育了占世界 22% 的人口，除优越的社会主义制度外，良好的自然条件也是一个重要原因。水资源就是最重要的条件之一，雨热同期是我国水资源分布的突出优点，较高的气温、充足的雨水是许多作物生长需要同时具备的自然条件。我国各地 6～8 月高温期一般也是全年雨水最多的时间，这就具备了农作物生长的良好条件，因此才能在有限的土地上，经过辛勤耕耘，取得丰硕的收获。

（五）水土流失和泥沙淤积严重

随着人口的膨胀，过度砍伐树木、放牧、山坡垦田和不合理的耕作使地面植被遭到严重破坏，水土流失严重。据统计，到 1992 年全国水土流失面积已扩大到 367 万 km^2，占全国陆地总面积的 38.2%，每年流入江河的泥沙 50 亿 t，流失的肥力相当于全国化肥年产量的 9 倍多。水土流失不但造成土壤瘠薄、农业低产、生态环境恶化，而且同时造成河道、湖泊严重淤积，使其行洪、防洪能力减小，防洪难度加大。如 1998 年长江大洪水的洪峰流量比 1954 年的小，而洪水位却超过了 1954 年。泥沙淤积还使水库库容减小、效益降低。此外，从多沙河流引水灌溉、供水，泥沙处理也是难题。

（六）天然水质较好，但人为污染严重

我国河流的天然水质较好，但由于人口的不断增长和工业的迅速发展，废污水的排放量增加很快，水体污染日趋严重。1999 年废污水日排放量达 606 亿 t，80% 以上的废污水未经任何处理直接排入水域，使河流、湖泊遭受了不同程度的污染。根据 1999 年水质监测结果，全国 11 万 km 长的河流中有 37.6% 被污染（Ⅳ类水质以上），被调查的 24 个湖泊中有 9 个湖泊受到严重污染，5 个湖泊部分水体受到污染。水资源被污染后失去了使用价值，严重的甚至破坏生态平衡，造成水资源的污染性短缺，加剧了缺水的危机。

四、我国水资源开发利用现状

我国自有文字记载以来，就有了关于水的开发利用的记载。相传的大禹治水，发生在公元前 2000 年；公元前 1000 年左右的西周有了蓄水、灌溉、排水、防洪的设施；历代修建的水利工程，比较著名的有：四川灌县的都江堰灌区（公元前 250 年）；陕西关中的郑国渠（公元前 246 年）；南宋时期的坎儿井；广西兴安县灵渠航运工程（公元前 221 年至公元前 214 年）；还有始于春秋（公元前 497 年），经多次增修改建，到元代（公元 1271～1368 年）全线开通的南北大运河等。

我国是世界上水利事业历史最悠久的国家之一。新中国成立以来，水利事业取得了长足的发展,水资源开发利用成绩斐然。据统计,截至1996年年底,全国已整修、新修江河堤防24.8万余km,形成了一个初具规模的防洪体系。建成水库约8.5万座,总库容4 571亿 m^3,其中大型水库394座,总库容3 260亿 m^3;中型水库2 618座,总库容724亿 m^3;小型水库81 893座,总库容587亿 m^3。同时,灌溉事业也得到了蓬勃发展,建成万亩以上灌区5 606处,配套机电井333万眼,机电排灌动力发展到7 020万kW,全国灌溉面积发展到5 116万 hm^2(7.67亿亩)。累计治理水土流失面积达61.3万 km^2,累计解决饮水困难地区1.59亿人的吃水问题。目前,全国水电装机总量约4 770万kW,年发电量达1 560多亿kWh。

全国总用水量从1949年的1 000多亿 m^3,增加到2000年的5 498亿 m^3。其中,工业用水占20.7%,农田灌溉用水占63.0%,林牧渔用水占5.8%,生活用水占10.5%(其中城镇生活用水占5.2%,农村生活用水占5.3%)。但与世界先进国家相比,工业和城镇生活用水所占的比例较低,农业用水占的比例过大,总用水水平较低。例如,我国1997年工业万元产值用水量136 m^3,是发达国家的5~10倍。据统计,我国工业用水的重复利用率为30%~40%,实际可能更低,而发达国家为75%~85%。全国城市输配水管网和用水器具的漏水损失高达20%以上,农业灌溉水利用系数平均约为0.45,而发达国家为0.7,有的甚至达到0.8;消耗每立方米水所能生产的粮食平均只有1.1 kg,也与发达国家相差较远。

根据1999年水资源公报,全国总供水量5 613亿 m^3,其中地表水源供水量占80.4%,地下水源供水量占19.1%,其他水源供水量(污水处理回用和雨水利用)占0.5%。另外,海水直接利用量为127亿 m^3。我国北方地下水资源的开发利用程度要高于南方。在北方,地表水供水量占其总供水量的75.3%,地下水占24.7%;南方地表水供水量占其总供水量的96.5%,而地下水仅占3.5%。

第二节 水文与水利计算研究方法

一、水文现象及其基本特点

水文现象属于自然现象的一种,是由自然界中各种水体的循环变化所形成的。如降雨、蒸发,以及河流中的洪水、枯水等。它和其他自然现象一样,是许许多多复杂影响因素综合作用的结果。这些因素按其影响作用分为必然性因素和偶然性因素两类。其中,必然性因素起主导作用,决定着水文现象发生发展的趋势和方向;而偶然性因素起次要作用,对水文现象的发展过程起着促进和延缓作用,使发展的确定趋势出现这样或那样的振荡、偏离。通过人们对水文现象的长期观察、观测、分析和研究,发现水文现象具有以下三种基本特点。

(一)水文现象的确定性

水文现象既然表现为必然性和偶然性两个方面,我们就可以从不同的侧面去分析研究。在水文学中通常按数学的习惯称必然性为确定性,偶然性为随机性。由于地球的自转和公转、昼夜、四季、海陆分布,以及一定的大气环境、季风区域等,水文现象在时程变化上形成一定的周期性。如一年四季中的降水有多雨季和少雨季的周期变化,河流中的水量则相应呈现汛期和非汛期的交替变化。另外,降雨是形成河流洪水的主要原因,如果在一个河流流域上降一场暴雨,则这条河流就会出现一次洪水。若暴雨雨量大、历时长、笼罩面积大,形成的洪水就大。显然,暴雨与洪水之间存在着因果关系。这就说明,水文现象都有其发生的客观原因和形成的具体条件,它是服从确定性规律的。

(二)水文现象的随机性

影响水文现象的因素众多,各因素本身在时间上不断地发生变化,所以受其影响的水文现象也处于不断变化之中,它们在时程上和数量上的变化过程,伴随着确定性出现的同时,也存在着偶然性,即具有随机性。如任一河流,不同年份的流量过程不会完全一致。即使在同一地区,由于大气环境的特点,某一断面的年最大洪峰流量有的年份大,有的年份小,而且各年出现的时间不会完全相同等。

(三)水文现象的地区性

由于气候因素和地理因素具有地区性变化的特点,因此受其影响的河流水文现象在一定程度上也具有地区性特点。若气候因素和自然地理因素相似,则其水文现象在时空上的变化规律具有相似性。若气候因素和自然地理因素不相似,则其水文现象也具有比较明显的差异性。如我国南方湿润地区的河流,普遍水量丰沛,年内各月水量分配比较均匀;而北方干旱地区的大多数河流,水量不足,年内分配不均匀等。

二、水文学的基本研究方法

根据水文现象的基本特点,水文学的研究方法相应地可分为以下三类。

(一)成因分析法

由于水文现象与其影响因素之间存在着比较确定的因果关系,因此可通过对实测资料或试验资料的分析,建立某一水文要素与其主要影响因素之间的定量关系,从而由当前的影响因素状况预测未来的水文情势。这种方法在水文预报上应用较多,但是由于水文现象的影响因素非常复杂,使其在应用上受到一定的限制,目前并不能完全满足实际的需要。

(二)数理统计法

根据水文现象的随机性特点,运用概率论和数理统计的方法,分析水文特征值实测资料系列的统计规律,对未来的水文情势作出概率预估,为工程的规划设计和施工提供基本依据。数理统计法是目前水文分析计算的主要方法。不过这种方法只注重于水文现象的随机性特点,所得出的统计规律并不能揭示水文现象的本质和内在联系。因此,在实际应用中必须和成因分析法相结合。

(三)地区综合法

根据水文现象的地区性特点,气候和地理因素相似的地区,水文要素的分布也有一定的地区分布规律。可以依据本地区已有的水文资料进行分析计算,找出其地区分布规律,以等值线图或地区经验公式等形式表示,用于对缺乏实测资料的工程进行水文分析计算。

以上三种方法相辅相成、互为补充。在实际运用中应结合工程所在地的地区特点以及水文资料情况,遵循"多种方法,综合分析,合理选用"的原则,以便为工程规划设计提

供可靠的水文依据。

三、水利计算的研究方法

水利计算的目的是在水文分析研究的基础上,结合工程的实际进行兴利、除害的综合利用计算,以提供工程规划设计和经济分析所必需的资料和数值,为最终论证并合理选定工程规模、建筑物型式和尺寸,计算所能获得的效益提供依据。计算中应遵循水量平衡原理。

四、水文水利计算的主要内容

水文学是研究地球上各种水体的一门科学,属于地球物理学的一个分支。它研究各种水体的存在、循环和分布规律;探讨水体的物理性质和化学性质以及它们对环境的作用,包括它们对生物的关系。根据研究的水体不同,水文学可分为水文气象学、陆地水文学、海洋水文学和地下水文学。但是,与人类关系最为密切的是陆地水文学,它又分为河流水文学、湖泊水文学、沼泽水文学、冰川水文学等。河流水文学发展最早、最快,内容也最为丰富。

水文水利计算按其研究的任务不同,可分为以下几门主要分支学科。

水文学原理:研究水循环的基本规律和径流形成过程的物理机制。

水文测验与资料整编:研究如何布设水文站网,通过长期的定位观测收集较准确的、有代表性的基本水文资料。同时,通过水文调查,弥补实测水文资料的不足。然后将所得资料按科学的方法和全国统一规范,进行整编刊印或建立资料数据库,供国民经济各部门使用。

水文分析与计算:根据长期实测和调查的水文资料,运用数理统计法,并结合成因分析法、地区综合法,推估未来长期的水文情势,为水利水电工程规划设计提供合理的水文依据。

水文预报:根据实测和调查资料,在研究过去水文现象变化规律的基础上,预报未来短期内或中长期(如几天、几个月)内的水文情势,为防洪、抗旱及水利水电工程的施工和管理运用等提供依据。

水利水电规划:在水文分析与计算和水文预报的基础上,根据预估和预报未来的水文情势,进行水量、水能调节计算和经济论证,对水利水电工程的位置、规模、运行情况等提出经济合理的方案,以满足合理综合开发利用水资源的目的。

第三节 本课程在水资源开发利用工程中的应用

水资源是一种特殊而宝贵的自然资源。对它的综合开发利用是国民经济建设中的一项重要任务,而开发利用水资源的各种措施(包括工程措施和非工程措施)都需要研究、掌握水资源的变化规律。每一项工程的实施过程一般可以分为规划设计、施工和管理运用三个阶段。每一阶段的任务是不同的。本课程主要是研究水利水电工程建设各个阶段的水文水利计算问题,属于应用水文学的范畴,内容主要包括工程水文学和水利水电规划两大部分。

工程水文学是将水文学知识应用于工程建设（本书主要涉及水利水电工程建设）的一门学科。它主要研究与水利水电工程建设有关的水文问题，即为水利水电等工程的规划、设计、施工和管理运用提供有关暴雨、洪水、年径流、泥沙等方面的分析计算和预报的水文依据。

水利水电规划则是根据国民经济的实际需要，以及水资源的客观情况，研究如何经济合理地开发利用水资源、治理河流，确定水利水电工程的开发方式、规模和效益，以及拟定水利水电工程的合理管理运用方式等。

在工程的规划设计阶段，主要是研究河流水情的变化规律，对河流未来的水量、泥沙和洪水等水文情势作出合理的预估，经径流调节计算确定工程的规模参数，如水库的死库容与死水位、兴利库容与正常蓄水位、调洪库容与设计洪水位、水电站的保证出力和多年平均发电量等；并确定主要建筑物尺寸，如水库大坝高度、溢洪道尺寸、引水渠道尺寸、水电站的装机容量等。然后经过不同方案的经济技术和环境评价论证，确定最后的设计方案。

在施工阶段，主要是研究整个工程施工期的水文问题，如施工期的设计洪水或预报洪水大小、施工导流问题、水库蓄水计划等，从而确定临时建筑物（如围堰、导流隧洞等）的规模尺寸，以及编制工程初期蓄水方案等。

在管理运用阶段，需要根据当时的和预报的水文情况，编制工程调度运用计划，以充分发挥工程的效益。例如，为了控制有防洪任务的水库，需要进行洪水预报，以便提前腾空库容和及时拦蓄洪水。在工程建成以后，还要不断复核和修改设计阶段的水文计算成果，对工程进行改造。

总之，在开发利用水资源的过程中，为了建好、管好和用好各种水利工程，都必须应用工程水文与水利水电规划的基本知识和原理、方法。因此，本学科涉及的研究范围很广，内容丰富，并且还在不断发展之中，有些问题还需进一步探索。

在水利水电建筑工程、水利工程、灌溉排水技术等专业设置该课程的目的，主要是使读者了解我国的水资源特点，掌握河流水文学的基本知识、水文分析计算以及水利水能计算的基本原理、方法，具备一定的水文与水利水能计算能力。本课程与水力学、农田水利学、水工建筑物和水利工程经济等课程联系紧密。

第二章 水分循环与水文资料收集整理

学习目标及要点

1. 了解各种水文现象的形成和变化规律,掌握河川径流计算方法。

2. 掌握流域的概念及其特征,了解水文测站的布设方法,了解水文资料整编和审查方法,了解水文调查的目的和方法。

3. 使学生初步具有分析计算降水量、径流量和收集水文资料等技能,培养分析计算水文要素和应用水文资料的能力。

第一节 水分循环

一、地球上的水分布

地球仪表面大部分面积是蓝色的,这是因为蓝色代表着地球表面71%的水面,因而地球素有"水的行星"之称。整个地球上约有13.86亿km^3的水,其中海水约占96.5%,陆地上水仅占3.5%,其中地表水和地下水各占1/2。据估计,对于与人类生活和生产关系密切且可恢复的淡水资源仅有0.48亿km^3,占全球总水量的3.5%,且分布极不均匀,未能发挥应有的效益。

在陆地有限的水体中并不全是淡水,淡水量只有约0.35亿km^3,占陆地水储量的73%。其中大部分分布于冰川、多年积雪、南北两极和多年冻土中,真正便于人类利用的水只是其中一小部分,主要分布在600 m深以内的含水层、湖泊、河流、土壤中,如表2-1所示。淡水资源在地球上不仅数量有限,而且分布也极不均匀。如果以降水量来反映,世界各大洲水资源分布情况如表2-2所示。

由表2-2可见,世界上水资源最丰富的大洲是南美洲,其中尤以赤道地区水资源最为丰富。水资源较为缺乏的地区是中亚南部、阿富汗、阿拉伯和撒哈拉地区。西伯利亚和加拿大北部地区因人口稀少,年人均量值相当高。澳大利亚的水资源并不丰富。就各大洲的水资源相比较而言,欧洲稳定的淡水量占其全部水量的43%,非洲的淡水量占其全部水量的45%,北美洲的淡水量占其全部水量的40%,南美洲的淡水量占其全部水量的38%,澳大利亚和大洋洲的淡水量占其全部水量的25%。

二、水分循环

地球表面的各种水体在太阳的辐射作用下从海洋和陆地表面蒸发上升到空中,并随空气流动,在一定的条件下,冷却凝结形成降水又回到地面。降水的一部分经地面、地下形成径流并通过江河流回海洋;一部分又重新蒸发到空中,继续上述过程。这种水分不

表 2-1　地球上的水体分布

项目	水量（×10⁶ km³）	占总水量百分比（%）	淡水量（×10⁶ km³）	占总淡水量百分比（%）
总水量	1 385.984 61	100	35.029 21	100
海洋水	1 338.0	96.538		
地下水	23.4	1.688	10.53	30.061
土壤水	0.016 5	0.001	0.016 5	0.047
冰雪总量	24.064 1	1.736	24.064 1	68.697
其中:南极	21.6	1.558	21.6	61.663
格陵兰岛	2.34	0.169	2.34	6.68
北极	0.083 5	0.006	0.083 5	0.238
山岳	0.040 6	0.003	0.040 6	0.116
冰土地下水	0.3	0.022	0.3	0.856
地表水	0.189 99	0.014	0.104 59	0.299
其中:湖泊	0.176 4	0.013	0.091	0.260
沼泽	0.011 47	0.000 8	0.011 47	0.033
河川	0.002 12	0.000 2	0.002 12	0.006
大气中水	0.012 9	0.000 9	0.012 9	0.037
生物内水	0.001 12	0.000 1	0.001 12	0.003

表 2-2　世界各大洲水资源分布情况

洲名	面积（×10⁴ km²）	年降水量		年径流量	
		mm	km³	mm	km³
欧洲	1 050	789	8 285	306	3 213
亚洲	4 347.5	742	32 258	332	14 434
非洲	3 012	742	22 349	151	4 548
北美洲	2 420	756	18 295	339	8 204
南美洲	1 780	1 600	28 480	660	11 748
大洋洲*	133.5	2 700	3 605	1 560	2 083
澳大利亚	761.5	456	3 472	40	305
南极洲	1 398	165	2 307	165	2 307
地球	14 902.5	799	119 071	315	46 943

注： * 不包括澳大利亚，但包括塔斯马尼亚岛、新西兰岛和伊里安岛等岛屿。

断交替转移的现象称为水分循环，也称为水文循环，简称水循环。

水分循环可分为大循环和小循环。大循环是指海洋与陆地之间的水分交换过程；而小循环是指海洋或陆地上的局部水分交换过程。比如，海洋上蒸发的水汽在上升过程中冷却凝结形成降水回到海面，或者陆地上发生类似情况，都属于小循环。大循环是包含许

多小循环的复杂过程，如图 2-1 所示。

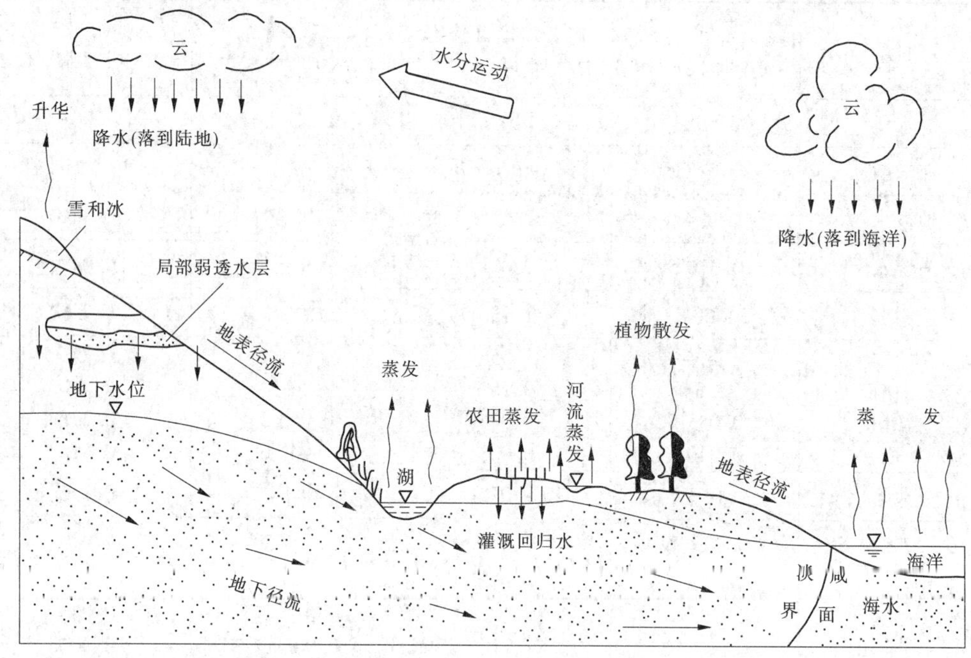

图 2-1　地球上水分循环示意图

形成水分循环的原因分为内因和外因两个方面。内因是水在常态下有固、液、汽三种状态且在一定条件下相互转换。外因是太阳的辐射作用和地心引力。太阳辐射为水分蒸发提供热量，促使液态、固态的水变成水汽，并引起空气流动。地心引力使空中的水汽又以降水方式回到地面，并且促使地表水、地下水汇归入海。另外，陆地的地形、地质、土壤、植被等条件，对水分循环也有一定的影响。

水分循环是地球上最重要、最活跃的物质循环之一，它对地球环境的形成、演化和人类生存都有着重大的作用和影响。正是水分循环，才使得人类生产和生活中不可缺少的水资源具有可恢复性和时空分布不均匀性，提供了江河湖泊等地表水资源和地下水资源。同时也造成了旱涝灾害，给水资源的开发利用增加了难度。

三、我国水分循环的路径

我国位于欧亚大陆的东部，太平洋的西岸，处于西伯利亚干冷气团和太平洋暖湿气团的交绥带。因此，水汽主要来自于太平洋，由东南季风和热带风暴将大量水汽输向内陆形成降水，雨量自东南沿海向西北内陆递减，而相应的大多数河流则自西向东注入太平洋，如长江、黄河、珠江等。其次是印度洋水汽随西南季风进入我国西南、中南、华北以至河套地区，成为夏秋季降水的主要源泉之一。径流的一部分自西南一些河流注入印度洋，如雅鲁藏布江、怒江等；另一部分流入太平洋。大西洋的少量水汽随盛行的西风环流东移，也能参与我国内陆腹地的水分循环。北冰洋水汽借强盛的北风经西伯利亚和蒙古进入我国西北，风力大且稳定时，可越过两湖盆地直至珠江三角洲，但水汽含量少，引起的降水并不多，小部分经由额尔齐斯河注入北冰洋，大部分汇归太平洋。鄂霍茨克海和日本海的水汽随东北季风进入我国,对东北地区春夏季降水起着相当大的作用,径流注入太平洋。

我国河流与海洋相通的外流区域占全国总面积的64%,河水不注入海洋而消失于内陆沙漠、沼泽和汇入内陆湖泊的内流区域占全国总面积的36%。我国最大的内陆河是新疆的塔里木河。

第二节　河流与流域

一、河流及其特征

(一)河流

河流是水循环的一个重要环节,地表水沿天然槽道沟谷运动形成的水体称为河流,由流动的水体和容纳水流的河槽两个要素构成。习惯上按此类水体的大小分别称为江、河、川或溪等,但事实上,对它们并无严格、准确的划定。流入海洋的河流称为外流河,如黄河、长江以及海河等;流入内陆湖泊或消失于沙漠之中的河流称为内流河,如新疆的塔里木河以及青海的格尔木河等。

河流是地球上的重要水体之一,在陆地表面分布广泛。与其他地表水体相比,河流的水面面积和水量相对较小,但它与人类的关系最为密切,从传说中的大禹治水开始,几千年来人们对河流进行兴利除害,与之斗争不息。因此,河流也就成为水文学研究的主要对象。

一条河流按其流经区域的自然地理和水文特点划分为河源、上游、中游、下游及河口五段。河源是河流的发源地,可以是溪涧、泉、冰川、湖泊或沼泽;而河口是河流的终结处,即河流汇入海洋、湖泊或其他河流处。通常将一个水系中长度最长或水量最大的槽道沟谷及其中的水流视为干流。例如,长江发源于唐古拉山主峰格拉丹东雪山西南侧,源头为沱沱河;河源到湖北宜昌为上游段;湖北宜昌到江西湖口为中游段;江西湖口至入海处为下游段;河口处有崇明岛,江水最后流入东海。长江干流的长度为6 300 km,是我国最长的河流,居世界第三位。

汇入干流的河流称为一级支流,汇入一级支流的河流称为二级支流,其余依此类推。由干流与各级支流所构成脉络相通的泄水系统称为水系、河系或河网。

根据干支流的分布状况,一般将水系分为以下几种:

(1)扇形水系——河流的干支流分布形如扇骨状,如海河。

(2)羽状水系——河流的干流由上而下沿途汇入多条支流,好比羽毛,如红水河。

(3)平行水系——河流的干流在某一河岸平行接纳几条支流,如淮河。

(4)混合水系——一般大的江河多由上述2~3种水系组成,混合排列。

水系形状如图2-2所示。不同形状的河系,会产生不同的水情。

划分河流上、中、下游时,有的依据地貌特征,有的着重水文特征。上游段直接连接河源,一般落差大,水流急,水流的下切能力强,多急流、险滩和瀑布;中游段坡降变缓,下切力减弱,旁蚀力加强,河道有弯曲,河床较为稳定,并有滩地出现;下游段一般进入平原,坡降更为平缓,水流缓慢,泥沙淤积,常有浅滩出现,河流多汊。

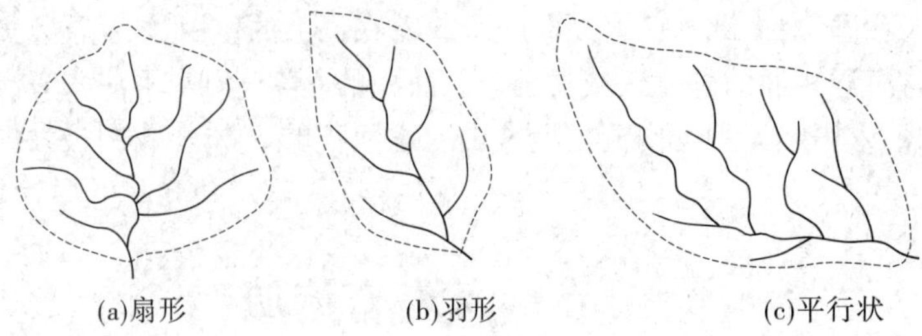

图 2-2 水系形状示意图

(二)河流的特征

1. 河流的纵横断面

河流某处垂直于水流方向的断面称为横断面,又称过水断面。当水流涨落变化时,过水断面的形状和面积也随之变化。河槽横断面有单式断面和复式断面两种基本形状,如图 2-3 所示。

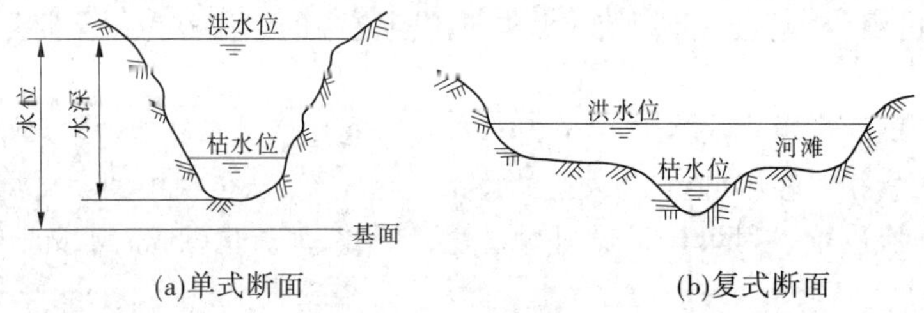

图 2-3 河槽横断面图

河流各个横断面最深点的连线称为中泓线或溪线。假想将河流从河口到河源沿中泓线切开并投影到平面上所得的剖面称为河槽纵断面。实际工作中,常以河槽底部转折点的高程为纵坐标,以河流水平投影长度为横坐标绘出河槽纵断面图,如图 2-4 所示。

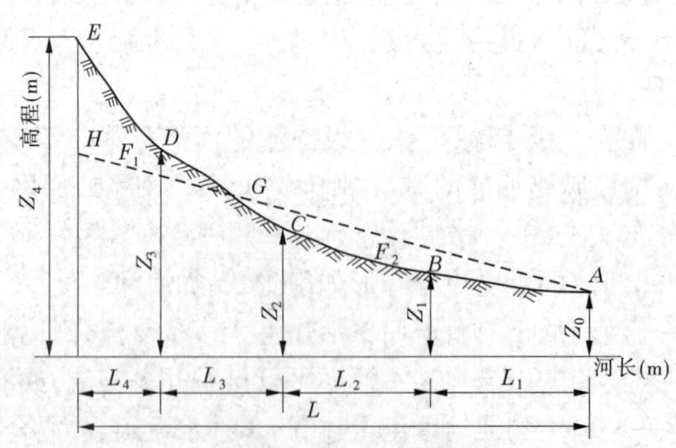

图 2-4 河槽纵断面图

河槽的平面形态较为复杂。山区河流的急弯、卡口、跌水很多,河岸常有岩石突出,岸线极不规则,水面宽度变化较大。平原河流在各种不同外界条件作用下形成有微细的、蜿蜒的多种形态,而常见的是蜿蜒性河槽。在河道弯曲的地方,水流的冲刷和淤积作用,使河槽的凸岸形成浅滩、凹岸形成深槽。

河槽内水流除因重力作用向下移动的速度影响外，还呈螺旋形流动，这种现象称为水内环流。在河弯处，水流由顺直段过渡到弯道时，受到弯道的阻挡而产生离心力，使凹岸水面高于凸岸，凹岸水流又从河底流向凸岸，由于这种水内环流的影响，而形成凸岸浅滩、凹岸深槽。

2. 河流长度

由河源至河口沿中泓线量计的平面曲线长度称为河流长度，简称河长。在大比例尺的地形图上用曲线仪或分规量计；在数字化地形图上可以应用有关专业软件量计。

3. 河道纵比降

河段两端的河底高程之差称为河床落差，河源与河口的河底高程之差称为河床总落差。单位河长的河床落差称为河道纵比降，通常以千分数或小数表示。当河段纵断面近似为直线时，比降可按下式计算，即

$$J = \frac{Z_{上} - Z_{下}}{L} = \frac{\Delta Z}{L} \tag{2-1}$$

式中　J——河段的总比降；

$Z_{上}$、$Z_{下}$——河段上、下断面的河底高程，m；

L——河段的长度，m。

当河段的纵断面为折线时，可用面积包围法计算河段的平均纵比降。它的推求方法是将河道干流底部地形变化的转折点进行分段，如图 2-4 所示，并按下式计算河道平均纵比降，即

$$\bar{J} = \frac{(Z_0 + Z_1)L_1 + (Z_1 + Z_2)L_2 + \cdots + (Z_{n-1} + Z_n)L_n - 2Z_0L}{L^2} \tag{2-2}$$

式中　$\bar{J}$——河道平均纵比降；

L——自出口断面起河道总长度，m；

$Z_0, Z_1, Z_2, \cdots, Z_n$——自出口断面起，向上沿干流底部各转折点的高程，m；

$L_1, L_2, \cdots, L_n$——各转折点间的距离，m。

二、流域及其特征

（一）流域、分水线

流域是指河流某断面汇集水流的区域。当不指明断面时，流域是对河口断面而言的。流域内的各种特征直接影响到河流的径流变化。任一河流两岸高处的两侧，各向不同方向倾斜，这就使降水分别汇集到位于两侧的不同河系中去，所以山脊或高地岭脊的连线起着分水的作用，称为分水线，又叫分水岭，它与地形等高线呈垂直关系，如图 2-5 所示。例如我国秦岭以南的水流归入长江，以北的水流归入黄河，所以秦岭山脊的连线即为长江和黄河的分水线。分水线除地面分水线外，还有地下分水线。当地面分水线与地下分水线两者上下重合，位于一条铅直线上时，则称为闭合流域。若两者不重合，则称为非闭合流域，如图 2-6 所示。

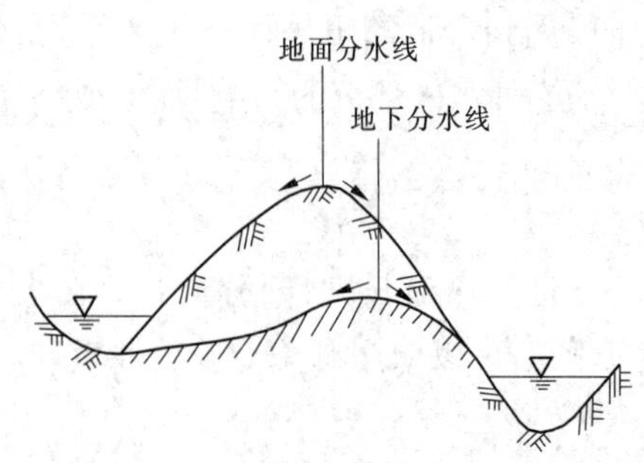

图 2-5 地面分水线与地下分水线

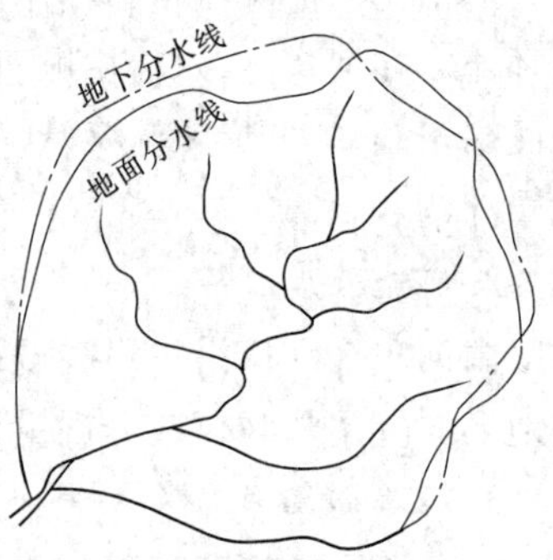

图 2-6 分水线平面图

(二)流域的特征

1. 流域的一般特征

1)流域面积(F)

流域面积是指河流某一横断面以上,由地面分水线所包围的不规则图形的面积,如图 2-7所示。若不强调断面,则是指流域出口断面以上的面积,以 km^2 计。一般可在适当比例尺的地形图上先勾绘出流域分水线,然后用求积仪或数方格法量出其面积,在数字化地形图上可以用有关专业软件量计。

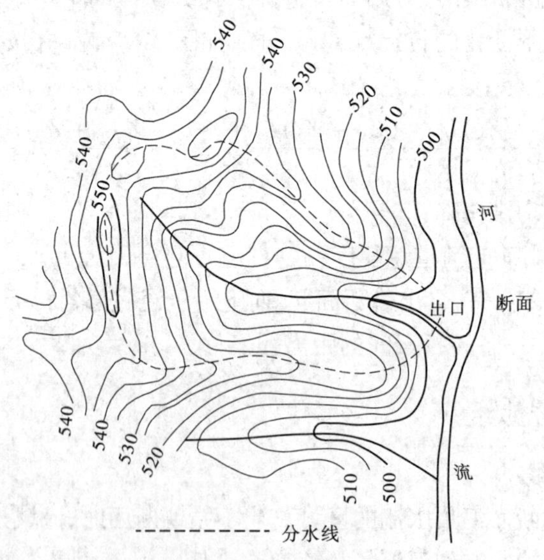

图 2-7 集水面积示意图

2)流域长度(L)

流域长度是指流域的几何中心轴的长度。

对于大致对称的较规则流域,其流域长度接近河道长度;对于不对称流域,可用同心圆法求流域长度。

3)流域平均宽度(B)

流域平均宽度是指流域面积与流域长度的比值。

集水面积大小相接近的两个流域，L 越长，B 越狭窄；L 越短，B 越宽广。前者河川径流难以集中，后者河川径流易于汇集。

4）流域形状系数

流域形状系数为流域的平均宽度 B 与流域长度 L 的比值，以 K_f 表示，其计算公式为

$$K_f = \frac{B}{L} = \frac{F}{L^2} \tag{2-3}$$

K_f 是一个无因次系数。当 $K_f \approx 1$ 时，流域形状接近方形，则水流易于集中；$K_f < 1$ 时，流域形状为狭长形，则水流难以集中；$K_f > 1$ 时，流域形状为扁胖形，则水流也易于集中。

2. 流域的地形特征

流域的地形特征一般用流域平均高程和流域平均坡度表示。

1）流域平均高程

流域平均高程是指流域范围内地表的平均高程。在地形图上用求积仪量出流域范围内相邻两等高线之间的面积 f_i，并根据两等高线的平均高程 Z_i，用下式计算流域平均高程 Z_0，即

$$Z_0 = \frac{f_1 Z_1 + f_2 Z_2 + \cdots + f_n Z_n}{f_1 + f_2 + \cdots + f_n} = \frac{\sum_{i=1}^{n} f_i Z_i}{F} \tag{2-4}$$

2）流域平均坡度

流域平均坡度是指流域范围内地表坡度的平均状况。若相邻两等高线的高差用 ΔZ 表示，流域范围内各等高线的长度用 $L_0, L_1, \cdots, L_n$ 表示，则流域平均坡度 J 可用下式计算

$$J = \frac{\Delta Z\left(\frac{1}{2}L_0 + L_1 + L_2 + \cdots + \frac{1}{2}L_n\right)}{F} \tag{2-5}$$

3. 流域的自然地理特征

1）地理位置

流域的地理位置可用流域的边界或流域中心的地理坐标经纬度表示。它间接反映了流域距离水汽源地的远近及与其他流域的关系。在分析对比不同流域时，可研究流域径流区域性变化。

2）气候条件

流域内长期形成的天气特征称为流域的气候，它包括降水、蒸发、温度、湿度等天气变化的要素，对河川径流的变化有着直接的影响。

3）地形特征

由于水文现象的变化，地形特征随地区而异，在不同地区都有其特殊性。首先要分清流域地形的类别，可分为高山、高原、丘陵、盆地以及平原等，也可用流域平均高程及流域平均坡度表示地形的特征，以分析不同流域径流的变化规律。

4）地质与土壤

流域内地质与土壤的特性与下渗水量的多少以及河流含沙量的多少都有着直接的影响，如地质构造和风化的裂隙将会增加下渗量，减少地面径流。土壤的物理性质，如沙土

渗透性强,黏土渗透性弱,黄土易于冲刷等因素都不同程度地影响着河川径流的变化。

5)植物覆盖

流域内的森林杂草能增加地面的糙度、延长地面汇流的时间,从而增加了入渗水量,延缓了洪水历时。植物的散发又减少了地下径流的补给,增加了森林地区上空的水汽,降雨量一般比无林地区多。总之,流域内大规模的植树造林不仅能消除风沙的危害和减少水土的流失,同时也可大大改变地区的水分循环条件。森林面积占流域面积的百分数为森林覆盖率,表示森林覆盖的程度。

6)湖泊与沼泽

流域内的湖泊与沼泽对河川径流能起到调蓄作用,它可以延缓洪水、增加枯水期径流量和水面蒸发量,同时对促进水分循环、改变气候环境都起到调节的作用。

7)人类经济活动因素

在流域地面上从事一切农业、林业、水利以及矿山开采等经济活动时,均对流域径流产生一定的影响,而它们的影响是复杂的,又是互为补充的。例如,修建水库后,库区原来的陆面变成了水面,从而增加了额外的水面蒸发,减少了原来的径流量,但也有减少水面蒸发以增加径流的情况存在。又如引用地面水或抽取地下水扩大灌溉面积,都将增加蒸发量而使径流量减少。总之,水库工程以及引水工程既可影响蒸发量,又可改变径流的时空分布。

人类经济活动不但改变了径流的时空分布,影响到水平衡要素的比例,而且对河道水质的污染也有着不可忽视的影响。水质污染实际上是指进入水体中的污染物的含量超过了水体的自净能力,使水质变坏,甚至严重危害人体健康。由于空气的污染,大气中含有过高的二氧化硫,致使酸雨遍及我国西南、华东一带,尤以西南地区更为严重。

人类经济活动不仅对径流的量和质产生影响,还会影响到人类生存的环境。例如,修建大坝和水库不仅控制了径流的情势,还会对水质、气候、生态、地质、地貌等环境要素产生影响。现在人们已逐渐认识到,不合理地开采地下水会降低地下水位,从而造成浅层水井报废、地面树木枯萎、地面下沉、咸水入侵等突出问题。合理开发、管理、保护好水资源是现代水利建设事业必不可少的一项基本任务。

第三节　降水、蒸发与下渗

一、降水

(一)降水的成因和类型

我国位于欧亚大陆东侧,东部和南部濒临海洋,大部分地区受到来自东南和西南季风的影响,因而形成东南多雨而西北干旱的特点。冬季,大陆受西伯利亚干冷气团控制,气候严寒,雨水较少;冬去春来,南方开始多雨,然后雨带逐渐北移;夏秋两季雨量较多。西北内陆受东西走向山脉的阻挡,季风难以深入,降水稀少,气候干燥。我国降水具有地区上分布极不平衡、季节分配不均匀、年际变化的差别也很大等特点。

1. 降水的成因

在水分循环中,水分从一个过程演变为另一个过程,例如液态水蒸发为水汽,水汽凝结聚集变为云雾,再演变下去就是由云雾变为降水的过程了。

一切雨、雪、霰、雹等降水物都来自云雾中。所以说,降水是指由空中降落到地面上的雨、雪、雹、霜等液态水和固态水的总称。空中产生降水的现象需要两个基本条件:一是空气中要有水汽;二是空气上升要有动力(即空气中要有一定的水汽含量和空气大规模地向上抬升作动力冷却)。

人们在长期生活的实践中早有体会:北京的金秋季节,白天天高云淡、风和日丽,夜里满天星斗、气爽宜人。这不仅是北京的金秋,而且也是华北一带的宜人天气,这是由于这一带地区的气温、湿度、气压和风等气象要素基本相同的大块空气处在宜人的组合状态。人们把这种物理性质比较均匀的大块空气叫作气团。气团本身是每时每刻在变化的,当气团形成以后开始移动,从源地移动到另一地方,气温、湿度等物理特性就发生了变化。不同性质的气团就必定有不同的天气。当气团受某种外力作用做上升运动时,由于气压减小、体积膨胀、热能消耗、气温降低,原来未饱和的空气不仅达到饱和状态,而且造成水汽凝结。当凝结物的体积越来越大,空气托浮不住时,便降落到地面而形成降水。

2. 降水的类型

按空气向上抬升的原因不同,降水可分为以下四种类型。

1)锋面雨

当物理性质不同的冷暖气团相遇时,它们的接触面叫锋面。锋面与地面的相交地带叫锋。

当冷气团势力强大,主动向暖气团推进时,因冷空气较重而楔进暖气团下方,于是暖气团被迫做上升运动,发生动力冷却而致雨,这种雨叫冷锋雨,如图 2-8(a)所示。由于冷空气与地面的摩擦作用,冷锋面接近地面局部地区坡度大,暖空气几乎被迫垂直上升,在冷锋前形成的降雨特征为强度大、历时短、雨区范围不广。

当暖气团势力强大,主动向冷气团推进时,由于地面摩擦作用,上层移动速度快,使锋面坡度变小。暖空气沿着这个平缓的坡面在冷气团上方滑行,并冷却致雨,叫暖锋雨,如图 2-8(b)所示。暖锋雨的特征为强度小、历时长、雨区范围大。

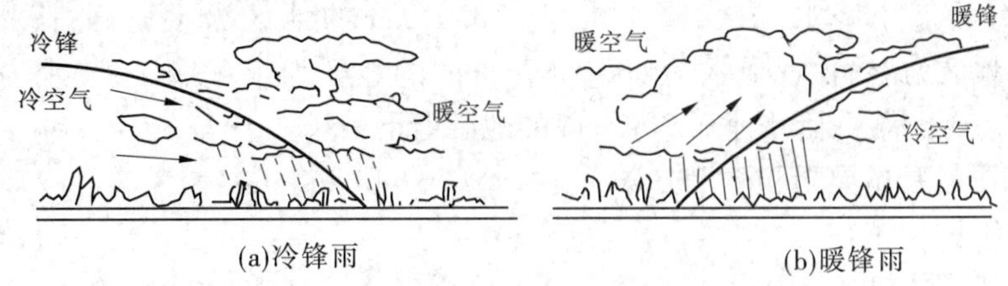

图 2-8　锋面雨

2)地形雨

地形雨指暖湿气团在运移途中,遇到山脉或高原等的阻挡而被迫做上升运动,由于动力冷却而成云致雨,叫地形雨,如图 2-9(a)所示。地形雨大部分在迎风坡降落,在背风坡,因气流下沉增温,所以降水量少。地形雨一般随地形高程的增加而加大,其降水历时

较短，雨区范围也不大。

3）对流雨

在盛夏季节，局部地区被暖湿空气笼罩时而产生强烈增温，影响了大气稳定性，发生热力对流作用，致使暖湿空气迅速上升而冷却致雨，叫对流雨。其特征为强度大、历时短、雨区范围小，如图2-9（b）所示。

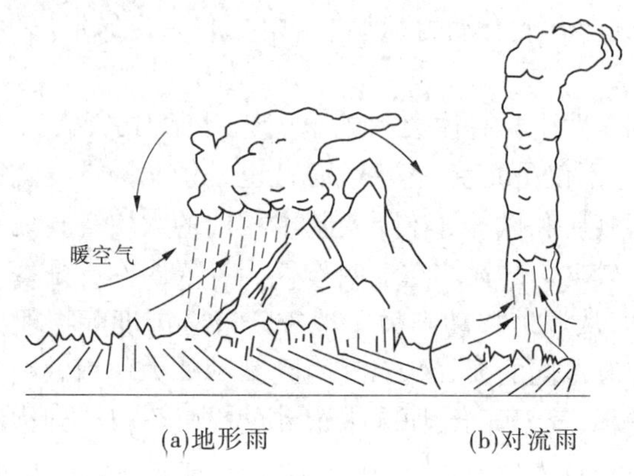

(a)地形雨　　(b)对流雨

图2-9　地形雨与对流雨

4）热带气旋雨

大气的旋涡称为气旋。热带海洋面上形成的气旋称为热带气旋。热带气旋雨是热带海洋面上的一团高温、高湿空气做强烈的辐合上升运动的结果，即从热带海洋面上的风暴运移到大陆来的狂风暴雨，它又叫台风雨。我国东南沿海等省（区）受台风雨影响较大，经常造成不同程度的暴雨洪水灾害。如7503号台风登陆后，深入到河南林庄一带，暴雨中心处3 d雨量达1 631.1 mm，造成了我国历史上罕见的水灾。台风登陆后，若无水汽继续补给，降水量将迅速减少，台风也就随之减弱甚至消失。

我国气象部门按24 h降雨量大小，把降雨量分为七级：微雨（<0.1 mm）、小雨（0.1~9.9 mm）、中雨（10.0~24.9 mm）、大雨（25.0~49.9 mm）、暴雨（50.0~99.9 mm）、大暴雨（100.0~200.0 mm）、特大暴雨（>200 mm）。将24 h降雪量分为四级：小雪（0.1~2.4 mm）、中雪（2.5~4.9 mm）、大雪（5.0~9.9 mm）、暴雪（10.0 mm）。按年降水量的多少，全国可分为五个降水分区：降水大于1 000 mm的地区为多雨区；降水为800~1 000 mm的地区为湿润区；降水为400~800 mm的地区为半湿润区；降水为200~400 mm的地区为半干旱区；降水小于200 mm的地区为干旱区。

（二）降雨的基本要素和表示方法

1.降雨的基本要素

降雨量、降雨历时、降雨强度、降雨面积及降雨中心等，总称为降雨的基本要素。降雨量为一定时段内降落在某一测点或某一流域面积上的降水深度，通称为降雨量，以mm计；降雨历时是指降雨自始至终所持续的实际时间；降雨强度是指单位时间内的降雨量，以mm/min或mm/h计，简称雨强；降雨面积是指降雨笼罩的水平面积，以km^2计；降雨中心又叫暴雨中心，是指降雨量最大、雨区范围小的地区。以上几种降雨基本要素与形成洪水的大小、历时等都有着密切的关系。

2. 降雨资料的图示

为了反映一次降雨在时间上的变化及空间上的分布,常用以下图示方法表示。

1)降雨过程线

降雨过程线是表示降雨随时间变化的过程线。常以时段雨量为纵坐标,时段时序为横坐标,采用柱状图表示,如图 2-10 所示。至于时段的长短可根据计算的需要选择,分小时、天、月、年等。

2)雨量累积曲线

将各时段的雨量逐一累积,求出各累积时段的雨量值作为纵坐标,以时间为横坐标,所绘制的曲线叫雨量累积曲线,如图 2-11 所示。

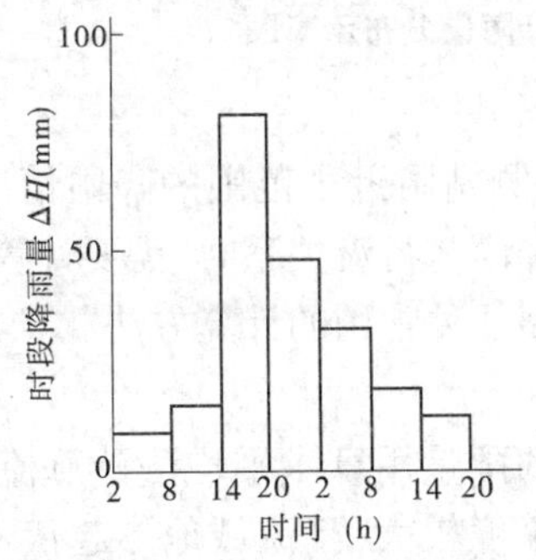

图 2-10　降雨过程线

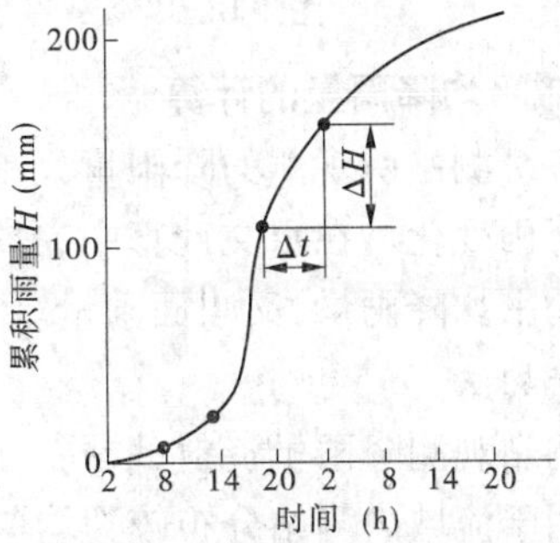

图 2-11　雨量累积曲线

累积曲线上某段的坡度即为该时段的平均降雨强度。曲线坡度陡,降雨强度大;反之则小。若坡度等于零,说明该时段内没有降雨。如图 2-10、图 2-11 所示,是根据某站实测的一场降雨而做的记录(见表 2-3)。

表 2-3　某站实测的一场降雨记录

时间	7 月 8 日				7 月 9 日		
	2~8 时	8~14 时	14~20 时	20 时至次日 2 时	2~8 时	8~14 时	14~20 时
时段 Δt(h)	6	6	6	6	6	6	6
时段降雨量 ΔH (mm)	7.2	15.0	84.0	49.2	27.0	19.2	12.0
降雨强度 $i=\Delta H/\Delta t$ (mm/h)	1.2	2.5	14.0	8.2	4.5	3.2	2.0
累积雨量 $\sum\Delta H$ (mm)	7.2	22.2	106.2	155.4	182.4	201.6	213.6

3)雨量等值线

雨量等值线是表示某一地区的次暴雨或一定时段的降雨量在空间的分布状况。等值线图的制作与地形等高线的绘制相似。雨量等值线是各雨量站采用同一历时的雨量点绘在各测站所在的位置上，并参考地形、气候特性而描绘的等雨量线。有了雨量等值线图，即可说明降雨中心位置，某一雨量值所笼罩的面积如图 2-12 所示。

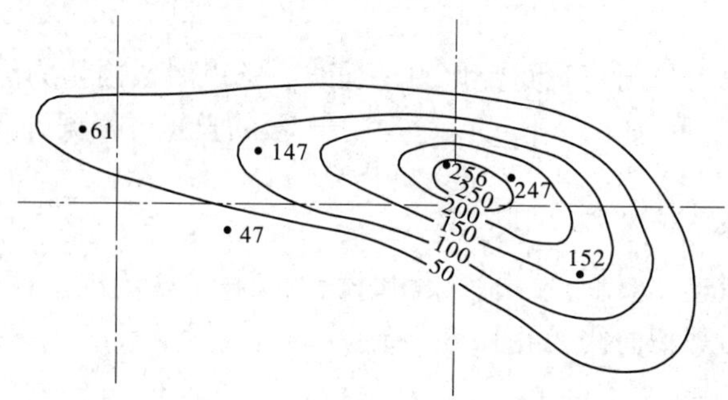

图 2-12 "75 · 8"暴雨 6 h 降雨量分布示意图

(三)流域平均降雨量的计算

流域内各个测站所观测的降雨量只是代表各测站附近小范围的降雨情况，而不能说明流域内的降雨变化。在水文计算中，分析流域降雨与径流关系时，需要计算流域面积上特定时段内的平均降雨量，又叫面雨量。下面介绍几种常用的计算方法。

1. 算术平均法

根据各测站观测降雨量资料，取同一时段内的雨量用算术平均法计算流域平均降雨量。该法适用于流域内测站分布较为均匀、站网密度较大，且流域地形起伏不大，雨量在空间分布也较均匀的情况。

算术平均法的计算公式为

$$H_F = \frac{H_1 + H_2 + H_3 + \cdots + H_n}{n} = \frac{1}{n}\sum_{i=1}^{n} H_i \tag{2-6}$$

式中 H_F——流域平均降雨量，mm；

$H_1, H_2, \cdots, H_n$——各测站同时段的雨量，mm；

n——测站个数。

2. 加权平均法

1) 多边形法(又称泰森多边形法)

当测站在流域内分布不均匀或流域地形变化较大时，为了合理地计算流域平均量，可假定流域内不同地区的降雨量，可以与其距离最近的雨量站为代表；为了求出各测站所代表的流域面积，可采用多边形作图法。具体作法是：先用直线连接各测站形成若干个三角形，并作各三角形每边的垂直平分线，而这些垂直平分线又组成若干个不规则的多边形，如图 2-13 所示，则各多边形内都有一个测站，这个测站观测的雨量值就代表这块多边形面积 f_i 上的雨量，并以 f_i 与总面积 F 的比值为权重，计算流域平均降雨量。

多边形法计算公式为

$$H_F = \frac{f_1H_1 + f_2H_2 + f_3H_3 + \cdots + f_nH_n}{F} = \frac{1}{F}\sum_{i=1}^{n} f_iH_i \tag{2-7}$$

式中 F——设计断面控制的集水面积，km^2；

$f_1, f_2, \cdots, f_n$——各多边形面积，km^2；

$H_1, H_2, \cdots, H_n$——各测站同时段的雨量，mm。

若站网稳定不变，采用这种方法是比较好的，且较方便，并能用计算机迅速运算。但是，若站网经常变化，例如每个时期甚至每次降雨测站数目或位置有所不同，采用这种方法可能较麻烦，因为每次计算的权重均不相同。

2）等雨量线法

等雨量线法也是用面积作为权重推求面雨量的一种方法。一般来说，等雨量线法是计算流域平均降雨量的最好方法，因为其优点正是反映了地形变化对降水的影响。

当采用等雨量线法时，流域内要有足够的测站和合理的分布，勾绘切合实际的等雨量线就可用等雨量线图来计算流域平均降雨量，如图2-14所示。该法的计算公式为

$$H_F = \frac{\frac{1}{2}(H_1 + H_2)f_1 + \frac{1}{2}(H_2 + H_3)f_2 + \cdots + \frac{1}{2}(H_n + H_{n+1})f_n}{F} = \frac{1}{F}\sum_{i=1}^{n} f_i H_i \quad (2\text{-}8)$$

式中　H_F——流域平均降雨量，mm；

f_i——两条等雨量线间的部分流域面积，km^2；

H_i——f_i 面积上等雨量的平均值 $(H_i + H_{i+1})/2$，mm。

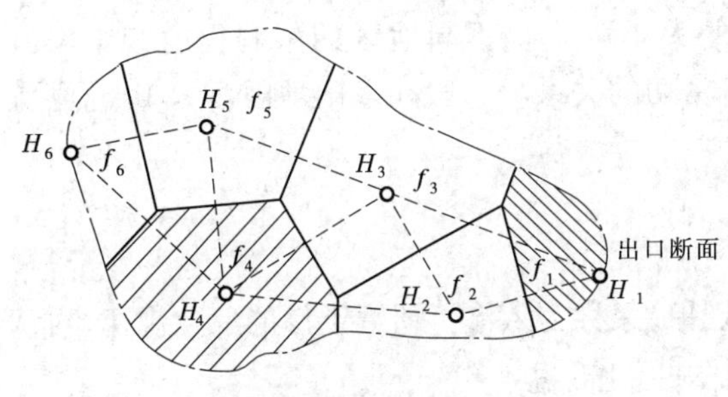

图2-13　多边形法

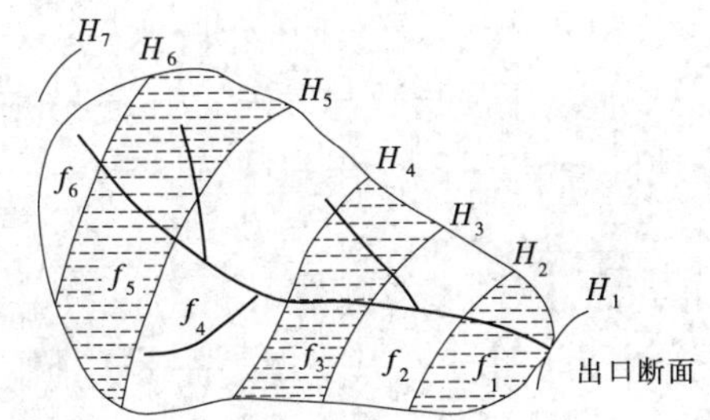

图2-14　等雨量线法

3. 间接推估流域降水量——雷达测雨和卫星遥感测雨

陆基雷达可被用于追踪雨云和锋面的运动。雷达装置向空中发射电磁波，电磁波反射量和返回时间被记录下来。云层中的水分越多，反射回地表并被雷达装置探测到的电磁波就越多。反射波回到地表越快，云层离地表就越近。根据雷达回波强度，利用一定数学公式——雷达气象方程，就可以推算出降雨强度了。

除利用雷达外，还可利用卫星遥感推估区域降水量。最可能产生降雨的云层的顶部极亮、极冷。LANDSAT、SPOT和AVHRR是被动式传感器的常见卫星平台。这些居于空中的被动式卫星传感器能够探测可见光和红外波段的辐射。将测得的结果与区域的点降水量的测量结果结合起来便可以推算出降雨强度。

二、蒸发

蒸发是指水由液态或固态转化为气态的现象，是水分子运动的结果。水文上探讨的蒸发为自然界的流域蒸发。一个流域的蒸发，包括水面蒸发、土壤蒸发和植物散发。

（一）水面蒸发

水面蒸发是指江河、湖泊、水库、沼泽等自由水面上的蒸发现象。影响蒸发量的主要

因素有气温、湿度、风速、水质及水面大小等。

（二）土壤蒸发

土壤蒸发是指土壤失去水分，向空气中扩散的现象，即土壤由湿向干的变化过程。由于流域陆面面积远大于水面面积，所以陆面上的土壤总蒸发量也就大于水面总蒸发量。凡是影响水面蒸发的因素都能影响土壤蒸发，此外还受地下水面、土壤含水量、土壤结构、土壤色泽、毛管上升水、地面特性、植被以及降水方式等多种因素的影响。

（三）植物散发

植物散发是指土壤中水分通过植物散逸到大气中的过程。由于其绝大部分是通过植物叶片散逸的，又称为叶面散发或蒸腾。因为植物是生长在土壤中的，植物散发与土壤蒸发总是同时存在的，所以二者总称为陆面蒸发。空气的温度、湿度，土壤温度，日照以及植物的种类、生长期等都影响散发量的大小。

某地区或流域的实际蒸发一般以陆面蒸发表示。估算陆面蒸发时常用流域内多年平均降雨量与径流量的差值求得。

（四）干旱指数

年蒸发量与年降水量之比为干旱指数 γ。若 $\gamma > 1.0$，则年蒸发量超过年降水量；$\gamma < 1.0$，则年蒸发量小于年降水量。γ 值的大小可反映不同地区的湿润程度和干旱程度。所以，干旱指数与气候的干湿分带有着密切的关系。一般在多雨地区，$\gamma < 0.5$；半湿润地区，$\gamma = 1 \sim 3$；干旱地区，$\gamma > 7$。

三、下渗

下渗是指水分从土壤表面渗入地下的现象，又称为入渗。研究下渗的变化规律，对认识降雨转化为径流具有重要的意义。

（一）下渗的物理过程

流域上空的雨水降落在流域干燥的土壤表面后，一部分雨水渗入土壤中，并不是单纯受重力作用的影响，而是水分子力、毛管力和重力综合作用的结果。起初雨水渗入土壤表面是渗润阶段，主要受分子力作用，水被土粒表面吸附，形成薄膜水。当土壤中薄膜水得到满足后，水分通过土壤表面开始了渗漏阶段，水分主要受毛管力作用以及重力作用，使水分向土壤孔隙运动，直到基本充满而达到饱和。水分继续向下运动，开始了渗透阶段，孔隙中的自由水，主要受重力作用，沿孔隙向下流动。若地下水埋藏不深，重力水可能渗过整个包气带，补充地下水，则形成地下径流。

（二）下渗的变化规律

入渗初期，土壤比较干燥，入渗水分很快为表层土壤所吸收，其单位时间的入渗量称为下渗率。后来，由于土壤湿度的增加，饱和层逐渐向下延伸，入渗率也随之递减，直至趋于稳定。关于下渗率的变化过程，可通过试验求出。试验方法有同心环法和人工降雨法两种。其中，最简单的方法是在地面上打入同心环，外环直径为 60 cm，内环直径为 30 cm，环高 15 cm。试验时，在内环及两环中间同时加水，使水深保持常值，内外水面保持齐平。因水分下渗使水面降低而要不断加水，维持一定的水深，加水的速率就代表水分下渗率。根据加水量的记录，经换算后便可绘制下渗曲线，如图 2-15 所示。

上述下渗的变化规律,可用一数学公式表示,如常用的霍顿公式

$$f_t = (f_0 - f_c)e^{-\beta t} + f_c \qquad (2\text{-}9)$$

式中 f_t——t 时刻的下渗率,mm/h 或 mm/min;

f_0——初始($t=0$)下渗率,mm/h;

f_c——稳定下渗率,mm/h;

β——反映土壤、植被等对下渗影响的系数;

e——自然对数的底。

根据试验资料推求上述参数就可求解经验公式式(2-9)了。

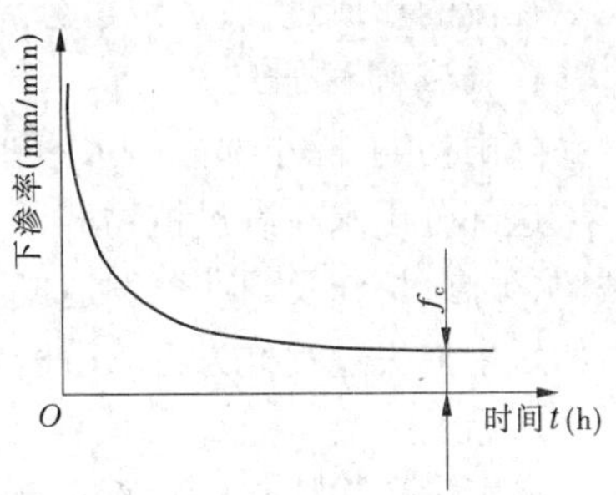

图 2-15　下渗曲线示意图

第四节　径流与水量平衡原理

一、径流

(一)河川径流

河川径流量是指降落在流域表面,途经地面及地下流入河川,流出流域出口断面的水量。河流径流的水源也就是水流的补给。我国河流的水源有雨水、冰雪融水、地下水等。根据水源的类别,大致可分三个区:秦岭以南,主要由雨水补给,河川径流的变化受到降雨的季节影响,夏季经常发生洪水;东北、华北部分地区为雨水和季节性冰雪融水补给,每年有春、夏两次汛期;西北阿尔泰山、天山、祁连山等高山地区,河水主要由高山冰雪融水补给,这类河流水情的特点是河水随气温的变化而涨落,洪水期发生在暖季,枯水期发生在冬季。

(二)河川径流的形成

雨水降落在流域表面,在满足流域渗蓄后,所产生的径流量途经流域地面与地下向出口断面汇集,其中来自地面以上的部分称为地面径流,来自地面以下的部分称为地下径流。从降雨到径流流出流域出口断面的整个物理过程,也就是河川径流的形成过程,如图 2-16所示。

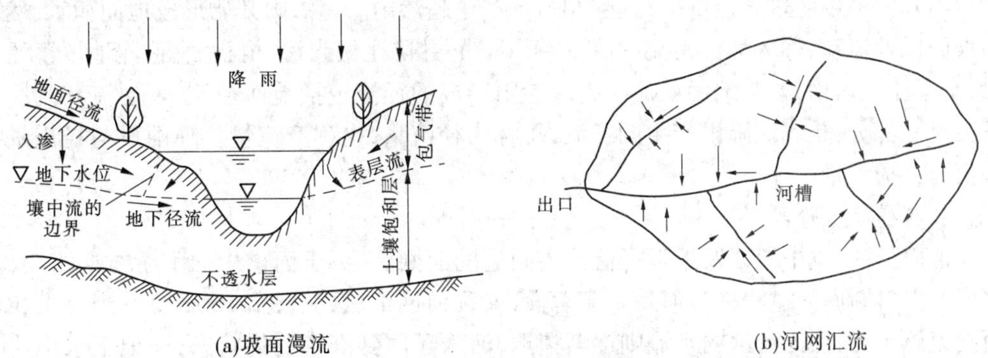

图 2-16　径流形成过程示意图

径流的形成过程,大致可分为如下几个阶段。

1. 流域蓄渗阶段

降雨初期,除小部分雨水落在河槽水面上外,大部分雨水均落在流域表面。

这部分雨水在满足植物截留、下渗、填洼及雨期蒸发之后才能产生径流。因此,植物截留、下渗、填洼及雨期蒸发造成了降雨的水量损失。在降雨开始之后,径流产生之前,降雨的水量损失过程称为蓄渗阶段。

1)植物截留

降雨被植物枝叶拦截的现象称为植物截留。整个降雨期间,植物截留都在进行。降雨停止后,被截留的雨水消耗于蒸发,回归大气之中。

2)下渗

雨水降落至地表,在分子力、毛管力和重力的作用下渗入土壤并继续向下运动的过程称为下渗。如果降雨强度小于下渗率,则经植物截留后剩余的全部雨水均渗入地下。下渗的水流先满足土壤最大持水量,使土壤水分达到饱和;多余的水分,在重力作用下沿着土壤空隙向下运动,最后达到地下水面,补给地下水。

3)填洼

流域表面常有许多大小不一的闭合洼地,如果下渗使土壤水分达到饱和或降雨强度大于下渗率,雨水便不再全部渗入地下,未渗入地下的雨水会在地表蓄积,充填这些洼地,这一现象称为填洼。

渗入地下和滞留在地表的部分水分也可能以蒸发的形式回到大气。

2. 坡地产流和汇流阶段

降雨满足了流域蓄渗或其强度大于下渗率之后,地面径流、壤中流和地下径流便开始出现,这一现象称为产流。

雨水不断渗入土壤后,使表层土壤含水量首先达到饱和,后续入渗的水量往往沿着土壤饱和层坡降在土壤孔隙间流动,注入河槽而形成的径流称为表层流或壤中流。雨水继续入渗,经过整个包气带层,渗透到地下水位以下和不透水层以上的土壤中,并缓慢地渗入河流的径流称为浅层地下径流。至于不透水层以下的深层地下水,可通过泉水或其他形式补给河流,这部分径流称为深层地下径流,它比较稳定,流动慢,流程远。

当降雨强度超过了土壤下渗能力时,则产生超渗雨。超渗雨开始形成地面积水,然后向坡面低处流动,称为坡面漫流(见图2-16(a));扣除土壤入渗、植物截留、洼地填蓄的水量,余者注入河槽,称为地面径流。由超渗雨形成的径流包括地面径流、表层流和浅层地下径流三部分,是本次降雨产生的径流,总称为径流量,也称产流量。降雨量与径流量的差值即为损失量。

3. 河槽集流阶段

地面径流、壤中流以及地下径流汇入附近的河网后,再于河槽中向下游方向流动,最终流出出口断面的过程称为河槽集流阶段,又称河网汇流(见图2-16(b))。当降雨和坡面漫流停止后,汇入河网的水流则逐渐消退,河水还原到涨水前的状态,即地下水维持时期。待下次降雨后又形成下次径流过程。

降雨形成径流的过程是一个复杂的过程。现将这个复杂的过程概化为产流和汇流两

个阶段。但必须指出，这样做只是为了简化分析计算工作，并不意味着流域上一次降雨所引起的径流形成过程可以截然划分为前后相继的两个不同的阶段。由降水到达地表时起，到水流流经出口断面的整个过程称为径流的形成过程。

（三）径流的表示方法

在分析计算径流时，为了表示径流量的大小以及对不同地区河川径流的比较，常用流量、径流总量、径流深、径流模数、径流系数来表示。

1. 流量 Q

某一时刻或单位时间内通过河道某一过水断面的水量称为流量，单位为 m^3/s。流量随时间的变化过程可用流量过程线表示，如图 2-17 所示。

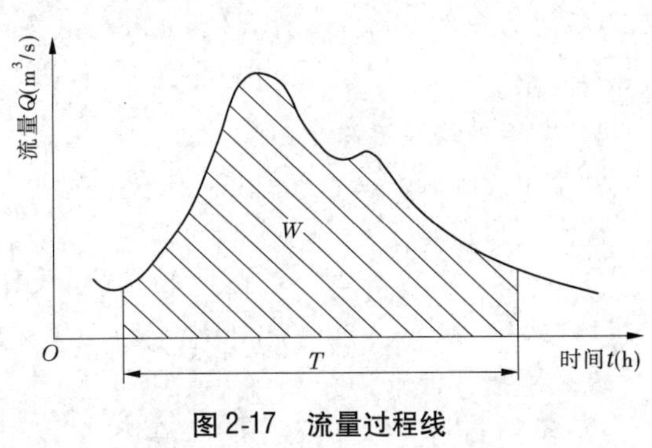

图 2-17　流量过程线

图中过程线上任一点流量为相应时刻的瞬时流量。由于计算时段的不同，还有日平均流量、月平均流量以及年平均流量之分。

2. 径流总量 W

一定时段内（时、日、月、年）通过河道某一过水断面的总水量称为径流总量，单位为 m^3、万 m^3、亿 m^3。它与流量的关系为流量过程线与横坐标所包围的面积，即为径流总量 W（见图 2-17），它们的关系式为

$$W = QT \tag{2-10}$$

3. 径流深 y

一定时段内径流总量均匀地平铺在流域表面所形成的水层厚度称为径流深度，单位为 mm，径流深为 y，可由下式计算

$$y = \frac{W}{1\,000F} = \frac{\overline{Q}T}{1\,000F} \tag{2-11}$$

式中　W——时段 T 内径流量，m^3；

F——流域面积，km^2；

$\overline{Q}$——时段 T 内平均流量，m^3/s；

T——计算时段，s。

4. 径流模数 M

流域内单位面积上的平均流量称为径流模数，常以 $m^3/(s \cdot km^2)$ 或 $L/(s \cdot km^2)$ 计。

$$M = \frac{1\,000Q}{F} \tag{2-12}$$

式中　Q——流量，m^3/s 或 L/s；

F——流域面积，km^2。

5. 径流系数 α

一定时段内的径流深与同一时段内降水量之比称为径流系数。若时段内的降水量为 H_F(mm)，相应的径流深为 y(mm)，则

$$\alpha = \frac{y}{H_F} \tag{2-13}$$

【例 2-1】 已知永定河官厅水文观测站控制的流域面积 F 为 43 402 km^2,1950 ~ 1972 年 23 年间的多年平均降水量 H_F 为 420 mm、多年平均流量 $\overline{Q}$ 为 66.2 m^3/s,计算相应的 $\overline{W}$、$\overline{y}$、$\overline{M}$、$\overline{\alpha}$ 值。

解:多年平均径流总量为

$$\overline{W} = \overline{Q}T = 66.2 \times 31.54 \times 10^6 = 20.88 \times 10^8 (\mathrm{m}^3)$$

多年平均径流深为

$$\overline{y} = \frac{\overline{W}}{1\,000F} = \frac{20.88 \times 10^8}{43\,402 \times 10^3} = 48.1\ (\mathrm{mm})$$

多年平均径流模数为

$$\overline{M} = \frac{1\,000\,\overline{Q}}{F} = \frac{66.2}{43\,402} \times 10^3 = 1.53[\mathrm{L/(s \cdot km^2)}]$$

多年平均径流系数为

$$\overline{\alpha} = \frac{\overline{y}}{H_F} = \frac{48.1}{420} = 0.114$$

(四)我国径流的分布

降水是我国河川径流的主要水源,年降水量的分布基本上决定了年径流深的分布状况,但地区分布的不均匀性比降水量更为严重。按径流深的大小,可划分为丰水、多水、过渡、少水、干涸五个明显不同的地带。年降水量大于 1 600 mm,年径流深超过 800 mm,年径流系数在 0.5 以上,包括东南和华南沿海、云南西部和西藏东南部,为丰水地带(其中,台湾中部及西藏东南角的年径流深可达 2 000 mm 以上)。年降水量为 800 ~ 1 600 mm、年径流深为 200 ~ 800 mm 的地区为多水地带,分布的地区有秦岭、淮河以南,长江中下游以及云贵和广西地区,相当于湿润地带,年径流系数一般为 0.25 ~ 0.5。年降水量为 400 ~ 800 mm,年径流深在 50 ~ 200 mm 的地区为过渡带,分布的地区有黄淮海平原以及东北大部,四川西北和西藏东部,相当于半湿润地带,年径流系数一般为 0.1 ~ 0.25。年降水量为 200 ~ 400 mm,年径流深在 10 ~ 50 mm 的地区为少水带,分布的地区有新疆西部和北部、东北西部、内蒙古、宁夏、甘肃大部,相当于半干旱地带,一般年径流系数在 0.1 以下。年径流深不足 10 mm 的地区为干涸带,分布的地区有内蒙古、宁夏、甘肃的沙漠,青海柴达木盆地,新疆塔里木盆地和准噶尔盆地,相当于干旱地带,大部分地区年径流深近于 0 或为无流区。

径流的年内分配取决于径流的补给。以雨水补给为主的河流,年内分配不均匀,洪水期河水暴涨,容易泛滥成灾;枯水期水量少,水源补给不足。以冰雪水补给为主的河流,由于流域内热量的变化小,年内分配比较均匀。

地下水补给是我国河流补给的普遍形式。影响地下水补给的因素是流域的地貌、地质构造、岩石性质及河床切割的程度。地下水补给是河川基流的来源,地下水占的比例大的河流,其年内分配较为均匀。所以,一般大河流的年内分配比小河流的年内分配要均匀一些。

径流的年际变化也是北方大于南方。在缺水地区,丰、枯年间的水量相差更大。长江以南河流的历年最大流量与最小流量的比值一般小于3;淮河、海河各支流可达10~20,部分平原河流甚至更大。

上述河川径流的年际变化和年内分配的不均,给社会生产和人们的生活带来很大的影响。因此,必须对河川径流进行调余补缺,在时间上给予重新分配,才能充分利用河川径流。

二、流域水量平衡

(一)水量平衡概述

从长期来看,参与水循环的水量大体上是不变的。

根据物质不灭定律,对于任意水文系统,在任意时段内,来水量与出水量的差额等于系统蓄水的变化量,这就是所谓的“水量平衡”或“水文平衡”。

水量平衡原理是水文研究的基本原理,它使我们有可能建立处在水循环一些基本环节中水的数量关系。

(二)通用水量平衡方程

根据上述水量平衡原理,对于处在任意时段的任意水文系统,有

$$I - O = W_2 - W_1 = \Delta W \tag{2-14}$$

式中 I——区域时段内的来水量;

O——区域时段内的出水量;

W_1——时段初区域内的蓄水量;

W_2——时段末区域内的蓄水量;

ΔW——时段内区域蓄水量的变化量。

式(2-14)为水量平衡方程式的最基本形式。对于不同的区域,可进一步细化I和O的具体组成。

若以任一区域为研究对象,流入该区域的水量包括时段内区域平均降水量H、时段内凝结水量E_1、地面径流流入量Y_1、地下径流流入量U_1。流出该区域的水量包括时段内区域总蒸发量E_2、地面径流流出量Y_2、地下径流流出量U_2、区域内用水量q。时段初、末区域内蓄水量分别为W_1、W_2,差值为$\Delta W = W_2 - W_1$,代入水量平衡方程得

$$(H + E_1 + Y_1 + U_1) - (E_2 + Y_2 + U_2 + q) = W_2 - W_1 \tag{2-15a}$$

或

$$H + E_1 + Y_1 + U_1 + W_1 = E_2 + Y_2 + U_2 + q + W_2 \tag{2-15b}$$

若令$E = E_2 - E_1$,称为净蒸发量,则式(2-15(b))改写为

$$H + Y_1 + U_1 + W_1 = E + Y_2 + U_2 + q + W_2 \tag{2-16}$$

(三)流域水量平衡

对于一个天然流域,若是一个闭合流域,即地面分水线和地下分水线重合且无河流流入的流域,并没有水分从地面和地下流入,因此$Y_1 = U_1 = 0$。此外,在这一流域中,若河道的下蚀深度足够大,已切入所有地下含水层,地下水则主要汇入河道而流出,便可以令$Y = Y_2 + U_2$,以代表总的流出水量,并称其为河川径流量。再假设工农业生产耗水量和生活耗水量很小,可以忽略,即$q = 0$,则闭合流域水量平衡方程式为

$$H = E + Y + \Delta W \tag{2-17}$$

对于多年平均情况来说,式(2-17)中蓄水变量项的多年平均值趋近于0,即 $\sum_{1}^{n} \Delta W \to 0$,因而水量平衡方程式可简化为

$$\overline{H} = \overline{E} + \overline{Y} \tag{2-18}$$

式(2-18)就称为闭合流域多年水量平衡方程。

第五节　水文测站及观测

一、水文测站

(一)水文测站的任务及分类

水文测站是进行水文观测获取基本水文资料的基层单位。水文测站在地理上的分布网称水文站网,它必须按照统一的规划合理布局,既要能收集到大范围内的基本水文资料,满足水利水电工程建设、环境保护及其他国民经济建设的需要,又要做到经济合理。

水文测站的主要任务是按照统一标准对指定地点的水位、流量、泥沙、降水、蒸发、水温、冰清、水质、地下水位等水文要素进行系统观测并对观测资料进行计算、分析和整编。

水文测站按目的和作用分为基本站、实验站、专用站和辅助站。

基本站是为综合需要的公用目的,经统一规划而设立的水文测站。基本站应保持相对稳定,在规定的时期内连续进行观测,收集的资料应刊入《水文年鉴》或存入数据库长期保存。基本水文站按观测项目的不同可分为流量站、水位站、泥沙站、雨量站、水面蒸发站、水质站、地下水观测井等。

实验站是为了深入研究某些专门问题而设立的一个或一组水文测站,实验站也可兼作基本站。

专用站是为特定的目的而设立的水文测站,不具备或不完全具备基本站的特点。

辅助站是为帮助某些基本站正确控制水文情势变化而设立的一个或一组站点。辅助站是基本站的补充,弥补基本站观测资料的不足。计算站网密度时,辅助站不参加统计。

(二)水文测站的设立

1. 选择测验河段

水文测站的设立,首先应按照规定要求选择测验河段,它选择得恰当与否对测验工作影响很大。测验河段应遵循以下原则:

(1)要满足设站目的。根据这一原则,可确定测验河段的大致范围。例如黄河下游伊洛河、沁河汇入黄河后,必须及时掌握大洪峰流量的确切数值才能对下游做出重大决策。因此,该河段水流条件不论如何,都必须设站观测。

(2)便于进行水文测验和水文资料整编,同时保证成果有必要的精度。测验河段应尽量选择河段顺直、稳定,水流集中,无回流串沟,无分流和严重漫滩影响,地质组成坚固的河段。顺直河段长度一般不小于洪水时主河槽宽度的3~5倍。应避开有碍测验的地物、地貌以及冰期易发生冰塞、冰坝的地点。

(3)在满足上述要求的前提下,尽可能考虑生活、交通、通信上的方便。

2. 布设测验断面

水文测站只有布设测验断面才能观测各种水文要素。测验断面可分为基本水尺断面、流速仪测流断面、浮标测流断面、比降水尺断面。浮标测流断面包括上、中、下三个断面,上、下断面的间距一般不小于断面最大平均流速的 50 ~ 80 倍,干旱小河站按 20 ~ 50 倍计。中断面一般与流速仪测流断面重合。比降断面有上、下两个断面,应布设在基本水尺断面的上、下游,其间距应满足比降测算精度的要求。各种测验断面的关系如图 2-18 所示。

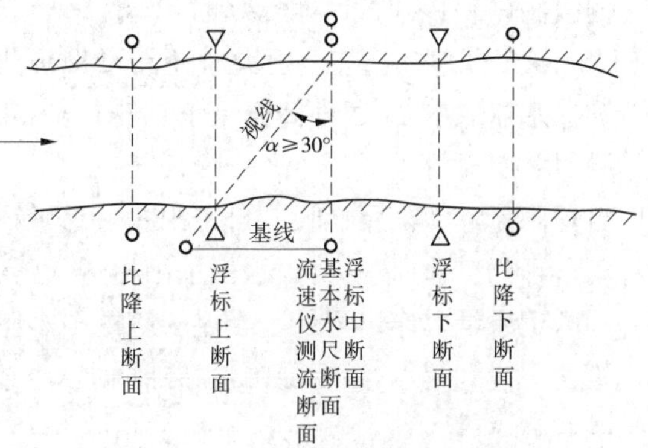

图 2-18 水文测站各种断面布设示意图

3. 布设基线

为了水文测验和断面测量的需要,在岸上应布设基线作为基本测量线段。基线应垂直于测流断面,且起点应在断面起点桩上。其长度视河宽而定,为满足测量精度的要求,基线长度应不小于河宽的60%。此外,还应重视按要求设置水准点,测定测站高程及修建各种观测水文要素的设施。

(三)水文站的日常工作内容

水文测站的日常工作概括地讲主要包括以下四方面的内容:

(1)根据测站的性质和类型,对要观测的水文要素按要求进行定时观测,以获取实测水文资料。

(2)对实测水文资料按统一的方法和格式进行计算和整理。

(3)在汛期及时上报有关实测水情资料。

(4)进行水文调查,以弥补实测资料的不足。

二、水文要素的观测

(一)降水、蒸发的观测

降水是地表水和地下水的来源,它与人民生产、生活、建设关系极为密切。蒸发是江河湖库水量损失的一部分,水利工程的水利计算、湖库的水量平衡研究等需要蒸发资料,特别是水资源合理开发和利用要研究蒸发的时空变化,因此应通过降水、蒸发观测积累资料。

1. 降水观测

观测场地尽量选在四周空旷,平坦,避开局部地形、地物影响的地点,若有障碍物,它与仪器距离不得小于障碍物顶部与器口高差的 2 倍。场地面积不小于 4 m×4 m,上空不应有高压线、通信线路通过。雨量观测的常用仪器有 20 cm 口径雨量器和自记雨量计。此外,我国在一些重点防洪地区还建成了雷达测雨系统。

1) 人工雨量筒观测

人工雨量筒是一个圆柱形金属筒，如图 2-19 所示，在降雨时雨水由漏斗进入储水瓶，降雨后，把储水瓶中的雨水倒入特制的量杯可直接读出雨量深度，并记录。

用人工雨量筒测雨一般采用分段定时观测，常用两段制（每日 8 时、20 时）观测，雨季采用四段制（每日 8 时、14 时、20 时、2 时）、八段制（每日 8 时、11 时、14 时、17 时、20 时、23 时、2 时、5 时）观测，甚至雨大时还需增加观测次数。若用人工雨量筒观测降雪，可将漏斗和储水瓶取出，只留外筒作为承雪器具。

2) 自记雨量计简介

自记雨量计多采用虹吸式自记雨量计（见图 2-20）或翻斗式自记雨量计等。虹吸式自记雨量计的工作原理为：雨水由承雨器进入浮子室后将浮子升起并带动自记笔在自记钟外围的记录纸上作出记录。当浮子室内雨水储满时，雨水通过虹吸管排至储水瓶，同时自记笔又下降到起点，继续随雨量增加而上升。这样降雨过程便在自记纸上绘出。

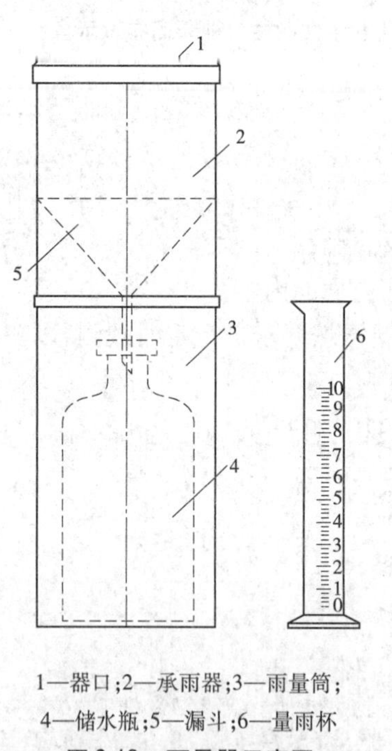

1—器口；2—承雨器；3—雨量筒；
4—储水瓶；5—漏斗；6—量雨杯

图 2-19　雨量器示意图

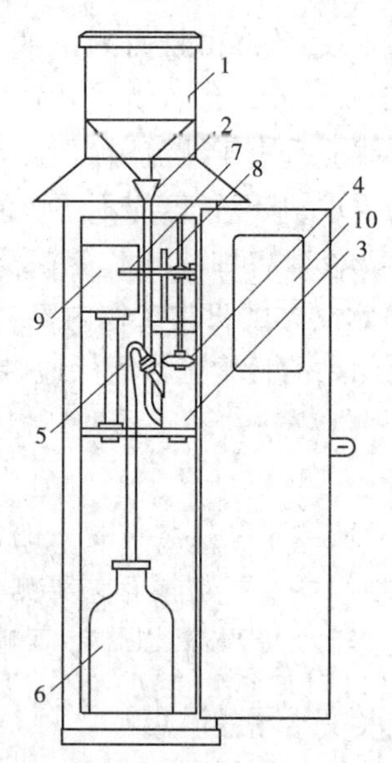

1—承雨器；2—小漏斗；3—浮子室；
4—浮子；5—虹吸管；6—储水瓶；7—自记笔；
8—笔档；9—自记钟；10—观测窗

图 2-20　虹吸式自记雨量计

取得降水资料后，应对资料进行整理。主要内容包括：编制汛期降水量摘录表；统计不同时段最大降水量；计算日、月、年等降水量，日降水量以 8 时为分界，即以昨日 8 时至今日 8 时的降水量作为昨日的日降水量。

3) 降水资料整理

目前，雨量观测已发展到建立自动测存算的系统，即 UZJ 数据测存算系统，利用固体存储器收集雨量资料，再经计算机处理，进行整编，效率很高。例如福建省南平水文水资源勘测分局自行开发研制的 WJF－2 型系列水位雨量数据采集仪，已在全省 320 个报汛站安装运行,并实现自动化报汛。该仪器集水文数据采集、存储、传输、自动化报汛等功能于一体,采用有线、短信、GPRS 三种途径传输数据,性能稳定可靠,功能齐全,确保了采集资料和水情报汛的可靠性、准确性、时效性。

2. 蒸发观测

运动着的水分子,吸收足够能量后,克服分子间的内聚力,逸出水面进入空中,这种现象称蒸发现象。水分蒸发现象发生在水面的称水面蒸发,发生在土壤中的称土壤蒸发,发生在广大流域内的称流域蒸发。而流域蒸发包括水面蒸发、土壤蒸发和植物散发,其中后两项之和称陆面蒸发。由于三者错综复杂,实际上常常将它们综合在一起进行计算,常用的方法有水量平衡法、流域蒸发模型法。下面对各类蒸发观测及资料整理作简要阐述。

1)水面蒸发观测

水面蒸发是水面的水分由液态转化为气态向大气扩散、运移的过程。单位时间蒸发的水深,称蒸发率或蒸发强度,以 mm/d 计。水面蒸发观测资料较多,比较可靠,常是其他蒸发计算的基础。

蒸发观测场与降水量观测场合二为一,设有气象辅助项目的场地应不小于 16 m(东西向)×20 m(南北向),没有气象辅助项目的场地应不小于 12 m×12 m,四周必须空旷、平坦,以保证气流畅通。观测场附近障碍物所造成的遮挡率应小于 10%。

水面蒸发按蒸发场地的设置方式分为陆上水面蒸发场和漂浮水面蒸发场两种。观测仪器有 ϕ20 型、ϕ80 套盆式、E－601 型蒸发器、水上漂浮蒸发器、20 m^2 及 100 m^2 大型蒸发池等。E－601 型蒸发器性能稳定、可靠,器测值很接近实际的大水体蒸发量,是水文部门普遍采用的设备,仪器结构如图 2-21 所示。一般每天 8 时观测一次,得每天观测的日蒸发量。这些资料整编后,刊载在每年发布的《水文年鉴》中。

使用《水文年鉴》中的蒸发资料时,应注意蒸发器类型和口径的不同,以便折算。

负值处理:蒸发量计算中会出现负值,空气水汽凝结量可能大于水面蒸发量,也可能由其他原因造成,应查明原因。出现这种情况一律作“0”处理,并在记载表中加以说明。

2)土壤蒸发观测

土壤蒸发比水面蒸发复杂,除受水面蒸发因素影响外,还与土壤含水量、土质组成有关。常用的观测仪器有称重式土壤蒸发器和水力蒸发器。称重式土壤蒸发器是将整段土柱放入底部有较密金属网的铁筒中,将金属铁筒放回挖土柱的孔中,这样使得铁筒中的土壤在同一环境条件下。经过 24 h 后,称取土柱质量,根据土柱质量变化,并考虑降水量和渗漏水量,计算土壤蒸发量。由于铁桶的存在,破坏了土柱与周围土壤的正常热交换,同时在挖土时难免破坏土壤原来结构,因此所测结果有一定误差。

3)蒸发资料整理

蒸发资料的整理是指对观测值进行日、月、年蒸发量的计算,并对有关特征值进行统计。对于用蒸发器皿测得的水面蒸发,由于蒸发器的水体条件、风力影响与天然水体有显著区别,测得的蒸发量偏大,所以对大量的小型蒸发器所观测的数据需要再乘以折算系数 k 才符合实际。折算系数 k 因仪器类型、地方环境和气候条件而异,在实际工作中可根据当地实验成果选用。

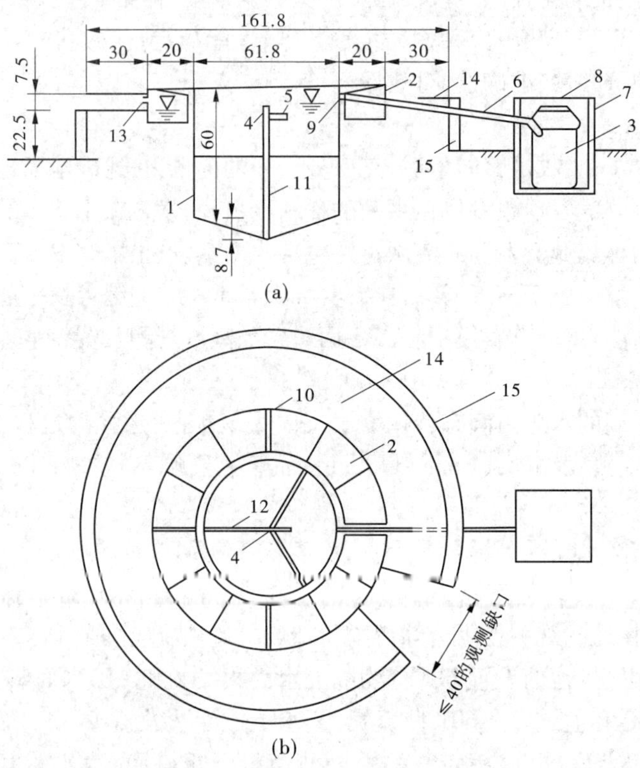

1—蒸发桶;2—水圈;3—溢流桶;4—测针座;5—器内水面指示针;

6—溢流用胶管;7—溢流桶箱;8—箱盖;9—溢流嘴;10—水圈上缘撑档;

11—直管;12—直管支撑;13—水圈排水孔;14—土圈;15—防坍设施

图 2-21　E－601 型蒸发器结构安装图　(单位:cm)

(二)水位的观测

1. 水位观测的目的

水位是指河流或其他水体的自由水面相对于某一基面的高程,以 m 计。水位观测的作用是直接为水利、水运、防洪、防涝提供具有单独使用价值的资料,如堤防、大坝、桥梁及涵洞、公路路面标高的确定;也可为推求其他水文数据而提供间接运用资料,如水资源计算,水文预报中的上、下游水位相关等。

2. 水位观测的设备

水位观测的设备,可分为直接观测设备和间接观测设备两种。直接观测设备,是传统式的水尺,人工直接读取水尺读数加水尺零点高程即得水位,它设备简单,使用方便,但工作量大,需人值守。间接观测设备,是利用电子、机械、压力等感应作用,间接反映水位变化,设备构造复杂,技术要求高,不需人值守,工作量小,可以实现自记,是实现水位观测自动化的重要条件。

1)人工水尺观测

水尺是测站观测水位的基本设施,按型式可分为直立式、倾斜式、矮桩式和悬锤式四种。其中,直立式水尺应用最普遍,其他三种则根据地形和需要选定。

水位观测时,读取自由水面与水尺相截的淹没读数,加上该尺的零点高程则得水位,即水位等于水尺读数加水尺零点高程。水位包括基本水尺水位和比降水尺水位。基本水尺读至0.01 m,比降水尺读至0.005 m。基本水尺水位的观测段次以能反映水位变化过程为原则。水位平稳时,每日8时观测一次;水位变化缓慢时,每日8时、20时各观测一次;枯水期每日20时观测确有困难的站,可提前至其他时间观测;冰封期、无冰塞现象且比较平稳时,可数日观测一次;洪水期或水位变化急剧时期,可每1~6 h观测一次,暴涨暴落时,应根据需要增为每半小时或若干分钟观测一次,应测得各次峰、谷和完整的水位变化过程。比降水尺观测,根据计算水面比降、糙率的需要,具体规定观测测次。潮水位观测时,在高、低潮前后,应每隔5~15 min观测一次,应能测到高、低潮水位及出现时间。

2)自记水位计观测

间接观测设备主要由感应器、传感器与记录装置三部分组成。感应水位的方式有浮筒式、水压式、超声波式等多种类型。按传感距离可分为就地自记式与远传、遥测自记式两种;按水位记录形式可分为记录纸曲线式、打字记录式、固态模块记录式等。自记水位计是自动记录水位连续变化过程的仪器,具有记录完整、连续、节省人力的优点。

3. 日平均水位计算

对水位资料必须进行整理及有关特征值统计,如日平均水位、月平均水位、年平均水位以及月、年最高、最低水位等。这里介绍日平均水位计算。

当一日内水位变化缓慢或水位变化虽较大,但等时距观测或摘录时,可采用算术平均法计算日平均水位;当一日内水位变化较大,又不等时距观测或摘录时或日内有峰、谷变化时,则用面积包围法计算日平均水位。即将每日0时至24时的水位过程线与时间坐标所包围的面积除以24 h即得日平均水位,如图2-22所示,计算式为

$$\overline{Z} = \frac{1}{48}[Z_0 a + Z_1(a+b) + Z_2(b+c) + \cdots + Z_{n-1}(m+n) + Z_n n] \tag{2-19}$$

式中 $Z_0, Z_1, Z_2, \cdots, Z_n$ ——各次观测的水位,m;

$a, b, c, \cdots, m, n$ ——相邻两次水位间的时距,h。

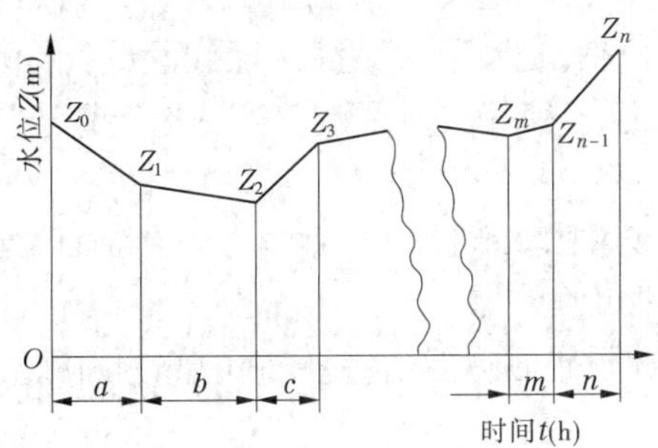

图2-22 面积包围法求日平均水位示意图

日平均水位计算后,记入各站逐日平均水位表中,并统计有关特征水位于表的附栏内。汛期典型洪水过程线,记入汛期水文要素摘录表内。

（三）流量测验

流量是单位时间内通过江河某一断面的水量，以 m^3/s 计。流量是反映河流水资源和水量变化的基本资料，在水利工程规划设计和管理运用中都具有重要意义。测量流量的方法很多，常用的方法为流速面积法，其中包括流速仪测流法、浮标测流法、比降面积法等，这是我国目前使用的基本方法。此外，还有水力学法、化学法、物理法、直接法等。以下主要介绍流速仪测流法，该法是用流速仪测定水流速度，并由流速与断面面积的乘积来推求流量的方法。它是目前国内外广泛使用的测流方法，也是最基本的测流方法。

天然河道的水流受断面形态、河床糙率、坡降、流态影响，其流速的大小在河道的纵向、横向和竖向的分布不同，即断面各点流速 v 随水平及垂直方向位置不同而变化。实际测验中流量 Q 是根据实测断面面积和实测流速来计算的。把过水断面分为若干部分，测量和计算各部分面积，在各部分面积中，可以通过垂线测点测得点流速，再推算部分平均流速，两者乘积为部分流量，部分流量总和即为断面流量。

1. 过水断面测量

断面测量是在断面上布设一定数量的测深垂线，施测各垂线的水深，并测各垂线与岸上某一固定点的水平距离，即起点距。因此，过水断面测量主要包括测量水深、起点距及水位，如图 2-23 所示。

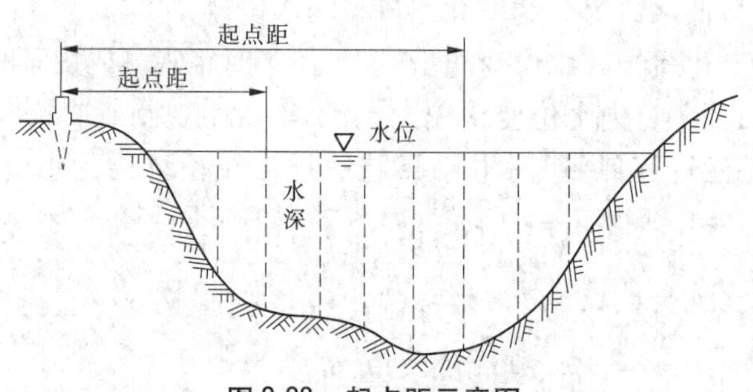

图 2-23　起点距示意图

测深垂线布设数量和位置，以能反映河底断面天然几何形状为原则，一般主河道密些，滩地稀些。测量水深的方法随水深、流速大小、精度要求及测量方法的不同而异。通常有下列几种方法：用测深杆、测深锤、测深铅鱼等测深器具测深，缆道悬索测深，超声波回声测深仪测深等。

起点距是指垂线距基线桩的水平距离。测量方法有断面索法、仪器测角交会法、全球定位系统（GPS）定位法。

各测深垂线的水深及起点距测得后，各垂线间的部分面积及全断面面积即可求出。

2. 流速测量

天然河道中普遍采用流速仪法和浮标法两种方法测流速。

1）流速仪结构和工作原理

目前采用的流速仪有旋杯式和旋桨式两种（见图 2-24 和图 2-25），主要由头部、身架、尾翼三部分组成。工作原理是水流冲击头部的转动部分，旋转一定次数后，由接触机构的作用，经电线线路转换为电信号。流速越大，旋转越快，单位时间转数与水流速度存在线

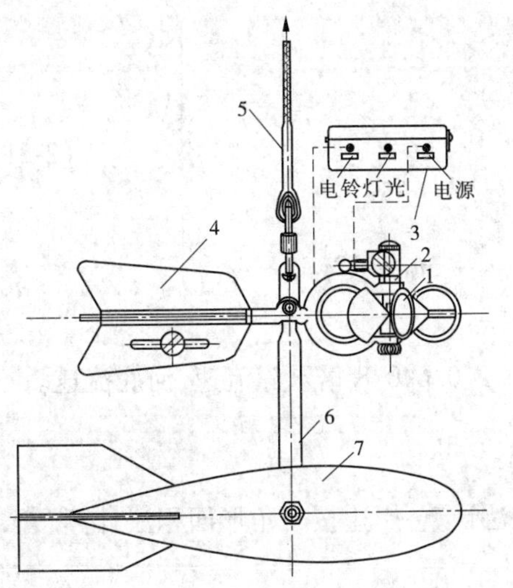

1—旋杯;2—传讯盒;3—电铃计数器;4—尾翼;
5—钢丝绳;6—悬杆;7—铅鱼

图 2-24　LS68-2 型旋杯式流速仪

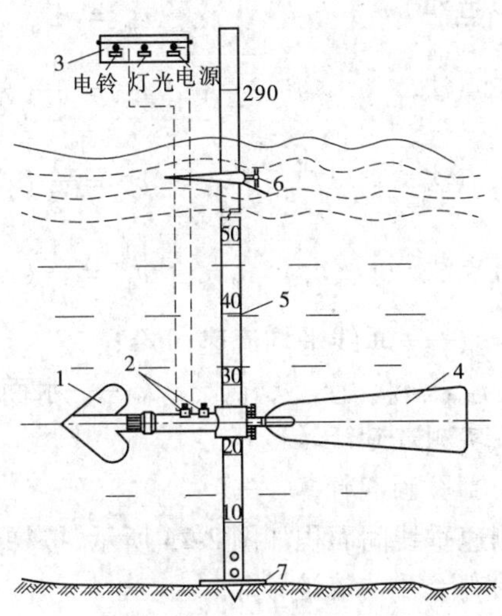

1—旋桨;2—接线柱;3—电铃计数器;4—尾翼;
5—测杆;6—定向指针;7—底盘

图 2-25　LS25-1 型旋桨式流速仪

性关系,即

$$v = k\frac{R}{T} + c \tag{2-20}$$

式中　v——测点流速,m/s;

k、c——仪器鉴定常数;

T——总历时,s;

R——转数。

2)测速历时的要求

测速历时是以能克服流速脉动影响为原则的。测速历时一般采用 100 s,当流速变率较大或垂线上测点较多时,可采用 30~60 s。流速仪 k、c 由专门鉴定试验求得,流速仪出厂时须鉴定出 k、c 值。使用一段时间后,应重新鉴定。

3)流速测验

首先据河槽特征和水情在测流断面上布设测速垂线,其布设宜均匀分布,并应能控制断面地形和流速沿河宽分布的主要转折点,主槽垂线应较河滩密。每条测速垂线上布设的测点数由水深而定。水深浅,用一点法(水面以下相对水深 0.6 或 0.5 位置);水深较大,可采用多点法,如二点法(相对水深 0.2 和 0.8)、三点法(相对水深 0.2、0.6、0.8)、五点法(相对水深 0.0、0.2、0.6、0.8、1.0)。垂线测点布设后,则可进行流速测量,即把流速仪安装在悬吊设备上,并运送到垂线测点位置,待流速仪稳定后,则可开动秒表计时测速,在规定的测速历时 T 内止动秒表,求得总转数 R,按式(2-20)计算点流速 v_i(m/s)。

垂线平均流速按下列各式计算:

$$\left.\begin{aligned}&\text{一点法} && v_m = v_{0.6}\\&\text{二点法} && v_m = \frac{1}{2}(v_{0.2} + v_{0.8})\\&\text{三点法} && v_m = \frac{1}{3}(v_{0.2} + v_{0.6} + v_{0.8})\\&\text{五点法} && v_m = \frac{1}{10}(v_{0.0} + 3v_{0.2} + 3v_{0.6} + 2v_{0.8} + v_{1.0})\end{aligned}\right\} \quad (2\text{-}21)$$

式中 v_m——垂线平均流速,m/s;

$v_{0.0}$、$v_{0.2}$、$v_{0.6}$、$v_{0.8}$、$v_{1.0}$——水面流速,0.2、0.6、0.8倍水深流速,河底流速。

3. 实测流量计算

1)部分面积计算

测速垂线间面积如图2-23所示,按梯形面积法计算,岸边按三角形面积法计算。

2)部分平均流速计算

两岸边部分平均流速按式(2-22)计算

$$v = av_{m岸} \quad (2\text{-}22)$$

式中 v——岸边部分平均流速,m/s;

$v_{m岸}$——岸边垂线平均流速,m/s;

a——岸边流速系数,参照表2-4选用。

表2-4 岸边流速系数 a 值

岸边情况	a 值
斜坡岸边(水深均匀地变浅至零的岸边部分)	0.67~0.75,可取0.70
陡岸边:不平整陡岸边用	0.8
陡岸边:光滑陡岸边用	0.9
死水边(死水与流水交界处)	一般取0.6

其余相邻两测速垂线间部分面积平均流速可用垂线平均流速算术平均求得,即

$$v_i = \frac{1}{2}(v_{m,i-1} + v_{m,i}) \quad (2\text{-}23)$$

3)部分流量计算

部分平均流量 q_i 等于部分面积 A_i 与相应部分平均流速 v_i 的乘积,即

$$q_i = A_i v_i \quad (2\text{-}24)$$

4)断面流量计算

断面流量等于断面上所有部分流量总和,即

$$Q = \sum_{i=1}^{n} q_i \quad (2\text{-}25)$$

断面面积按断面各部分面积总和求得,即

$$A = \sum_{i=1}^{n} A_i \quad (2\text{-}26)$$

4. 浮标测流

江河遇到特大洪水时，往往流速大、风浪大，此时流速仪测流会遇到难以克服的困难，这时必须使用浮标测流。浮标按其入水深度不同，可分为水面浮标和深水浮标。这里介绍水面浮标法测流。

浮标测流原理：浮标浮在水面受水流冲击而随水流前进，浮标在水面漂移速度与水流速度存在密切关系（也受风向风力的影响、与浮标材料和型式也有很大关系）。由于浮标影响因素复杂，目前只能认为这种关系近似为线性关系。用浮标测得的流速为水面虚流速，乘以河道断面面积 A，得到浮标法测得的流量 $Q_{虚}$，再乘以小于 1.0 的浮标系数 K_f 得断面实际流量 Q。

$$Q = K_f Q_{虚} \tag{2-27}$$

式中，浮标系数 K_f 值的大小与浮标型式及风力、风向等因素有关，一般为 0.8 ~ 0.9。其数值可通过浮标法和流速仪法同时比测确定。

【例 2-2】 某一水文站施测流量，岸边系数 a 取为 0.7，按上述方法计算流量，成果见表 2-5。

表 2-5　某水文站测深、测速记载及流量计算

施测时间：2000 年 5 月 10 日 8 时 00 分至 8 时 30 分								流速仪牌号及公式：LS25－1 型　$v=0.2557R/T+0.0068$							
垂线号数		起点距(m)	水深(m)	仪器位置		测速记录		流速(m/s)			测深垂线间		断面面积(m²)		部分流量(m³/s)
测深	测速			相对水深	测点深(m)	总历时 T(s)	总转数 R	测点	垂线平均	部分平均	平均水深(m)	间距(m)	测深垂线间	部分	
左水边		10.0	0												
										0.69	0.50	15	7.50	7.50	5.18
1	1	25.0	1.00	0.6	0.60	125	480	0.99	0.99						
										1.04	1.40	20	28.00	28.00	29.12
2	2	45.0	1.80	0.2	0.36	116	560	1.24	1.10						
				0.8	1.44	127	480	0.97							
										1.17	2.00	20	40.00	40.00	46.80
3	3	65.0	2.21	0.2	0.44	104	560	1.38	1.24						
				0.6	1.33	118	570	1.24							
				0.8	1.77	111	480	1.11							
										1.14	1.90	15	28.50	35.25	40.18
4		80.0	1.60												
											1.35	5	6.75		
5	4	85.0	1.10	0.6	0.66	110	440	1.03	1.03						
										0.72	0.55	18	9.90	9.90	7.13
右水边		103.0	0												
断面流量 128.4 m³/s				断面面积 120.7 m²				平均流速 1.06 m/s			水面宽 93.0 m		平均水深 1.30 m		

（四）泥沙测验

泥沙资料是水工建筑物设计的一项重要水文资料，是研究流域水土变化、河床演变的重要依据。河流泥沙按其运动状态可分为悬移质、推移质和河床质三类。悬移质是悬浮于水中随水流而运动的泥沙,推移质是在水流冲击下沿河底移动或滚动的泥沙,河床质是相对静止而停留在河床上的泥沙。这三种泥沙状态随水流条件的变化而相互转化。这里介绍悬移质泥沙测验与计算。

1. 泥沙的量计单位

1) 含沙量

含沙量是指单位体积浑水中所含泥沙的质量,用 ρ 表示,以 kg/m^3 计。

2) 输沙率

输沙率是指单位时间内通过河渠某一过水断面的干沙质量,用 Q_s 表示,以 kg/s 计。若用 Q 表示断面流量,以 m^3/s 计,则有

$$Q_s = \rho Q \tag{2-28}$$

3) 输沙量

输沙量是指某时段内通过河流某断面的泥沙质量,用 W_s 表示,以 kg 或 t 计。若时段为 T 以 s 计,W_s 以 kg 计,则

$$W_s = Q_s T \tag{2-29}$$

4) 侵蚀模数

侵蚀模数是指单位面积上的输沙量,用 M_s 表示,以 t/km^2 计。若 W_s 以 t 计,F 为计算输沙量的流域或区域面积,以 km^2 计,则

$$M_s = \frac{W_s}{F} \tag{2-30}$$

2. 悬移质泥沙测验

天然河流断面上各点含沙量是不相同的,只需确定断面输沙率随时间的变化过程,即可求出任意时段通过断面的泥沙质量。

断面输沙率可通过断面含沙量测验,配合流量测量来推求,即通过取样垂线测点含沙量的测验,推求垂线平均含沙量;由垂线平均含沙量推求部分面积平均含沙量;部分面积平均含沙量与同时测得的部分流量的乘积得部分输沙率;各部分输沙率之和为断面输沙率;断面输沙率除以断面流量即得断面含沙量。

1) 含沙量测验

含沙量测验是利用采样器在预先分析选定的代表性取样垂线的位置上取得一定体积的水样,经量积、静置沉淀、过滤、烘干、称重,得到一定体积浑水中的干沙重,进而求得含沙量。

悬移质采样器的类型很多,我国目前测站常见的悬移质采样器有横式和瓶式两种。如图 2-26 和图 2-27 所示。

黄河水利委员会在 20 世纪 70 年代研制了同位素含沙计,在多沙河流中使用,这种仪器由铅鱼、探头、晶体管、计数器等部分组成,并附有电源操作箱和充电机。应用时只要将仪器探头装入铅鱼腹中,放到测点上,接通电源,即可由计数器显示的数字在工作曲线上查得所在位置的含沙量。它具有准确、及时、不取水样的优点,但工作曲线应经常校正。2003 年,黄河水利委员会水文局联合哈尔滨工业大学,历时近两年的研制和试验,研制成

功了振动式测沙仪。

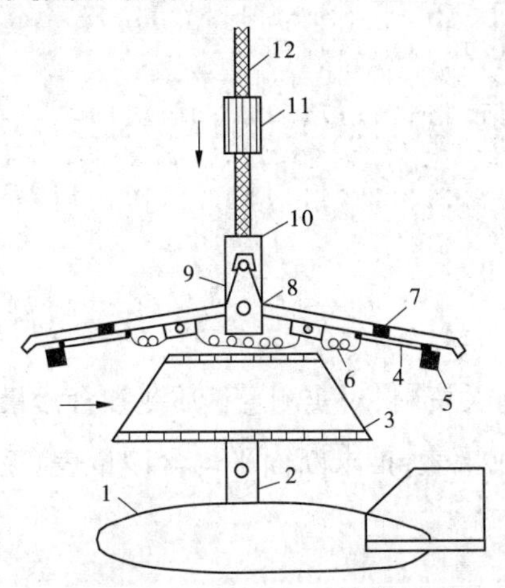

1—铅鱼;2—吊杆;3—斜口取样筒;4—筒盖;
5—橡皮垫圈;6—弹簧;7—杠杆;8—撑爪;
9—升降盒;10—小弹簧;11—重锤;12—钢丝索

图 2-26　横式采样器

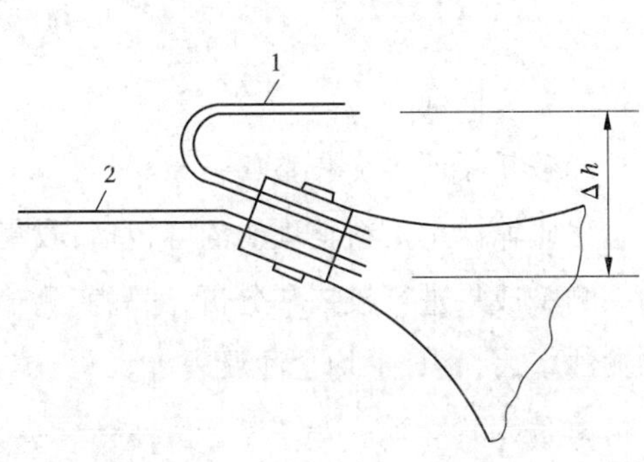

1—排气管;2—进气管

图 2-27　瓶式采样器

2)输沙率测验

首先在断面上布设一定数量的取样垂线(必须同时是测速垂线),测沙垂线布设方法和测沙垂线数目,应由试验分析确定。未经试验分析前,可采用单宽输沙率转折点布设法。测沙垂线数目,一类站不应少于10条,二类站不应少于7条,三类站不应少于3条。垂线上测点分布,视水深大小和精度要求而定,通常有一点法、二点法、三点法和五点法。具体按相关规范规定执行,公式如下:

$$\left.\begin{aligned}
&\text{一点法} && \rho_m = C\rho_{0.6} \\
&\text{二点法} && \rho_m = \frac{\rho_{0.2}v_{0.2} + \rho_{0.8}v_{0.8}}{v_{0.2} + v_{0.8}} \\
&\text{三点法} && \rho_m = \frac{\rho_{0.2}v_{0.2} + \rho_{0.6}v_{0.6} + \rho_{0.8}v_{0.8}}{v_{0.2} + v_{0.6} + v_{0.8}} \\
&\text{五点法} && \rho_m = \frac{\rho_{0.0}v_{0.0} + 3\rho_{0.2}v_{0.2} + 3\rho_{0.6}v_{0.6} + 2\rho_{0.8}v_{0.8} + \rho_{1.0}v_{1.0}}{10v_m}
\end{aligned}\right\} \quad (2\text{-}31)$$

式中　C——一点法的系数,由多年实测资料分析确定,无资料时暂用0.6;

ρ_m——垂线平均含沙量,kg/m^3 或 g/m^3;

v_m——垂线平均流速,m/s;

$\rho_{0.0}$、$\rho_{0.2}$、$\rho_{0.6}$、$\rho_{0.8}$、$\rho_{1.0}$——水面含沙量,0.2、0.6、0.8倍相对水深及河底的含沙量,kg/m^3 或 g/m^3;

$v_{0.0}$、$v_{0.2}$、$v_{0.6}$、$v_{0.8}$、$v_{1.0}$——水面流速,0.2、0.6、0.8倍相对水深及河底的流速,m/s。

$$Q_s = \rho_{m1}q_0 + \frac{\rho_{m1} + \rho_{m2}}{2}q_1 + \frac{\rho_{m1} + \rho_{m3}}{2}q_2 + \cdots + \frac{\rho_{m(n-1)} + \rho_{mn}}{2}q_{n-1} + \rho_{mn}q_n \quad (2\text{-}32)$$

式中　Q_s——断面输沙率,kg/s;

$\rho_{m1},\rho_{m2},\cdots,\rho_{mn}$ ——各条测沙垂线的垂线平均含沙量，kg/m^3；

$q_0,q_1,\cdots,q_n$ ——以测沙垂线分界的部分流量，m^3/s。

3）断面平均含沙量计算

$$\bar{\rho}=\frac{Q_s}{Q} \tag{2-33}$$

式中符号意义同前。

3. 悬移质输沙率资料整理

悬移质输沙率资料整理的内容包括：收集整理有关资料，对实测悬移质测点含沙量和输沙率测验成果进行校核和分析，编写实测输沙率成果表，推求断面平均含沙量表、逐日平均输沙率表、逐日平均含沙量表等。

1）单位水样含沙量与单断沙关系❶

为满足工程上的需要，必须推算一定时段内输沙总量和输沙过程。这种过程要用实测来实现是有困难的，而人们由实践得知，断面稳定，主流摆动不大，则断面平均含沙量与其中某一垂线平均含沙量之间存在一定关系。经多次资料分析，建立这种稳定关系，只要在代表性的垂线上取得垂线平均含沙量（即单位含沙量），在关系线上就可推得断面平均含沙量。这样则可简化泥沙测验工作。单位含沙量简称单沙，断面平均含沙量简称断沙。据一年所测的断沙的相应单沙为纵坐标、以断沙为横坐标，点绘单断沙关系线，如图 2-28 所示。

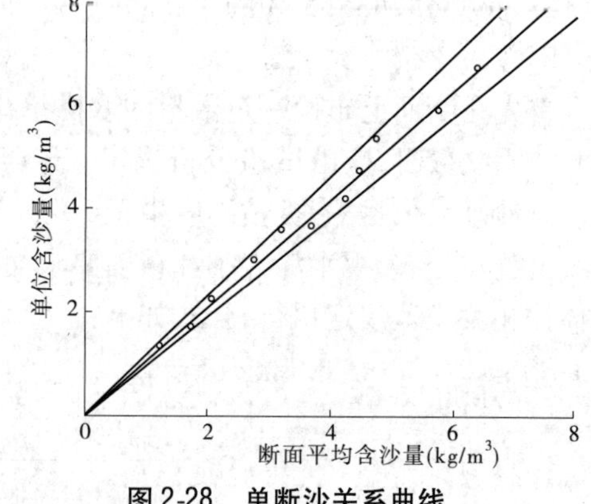

图 2-28　单断沙关系曲线

2）泥沙资料成果表

首先分析输沙率实测成果，消除错误因素，分析和处理突出点（结合单断沙关系图），据以确定单断沙关系。日内含沙量变化不大，过程线平缓，用实测单沙算术平均得日平均含沙量；若变化较大，应以面积包围法计算日平均含沙量；由日平均含沙量乘以日平均流量得日平均输沙率；洪水期，日内流量、含沙量变化大，应由各次单沙推算断沙，再乘以各次流量得各次输沙率，由日内输沙率过程推求日输沙量，再除以日秒数，得日平均输沙率。填制逐日输沙率表。

特征值统计：全年日平均输沙率总和除以全年日数得年平均输沙率；年平均输沙率乘以一年秒数得年输沙量，单位为 t。

刊布的泥沙资料包括逐日平均输沙率表，逐日平均含沙量表以及月、年平均值、最大值、最小值和粒径级配资料。

推移质、河床质测验可参考《水文测验手册》。

---

❶　单断沙关系指单位含沙量与断面平均含沙量的关系。

第六节　水文资料收集整理

各种水文测站测得的原始数据，都要按科学的方法和统一的格式整理、分析、统计、提炼成为系统、完整，且有一定精度的水文资料，供水文水资源部门和有关国民经济部门应用。这个水文数据的加工、处理过程，称为水文数据处理。

水文数据处理的工作内容包括：收集校核原始数据；编制实测成果表；确定关系曲线，推求逐时、逐日值；编制逐日表及洪水水文要素摘录表；合理性检查；编制处理说明书。本节主要介绍流量资料整编，并着重于水位流量关系的建立和分析。

一、水位流量关系曲线的绘制

（一）稳定的水位流量关系曲线的确定

当河床稳定，控制良好时，其水位流量关系就较稳定，关系曲线一般为单一线，绘制较简单。在方格纸上，以水位为纵坐标，流量为横坐标，点绘水位流量关系点，对突出的偏离点，在排除错误后，应分析其原因，如图 2-29 所示。

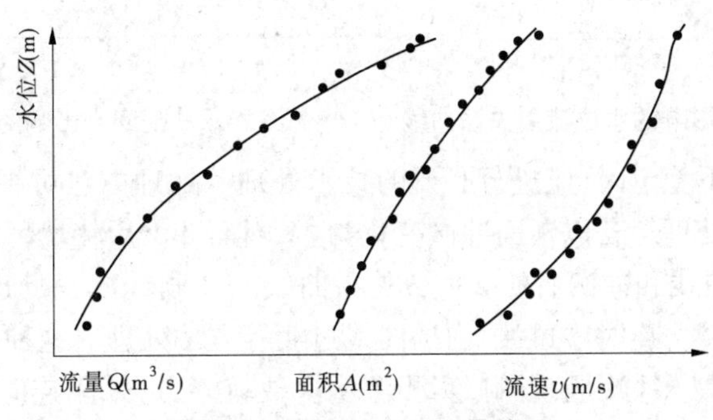

图 2-29　稳定的水位流量关系

（二）不稳定的水位流量关系曲线的确定

不稳定的水位流量关系，是指在同一水位工作情况下，通过断面的流量不是定值，反映在点绘的水位流量关系曲线不是单一线。

根据水力学的曼宁公式，天然河道的流量可用下式表达

$$Q = n^{-1}AR^{\frac{2}{3}}s^{\frac{1}{2}} \tag{2-34}$$

式中　Q——流量，m^3/s；

A——过水断面面积，m^2；

R——水力半径，m；

n——河床糙率；

s——水面比降。

式(2-34)表明，水位不变，A、R、n、s 任何一项发生变化，Q 将发生变化。天然河道发生洪水涨落、断面冲淤、变动回水、结冰或盛夏水草丛生等均会使 A、R、n、s 改变，从而影响水位流量关系的稳定，如图 2-30 ~ 图 2-32 所示。

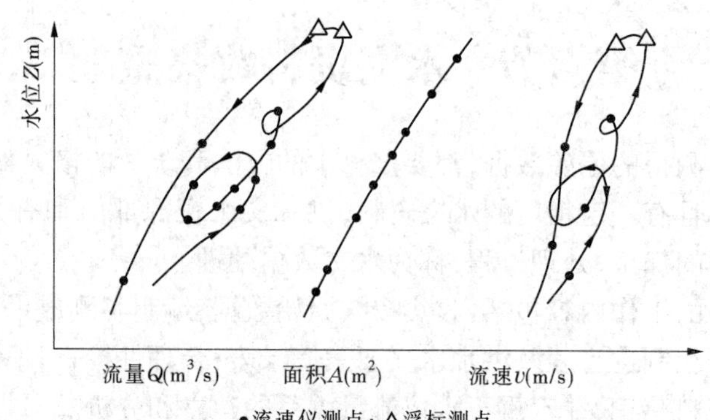

图 2-30　受洪水涨落影响的水位流量关系曲线

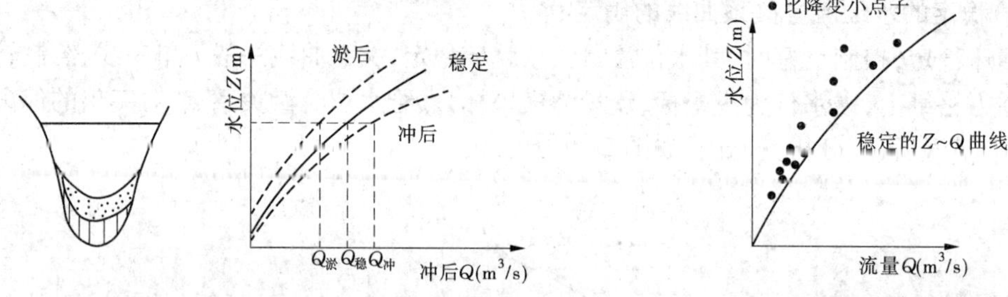

图 2-31　受冲淤影响的水位流量关系曲线　　　　图 2-32　受回水影响的水位流量关系曲线

水位流量关系不稳定时，应进行必要的技术处理。处理方法可视影响因素的复杂性而采用相应的技术处理。若以断面冲淤变化为主，断面冲淤后依然稳定，则可分别确定冲淤前的 $Z \sim Q$ 关系曲线和冲淤后的 $Z \sim Q$ 关系曲线。冲刷或淤积的过渡时间里的 $Z \sim Q$ 关系曲线，用自然过渡、连时序过渡、内插曲线过渡等方法处理。这种方法称临时曲线法，如图 2-33 所示。若受多种因素影响，实测流量次数较多，可采用连时序法。连时序法是按实测流量点的时间顺序来连接的水位流量关系曲线。具体连线时，应参照水位变化过程及水位流量关系曲线变化情况进行。连时序的线型往往是绳套型，绳套顶部应与洪峰水位相切。绳套底部应与水位过程线低谷水位相切，如图 2-34 所示。

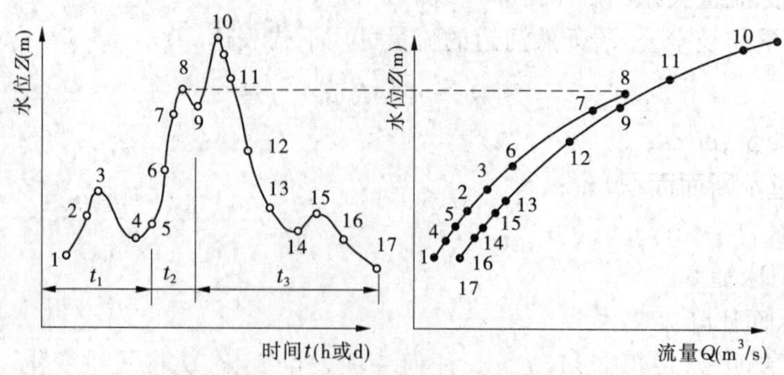

图 2-33　各临时曲线间的过渡线示意图

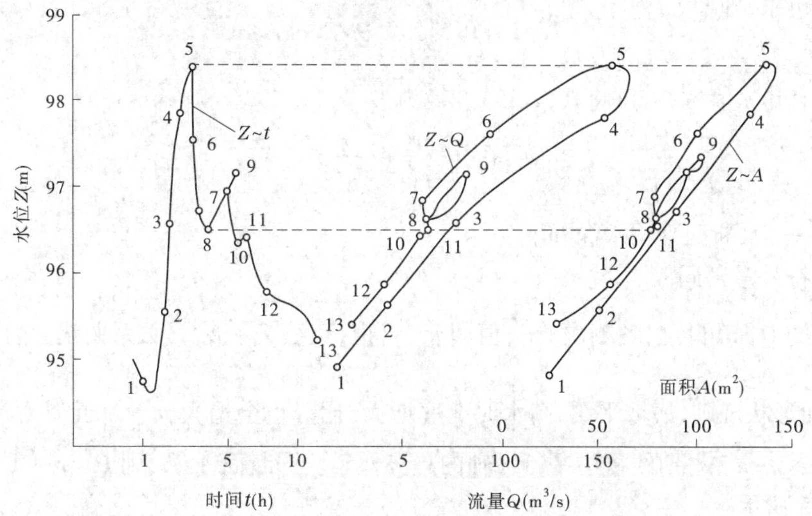

图 2-34　连时序水位流量关系曲线示意图

受洪水涨落影响为主的，整编方法有校正因素法、绳套曲线法、抵偿河长法；受变动回水影响的有定落差法、落差方根法、连实测流量过程线法；以水生植物或结冰影响为主的有临时曲线法、改正水位法、改正系数法等。可参考有关书籍。

在天然河道断面无实测资料时，为了水工建筑物设计的需要，可按水力学公式和过水断面资料计算流量，建立水位流量关系曲线。若附近有实测的水位流量关系曲线，可用明渠非均匀流的水面曲线法推求水位流量关系曲线。当厂坝建成后，可由实测下泄流量，观测下游水位来率定水位流量关系。

二、水位流量关系曲线的延长

水文站测流受其测验条件限制，难以测到整个水位变幅的流量资料，洪水时和枯水时均如此，所以需要将水位流量关系曲线延长。高水延长成果直接影响汛期的流量和洪峰流量；枯水流量虽小，但延长成果影响历时长，相对误差大，因此高低水延长均要慎重。规范规定，高水延长幅度不应超过当年实测流量的相应水位变幅的 30%；低水延长不应超过 10%。延长的方法如下所述。

（一）根据水位面积、水位流速关系曲线延长

河床比较稳定，相应的 $Z \sim A$、$Z \sim v$ 关系也比较稳定。$Z \sim A$ 关系可由大断面资料而得；$Z \sim v$ 关系在高水时具有直线变化趋势，可按趋势延长，将延长部分的各级水位的对应面积和流速相乘即为所求的流量，从而延长 $Z \sim Q$ 关系曲线。这种方法在延长幅度内，断面不能有突变，如漫滩等，因这时的 $Z \sim v$ 关系不是直线趋势。

（二）用水力学公式延长

用水力学公式延长主要采用曼宁公式法和史蒂文森法。

1. 曼宁公式法

有比降资料的站，可由 Q 值、A 值、s 值求出各测次的糙率 n 值，点绘 $Z \sim n$ 关系并延长，确定高水的 n 值；再根据高水的 s 值和大断面资料，则可用曼宁公式求断面流量，从而

断面流速也可求,即

$$v = n^{-1} R^{\frac{2}{3}} s^{\frac{1}{2}} \tag{2-35}$$

若无 s 值和 n 值资料,可将式(2-35)变换为

$$n^{-1} s^{\frac{1}{2}} = \frac{v}{R^{\frac{2}{3}}} \approx \frac{v}{\bar{h}^{\frac{2}{3}}} \tag{2-36}$$

式中 $\bar{h}$ ——过水断面平均水深,m;

其他符号意义同前。

据实测的 Q、A 可算出各测次的$\frac{v}{\bar{h}^{\frac{2}{3}}}$值即 $n^{-1}s^{\frac{1}{2}}$值,点绘 $Z \sim n^{-1}s^{\frac{1}{2}}$关系曲线。若测站河段顺直、断面形状规则、底坡平缓,高水时糙率增大,比降也会增大,$n^{-1}s^{\frac{1}{2}}$近似为常数,这样,高水延长 $Z \sim n^{-1}s^{\frac{1}{2}}$曲线可沿平行纵轴的趋势外延。据断面 $A\bar{h}^{\frac{2}{3}}$,则 $Q = n^{-1}A\bar{h}^{\frac{2}{3}}s^{\frac{1}{2}}$可求,如图 2-35 所示。

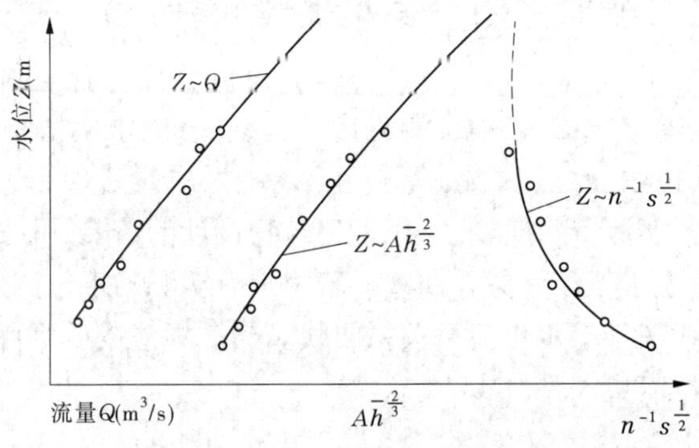

图 2-35 曼宁公式法延长水位流量关系

2. *史蒂文森法*

史蒂文森法即 $Q \sim A\sqrt{\bar{h}}$ 延长法。由谢才公式知

$$Q = AC\sqrt{Rs} = A\sqrt{R}C\sqrt{s}$$

宽浅河流可用平均水深$\bar{h}$近似代替 R,且高水部分 $C\sqrt{s}$ 近似为常数,用 K 表示,则有

$$Q = KA\sqrt{\bar{h}} \tag{2-37}$$

由式(2-37)可知,高水部分 $Q \sim A\sqrt{\bar{h}}$ 关系近似直线关系。具体做法是:据实测的 Z、Q、A 资料,计算 $A\sqrt{\bar{h}}$ 值;绘制 $Z \sim A\sqrt{\bar{h}}$ 曲线,再绘制相应的 $Q \sim A\sqrt{\bar{h}}$ 曲线,直线延长 $Q \sim A\sqrt{\bar{h}}$ 曲线。由 Z 在 $Z \sim A\sqrt{\bar{h}}$ 曲线查得 $A\sqrt{\bar{h}}$,再由 $A\sqrt{\bar{h}}$ 查 $Q \sim A\sqrt{\bar{h}}$ 曲线得 Q,把 Q 点绘在 $Z \sim Q$ 关系图上,这样即把 $Z \sim Q$ 曲线延长到高水位,如图 2-36 所示。

(三)低水延长

低水延长一般采用水位面积、水位流速关系延长,并以断流水位为控制。断流水位是流量为零的水位。确定断流水位的方法是测站下游有浅滩或石梁,可以它的顶部高程为断流水位,但必须下游有控制断面资料才行。若下游无控制断面资料,但下游河底平坦段

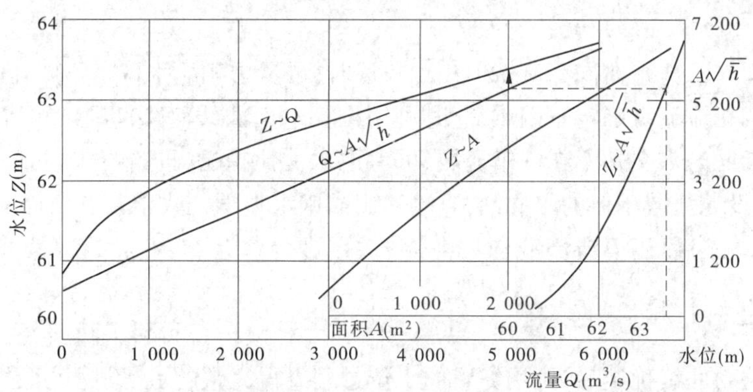

图2-36　用 $Q \sim A\sqrt{h}$ 曲线法延长水位流量关系

较长,则可取基本水尺断面河底最低点高程作为断流水位,此断流水位较可靠。

无条件用上法确定断流水位时,可用分析法求得。若断面形状规整,在延长部分的水位变幅内河宽无太大变化,又无浅滩和分流,则可假定此时的水位流量关系曲线为单一抛物线型,则符合 $Q = kh^r$ 关系,或用

$$Q = k(Z - Z_0)^r \tag{2-38}$$

式中　Z_0——断流水位,m;

r、k—— 固定指数和系数。

在水位流量关系曲线的低水弯曲部分,依顺序取 a、b、c 三点,对应的水位和流量分别为 Z_a、Q_a、Z_b、Q_b、Z_c、Q_c。若三点的流量满足 $Q_b^2 = Q_a Q_c$,则可得

$$Q_a = k(Z_a - Z_0)^r, Q_b = k(Z_b - Z_0)^r, Q_c = k(Z_c - Z_0)^r$$

所以
$$k^2(Z_b - Z_0)^{2r} = k^2(Z_a - Z_0)^r(Z_c - Z_0)^r$$

即
$$(Z_b - Z_0)^{2r} = (Z_a - Z_0)^r(Z_c - Z_0)^r$$

解得
$$Z_0 = \frac{Z_a Z_c - Z_b^2}{Z_a + Z_c - 2Z_b} \tag{2-39}$$

式 (2-39)为断流水位计算公式。具体选点时,可在 $Z \sim Q$ 曲线低水部分选 a、c 两点,用 $Q_b = \sqrt{Q_a Q_c}$ 求 b 点的流量 Q_b,再由 Q_b 在 $Z \sim Q$ 曲线上查 Z_b,然后代入式(2-39)算得断流水位 Z_0。若算得 $Z_0 = 0$,或其他不合理现象,则应另选 a、b、c 三点流量重新计算。一般需试算 2 ~ 3 次,方可得合理的断流水位 Z_0。断流水位求出后,则可以 Z_0 为控制,延长至当年最低水位。

三、水位流量关系的移用

规划设计时,设计断面常无水位流量关系曲线资料,因此无法确定坝下游和电站尾水处的水位。这时需要将邻近水文站的水位流量关系曲线移用到设计断面。

移用方法:若水文站离断面不远,两者区间面积不大,河段无明显入流和分流,可以移用水文站的 $Z \sim Q$ 曲线。在设计断面设立水尺与水文站进行同步观测水位,然后建立同步设计断面与水文站基本水尺断面水位相关关系。关系良好,可用同步观测水位查水文

站 $Z \sim Q$ 曲线得出 Q,以 Q 和设计断面同步水位点绘 $Z \sim Q$ 曲线作为设计断面 $Z \sim Q$ 曲线。

当设计断面与水文站在同一流域但相距较远时,可考虑相应水位来移用,区间面积增大,难免有入流,相应流量确定有困难,这时可用推算水面曲线法来解决。可参考有关书籍。如果设计断面与水文站不在一个流域,可考虑水文比拟法,即选择自然地理、水文气象、流域特征与设计流域相似的水文站,直接移用或用水力学公式求设计断面的 $Z \sim Q$ 关系曲线,待工程竣工后,用下泄流量与下游水位关系进行率定。

四、流量资料整编

水位流量关系曲线确定后,可用完整的水位过程查得完整的流量过程,并进行有关的特征值统计。

整编内容有逐日平均流量表的编制。当流量日内变化平稳时,可用日平均水位查 $Z \sim Q$曲线得日平均流量;当日内流量变化较大或出现洪峰流量、最小流量时,可用逐时(或以 6 min 的倍数)观测的水位查 $Z \sim Q$ 曲线得相应时段流量,再用算术平均法或面积包围法求得日平均流量。据此可得月、年平均流量。

单站流量整编成果要进行合理性检查,提高成果可靠性。利用水量平衡原理,对上下游、干支流的水文站流量成果与本站整编成果进行对照、检查、分析,确定无误后,才提供使用或刊布。

特征值统计包括月、年平均流量,年最大值、最小值及发生日期,汛期各主要洪水要素摘录,实测流量成果表等。

第七节　水文调查与水文资料的采集

一、水文调查

水文站网的定位观测工作是观察水文现象、提供水文资料的主要途径。但由于定位观测有时间和空间的局限性,往往不能满足要求。因此,必须通过其他途径来收集水文资料,补充定位观测的不足,使资料更加充分,满足国民经济各部门工作的需要。水文调查是收集水文资料的一种方法,用以补充水文测站定位观测之不足,使水文资料能够更为系统完整。调查内容有自然地理、流域特征、水文气象、人类活动、暴雨、洪水、枯水以及灾害情况等。

(一)洪水调查

首先明确调查任务、调查目的、已有资料和地理条件、工作内容和方法。做好调查准备工作,组织一支有一定业务水平的调查队伍;收集调查流域的有关资料、历史文献以及旱涝灾害情况。

1. 实地调查与勘测

深入群众,向知情者、古稀老人调查访问,共忆洪旱情景、指认洪痕位置,并从上游向下游按顺序编号,有条件可做永久性标志,注明洪水发生年月日,尽可能调查洪水起涨、洪峰、落平的时间,以利于洪水过程的估算。注意调查时河段的演变。勘测洪痕高程并测出相应纵、横断面。据调查资料,绘制河段简易平面图、纵横断面图,描述河段组成。各项调查图表均按规范规定绘制。

2. 洪峰流量和洪水总量计算

当调查河段洪痕与水文站紧邻(上下游)时,可用水文站历史洪水延长该站的 $Z \sim Q$ 关系曲线以求得调查河段洪峰流量。当调查河段顺直、断面变化不大,水流条件近似明渠均匀流时,可用曼宁公式计算洪峰流量。应用的糙率可根据调查河段特征查糙率表而得,由实测大断面、水力半径(可用平均水深代入),比降可用上下断面高差和两断面间距求得。若有漫滩,主河槽和滩地的糙率不同,公式中的 $n^{-1}R^{\frac{2}{3}}A$ 应滩、槽分开计算,再相加,然后与 $s^{\frac{1}{2}}$ 相乘得洪峰流量。

但天然河道洪水期很难满足均匀流的水力条件,另洪痕误差也较大,为减少误差对比降 s 的影响,可用非均匀流的水面曲线法推算洪峰流量,该法详见水力学课程。

(二)暴雨调查

暴雨调查的主要内容为暴雨成因、暴雨量、暴雨起讫时间、暴雨变化过程及前期雨量情况、暴雨走向及当时主要风向变化等。

对历史暴雨的调查,一般通过群众对当时雨势的回忆或与近期发生的某次大暴雨对比,得出定性概念;也可通过群众对当时地面坑塘积水、露天水缸或其他器皿承接雨量作定量估计,并对一些雨量记录进行复核,对降雨的时空分布作出估计。

近期暴雨调查只有暴雨区资料不足才进行。因人们记忆犹新,可调查到较确切的定性和定量结论,也可参照附近雨量站记录分析估算而得。

(三)枯水调查

枯水时的水位和流量是水文计算中不可缺少的资料,对灌溉、水力发电、航运、给水等工程规划设计、管理工作都有重要意义。枯水调查与洪水调查同时进行,基本方法相似。历史枯水一般难以找到枯水痕迹,但大江大河上有时也能找到枯水位的刻记。例如,四川涪陵长江江心岩上,发现唐代刻的石鱼图案,并有历代刻记的江水枯落年份最低水位与石鱼距离记载,经过整理,得到了 1 200 年间长江枯水的宝贵资料。当年枯水调查,可结合抗旱灌水量调查,如河道断流应调查开始时间、延续天数。有水流时可按简易法估算最小流量。

二、水文资料的采集

水文资料是水文分析的基础,收集水文资料是水文计算的基本工作之一。收集水文资料可借助于《水文年鉴》《水文图集》和《水文手册》、水文数据库等。

(一)《水文年鉴》

水文资料的来源,主要是由国家水文站网按全国统一规定对观测的数据进行处理后的资料,即由主管单位分流域、干支流及上下游,每年刊布一次的《水文年鉴》。按大区或大流域分卷,每卷又依河流或水系分册。如长江流域属第 6 卷,共 20 册,全国各流域

《水文年鉴》卷、册如表2-6所示。

表2-6 全国各流域《水文年鉴》卷、册表

卷号	流域	分册数	卷号	流域	分册数
1	黑龙江	5	6	长江	20
2	辽河	4	7	浙闽台	6
3	海河	6	8	珠江	10
4	黄河	9	9	藏滇国际河流	2
5	淮河	6	10	内陆河流	6

《水文年鉴》刊有测站分布图,水文站说明表及位置图,各站的水位、流量、泥沙、水温、冰凌、水化学、地下水、降水量、蒸发量等资料,从1986年起陆续实行计算机存储、检索,以供水文预报方案的制订、水文水利计算、水资源评价、科学研究和有关国民经济部门应用。

新中国成立以来,刊印的《水文年鉴》已积累了较长的水文资料系列,已成为国民经济建设各有关部门用于规划、设计和管理的重要基础资料,是一部浩瀚的水文数据宝库。随着计算机在水文资料整编、存储方面的广泛应用和水文数据库的快速发展,《水文年鉴》和水文数据库相辅相成、逐步完善,水文部门服务社会的方式进入了一个新时代。

(二)《水文图集》和《水文手册》

《水文年鉴》仅刊布各水文测站的基本资料。各地区水文部门编制的《水文手册》和《水文图集》,以及历史洪水调查、暴雨调查、历史枯水调查等调查资料,是在分析研究该地区所有水文站的数据基础上编制出来的。它载有该地区的各种水文特征值等值线图及计算各种径流特征值的经验公式。利用《水文手册》和《水文图集》便可估算无水文观测数据地区的水文特征值。

在水利部统一部署下,全国各省(区)于20世纪80年代中期编制了本省(区)的《暴雨洪水图集》或《暴雨洪水查算手册》,又统称为《暴雨径流查算图表》。它包括了由暴雨计算设计洪水的一整套图表及经验公式、经验参数等。实践表明,《暴雨径流查算图表》已达到推算设计洪水精度的要求,并已成为全国各地推算无资料地区中小型工程设计洪水的主要依据。

(三)水文数据库

水文数据库是按照《国家水文数据库基本技术标准》建设的,是一项涉及多方面的现代化工程。它综合运用了水文资料整编技术、计算机网络技术和数据库技术,是集水文信息存储、检索、分析、应用于一体的工作方式和服务手段。通过水文数据库可随时为防汛抗旱、水利工程建设、水资源管理和水环境保护及国民经济建设与社会发展的各个领域快速地提供直观、准确的历史及实时水文资料。水文数据从结构分析看是典型的多维结构,这种多维结构有利于计算机对水文数据的存储和处理,水文数据库正是计算机技术在水文工作中的应用。利用水文数据库可以实现水文资料整编、校验、存储、处理的自动化,形成以网络传输、查询、浏览为主的全国水文信息服务系统。水文数据库的逐步建设和开发

应用,必将促进水文工作的全面发展,产生巨大的社会效益与经济效益。

(四)水文自动测报系统

水文自动测报系统是为收集、传递和处理水文实时数据而设置的各种传感器、通信设备和接收处理装置的总称。通常由遥测站、信道和接收处理中心三部分组成。

我国水文自动测报技术的开发研制始于20世纪70年代中期。在过去30多年的发展历程中,我国水文自动测报系统的建设和技术有了巨大的进步。在不同的历史时期,所建系统快速采集的数据,为防汛调度决策和水资源管理提供了依据和参考,发挥了很好的作用。

我国网络时代的水文自动测报系统主要表现如下:

(1)扩展测报系统功能和服务范围。

(2)网络互联,信息快速传输和共享。

(3)在站数据存储。

(4)因地制宜地选用通信资源。

(5)对遥测设备提出新要求。

第三章 水文统计

学习目标及要点

1. 了解水文统计的基本原理和计算方法，掌握水文现象的非确定性及其统计规律。

2. 掌握概率基本概念及经验频率计算公式。

3. 掌握随机变量的概率分布及统计参数，经验频率曲线、皮尔逊Ⅲ型分布曲线的统计参数初估方法，重点掌握配线法及相关分析。

第一节 概 述

一、水文现象的统计规律

水文现象是一种自然现象，其发生、发展和演变过程中，既包含着必然性的一面，又包含着偶然性的一面。例如，流域的降雨或融雪必然沿着流域的不同路径流入河流、湖泊或海洋，形成径流，这是一种必然性的结果。但是，河流上任一断面的流量每年都不相同，属于偶然现象，或称随机现象。对于随机现象而言，其偶然性和必然性是辩证统一的，而且偶然性本身也有其客观规律。如某地区年降水量是一种随机现象，但由长期观测资料可知，其多年平均降水量是一个比较稳定的数值，特大或特小的年降水量出现的年份较少，中等的降水量出现的年份则较多。随机现象的这种规律性只有通过大量的观察同类随机现象之后，并进行统计分析才能看出来，故随机现象所遵循的规律，叫作统计规律。概率论和数理统计就是研究随机现象统计规律的方法论。我们把应用数理统计的原理和方法研究水文现象的变化规律的方法，叫作水文统计。

二、水文统计的任务

水文统计的任务就是研究和分析水文随机现象的统计变化特性，并以此为基础对水文现象未来可能的长期变化作出在概率意义下的定量预估，以满足工程规划、设计、施工以及运行管理期间的需要。

第二节 概率、频率、重现期

一、概率

(一)事件及随机事件

在概率论中，对随机现象的观测叫作随机试验，随机试验的结果称为事件。如掷硬币、掷骰子、摸扑克牌等均是如此。事件可以是数量性质的，即试验结果可直接测量或计算得出，例如某地年降水量的数值和掷骰子的点数等。事件也可以是表示某种性质的，例如刮风、下雨等。事件按照其发生的可能性大小分为三大类。

1. 必然事件

某一事件在试验结果中必然发生的事件称必然事件。例如，天然河流中洪水来临时水位必然上涨。

2. 不可能事件

在试验之前，可以断定不会发生的事件称为不可能事件。例如，河流在天然状态下，洪水来临时发生断流就是不可能事件。

3. 随机事件

某种事件在试验结果中可能发生也可能不发生，这样的事件就称为随机事件。例如，某河流某断面每年出现的最大洪峰流量可能大于某一数值，也可能小于某一个数值，事先不能确定，这就是随机事件。要定量地描述随机事件出现可能性的大小，需引出数理统计中概率的概念。

（二）概率

在同等可能的条件下，随机事件在试验结果中可能出现也可能不出现，但其出现或不出现的可能性大小则不相同。为了比较随机事件出现的可能性大小，必须有个数量标准，这个数量标准就是随机事件的概率。例如，投掷一枚硬币，投掷一次的结果不是正面就是反面，正面（或反面）可能的数量标准均为 1/2，这个 1/2 就是出现正面（或反面）事件的概率。

随机事件的概率可用下式表示，即

$$P(A)=\frac{m}{n} \tag{3-1}$$

式中　$P(A)$——在一定条件下随机事件 A 的概率；

n——在试验中所有的可能结果总数；

m——在试验中有利于 A 事件的可能结果总数。

又如，掷骰子试验，所有可能出现的结果数 $n=6$，即可能出现 1、2、3、4、5、6 点。设事件 A 表示为 4 点出现，则所有可能出现的 6 种结果中，属于 4 点出现的结果数为 $m=1$，因此 4 点出现的概率为 $P(A)=\frac{m}{n}=\frac{1}{6}$。若事件 B 表示大于 4 点的点数出现，则属于事件 B 可能出现的结果数为 $m=2$（即 5、6 点出现）。同理，$P(B)=\frac{m}{n}=\frac{2}{6}=\frac{1}{3}$。假若将骰子的 6 个面全部刻成 4 点，则 $P(A)=\frac{6}{6}=1$，$P(B)=0$。此时，事件 A 为必然事件，事件 B 为不可能事件。由此可以得出随机事件出现的概率介于 0 和 1 之间。

式(3-1)是用来计算简单随机事件的概率，即试验的所有可能结果都是等可能的，我们把这种类型称为古典概型事件。但水文水利计算中，常遇到非古典概型事件时就不能用式(3-1)计算事件发生的概率，只能通过多次试验来估计概率，即频率问题。

二、频率

设随机事件 A,在 n 次试验中,实际出现了 m 次,比值 m/n 叫作事件 A 在 n 次试验中出现的频率,即

$$p(A) = \frac{m}{n} \tag{3-2}$$

当试验次数 n 不大时,事件的频率很不稳定,如掷硬币试验,在 10 次试验中,正面朝上可能出现 2 次也可能出现 8 次,试验次数无限增多时,事件(正面朝上)的频率就明显地呈逐步稳定的趋势。蒲丰和皮尔逊先后做过掷硬币的试验4 040次、12 000次和24 000次,出现正面的次数分别为2 048次、6 019次和12 012次,相应的频率为0.508 0、0.501 6和0.500 5。试验结果表明,随着试验次数的增多,频率越来越接近于0.5,即频率接近于概率。这种频率稳定的性质,是从观察大量随机现象所得到的最基本的规律之一。因此,当试验资料足够多时,可以把频率作为事件概率的近似值。对于水文现象,其各种水文随机事件可能出现的结果总数是无限的,实际上只能根据有限的观测资料来计算它出现的频率,从而估计概率。

综上所述,频率与概率既有区别又有联系。概率是个理论值,是抽象数;频率是个经验值,是具体数。对于古典概型,试验中可能出现的各种情况,其概率事先都可以计算出来。但是对于复杂事件,试验中可能出现的各种情况事先是算不出其概率的,只有根据试验结果计算其频率,即用频率代替其概率。

三、重现期

频率是概率论中的一个概念,比较抽象,在实际工程中通常用重现期来代替它。所谓重现期是指某随机变量在长时期过程中平均多少年出现一次,即多少年一遇,用 N 表示。例如,某随机变量大于或等于某值的频率 $p=1\%$,表示该随机变量平均 100 年可能出现 1 次,即重现期 $N=100$ 年,称百年一遇。

由于研究情况不同,频率与重现期的关系有以下两种表示方法:

(1)在防洪、排涝研究暴雨、洪水时,一般的设计频率 $p<50\%$,其重现期

$$N = \frac{1}{p} \tag{3-3}$$

例如,某水库大坝设计洪水的频率 $p=2\%$,则重现期 $N=50$ 年,称 50 年一遇,即出现大于或等于此频率的洪水,在长时期内平均 50 年遇到一次。若遇到该洪水,则不能确保工程的安全。

(2)在灌溉、发电、供水规划设计时,需要研究枯水问题。一般其设计频率 $p>50\%$,其重现期为

$$N = \frac{1}{1-p} \tag{3-4}$$

例如,为保证灌区供水,某灌区的设计依据为枯水频率 $p=80\%$,则其重现期为 $N=\frac{1}{1-p}=5$ 年,表示该工程按 5 年一遇的枯水作为设计标准,即 5 年中有 1 年供水不足,其

余4年用水可以得到保证。因此,灌溉、发电、供水规划设计时,常把所依据的径流频率称为设计保证率,即兴利用水得到保证的概率。

第三节　随机变量及其频率分布

一、随机变量

随机试验的结果可以用一个变量来表示,其取值随每一次试验的不同而不同,带有随机性,我们称这样的变量为随机变量。例如,某水文站的年径流量、洪峰流量等。这些随机变量的取值都是一些数值,还有一些随机变量,其结果虽然不是数值,但可以用数值来表示,如掷硬币试验,其结果分别是"正面朝上"或"反面朝上",对于此类随机变量,我们可以人为规定用一些确定的数值代替结果,如用1代替"正面朝上",用0代替"反面朝上"等。简而言之,随机变量是在随机试验中测量到的数值。在统计学中,常用大写字母 X 表示随机变量,小写字母 x 表示随机变量的取值,即其取值可记为 $x_i(i=1,2\cdots)$。

随机变量按照其可能取值的情况可分为以下两类。

(一)离散型随机变量

若随机变量仅能取一个有限区间内的某些间断的离散数值,则称为离散型随机变量。例如,掷一颗骰子,出现的点数只可能取得1、2、3、4、5、6,共6种数值,不能取得相邻两数值间的任何值,这些"出现点数"就是随机变量,用 X 来表示,其取值 x_i 为1、2、3、4、5、6点。

(二)连续型随机变量

若随机变量可以取得某一有限区间的任何数值,则称此随机变量为连续型随机变量。水文上的许多变量都是连续型的,例如年降水量、年径流量等均可以是0和极限值之间的任何数值。

在数理统计中,把随机变量所有取值的全体称为总体。从总体中任意抽取的一部分称为样本,样本的项数称为样本容量。水文现象的总体通常是无限的,实际无法获得,而其样本是指有限时期内观测到的资料系列。显然,水文随机变量的总体是不知道的,这就需要在总体不知道的情况下,靠观测到的样本去估计总体参数。既然样本是总体中的一部分,那么样本的特征在一定程度上(或部分地)反映了总体的特征,所以我们可以借助样本来掌握总体的规律。样本毕竟只是总体中的一部分,不能完全代表总体的情况,其中存在着一定的差别,称这种差别为抽样误差。

二、随机变量的频率分布

随机变量在随机试验中可以取得所有可能值中的任何一个值。例如,随机变量 X 可能取 $x_i(i=1,2\cdots)$ 值,但是取某一可能值的机会是不同的,有的机会大,有的机会小。因此,随机变量的取值与其概率有一定的对应关系。一般将这种关系称为随机变量的概率分布。对离散型随机变量,其概率分布一般可以表示为

$$P(X = x_i) = p_i \quad (i = 1,2\cdots) \tag{3-5}$$

也可以表示为分布列及图的形式。

对于连续型随机变量，由于它的所有可能取值有无限多个，而取个别值的概率可能为零，因此无法研究个别值的概率，只能研究在某个区间取值的概率分布规律。例如，某地区的年降水量为500～600 mm，也就是说在此区间取值的雨量每年发生的机会最大，但实际就某一数值而言，其发生的机会却很小，甚至不可能。因此，在水文上，对于连续型随机变量，除研究某个区间值的概率分布外，更多的是研究随机变量 X 取值大于或等于某一数值的概率分布，即 $P(X \geqslant x_i)$。当然，有时也研究随机变量 X 取值小于或等于某值的概率，即 $P(X \leqslant x_i)$。但是，二者是可以互相转换的，只需研究一种就可以了。另外，在水文上遇到的都是样本资料，通常要用样本的频率分布规律去估计总体的概率分布规律。下面以工程实例来说明水文变量的频率分布规律。

【例 3-1】 已知某雨量站 1927～1990 年共 64 年的年降水量资料如表 3-1 所示，试分析该样本系列的频率分布规律。

表 3-1　某站年降水量　（单位：mm）

年份	年降水量	年份	年降水量	年份	年降水量	年份	年降水量	年份	年降水量
1927	412	1940	332	1953	409	1966	478	1979	372
1928	843	1941	609	1954	629	1967	629	1980	409
1929	634	1942	712	1955	537	1968	461	1981	651
1930	404	1943	541	1956	346	1969	495	1982	439
1931	679	1944	895	1957	521	1970	321	1983	216
1932	743	1945	456	1958	949	1971	565	1984	703
1933	611	1946	779	1959	446	1972	551	1985	359
1934	512	1947	554	1960	556	1973	750	1986	337
1935	212	1948	579	1961	326	1974	576	1987	423
1936	503	1949	877	1962	665	1975	662	1988	726
1937	575	1950	580	1963	570	1976	381	1989	453
1938	501	1951	269	1964	533	1977	539	1990	398
1939	523	1952	591	1965	702	1978	503		

解：(1)将年降水量分组并统计各组出现的次数和累积次数。拟定分级的组距 Δx = 100 mm，统计结果列于表 3-2 中的第①、②、③、④栏。

(2)计算各组降水量出现的频率和累积频率。各组出现的频率均按式(3-2)计算，并表示成百分数，如表 3-2 中第⑤栏。各组出现的累积频率可以用累积次数代入式(3-2)计算，也可以将第⑤栏的数据按序号逐次累积，如表 3-2 中第⑥栏。再用第⑤栏的值除以分组组距 Δx，即 $p_i/\Delta x$ 称为频率密度，如表 3-2 中第⑦栏。

(3)绘图。以表 3-2 中第②栏和第⑦栏绘成年降水量频率分布直方图，如图 3-1(a)所示，图中各个长方形的面积表示各组的频率，所有长方形的面积之和等于1。这种频率

表 3-2　某站年降水量分组统计

序号	年降水量（组距 Δx = 100 mm）	各组出现次数（次）	累积出现次数（次）	各组出现频率 p_i(%)	累积频率 p(%)	组内平均频率密度 $p_i/\Delta x$($\times 10^{-4}$/mm)
①	②	③	④	⑤	⑥	⑦
1	900～999	1	1	1.6	1.6	1.6
2	800～899	3	4	4.7	6.3	4.7
3	700～799	7	11	10.9	17.2	10.9
4	600～699	9	20	14.1	31.3	14.1
5	500～599	20	40	31.2	62.5	31.2
6	400～499	12	52	18.7	81.2	18.7
7	300～399	9	61	14.1	95.3	14.1
8	200～299	3	64	4.7	100.0	4.7
合计		64		100.0		

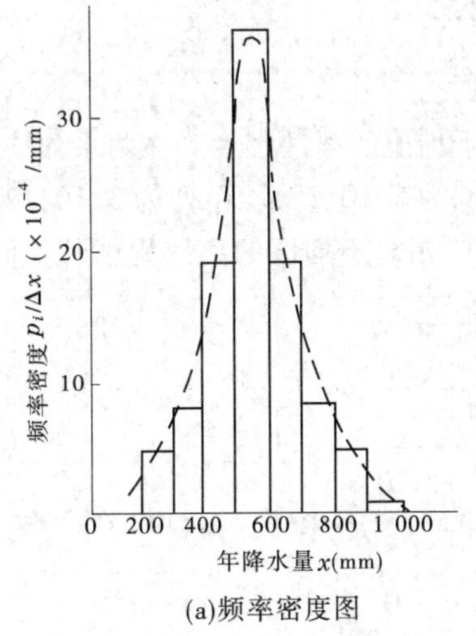

(a)频率密度图

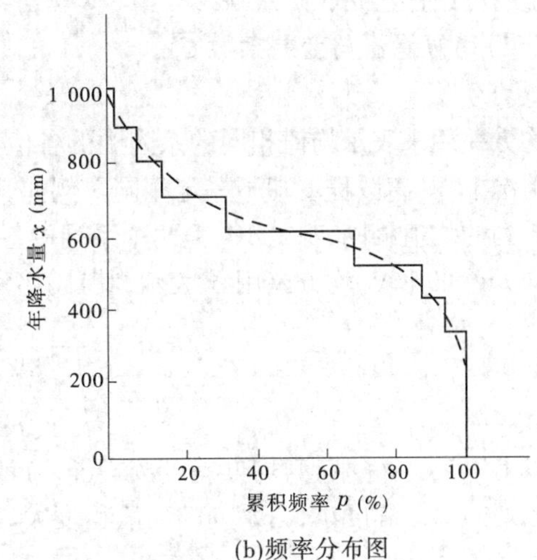

(b)频率分布图

图 3-1　某站年降水量频率密度图和频率分布图

随随机变量取值 x 而变化的图形，称为频率密度图。从图中可以看出，频率密度值的分布情况，沿横轴 x 数值的中间区段大，而上下两端逐渐减小。如果降水量资料无限增多，分组的组距无限缩小，则频率密度直方图就会变成光滑的连续曲线（呈铃形曲线），如图 3-1(a) 中虚线，此时频率接近于概率，称为频率密度曲线。以表 3-2 中第②栏和第⑥栏绘成累积频率分布图，如图 3-1(b) 所示。该图为阶梯状的折线图，表示大于或等于 x 的频率随随机变量取值 x 而变化的图形，称为频率分布图。同样地，如果降水量资料无限增多，组距无限缩小，其折线就会变成 S 形的光滑连续曲线，频率趋于概率，则称为随机变量的累积频率分布曲线（水文上简称频率曲线）。本例题由累积频率曲线可以查出，年降水量大于

550 mm 的累积频率 $p=47\%$，即在 100 年内该站可能有 47 年降水量超过 550 mm。

三、随机变量的统计参数

从统计学的观点来看，概率分布曲线完整地描述了随机变量的统计规律，但在许多水文实际问题中，有时不一定都需要用完整的形式来说明随机变量，而只要知道某些个别代表性的数值，能说明随机变量分布的主要特性就够了。例如，例 3-1 中某站年降水量是一个随机变量，各年不同，有一定的概率分布规律。但有时只要了解其概括情况，那么其多年平均年降水量为 539 mm 就是反映该站年降水量多少的一个重要数量指标。这种能说明随机变量统计规律的某些特征数字，称为统计参数。在水文分析计算中常用的统计参数介绍如下。

（一）算术平均 $\bar{x}$

设随机变量的样本系列为 $x_1, x_2, \cdots, x_n$，则其算术平均可用下式计算，即

$$\bar{x}=\frac{x_1+x_2+\cdots+x_n}{n}=\frac{1}{n}\sum_{i=1}^{n}x_i \tag{3-6}$$

算术平均又称为均值，它表示样本系列的平均情况，反映系列总体水平的高低。例如，甲、乙两站年降水量比较，甲站多年平均降水量 500 mm，乙站多年平均降水量 200 mm，说明甲站比乙站年降水量多。

（二）均方差 σ 与变差系数 C_v

1. 均方差 σ

均方差用来表示均值相同的系列中的各值相对于均值的离散程度。在两系列均值相同的情况下，其离散程度却不一定相同。例如，甲系列为 5、10、15，乙系列为 3、10、17。虽然两系列的均值相同，都是 10，但两个系列中各个取值相对于均值的离散程度却不同，此时用均方差来比较，均方差用 σ 表示，其计算公式为

$$\sigma=\sqrt{\frac{\sum_{i=1}^{n}(x_i-\bar{x})^2}{n-1}} \tag{3-7}$$

以上甲、乙两系列，其均方差可按式(3-7)计算，得 $\sigma_{甲}=5$，$\sigma_{乙}=7$。可见 $\sigma_{甲}<\sigma_{乙}$，说明甲系列的离散程度小，乙系列的离散程度大。

2. 变差系数 C_v

对于均值相同的系列，可以用均方差来比较它们的离散程度，但对于均值不同的两个系列，用均方差比较两个系列的离散程度就不够合理了。例如甲、乙两系列，甲系列为 5、10、15；乙系列为 95、100、105。两系列的均方差为 $\sigma_{甲}=\sigma_{乙}=5$，说明两系列的离散程度相同。由于两系列的均值分别为 $\bar{x}_{甲}=10$、$\bar{x}_{乙}=100$，显然均值相差很大，其离散程度是不会相同的。经分析可知，甲、乙两系列最大值和最小值与均值的绝对差值相同，均为 5，甲系列相当于均值的 5/10 = 1/2，而乙系列却只相当于均值的 5/100 = 1/20，这两者有很大的差别，为了判断这种情况下系列的离散程度，水文统计中用均方差与均值的比值作为衡量系列相对离散程度的一个参数，称为变差系数或离势（差）系数，用 C_v 表示。变差系数是一无单位的小数，其计算公式为

$$C_v = \frac{\sigma}{\bar{x}} = \frac{1}{\bar{x}}\sqrt{\frac{\sum_{i=1}^{n}(x_i - \bar{x})^2}{n-1}} = \sqrt{\frac{\sum_{i=1}^{n}(k_i - 1)^2}{n-1}} \tag{3-8}$$

式中　k_i——模比系数，$k_i = \frac{x_i}{\bar{x}}$。

以上甲、乙两系列的离散程度代入式(3-8)，可知 $C_{v甲} = 0.5$、$C_{v乙} = 0.05$，可见 $C_{v甲} > C_{v乙}$，说明甲系列的离散程度大，乙系列的离散程度小。

(三)偏差系数 C_s

均值表示系列分布中心的位置，均方差及变差系数表示系列分布的离散程度，但系列分布对其中心(均值)的两旁是否对称以及不对称的程度大小还未能确定，需要引入一个新的统计参数来反映系列分布是否具有对称的特征，此参数称为偏差系数，又称偏态系数，用 C_s 来表示。其计算公式为

$$C_s = \frac{\sum_{i=1}^{n}(x_i - \bar{x})^3}{(n-3)\bar{x}^3 C_v^3} = \frac{\sum_{i=1}^{n}(k_i - 1)^3}{(n-3)C_v^3} \tag{3-9}$$

当样本系列中各值在均值两侧分布对称时，$C_s = 0$，称为正态分布。当分布不对称时，$C_s \neq 0$，称为偏态分布。其中，$C_s > 0$，称为正偏态分布，表示随机变量取值系列中小于或等于均值的数值出现的机会多，这种系列称为正偏系列，水文现象大多属于正偏；$C_s < 0$，称为负偏态分布，表示系列中大于或等于均值的数值出现的机会多。

【例 3-2】　某站有 1957～1988 年共计 32 年的年降水量资料，如表 3-3 中第①、②栏，经分析审查，资料的代表性较好，试计算该样本资料的统计参数。

解：(1)将样本系列按由大到小的次序排列，序号填入表 3-3 中第③栏，将表中第②栏由大到小排队后列入第④栏。

(2)先计算均值 $\bar{x}$，然后再计算 k_i、$k_i - 1$、$(k_i - 1)^2$、$(k_i - 1)^3$，分别填入表中第⑤～⑧栏；并以 Σ②栏 = Σ④栏、Σ⑥栏 = 0、Σ⑤栏 = 32 进行验算。

(3)由表 3-3 中资料代入公式计算统计参数。

由式(3-6)，年降水量的均值为

$$\bar{x} = \frac{1}{n}\sum_{i=1}^{n} x_i = \frac{1}{32} \times 16\,814 = 525(\text{mm})$$

由式(3-8)，年降水量的变差系数为

$$C_v = \sqrt{\frac{\sum_{i=1}^{n}(k_i - 1)^2}{n-1}} = \sqrt{\frac{2.670\,1}{32-1}} = 0.29$$

由式(3-9)，年降水量的偏差系数为

$$C_s = \frac{\sum_{i=1}^{n}(k_i - 1)^3}{(n-3)C_v^3} = \frac{0.330\,9}{(32-3) \times 0.29^3} = 0.47$$

表 3-3　某站年降水量统计参数及频率计算

年份	x_i (mm)	序号 m	x_i (mm)	$k_i=\frac{x_i}{\bar{x}}$	k_i-1	$(k_i-1)^2$	$(k_i-1)^3$	$p=\frac{m}{n+1}\times 100\%$
①	②	③	④	⑤	⑥	⑦	⑧	⑨
1957	521	1	949	1.81	0.81	0.652 2	0.526 8	3.0
1958	949	2	750	1.43	0.43	0.183 7	0.078 7	6.1
1959	446	3	726	1.38	0.38	0.146 6	0.056 1	9.1
1960	556	4	703	1.34	0.34	0.115 0	0.039 0	12.1
1961	326	5	702	1.34	0.34	0.113 7	0.038 3	15.2
1962	665	6	665	1.27	0.27	0.071 1	0.019 0	18.2
1963	570	7	662	1.26	0.26	0.068 1	0.017 8	21.2
1964	533	8	651	1.24	0.24	0.057 6	0.013 8	24.2
1965	702	9	629	1.20	0.20	0.039 2	0.007 8	27.3
1966	478	10	576	1.10	0.10	0.009 4	0.000 9	30.3
1967	629	11	570	1.09	0.09	0.007 3	0.000 6	33.3
1968	461	12	565	1.08	0.08	0.005 8	0.000 4	36.4
1969	495	13	556	1.06	0.06	0.003 5	0.000 2	39.4
1970	321	14	551	1.05	0.05	0.002 5	0.000 1	42.4
1971	565	15	539	1.03	0.03	0.000 7	0.000 0	45.5
1972	551	16	533	1.02	0.02	0.000 2	0.000 0	48.5
1973	750	17	521	0.99	−0.01	0.000 1	0.000 0	51.5
1974	576	18	503	0.96	−0.04	0.001 8	−0.000 1	54.5
1975	662	19	495	0.94	−0.06	0.003 3	−0.000 2	57.6
1976	381	20	478	0.91	−0.09	0.008 0	−0.000 7	60.6
1977	539	21	461	0.88	−0.12	0.014 9	−0.001 8	63.6
1978	503	22	446	0.85	−0.15	0.022 6	−0.003 4	66.7
1979	372	23	439	0.84	−0.16	0.026 8	−0.004 4	69.7
1980	409	24	423	0.81	−0.19	0.037 7	−0.007 3	72.7
1981	651	25	409	0.78	−0.22	0.048 8	−0.010 8	75.8
1982	439	26	381	0.73	−0.27	0.075 2	−0.020 6	78.8
1983	216	27	372	0.71	−0.29	0.084 9	−0.024 8	81.8
1984	703	28	359	0.68	−0.32	0.100 0	−0.031 6	84.8
1985	359	29	337	0.64	−0.36	0.128 2	−0.045 9	87.9
1986	337	30	326	0.62	−0.38	0.143 7	−0.054 5	90.9
1987	423	31	321	0.61	−0.39	0.151 0	−0.058 7	93.9
1988	726	32	216	0.41	−0.59	0.346 4	−0.203 9	97.0
合计	16 814		16 814	32	0	2.670 1	0.330 9	

注:此表中第③、④、⑨栏是为后面的频率计算做准备的,在此并不影响统计参数的计算。

四、抽样误差

用样本的统计参数去估算总体的统计参数必然会产生一定的误差,这种由随机抽样引起的误差,称为抽样误差。对于水文现象而言,几乎所有水文变量的总体都是无限的,而目前掌握的资料仅仅是一个容量十分有限的样本,样本的分布不等于总体的分布。因此,各种参数的抽样误差都是存在的,为了区别于其他的误差,称统计参数引起的抽样误差为均方误,即三个统计参数$\bar{x}$、C_v、C_s 的均方误分别表示为 $\sigma_{\bar{x}}$、σ_{C_v}、σ_{C_s}。

抽样误差的大小随抽取样本的不同而变化。抽样误差的概率分布不同,各个统计参数的均方误计算公式也不同。通过统计数学的推导,水文频率计算中,当随机变量按皮尔逊Ⅲ型曲线(本章第五节讲述)分布时,其抽样误差计算公式为

$$\sigma_{\bar{x}} = \frac{\sigma}{\sqrt{n}} \tag{3-10}$$

$$\sigma_{C_v} = \frac{C_v}{\sqrt{2n}}\sqrt{1 + 2C_v^2 + \frac{3}{4}C_s^2 - 2C_vC_s} \tag{3-11}$$

$$\sigma_{C_s} = \sqrt{\frac{6}{n}(1 + \frac{3}{2}C_s^2 + \frac{5}{16}C_s^4)} \tag{3-12}$$

根据实践经验和误差理论,样本统计参数的抽样误差一般随样本的均方差 σ、变差系数 C_v 和偏差系数 C_s 的增大而增大,随样本容量 n 的增大而减小。所以,在进行水文分析计算时,一般要求样本容量要有足够的长度。

表 3-4 列出了当 $C_s = 2C_v$,由式(3-10)~式(3-12)计算不同的 n 和 C_v 时,$\bar{x}$、C_v、C_s 值的抽样误差相对值。由表 3-4 中不难看出,$\bar{x}$、C_v 值的误差较小,而 C_s 值的误差较大。例如,当 $n = 100$ 时,σ_{C_s}为 41% ~126%;当 $n = 10$ 时,σ_{C_s}则在 126% 以上,说明误差已超过了 C_s 数值本身。水文资料一般都在 100 年以下,可见按式(3-9)算得的 C_s 值,其抽样误差太大而难以应用。

表 3-4　样本参数的均方误(相对误差)　　(%)

C_v	$\sigma_{\bar{x}}$				σ_{C_v}				σ_{C_s}			
	$n=100$	$n=50$	$n=25$	$n=10$	$n=100$	$n=50$	$n=25$	$n=10$	$n=100$	$n=50$	$n=25$	$n=10$
0.1	1	1	2	3	7	10	14	22	126	178	252	339
0.3	3	4	6	10	7	10	15	23	51	72	102	162
0.5	5	7	10	16	8	11	16	25	41	58	82	130
0.7	7	10	14	22	9	12	17	27	41	56	80	126
1.0	10	14	20	32	10	14	20	32	42	60	85	134

注:$C_s = 2C_v$。

第四节　样本审查与相关分析

一、样本资料的审查

统计分析是以样本资料为基础的，即样本资料的特性将直接影响到统计分析的结果。因此，在进行具体分析计算之前，应先做好样本资料的审查，尽量提高资料的质量以保证成果的合理性。一般来说，样本资料的质量主要取决于其可靠性、一致性和代表性三个方面，简称“三性”审查。

（一）资料的可靠性

水文样本资料的可靠性是指设计中所引用的资料的可靠程度。样本资料主要来源于水文测验和水文调查的成果，其结果由水文主管部门审核，一般来说，资料是可靠的。但是，由于采集所得到的水文资料受到许多人为因素的影响，比如自然、社会政治以及客观条件的限制等，可能会造成资料的缺失。所以，在分析计算前就应对原始资料进行复核、审查、修复等，使资料尽可能可靠。

水文样本资料审查的内容主要根据设计对象所应用的主要资料而确定，如水位、断面、流量、降雨等。对水位资料的审查，重点是水尺位置、高程系统、水尺零点、水位衔接、观测次数等，若发现水尺零点高程有变动，应给予订正；对断面观测资料主要从测量方法、断面形状、滩槽边界、断面冲淤变化等方面进行审查；对流量资料的审查主要从两个方面进行：一是实测资料的审查，二是调查资料的审查。实测资料的审查重点是从测量方法、测点布设、比降、糙率、借用断面、浮标系数等方面进行审查。调查资料的审查主要是洪峰流量和枯水流量资料，前者重点是水位流量曲线高水延长、水力要素，后者重点是人类活动。而对降雨观测资料则主要是对观测场址、仪器类型、观测时段等的审查。

样本资料可靠性审查受到多种因素的影响，如人为因素、客观因素，因而修正方法也不尽相同，应结合实际情况，从资料的观测、计算、整编及调查等多方面分别进行修正。

（二）资料的一致性

样本资料的一致性是指所用的资料系列必须是在同一自然条件下产生的或是同一种类型的水文因素，不能混合统计不同性质的、各种条件下产生的资料系列。

影响系列一致性主要有两种情况：一是人类活动的影响，二是气象成因的影响。

人类活动的影响主要表现在各种工程建设改变了水文系列的天然状态；人类活动改变了流域上游的天然地貌与环境，即对流域下垫面条件的改变。对于径流资料来说，主要表现在气候条件和下垫面条件的影响。一般，气候条件短时间内不会有太明显的变化，而下垫面条件受到人类活动的影响会发生较大改变，因此也就影响了径流的形成机制。例如，兴建水库前后、河道整治前后、灌溉引水前后等，河道径流都会有所变化。当样本资料的一致性受到破坏时，则应把变化后的资料进行合理还原，使设计资料与建成工程前保持一致。

（三）资料的代表性

样本资料的代表性是指样本的统计特性（统计参数）能否很好地反映总体的统计特

性。对于水文样本资料,总体总是未知的,要想知道其代表性的好坏,无法对样本资料系列本身评价,只能根据抽样误差的变化规律进行分析。一般情况下,样本容量愈大,抽样误差就愈小,也就表示样本的代表性愈高。而实际工程中,样本容量与代表性的好坏无法量化。因此,样本资料的代表性审查,可通过其他长系列的参证资料作对比进行分析论证。

对于年径流样本系列,可选择与设计变量(以下称为设计站)有成因联系、具有相对较长资料系列年的参证变量(也称为参证站)来进行比较,参证站的长系列要求具有较好的可靠性、一致性。分别计算统计参数,即参证站长系列 N 年的统计参数以及与设计站 n 年资料同期的短系列的统计参数。如果计算结果两组统计参数比较接近,就可认为参证站 n 年的短系列对 N 年的长系列具有较好的代表性,由此推出设计站 n 年的年径流量系列也具有较好的代表性。如果参证站长、短系列的统计参数相差较大,则表明短系列的代表性不好,同时也表明设计站 n 年的年径流量代表性也不好。

对于洪水样本系列,可以应用本河流上下游站或邻近河流测站的长期水文气象资料来检查,也可和年径流系列一样,采用参证站长系列洪水资料作类比分析。此外,还可以用暴雨资料来检查。一般,暴雨与洪水有较高的相关关系,同时暴雨资料一般比洪水资料长,因此可以通过本流域或邻近流域的暴雨资料作参证资料,分析与设计断面同期的暴雨观测资料对长系列资料的代表性,从而评价设计站洪水资料系列的代表性。

二、相关分析

前面研究的只是一种随机变量的变化规律。实际上经常遇到两种或两种以上的随机变量,且它们之间存在着一定的联系。例如,降水与径流、水位与流量等。研究两个或两个以上随机变量之间的关系,称为相关分析。

在水文计算中进行相关分析的目的就是利用水文变量之间的相关关系,借助长系列样本延长或插补短期的水文系列,提高短系列样本的代表性和水文计算成果的可靠性。

(一)相关关系的概念

两种随机变量之间的关系有以下三种情况。

1. 完全相关(函数关系)

如果两个变量 x、y,其中变量 x 的每一个数值都有一个或多个完全确定的 y 与之相对应,即 x 与 y 成函数关系,则称这两个变量是完全相关的,如图 3-2 所示。

2. 零相关(没有关系)

如果两个变量之间互不影响,其中一个变量的变化不影响另一个,则称没有关系或零相关。其相关点在图上散乱分布或呈水平线分布,如图 3-3 所示。

3. 统计相关(相关关系)

统计相关是两个变量之间既不像完全相关那样密切,也不像零相关那样毫无关系,是介于这两种情况之间的一种关系。如果把这种关系的点据绘在坐标纸上,就能发现这些点据虽然散乱,但却有着明显的趋势,这种趋势可以用一定的数学曲线或直线来近似地拟合,这种关系称为相关关系,如图 3-4 所示。

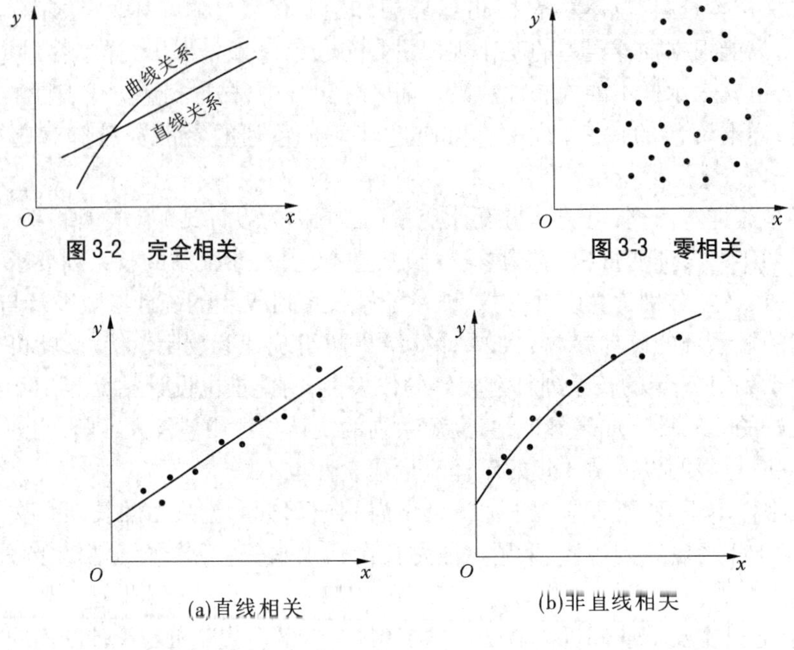

图 3-2　完全相关

图 3-3　零相关

(a)直线相关

(b)非直线相关

图 3-4　统计相关

（二）简单直线相关

简单直线相关即两个变量间的直线相关。设 x_i、y_i 代表两系列的观测值，共有同步观测资料 n 对，以变量 x_i 为横坐标，变量 y_i 为纵坐标，将相关点点绘在相关图上，若其分布比较集中且平均趋势近似于直线，即属于直线相关，则可以用作图法或相关计算法来确定两个变量的直线关系式

$$y = a + bx \tag{3-13}$$

式中　x——自变量；

y——倚变量；

a,b——待定常数，a 表示直线在纵轴上的截距，b 为直线的斜率。

1. 相关图解法

将相关点(x_i,y_i)点绘到方格纸上，过点群中心目估相关直线，并要求该线通过均值点$(\overline{x},\overline{y})$，且尽量使相关点均匀地分布在相关线的两侧，两侧点据的纵向离差和 $\sum(+\Delta y_i)$ 与 $\sum(-\Delta y_i)$ 的绝对值最小，如图 3-5 所示。对于个别突出的点要单独分析，查明原因，予以适当的考虑。

相关线定好后，便可在图 3-5 上查读相关直线的斜率 b 和截距 a。

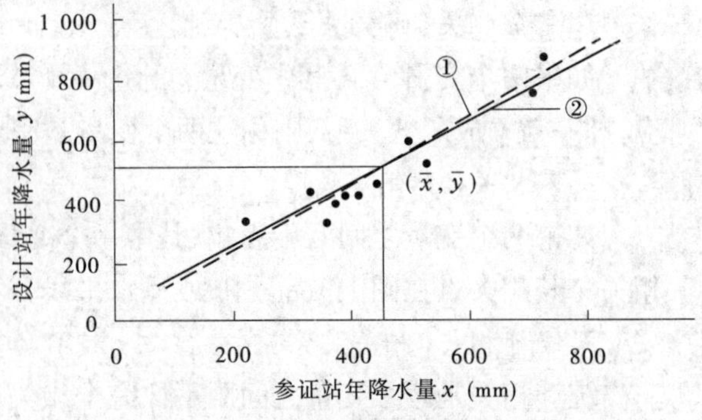

①—目估线；②—计算回归线

图 3-5　某设计站和参证站年降水量相关曲线

【例3-3】　某甲乙两雨量站同处一气候区，自然地理条件相似。现有14年同步降水资料，如表3-5所示，经分析，资料代表性较好，试用直线相关图解法建立相关直线及其方程式。

解：(1)绘相关点。以设计站年降水量y作为纵坐标、参证站年降水量x作为横坐标，按一定比例，将表3-5中的第②、③栏同步系列对应的数值点绘在图3-5上，共14个相关点，并在表中计算出$\bar{x}=465$ mm、$\bar{y}=521.5$ mm。

(2)绘制相关线。从图3-5可以看出，相关点分布基本上呈直线趋势，可按通过点群中心、相关点分布在直线的两侧的数目大致相等的原则，绘制一条通过均值点(465,521.5)的直线。

(3)求直线方程。根据所绘的直线，在图上查算得出$b=1.10$、$a=30$，则直线方程式为$y=1.10x+30$。

表3-5　某设计站、参证站年降水量相关计算

年份	参证站x(mm)	设计站y(mm)	k_{x_i}	k_{y_i}	$k_{x_i}-1$	$k_{y_i}-1$	$(k_{x_i}-1)^2$	$(k_{y_i}-1)^2$	$(k_{x_i}-1)(k_{y_i}-1)$
①	②	③	④	⑤	⑥	⑦	⑧	⑨	⑩
1977	501	598	1.08	1.15	0.08	0.15	0.006	0.022	0.011
1978	523	545	1.12	1.05	0.12	0.05	0.016	0.002	0.006
1979	372	400	0.80	0.77	-0.20	-0.23	0.040	0.054	0.047
1980	409	413	0.88	0.79	-0.12	-0.21	0.015	0.043	0.025
1981	651	721	1.40	1.38	0.40	0.38	0.160	0.146	0.153
1982	439	458	0.94	0.88	-0.06	-0.12	0.003	0.015	0.007
1983	216	335	0.46	0.64	-0.54	-0.36	0.287	0.128	0.192
1984	703	769	1.51	1.47	0.51	0.47	0.262	0.225	0.243
1985	359	324	0.77	0.62	-0.23	-0.38	0.052	0.143	0.086
1986	337	426	0.72	0.82	-0.28	-0.18	0.076	0.034	0.050
1987	423	487	0.91	0.93	-0.09	-0.07	0.008	0.004	0.006
1988	726	878	1.56	1.68	0.56	0.68	0.315	0.467	0.384
1989	453	519	0.97	1.00	-0.03	0.00	0.001	0.000	0.000
1990	398	428	0.86	0.82	-0.14	-0.18	0.021	0.032	0.026
总和	6 510	7 301	14.00	14.00	0.00	0.00	1.26	1.32	1.24
平均	465	521.5							

注：表中第④～⑩栏为相关计算做准备，在此不影响计算。

2. 相关计算法

相关图解法的优点是比较简单,但是目估定线可能会带来较大的偏差,特别是当相关点较少或者分布较散时,误差会更大,此时可以利用相关计算法,即根据实测资料用数学公式计算出待定参数 a、b,从而得到相关直线。

设直线方程的形式为

$$y = a + bx$$

由图 3-5 可以看出,在相关点中间定一条平均直线(拟合直线),其观测点与拟合直线在纵轴方向的离差为

$$\Delta y = y_i - y = y_i - a - bx_i$$

要使直线拟合离差 $\sum(+\Delta y_i)$ 和 $\sum(-\Delta y_i)$ 的绝对值最小,根据数学中的最小二乘法原理,即令

$$\sum_{i=1}^{n}(\Delta y_i)^2 = \sum_{i=1}^{n}(y_i - \hat{y}_i)^2 = \sum_{i=1}^{n}(y_i - a - bx_i)^2$$

取极小值。

欲使上式取得极小值,可分别对 a 及 b 求一阶偏导数,并使其等于零,即

$$\left.\begin{aligned}\frac{\partial \sum_{i=1}^{n}(y_i - \hat{y}_i)^2}{\partial a} = 0 \\ \frac{\partial \sum_{i=1}^{n}(y_i - \hat{y}_i)^2}{\partial b} = 0\end{aligned}\right\}$$

联立求解以上两个方程式,可得

$$a = \bar{y} - b\bar{x} \tag{3-14}$$

$$b = r\frac{\sigma_y}{\sigma_x} \tag{3-15}$$

而

$$r = \frac{\sum_{i=1}^{n}(x_i - \bar{x})(y_i - \bar{y})}{\sqrt{\sum_{i=1}^{n}(x_i - \bar{x})^2\sum_{i=1}^{n}(y_i - \bar{y})^2}} \tag{3-16}$$

式中　$\bar{x}$、$\bar{y}$—— 同步系列的均值,$\bar{x} = \frac{1}{n}\sum_{i=1}^{n}x_i$,$\bar{y} = \frac{1}{n}\sum_{i=1}^{n}y_i$;

σ_x、σ_y—— 同步系列的均方差,$\sigma_x = \sqrt{\frac{\sum_{i=1}^{n}(x_i - \bar{x})^2}{n-1}}$,$\sigma_y = \sqrt{\frac{\sum_{i=1}^{n}(y_i - \bar{y})^2}{n-1}}$;

r—— 相关系数,表示两个变量之间关系的密切程度。

$|r|$介于0和1之间,当$r=0$时,两个变量为零相关;当$|r|=1$时,两个变量为完全相关;当$0<|r|<1$时,两个变量为统计相关,且$|r|$越大,表明两个变量关系越密切。为了判断两变量间的关系是否密切,需要找到一个临界的相关系数值r_a,只有当$|r|>r_a$时,才能在一定的信度水平下推断变量间的相关性。r_a的大小取决于信度(犯错误的概率)的大小,此处不做展开。一般情况下,取$r_a=0.8$。若$r>0$,称为正相关,即y随x的增大而增大;若$r<0$,称为负相关,即y随x的增大而减小。

将a和b代入式(3-13),得

$$y = \bar{y} + r\frac{\sigma_y}{\sigma_x}(x - \bar{x}) \tag{3-17}$$

其中,$r\frac{\sigma_y}{\sigma_x}$称为$y$倚$x$的回归系数。

【例3-4】 资料同例3-3,用相关计算法求相关直线的回归方程。

解:(1)按表3-5顺序,依次计算第④~⑩栏,并求出各栏纵向总和。

(2)计算均方差。将第⑧、⑨栏总和带入均方差公式分别计算,则

$$\sigma_x = \bar{x}\sqrt{\frac{\sum_{i=1}^{n}(k_{x_i}-1)^2}{n-1}} = 465 \times \sqrt{\frac{1.26}{14-1}} = 145(\text{mm})$$

$$\sigma_y = \bar{y}\sqrt{\frac{\sum_{i=1}^{n}(k_{y_i}-1)^2}{n-1}} = 521.5 \times \sqrt{\frac{1.32}{14-1}} = 166(\text{mm})$$

(3)计算相关系数,则有

$$r = \frac{\sum_{i=1}^{n}(k_{x_i}-1)(k_{y_i}-1)}{\sqrt{\sum_{i=1}^{n}(k_{x_i}-1)^2\sum_{i=1}^{n}(k_{y_i}-1)^2}} = \frac{1.24}{\sqrt{1.26 \times 1.32}} = 0.96$$

计算得相关系数$r=0.96$,大于$r_a=0.8$,表明两者的相关关系比较密切。

(4)计算直线方程中的参数,则

$$b = r\frac{\sigma_y}{\sigma_x} = 0.96 \times \frac{166}{145} = 1.10$$

$$a = \bar{y} - b\bar{x} = 521.5 - 1.1 \times 465 = 10$$

所以直线方程为

$$y = 1.10x + 10$$

比较图解法和计算法求得的直线方程,可以看出二者差别很小。由于图解定线存在较大的人为因素,误差会较大,因此采用计算法相对更好一些。

第五节　频率计算

一、经验频率曲线

(一)经验频率曲线的概念

经验频率曲线是根据某一水文要素的实测资料,计算出样本各数值 x_i 对应的累积频率 P_i(经验频率),在专用的频率格纸上点绘相应的坐标点(P_i,x_i),这些点据称为经验点据,过点群中心绘制一条光滑的累积频率曲线,在水文上称为经验频率曲线。

经验频率曲线的绘制步骤如下:

(1)将样本资料系列按由大到小排序。

(2)计算各值的经验频率。

(3)在频率格纸上点绘经验点。

(4)通过点群中心,目估绘制经验频率曲线。

这里需要指出的是,在等分格纸上绘制频率曲线,其曲线两端过于陡峭,外延很困难。因此,在水文分析计算中,采用一种专用格纸即频率格纸,其纵坐标为均匀分格(有时也用对数分格),表示随机变量取值;横坐标为不均匀分格,表示累积频率(%)。在这种格纸上绘制频率曲线,曲线的外延变缓了很多。

(二)经验频率曲线的计算

根据上述经验频率曲线的概念,各个变量的经验频率值是按下述公式计算的,即

$$P = \frac{m}{n} \times 100\% \tag{3-18}$$

式中　P——随机变量取值大于或等于某值出现的累积频率(%);

m——系列由大到小排序时,各变量对应的序号;

n——样本系列的容量。

但由式(3-18)计算,当 $m=n$ 时,则 $P=100\%$,说明随机变量取值大于或等于样本中最小值的出现是必然事件,样本系列之外不会出现比最小值更小的值,这种情况对总体而言是适合的,而对于样本系列而言,显然是不符合实际情况的。因此,有必要选用比较符合实际的计算公式。目前,计算经验频率比较合理的公式是数学期望公式,即

$$P = \frac{m}{n+1} \times 100\% \tag{3-19}$$

上式中符号与式(3-18)完全相同,且公式是建立在一定的理论基础上的,计算结果比较符合实际,在水文分析计算中广泛采用此公式。

【例 3-5】　资料同例 3-2,选用具有代表性的 1957 ~ 1988 年的年降水量资料,绘制该样本系列的经验频率曲线。

解:(1)将系列按由大到小排序(见表 3-3 第③、④栏),由式(3-19)计算排序后各值对应的频率,见表 3-3 第⑨栏。

(2)根据第④、⑨栏相应的数值,在频率格纸上点绘经验点。

(3)分析点群分布趋势,目估过点群中心绘制经验频率曲线,如图 3-6 中的虚线①。有了经验频率曲线以后,便可以由曲线上查得指定频率的水文变量值。如频率 $P=20\%$,则从图 3-6 上可查得其对应的年降水量 $x_P=625$ mm。

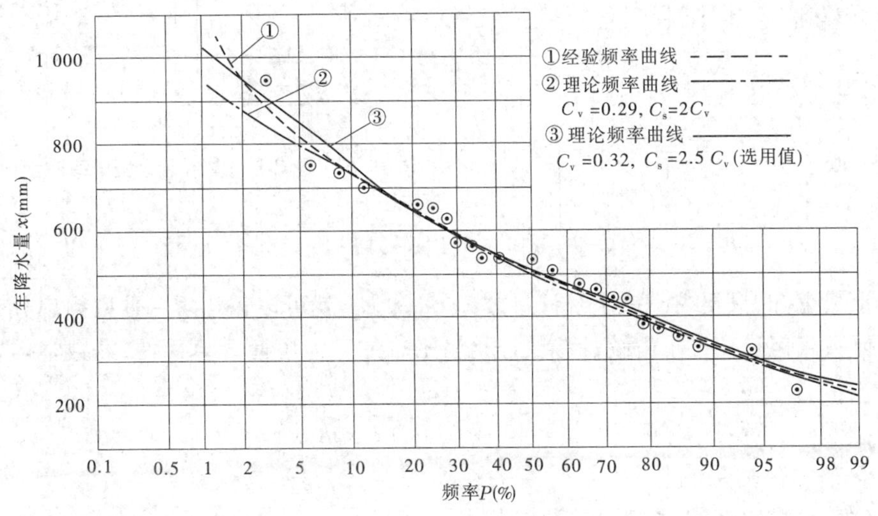

图 3-6　经验频率曲线

二、理论频率曲线

由于经验频率曲线是目估通过点群中心绘制的,因此曲线的形状会因人而异,特别是当经验点分布较分散时更是如此。根据经验频率曲线查得随机变量取值会有很大不同。由于样本系列长度有限,通常 $n<100$ 年,据此绘出的经验频率曲线往往不能满足工程设计的需要。如水利工程设计洪水的频率一般为 $P=0.01\%$、$P=0.1\%$、$P=1\%$ 等,其在经验频率曲线上查不出相应的值。这样只能将曲线延长,但其任意性会更大,直接影响设计成果的正确性。此外,在分析水文统计规律的地区分布规律时,经验频率曲线很难进行地区综合。因此,经验频率曲线在实用上受到一定的限制。为了克服经验频率曲线的缺点,使设计成果有统计的标准,便于综合比较,实际工作中常采用数理统计中已知的频率曲线来拟合经验点,这种曲线习惯称为理论频率曲线。

(一)理论频率曲线

所谓理论频率曲线是指用数学方程式表示的频率曲线,但并不是说水文现象的总体概率分布规律已从物理意义上被证明并能够用数学方程式严密地表示,而是这种数学方程式的特点能够与频率曲线规律较好地配合。所以,它只是进行水文分析的数学工具,是以达到规范和延长经验频率曲线为目的的,并不能说明水文现象的本质。

在数理统计中,用数学方程式表示频率曲线有多种,我国常用的有皮尔逊Ⅲ型曲线(简称 P－Ⅲ型曲线),其曲线为一条一端有限、一端无限的不对称单峰、正偏曲线,如图 3-7 所示。

P－Ⅲ型曲线概率密度函数为

$$f(x)=\frac{\beta^{\alpha}}{\Gamma(\alpha)}(x-a_0)^{\alpha-1}e^{-\beta(x-a_0)} \tag{3-20}$$

式中　$\Gamma(\alpha)$——α 的伽玛函数；

α、β、a_0——参数。

可以推证，式(3-20)中三个统计参数 α、β、a_0 与统计参数 $\bar{x}$、C_v、C_s 有如下关系

$$\left.\begin{aligned} \alpha &= \frac{4}{C_s^2} \\ \beta &= \frac{2}{\bar{x}C_v C_s} \\ a_0 &= \bar{x}\left(1 - \frac{2C_v}{C_s}\right) \end{aligned}\right\} \tag{3-21}$$

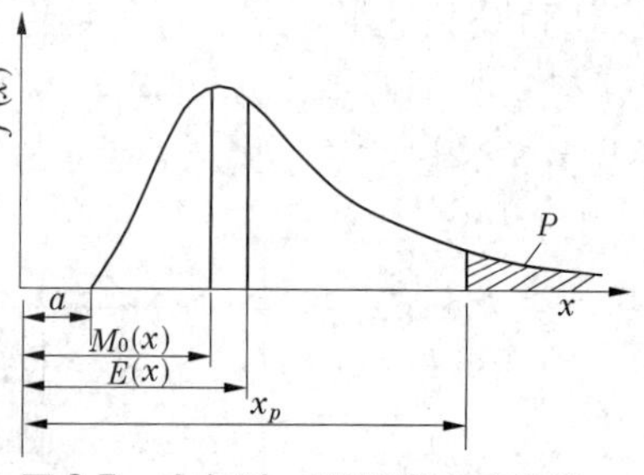

图 3-7　皮尔逊¢型概率密度曲线

由上式可知，只要求出三个统计参数 $\bar{x}$、C_v 和 C_s，就可以得出 P－Ⅲ型频率分布曲线的密度函数。但是直接求解统计参数是相当困难的。为了使计算简便，经数学推导得出如下公式

$$x_P = (1 + C_v\Phi_P)\bar{x} = K_P\bar{x} \tag{3-22}$$

式中　Φ_P——离均系数，与 P 和 C_s 有关；

K_P——模比系数，与 P、C_s 和 C_v 有关。

当已知 C_s，不同 P 时对应的 Φ_P 可查附表 1，再用式(3-22)计算 x_P。当给出 C_s 和 C_v 的倍比关系时，可查附表 2，得不同 P 时对应的 K_P，再用式(3-22)计算 x_P。选用 Φ_P 和 K_P 的计算结果相同。

【例 3-6】　由例 3-2 的计算成果可知，$\bar{x}=525$ mm，取 $C_v=0.29$、$C_s=2C_v$，试绘制 P－Ⅲ型理论频率曲线。

解：(1)根据 $C_s=2C_v=0.58$，查附表 1 得 Φ_P 值；根据 $C_v=0.29$，查附表 2 得 K_P 值，得到不同 P 时的 Φ_P 值和 K_P 值，见表 3-6 的第②、③栏。

(2)根据表 3-6 中的 K_P 值，由 $x_P=K_P\bar{x}$，计算各频率相应的降水量，见表 3-6 中的第④栏。

(3)在频率格纸上绘点(P,x_P)，过点绘制光滑的曲线，如图 3-6 中点画线所示。

表 3-6　某站年降水量 P－¢ 型频率分布曲线计算

P(%)	①	1	2	5	10	20	50	75	90	95	99
Φ_P	②	2.74	2.34	1.79	1.33	0.80	－0.10	－0.72	－1.20	－1.46	－1.90
K_P	③	1.80	1.69	1.52	1.39	1.23	0.97	0.79	0.65	0.58	0.46
x_P	④	945	887	798	730	646	509	415	341	305	242

若推求某指定频率对应的随机变量值 x_P，便可直接从表 3-6 中查得，或从理论频率曲线中查得。如 $P=20\%$，$x_P=646$ mm。

（二）三个统计参数

P－Ⅲ型频率曲线同其他数学上的曲线一样，其图像的位置、形状将随其方程中参数的不同而变化。下面就分别讨论三个统计参数（$\bar{x}$、C_v 和 C_s）对 P－Ⅲ型频率曲线形状和位置的影响。

1. $\bar{x}$ 对 P－Ⅲ型曲线的影响

当 C_v 和 C_s 不变时，曲线形状不变，$\bar{x}$ 变化主要影响曲线的高低。$\bar{x}$ 变大，曲线就会升高；反之，$\bar{x}$ 变小，曲线就会下降，如图 3-8 所示。

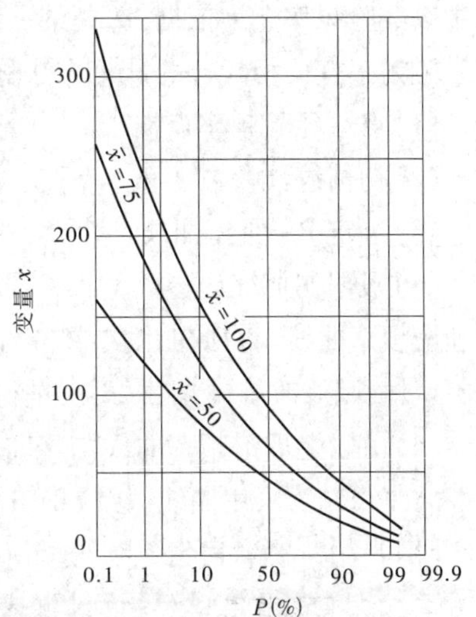

图 3-8　$\bar{x}$ 对 P－¢ 型频率曲线的影响

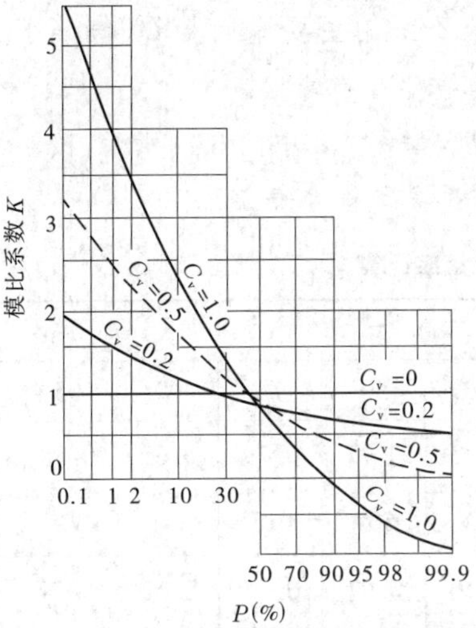

2. C_v 对 P－Ⅲ型曲线的影响

当 $\bar{x}$ 和 C_s 不变时，C_v 变化主要影响曲线的陡缓程度。C_v 越大，则曲线越陡，即左端部分上升，右端部分下降；当 $C_v=0$ 时，曲线变成一条 $K_P=1$ 的水平直线，如图 3-9 所示。

3. C_s 对 P－Ⅲ型曲线的影响

当 $\bar{x}$ 和 C_v 不变时，在 $C_s>0$（正偏）的情况下，C_s 主要影响曲线的弯曲程度。C_s 增大时，曲线变弯，即两端上翘，中间下凹；当 $C_s=0$ 时，曲线变成一条直线，如图 3-10 所示。

图 3-9　C_v 值对 P－¢ 型曲线的影响

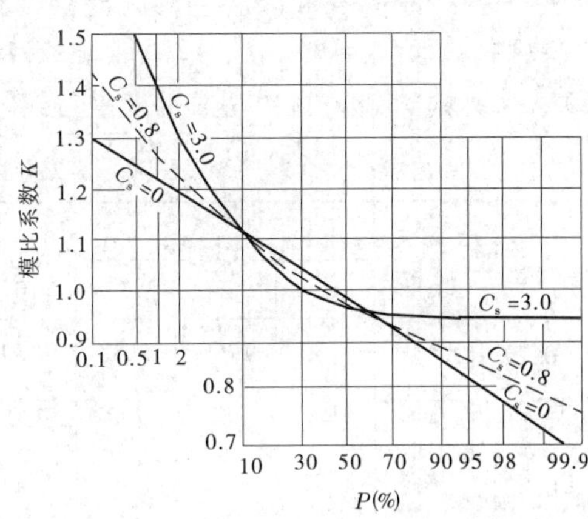

图 3-10　C_s 对 P－¢ 型曲线的影响

（三）实用频率计算方法——适线法

理论频率曲线之所以能在工程设计中应用，主要是它能与经验频率曲线较好地拟合，从而达到解决经验频率曲线的外延和地区综合的问题。我国目前普遍选用 P－Ⅲ型理论频率曲线的线型反映随机变量的频率分布。但是理论和经验表明，由统计参数的计算公式计算的样本统计参数抽样误差较大，相应的 P－Ⅲ型理论频率曲线也不能很好地反映总体的概率分布，所以工程中通常采用调整样本的统计参数及其相应的 P－Ⅲ型理论频率曲线来拟合样本的经验点据，将与经验点据配合最好的理论频率曲线近似地作为总体概率分布，对应的统计参数作为总体的最佳统计参数。据此，在水文学中我们把在频率计算中以经验频率点为依据，选择某一线型的理论频率曲线，调整其参数，使理论频率曲线与经验频率点据相配合的计算方法称为适线法。适线法的具体步骤如下：

(1)点绘经验频率点据。

(2)初估统计参数 $\bar{x}$ 和 C_v，假定 $C_s = nC_v$（C_s 计算抽样误差太大，故取值计算）。

(3)选定 P－Ⅲ型曲线。

(4)根据初估统计参数 $\bar{x}$ 和 C_v 及假定 $C_s = nC_v$，查附表 1 或附表 2，由式(3-22)即可得理论频率曲线。将此曲线绘在有经验点据的图上，观察该曲线与经验点据配合的情况，若不理想，则修改统计参数，再次进行计算，一般只调整 C_v、C_v 与 C_s 的比值。

(5)由以上理论频率曲线与经验频率点据拟合情况，从中选择一条与经验点据拟合最好的曲线作为采用曲线，相应于该曲线的参数作为总体参数的估算值。

【例 3-7】 资料同例 3-5。选用具有代表性的 1957～1988 年的年降水量资料见表 3-3。试用适线法求该站年降水量的理论频率曲线，估计总体的统计参数。

解：(1)根据例 3-2、例 3-5 的计算成果，其经验频率点据如图 3-6 所示。已知 $\bar{x} = 525$ mm，取 $C_v = 0.29$、$C_s = 2C_v$ 作为初适值进行适线，如图 3-6 中的②线所示，可见该线与经验点配合不好。

(2)分析图 3-6 中的②线，曲线与经验点配合不好的主要原因是 C_v 值偏小。调整 $C_v = 0.32$，$C_s = 2C_v$ 适线，绘制曲线仍与经验频率曲线配合不好。

(3)再调整 $C_v = 0.32$，$C_s = 2.5C_v$ 适线，绘制曲线如图 3-6 中的③线所示，该曲线与经验频率曲线配合较好，即为所求的频率曲线。以上适线过程见表 3-7。

表 3-7　某站年降水量频率计算

参数		P(%)									
		1	2	5	10	20	50	75	90	95	99
$C_v = 0.29$，$C_s = 2C_v$	K_P	1.80	1.69	1.52	1.39	1.23	0.97	0.79	0.65	0.58	0.46
	x_P	945	887	798	730	646	509	415	341	305	242
$C_v = 0.32$，$C_s = 2C_v$	K_P	1.92	1.78	1.57	1.44	1.26	0.97	0.77	0.62	0.54	0.41
	x_P	1 008	935	824	756	662	509	404	326	284	215
$C_v = 0.32$，$C_s = 2.5C_v$	K_P	1.95	1.80	1.60	1.43	1.25	0.96	0.77	0.63	0.55	0.44
	x_P	1 024	945	840	751	656	504	404	331	289	231

上述适线法中用到的三个统计参数的初适值是由矩法公式列表计算得到的，其计算工作量相对较大，在实际工程中常采用比较简便的三点法初估统计参数。

三点法是根据实测资料系列计算点绘出的经验频率曲线后，在曲线上查读三个点的坐标值(P_1,x_{P_1})、(P_2,x_{P_2})、(P_3,x_{P_3})，建立三个联立方程式，通过求解得出三个参数值。

将三个点据的坐标值分别代入公式 $x_P=(1+C_v\Phi_P)\bar{x}=\bar{x}+\sigma\Phi_P$ 得三个联立方程式，求解得下列参数

$$\left.\begin{aligned} S &= \frac{x_{P_1}+x_{P_3}-2x_{P_2}}{x_{P_1}-x_{P_3}} \\ C_s &= \Phi(S) \\ \sigma &= \frac{x_{P_1}-x_{P_3}}{\Phi_{P_1}-\Phi_{P_3}} \\ \bar{x} &= x_{P_2}-\sigma\Phi_{P_2} \end{aligned}\right\} \tag{3-23}$$

式中，S 称为偏度系数，是 P 和 C_s 的函数。当 P 一定时，S 为 C_s 的函数。S 与 C_s 的关系由附表 3 查得。三点中的第二点 P_2 都取 50%，公式中其他两点可根据经验频率范围取值，如 1%—50%—99%、3%—50%—97%、5%—50%—95% 等。与三个频率相应的变量值 x_{P_1}、x_{P_2}、x_{P_3} 可分别查经验频率曲线。

【例 3-8】 资料同例 3-7，用三点法计算统计参数。

解：根据例 3-7、图 3-6 的经验频率曲线，查得其经验频率的范围为 3% ~97%，故可取三点的频率为 3%—50%—97%，由经验频率曲线查出相应的纵坐标值 x_P = 949—525—216（mm）。

$$S=\frac{x_{P_1}+x_{P_3}-2x_{P_2}}{x_{P_1}-x_{P_3}}=\frac{949+216-2\times525}{949-216}=0.16$$

由 $S=0.16$ 查附表 3 得 $C_s=0.51$，再用 C_s 查附表 4 得

$$\Phi_{50\%}=-0.084 \quad \Phi_{3\%}-\Phi_{97\%}=3.732$$

代入

$$\sigma=\frac{x_{P_1}-x_{P_3}}{\Phi_{P_1}-\Phi_{P_3}}=\frac{949-216}{3.732}=196(\text{mm})$$

$$\bar{x}=x_{P_2}-\sigma\Phi_{P_2}=525-196\times(-0.084)=541(\text{mm})$$

$$C_v=\frac{\sigma}{\bar{x}}=\frac{196}{541}=0.36$$

$$C_s=0.51\approx1.5C_v$$

可见，三点法计算的三个统计参数与矩法公式法计算的三个参数比较接近，但还存在一定差别。实际工程中一般两种方法都与适线法相结合使用，成为适线法初选统计参数的一种手段。

第四章　径流计算

学习目标及要点

1. 掌握在各种资料情况下设计径流的原理、方法和步骤。

2. 掌握枯水径流计算的特点和方法。

3. 初步具备径流资料分析处理和设计径流的技能，具备推求设计径流量及其年内分配的能力。

第一节　概　述

一、年径流及其特性

在一个年度内，通过河流某一断面的水量，称为该断面以上流域的年径流量。它可用年平均流量（m^3/s）、年径流深（mm）、年径流总量（m^3）或年径流模数（$m^3/(s \cdot km^2)$）表示。描述河流某一断面的水资源量多少，年径流量是一个重要的指标，但仅用年径流量是不够的，因为径流在一年内各个时段是不同的，处在不断变化之中。因此，实际工作中描述河流某一断面的年径流，常用年径流量及其年内分配过程表示。所谓年径流的年内分配，是指年径流量在一年中各个月（或旬）的分配过程。

我国《水文年鉴》中，年径流量是按日历年度统计的，而在水文水利计算中，年径流量通常是按水文年度或水利年度统计的。水文年度以水文现象的循环规律来划分，即从每年汛期开始时起到下一年汛期开始前止。由于各地气候条件不同，水文年度的起止日期各地不一。我国规定，长江流域及其以南地区河流的水文年度一般从4月1日或5月1日开始；淮河流域及其以北地区河流包括华北及东北地区河流的水文年从6月1日开始；对于北方春汛河流，则以融雪情况来划分水文年度。水利年度是以水库蓄泄循环周期作为一年的，即从水库蓄水开始到第二年水库供水结束为一年。水利年度的划分应视来水与用水的具体情况而定。通过对年径流观测资料的分析，可以得出年径流的变化具有以下特性：

（1）年径流具有大致以年为周期的汛期与枯季交替变化的规律，但各年汛、枯季有长有短，发生时间有迟有早，水量也有大有小，基本上年年不同，具有偶然性质。

（2）年径流量在年际间变化很大，有些河流年径流量的最大值可达到平均值的2～3倍，最小值仅为平均值的1/10～1/5。年径流量的最大值与最小值之比，长江、珠江为4～5，黄河、海河为14～16。年径流量的年际变化也可以由年径流量的变差系数 C_v 来反映，C_v 越大，年径流量的年际变化越大。例如，淮河流域大部分地区的 C_v 值为0.6～0.8，而华北平原一般超过1.0,部分地区可达1.4以上。

(3)年径流量在多年变化中有丰水年组和枯水年组交替出现的现象。例如,黄河1991～1997年连续7年出现断流,海河出现过两三年甚至四五年的连续干旱,松花江1960～1966年出现过连续7年丰水年组等。

二、影响年径流的因素

分析研究影响年径流量的因素,对年径流量的分析与计算具有重要的意义。尤其是只有短期实测径流资料时,常常需要利用年径流量与其影响因素之间的相关关系来插补、展延年径流量资料。同时,通过研究年径流量的影响因素,也可对年径流量计算成果的合理性作出分析论证。

由流域年水量平衡方程式 $R=H-E-\Delta W-\Delta V$ 可知,年径流深 R 取决于年降水量 H、年蒸发量 E、时段始末的流域蓄水变量 ΔW 和流域之间的交换水量 ΔV 四项因素。前两项属于流域的气候因素,后两项属于下垫面因素以及人类活动情况。当流域完全闭合时,$\Delta V=0$,影响因素只有 H、E 和 ΔW 三项。

(一)气候因素对年径流的影响

在气候因素中,年降水量与年蒸发量对年径流的影响程度随地理位置不同而存在差异。在湿润地区,降水量较多,其中大部分形成了径流,年径流系数较大,年径流量与年降水量相关关系较密切,说明年降水量对年径流量起着决定性作用。在干旱地区,降水量较少,且极大部分消耗于蒸发,年径流系数很小,年径流量与年降水量的相关关系不很密切,说明年降水量和年蒸发量都对年径流量以及年内分配起着相当大的作用。

以冰雪补给为主的河流,其年径流量的大小以及年内分配主要取决于前一年的降雪量和当年的气温变化。

(二)下垫面因素对年径流的影响

流域的下垫面因素包括地形、植被、土壤、地质、湖泊、沼泽、流域大小等。这些因素主要从两方面影响年径流量:一方面,通过流域蓄水变量 ΔW 影响年径流量的变化;另一方面,通过对气候因素的影响间接地对年径流量发生作用。

地形主要通过对降水、蒸发、气温等气候因素的影响间接地对年径流量发生作用。地形对降水的影响主要表现在山地对气流的抬升和阻滞作用,使迎风坡降水量增大,增大的程度主要随水汽含量和抬升速度而定。同时,地形对蒸发也有影响,一般气温随地面高程的增加而降低,因而蒸发量减少。所以,高程的增加对降水和蒸发的影响一般情况下将使年径流量随高程的增加而增大。

湖泊对年径流的影响,一方面表现为湖泊增加了流域内的水面面积,由于水面蒸发往往大于陆面蒸发,因而增加了蒸发量,从而使年径流量减少;另一方面,湖泊的存在增加了流域的调蓄作用,巨大的湖泊不仅可以调节径流的年内变化,还可以调节径流的年际变化。

流域大小对年径流的影响主要表现为对流域内蓄水量的调节作用而影响径流量的年内分配及年际变化。大流域调蓄能力大,使得径流在时间上的分配过程趋于均匀,通常使枯水季(或枯水年)径流增大。此外,流域面积越大,流域内部各地径流的不同期性也越显著，所起的调节作用就更加明显。因此，一般情况下，同一气候区大流域年径流量的年际变化较小流域的小。

（三）人类活动对年径流的影响

人类活动对年径流的影响包括直接影响和间接影响两方面。直接影响如跨流域引水，将本流域的水引到另一流域，直接减少本流域的年径流量。间接影响为通过增加流域蓄水量和流域蒸发量来减少流域的年径流量，如修水库、塘堰、旱地改水田、坡地改梯田、植树造林等，都将使流域蒸发量加大而减少年径流量。这些人类活动在改变年径流量的同时也改变了径流的年内分配。

三、年径流计算的目的和任务

径流分析计算应采用天然径流系列，也可采用径流形成条件基本一致的实测径流系列。

径流分析计算应包括下列内容：①径流特性分析；②人类活动对径流的影响分析及径流还原；③径流资料插补延长；④径流系列代表性分析；⑤年、月径流及其时程分配的分析计算；⑥计算成果的合理性检查。

年径流的变化特性往往与用水部门，如灌溉、发电、航运、城市和工业用水等要求存在着矛盾。为了解决供需之间的矛盾、合理开发利用水资源，就需要在河流上兴建一些水资源工程，如水库、闸坝、水泵站等，对天然径流加以人工调节或控制，以满足用水部门的用水要求。因此，年径流计算的目的是为满足国民经济各部门的需水要求，提供在设计条件下所需的年径流资料，此资料直接影响工程的规模及建筑物的尺寸，故应谨慎对待。

设计年径流计算的主要任务是分析研究年径流量的变化（年际变化和年内分配）规律，提供工程设计需要的来水资料作为确定工程规模的主要依据。

由于水利工程调节性能和采用的水利计算方法不同，设计年径流分析计算的任务也有所不同。对于无调节性能的引水工程，要求提供历年（或代表年）的逐日流量过程资料；对于有调节性能的蓄水工程，则要求提供历年（或代表年）的逐月（旬）流量过程资料或各种时段径流量的频率曲线。例如，对于年调节工程而言，设计年径流的任务通常是指推求设计保证率情况下的年径流量及其年内分配过程。

综上所述，设计年径流计算的目的就是为水利工程规划设计和运行管理以及水资源供需分析等提供主要依据——来水资料。

由于水利工程调节性能的差异和水利计算方法的不同，要求水文计算提供两种形式的来水：

（1）设计的长期年、月径流量系列。这种形式的来水通过长系列资料反映未来长时期内年径流量的年际、年内变化规律。

（2）代表年的年、月径流量。具体又分为设计代表年和实际代表年。这种形式的来水通过丰、平、枯水年的来水过程反映未来不同年型的来水情况。

推求上述两种形式的来水，统称为设计年径流计算。

在实际工作中，所遇到的水文资料情况有三种：具有长期实测径流资料，具有短期实测径流资料，缺乏实测径流资料。本章将分别针对各种资料条件介绍设计年径流的分析计算方法,同时对枯水径流计算作简单介绍。

第二节　具有长期实测径流资料时设计年径流

在水利工程规划设计阶段,当具有长期实测径流资料时,通过水文分析计算提供的来水资料按设计要求可有三种类型:①设计长期年的年、月径流系列;②实际代表年的年、月径流量;③设计代表年的年、月径流量。所谓具有长期实测径流资料,一般指资料系列的年数 $n>30$ 年,而且这些资料必须具备“三性”:可靠性、一致性和代表性。

来水资料的分析计算一般有三个步骤:首先,应对实测径流资料进行审查;其次,运用数理统计方法推求设计年径流量;最后,用代表年法推求径流年内分配过程。

一、年径流资料的审查

水文资料是水文分析计算的依据,直接影响着工程设计的精度和工程安全。因此,对于所使用的水文资料必须认真地审查,这里所谓审查就是鉴定实测年径流量系列的可靠性、一致性和代表性。

(一)资料的可靠性审查

资料的可靠性是指资料的可靠程度。水文资料虽然经过水文部门的多次审核,层层把关后刊印或录入数据库,应该说大多数是可靠的,但也不能排除个别错误存在的可能性。因此,使用时必须进行审查,并对水量特丰、特枯或新中国成立前以及其他有疑点的年份进行重点审查。审查时可以从资料的来源、资料的测验和整编方法,尤其是水位流量关系曲线的合理性等方面着手。若发现问题,应查明原因、纠正错误。审查的具体方法各站有所不同。对水位和流量成果要着重进行审查。

1. 水位资料的审查

水位资料主要审查基准面和水准点、水尺零点高程的变化情况。

2. 流量资料的审查

流量资料主要审查水位流量关系曲线定得是否合理,是否符合测站特性。同时,还可根据水量平衡原理进行上下游站、干支流站的年、月径流量对照,检查其可靠性。

3. 水量平衡的审查

根据水量平衡的原理,上下游站的水量应该平衡,即下游站的径流量应等于上游站径流量加区间径流量。通过水量平衡的检查即可衡量径流资料的精度。

新中国成立前的水文资料质量较差,审查时应特别注意。

(二)资料的一致性审查

资料的一致性是指产生资料系列的条件是否一致。计算设计年径流时,需要的年径流系列必须在同一成因条件下形成,具有一致性。一致性是以流域气候条件和下垫面条件基本稳定为基础的。气候条件的变化是极其缓慢的,一般可认为在样本资料的几十年时间内是基本稳定的。但流域的下垫面条件在人类活动的影响下会发生较大变化,如修建水库、引水工程、分洪工程等,会造成产生径流的条件发生变化,从而使径流资料系列前

后不一致。为此,需要对实测资料进行一致性修正。一般是将人类活动影响后的系列还原到流域大规模治理以前的天然状况下。还原的方法有很多种,最常用的方法是分项调查法,该法以水量平衡为基础,即天然年径流量 $W_{天然}$ 应等于实测年径流量 $W_{实测}$ 与还原水量 $W_{还原}$ 之和。还原水量一般包括农业灌溉净耗水量 $W_{农业}$、工业净耗水量 $W_{工业}$、生活净耗水量 $W_{生活}$、蓄水工程的蓄水变量 $W_{调蓄}$(增加为正,减少为负)、水土保持措施对径流的影响水量 $W_{水保}$、水面蒸发增损量 $W_{蒸发}$ 和跨流域引水量 $W_{引水}$(引出为正,引入为负)、河道分洪水量 $W_{分洪}$(分出为正,分入为负)、水库渗漏水量 $W_{渗漏}$、其他水量 $W_{其他}$ 等,用公式表示为

$$W_{天然} = W_{实测} + W_{还原}$$

$$W_{还原} = W_{农业} + W_{工业} + W_{生活} \pm W_{调蓄} \pm W_{水保} + W_{蒸发} \pm W_{引水} \pm W_{分洪} + W_{渗漏} \pm W_{其他}$$

上式中各部分水量可根据实测和调查的资料分析确定。还应注意用上下游、干支流和地区间的综合平衡进行验证校核。

(三)资料的代表性审查

资料的代表性指样本的统计特性接近总体的统计特性的程度。样本系列代表性好,则抽样误差就小,水文计算成果精度就高。

由于水文系列的总体分布是未知的,对于 n 年的样本系列,无法从样本自身来分析评价其代表性高低。但根据水文统计的原理,一般样本容量越大,其抽样误差越小。因此,样本资料的代表性审查通常可通过其他更长系列的参证资料的多年变化特性来分析评价实测年径流量系列的丰、枯状况与年际变化规律。常用方法是采用统计参数进行对比分析,具体方法如下:

选择与设计站年径流量成因上有联系,且具有长系列 N 年资料的参证变量,如邻近地区某站的年径流量或年降水量等。分别用矩法公式计算参证变量长系列 N 年的统计参数 $\overline{Q}_N$、C_{vN},以及短系列 n 年(与设计站年径流量系列 n 年资料同期)的统计参数 $\overline{Q}_n$、C_{vn}。若两者统计参数接近,可推断参证变量的 n 年短系列在 N 年长系列中具有较好的代表性,从而推断设计站 n 年的年径流量系列也具有较好的代表性。若两者统计参数相差较大(一般相差值超过5%~10%),则认为设计站 n 年径流量系列代表性较差,这时应设法插补延长系列,以提高系列的代表性。

显然,应用上述方法应具备下列两个条件:①参证变量的长系列本身具有较高的代表性;②设计站年径流量与参证变量在时序上具有相似的丰枯变化。

二、设计的长期年、月径流量系列

实测径流系列经过审查和分析后,再按水利年度排列为一个新的年、月径流系列。然后,从这个长系列中选出代表段。代表段中应包括丰、平、枯三种水平年,并且有一个或几个完整的调节周期;代表段的年径流量均值、变差系数应与长系列的相近。我们用这个代表段的年、月径流量过程来代表未来工程运行期间的年、月径流量变化。这个代表段就是水利计算所要求的所谓设计年、月径流系列,并以列表形式给出,如表4-1所示。它是以过去历年实测的年、月径流量的年际、年内变化规律来概括未来工程运行期间的来水规律的。

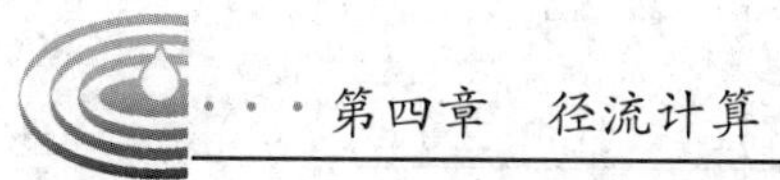

表 4-1　某河某断面历年逐月平均流量

年份	月平均流量(m^3/s)												年平均流量(m^3/s)
	6月	7月	8月	9月	10月	11月	12月	1月	2月	3月	4月	5月	
1958~1959	16.5	22.0	43.0	17.0	4.63	2.46	4.02	4.84	1.98	2.47	1.87	21.6	11.9
1959~1960	7.25	8.69	16.3	26.1	7.15	7.50	6.81	1.86	2.67	2.73	4.20	2.03	7.78
1960~1961	8.21	19.5	26.4	26.4	7.35	9.62	3.20	2.07	1.98	1.90	2.35	13.2	10.0
1961~1962	14.7	17.7	19.8	30.4	5.20	4.87	9.10	3.46	3.42	2.92	2.48	1.62	9.64
1962~1963	12.9	15.7	41.6	50.7	19.4	10.4	7.48	2.79	5.30	2.67	1.79	1.80	14.4
1963~1964	3.20	4.98	7.15	16.2	5.55	2.28	2.13	1.27	2.18	1.54	6.45	3.87	4.73
1964~1965	9.91	12.5	12.9	34.6	6.90	5.55	2.00	3.27	1.62	1.17	0.99	3.06	7.87
1965~1966	3.90	26.6	15.2	13.6	6.12	13.4	4.27	10.5	8.21	9.03	8.35	8.48	10.4
1966~1967	9.52	29.0	13.5	25.4	25.4	3.58	2.67	2.23	1.93	2.76	1.41	5.30	10.2
1967~1968	13.0	17.9	33.2	43.0	10.5	3.58	1.67	1.57	1.82	1.42	1.21	2.36	10.9
1968~1969	9.45	15.6	15.5	37.8	42.7	6.55	3.52	2.54	1.84	2.68	4.25	9.00	12.6
1969~1970	12.2	11.5	33.9	25.0	12.7	7.30	3.65	4.96	3.18	2.35	3.88	3.57	10.3
1970~1971	16.3	24.8	41	30.7	24.2	8.30	6.50	8.75	4.25	7.96	4.10	3.80	15.1
1971~1972	5.08	6.10	24.3	22.8	3.40	3.45	4.92	2.79	1.76	1.30	2.23	8.76	7.24
1972~1973	3.28	11.7	37.1	16.4	10.2	19.2	5.75	4.41	5.53	5.59	8.47	8.89	11.3
1973~1974	15.4	38.5	41.6	57.4	31.7	5.86	6.56	4.55	2.59	1.63	1.76	5.21	17.7
1974~1975	3.28	5.48	11.8	17.1	14.4	14.3	3.84	3.69	4.67	5.16	6.26	11.1	8.42
1975~1976	22.4	37.1	58.0	23.9	10.6	12.4	6.26	8.51	7.30	7.54	3.12	5.56	16.9

有了长系列的来水资料，就可与相应的历年用水过程配合，推求逐年的缺水量，进而推求设计的兴利库容。水利计算中称这种方法为长系列法，将在兴利调节计算中介绍。在实际工作中，当不具备上述条件或在规划设计阶段进行多方案比较时，为节省工作量，中小型水利水电工程广泛采用代表年法，即设计代表年法或实际代表年法，这就相应地要求提供设计代表年或实际代表年的来水，将其作为未来工程运行期间径流情势的概率预估。

三、设计代表年的年、月径流量计算

根据工程要求或计算任务，设计代表年又可分为设计丰、平(中)、枯三种情况，并且通过不同频率来反映这三种情况。一般来说，丰水年的频率不大于25%、平水年的频率取50%、枯水年的频率不小于75%。对于灌溉工程、城镇供水工程只需推求设计保证率$P_{设}$相应的设计枯水年；对于水电工程，一般应推求频率$1-P_{设}$、50%、$P_{设}$分别相应的设计丰、平、枯三个代表年。水资源规划或供需分析中，一般需推求频率分别为20%(丰水)、50%(平水)、75%(偏枯)、90%或95%(枯水)的代表年。这些设计频率(也称为指定频率)相应的年径流量称为设计年径流量,设计年径流量在年内各月(或旬)的分配称为设计年内分配。

当设计频率确定后,设计代表年的年、月径流量的计算内容包括两个环节:①设计年径流量及设计时段径流量的计算;②设计年内分配的计算。

(一)计算时段的确定

在确定设计代表年的径流时,一般要求年径流量及一些计算时段的径流量达到指定的设计频率。因此,在对年径流量进行频率计算时,常需对其他计算时段的径流量也进行计算。计算时段,也称统计时段,它是按工程要求确定的。对于灌溉工程,则取灌溉期或灌溉期各月作为计算时段;对于水电工程,年水量和枯水期水量决定发电效益,采用全年及枯水期作为计算时段。

(二)频率计算

若计算时段为年,则按水利年度统计逐年年径流量,构成年径流量系列。若计算时段为枯水期3个月,则统计历年连续最枯的3个月总水量,组成时段枯水量系列。《水利水电工程水文计算规范》(SL 278—2002)规定,径流频率计算依据的系列资料应在30年以上。

通过对年径流量系列或时段径流量系列频率计算,可推求指定频率的年径流量或时段径流量,即为设计年径流量或设计时段径流量。

应注意,适线时在照顾大部分点据的基础上,应重点考虑中下部平水年和枯水年点群的趋势定线;C_s 值一般可采用(2~3)C_v,当调查到历史特枯水年(或枯水期)径流量时,必须慎重考证确定其重现期,然后合理确定其在样本中的经验频率,再进行绘点配线,确定统计参数。

(三)成果的合理性检查

应用数理统计方法推求的成果必须符合水文现象的客观规律,因此需要对所求频率曲线和统计参数进行下列合理性检查:

(1)要求年及其他各时段径流量频率曲线在实用范围内不得相交,即要求同一频率的设计值,长时段的要大于短时段的,否则应修改频率曲线。

(2)各时段的径流量统计参数在时间上能协调,即均值随时段的增长而加大,C_v 值一般随时段的增长而有递减的趋势。

(3)要求统计参数与上下游、干支流、邻近河流的同时段统计参数在地区上应符合一般规律,即流量的均值随流域面积的增大而增大,C_v 值一般随流域面积的增大有减小的趋势。若不符合一般规律,则应结合资料情况和流域特点进行深入分析,找出原因。

(4)可将年径流量统计参数与流域平均年降水量统计参数进行对比,即年径流量的均值应小于流域平均年降水量的均值;而一般以降雨补给为主的河流,年径流量的 C_v 值应大于年降水量的 C_v 值。

【例4-1】 拟兴建一水利水电工程,某河某断面有18年(1958~1976年)的流量资料,如表4-1所示。试求 $P=10\%$ 的设计丰水年、$P=50\%$ 的设计平水年、$P=90\%$ 的设计枯水年的设计年径流量。

解:(1)进行年、月径流量资料的审查分析,认为 18 年实测系列具有较好的可靠性、一致性和代表性。

(2)将表 4-1 中的年平均径流量组成统计系列,按照适线法进行频率分析,从而求出指定频率的设计年径流量,频率计算结果如下:

已知 $\overline{Q}=11\ m^3/s$,$C_v=0.32$,$C_s=2C_v$,则有

$P=10\%$ 的设计丰水年　$Q_{丰,P}=K_{丰}\overline{Q}=1.43\times 11=15.7(m^3/s)$

$P=50\%$ 的设计平水年　$Q_{平,P}=K_{平}\overline{Q}=0.97\times 11=10.7(m^3/s)$

$P=90\%$ 的设计枯水年　$Q_{枯,P}=K_{枯}\overline{Q}=0.62\times 11=6.82(m^3/s)$

四、设计年径流年内分配的计算

当求得设计年径流量及设计时段径流量之后,根据工程要求,求得设计频率的设计年径流量后,还必须进一步确定月径流过程。目前常用的方法是:先从实测年、月径流量资料中按一定的原则选择代表年;然后依据代表年的年内径流过程,将设计年径流量按一定比例进行缩放,求得所需的设计年径流年内分配过程。

(一)代表年的选择

代表年要从实测径流资料中选取,应遵循下述两条原则:

(1)水量相近的原则,即选取的代表年年径流量或时段径流量应与相应的设计值接近。

(2)选取对工程不利的年份。在实测径流资料中水量接近的年份可能不止一年,为了安全,应选用水量在年内的分配对工程较为不利的年份作为代表年。如对于灌溉工程而言,应选灌溉需水期径流量比较枯,而非灌溉期径流量又相对较丰的年份,这种年内分配经调节计算后,需要较大的库容才能保证供水,以这种代表年的年径流分配形式代表未来工程运行期间的径流过程,所确定的工程规模对供水来说具有一定的安全保证程度。对于水电工程而言,则应选取枯水期较长、枯水期径流量又较枯的年份。

水电工程一般选丰水、平水和枯水 3 个代表年,而灌溉工程只选枯水 1 个代表年。

(二)设计年径流年内分配的计算

按上述原则选定代表年径流过程线后,求出设计年径流量与代表年年径流量之比 $K_{年}$ 或求出设计供水期水量与代表年的供水期水量之比 $K_{供}$,即

$$K_{年}=\frac{Q_{年,P}}{Q_{年,代}}\quad 或\quad K_{供}=\frac{Q_{供,P}}{Q_{供,代}}\tag{4-1}$$

然后,以 $K_{年}$ 或 $K_{供}$ 乘以代表年的逐月平均流量,即得设计年径流的年内分配过程。

【例 4-2】 按例 4-1 所给条件,求设计枯水年 $P=90\%$ 的设计年径流的年内分配。

解:(1)代表年的选择。

在 $P=90\%$ 的设计枯水年,$Q_{年,90\%}=6.82\ m^3/s$,与之相近的年份有 1971～1972 年($Q=7.24\ m^3/s$)、1964～1965 年($Q=7.87\ m^3/s$),1959～1960 年($Q=7.78\ m^3/s$)、1963～1964 年($Q=4.73\ m^3/s$)4 年。考虑分配不利,即枯水期水量较枯,选取 1964～1965 年作为枯水代表年,1971～1972 年作比较用。

(2)以年水量控制求缩放倍比 K,由式(4-1)得

$$K_{年} = \frac{Q_{年,P}}{Q_{年,代}} = \frac{6.82}{7.87} = 0.866 \quad (1964 \sim 1965\text{ 年代表年})$$

$$K_{年} = \frac{Q_{年,P}}{Q_{年,代}} = \frac{6.82}{7.24} = 0.942 \quad (1971 \sim 1972\text{ 年代表年})$$

(3)设计年径流年内分配计算。

以缩放倍比 K 乘以各自代表年的逐月径流,即得设计年径流年内分配,结果见表 4-2。

表 4-2　设计年径流年内各月及全年径流量　　(单位:m^3/s)

	项目	6月	7月	8月	9月	10月	11月	12月	1月	2月	3月	4月	5月	全年	
														总量	平均
1964 ~ 1965 年	代表年年内分配过程	9.91	12.50	12.90	34.60	6.90	5.55	2.00	3.27	1.62	1.17	0.99	3.06	94.47	7.87
	缩放倍比 K	0.866	0.866	0.866	0.866	0.866	0.866	0.866	0.866	0.866	0.866	0.866	0.866	0.866	0.866
	设计年年内分配过程	8.58	10.83	11.17	29.96	5.98	4.81	1.73	2.83	1.40	1.01	0.86	2.65	81.81	6.82
1971 ~ 1972 年	代表年年内分配过程	5.08	6.10	24.3	22.8	3.40	3.45	4.92	2.79	1.76	1.30	2.23	8.76	86.89	7.24
	缩放倍比 K	0.942	0.942	0.942	0.942	0.942	0.942	0.942	0.942	0.942	0.942	0.942	0.942	0.942	0.942
	设计年年内分配过程	4.79	5.75	22.89	21.48	3.20	3.25	4.63	2.63	1.66	1.22	2.10	8.25	81.85	6.82

这种推求设计年径流过程的方法称为同倍比缩放法。该方法简单易行,计算出来的年径流过程仍保持原代表年的径流分配形式,但求出的设计年径流过程只是计算时段(年或某一时段)的径流量符合设计频率的要求。有时需要几个时段和全年的径流量同时满足设计频率,则需用同频率缩放法。具体计算方法与由流量资料推求设计洪水中的同频率放大法相同。

五、实际代表年法的年、月径流量计算

实际代表年法就是从实测年、月径流量系列中,选取出一个实际的干旱年作为代表年,用其年径流分配过程直接与该年的用水过程相配合而进行调节计算求出调节库容,从而确定工程规模。选出的年份称为实际代表年,其年、月径流量,就是实际代表年的年、月径流量。用这种方法求出的调节库容,不一定符合规定的设计保证率,但由于曾经发生的干旱年份给人以深刻的印象,认为只要这样年份的供水得到保证,就达到修建水库工程的目的。实际代表年法概念清楚,比较直观,在小型灌溉工程设计中应用较广。以此来水与该年的实际用水过程配合,进行调节计算,就可确定工程规模。

第三节　具有短期实测径流资料时设计年径流

当设计站实测年径流资料系列少于30年,或者资料系列虽长,但代表性不足时,若直接根据这些资料进行计算,求得的设计成果可能会有很大的误差。因此,为了提高计算精度、保证成果的可靠性,就必须设法将资料系列进行展延。展延前资料的可靠性和一致性审查,以及展延后的代表性分析,设计年径流量及其年内分配计算方法与具有长系列资料时方法相同,这里不再重复。本节重点介绍径流资料的展延。

一、参证变量的选择

在水文计算中,常利用相关分析法展延系列。其关键是选择合适的参证变量,建立相关关系。参证变量应符合以下条件:

(1)参证变量与设计变量的径流资料必须有内在的成因联系,而且关系密切。如参证变量与上下游站的径流量相关、本站降雨径流相关等。

(2)参证变量与设计变量要有足够的同步资料系列,以满足建立相关关系的需要。通常要求同步资料在10年以上。

(3)参证变量必须要有足够长的实测资料系列,除用以建立相关关系外,还要能满足展延设计站径流资料的需要。

结合具体资料情况,只要选择了具备上述要求的参证变量,即可用第三章已学过的方法,建立相关关系来展延设计站的年、月径流量资料系列。不同年份可以用不同的参证资料来展延,同一年份若可用两种以上的参证资料来展延,应选用其中关系最好的参证资料的展延值。如图4-1所示,对于设计站的年、月径流量系列 A:1958～1963年可由参证变量 B 的资料来展延;1982～1985年可由参证变量 C 的资料展延;1965～1969年既可用参证变量 B 也可用参证变量 C 的资料来展延,应从中选择相关关系密切的。经展延后设计站的年、月径流资料系列则为1958～1985年,共计28年。

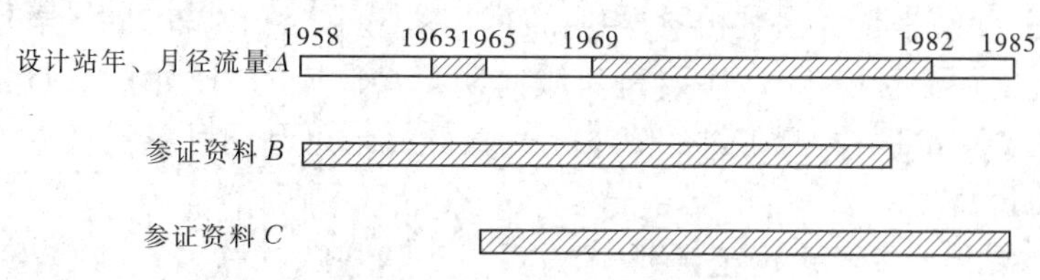

图4-1　选用不同参证资料展延系列示意图

二、年、月径流量插补展延的常用方法

径流系列的插补延长,根据资料条件,可采用下列方法。

(一)利用邻站径流量资料展延设计站径流量系列

当设计站上游站或下游站有充分的实测年径流量时,往往可以利用上、下游站的年径流量资料来展延设计站的年径流量系列。如果设计站与参证站所控制的流域面积相差不多,一般可获得良好的结果。当自然地理条件和气候条件在地区上的变化很大时,两站年径流量间的相关关系可能不好。这时,可以在相关图中引入反映区间径流量(或区间年降水量)的参变量来改善相关关系。

当设计站上、下游无长期测站时,经过分析,可利用自然地理条件相似的邻近流域的年径流量作为参证变量。

当设计站实测年径流量系列过短,难以建立年径流量相关关系时,可以利用设计站与参证站月径流量(或季径流量)之间的关系来展延系列。由于影响月(季)径流量的因素远比影响年径流量的因素多,月(季)径流量的相关关系也就不如年径流量相关关系那样密切。用月(季)径流量关系来展延系列一般误差较大。

选好参证变量并建立关系图后,即可根据实测的参证变量,从相关图上查出设计站年径流量的对应值,从而把设计站系列展延到一定长度。

(二)利用降水量资料展延径流量系列

当不能利用径流量资料来展延系列时,可以利用流域内或邻近地区的降水量资料来展延。对于湿润地区,如我国长江流域及南方各省,年径流量与年降水量之间存在较密切的关系,若用流域平均年降水量作参证变量来展延年径流量系列,一般可得到良好的效果。

对于干旱地区,年径流量与年降水量之间的关系不太密切,难以利用这个关系来展延年径流量系列。

当设计站的实测年径流量系列过短,不足以建立年降水量与年径流量的相关关系时,也可用月降水量与月径流量之间的关系来展延月、年径流量系列。

需要注意,按日历时间统计月降水量和月径流量,有时月末的降水量所产生的径流量在下月初流出,造成月降水量与月径流量不对应的情况。因此,二者之间的关系一般较弱,有时点据散乱而无法定相关关系线,解决的办法是:将月末降水量的部分或全部计入下个月的降水量中;或者将下月初流出的径流量计入上个月的径流量中,使月降水量和月径流量相对应。从而改善月降水量和月径流量之间的关系。

当受流域蓄水量影响较大时,也会使月降水量和月径流量不对应,由于不同月份的流域蓄水量不同,即使是月降水量相同,相应的月径流量也会相差较大,甚至是不降水的月份也会有较大的径流量产生,这主要是流域前期蓄水造成的(比如枯水期的月径流量一般由地下水供给,几乎与本月少量的降水无关),此时不可利用月降水径流关系来展延枯水期的月径流量。

(三)利用其他水文要素展延系列

若本站水位资料系列较长,且有一定长度的流量资料时,可建立本站的水位流量关系插补径流系列。在高寒地区以融雪径流补给为主的河流,径流量与气温之间会有比较密切的关系,可以用月平均气温来展延月平均流量系列。

总之,应根据实际情况,确定用来插补展延径流系列的参证变量,并且除遵循第三章所述的相关分析的有关要求外,还应注意插补的项数以不超过实测值的项数为宜,最好不超过后者的一半。这是因为展延所用相关线是平均情况,展延后的资料系列变差系数一般会偏小,最终会影响成果的精度。有了经插补延长的年径流量系列,就可进行频率计算和年内分配计算,计算方法与有长期实测资料的完全相同。

第四节　缺乏实测径流资料时设计年径流

许多中小型流域设计年径流的分析计算往往缺乏实测径流资料。此种情况下,通常利用区域水文分析成果推求设计年径流量及其年内分配。常用资料为《水文手册》和《水文图集》,计算内容为设计年径流量和年内分配过程。

一、等值线图法估算设计年径流量

缺乏实测径流资料时,可用《水文手册》或《水文图集》上的多年平均径流深、年径流量变差系数的等值线图来推求设计年径流量。

(一)多年平均年径流深的估算

水文特征值(如年径流深、年降水量等)的等值线图表示这些水文特征值的地理分布规律。当影响这些水文特征值的因素是分区性因素(如气候因素)时,则该特征值随地理坐标不同而发生连续变化,利用这种特性就可以在地图上绘出它的等值线图。反之,有些水文特征值(如洪峰流量、特征水位等)的影响因素主要是非分区性因素(如下垫面因素——流域面积、河床下切深度等),则该特征值不随地理坐标而连续变化,也就无法绘出等值线图。对于同时受分区性和非分区性两种因素影响的特征值,应当消除非分区性因素的影响,才能得出该特征值的地理分布规律。

影响闭合流域多年平均年径流量的因素主要是气候因素——降水与蒸发。由于降水量和蒸发量具有地理分布规律,所以多年平均年径流量也具有这一规律。为了消除流域面积这一非分区性因素的影响,多年平均年径流量等值线图是以径流深(mm)或径流模数($m^3/(s \cdot km^2)$)来表示的。

绘制降水量、蒸发量等水文特征值的等值线图时,是把各观测点的观测数值点注在地图上各对应的观测位置上,然后勾绘该特征值的等值线图。但在绘制多年平均年径流深(或模数)等值线图时,由于任一测流断面的径流量是由断面以上流域面上的各点的径流汇集而成的,是流域的平均值,所以应该将数值点注在最接近于流域平均值的位置上。当多年平均年径流深在地区上缓慢变化时,则流域形心处的数值与流域平均值十分接近。但在山区流域,径流量有随高程增加而增加的趋势,则应把多年平均年径流深点注在流域的平均高程处更为恰当。将一些有实测资料流域的多年平均年径流深数值点注在各流域的形心处(或平均高程)处,再考虑降水及地形特性勾绘等值线,最后用大中流域的资料加以校核调整,并与多年平均年降水量、蒸发量等值线图对照,消除不合理现象,则构成适当比例尺的多年平均年径流深等值线图。

用等值线图推求设计流域的多年平均年径流深时,先在图上绘出设计流域的分水线,然后定出流域的形心。当流域面积较小且等值线分布均匀时,用地理插值法求出通过流域形心处的等值线数值即可作为设计流域的多年平均年径流深。当流域面积较大或等值线分布不均匀时,则采用各等值线间部分面积为权重的加权法,求出全流域多年平均年径流深。具体方法与等雨量线法计算流域平均雨量相同,这里不再赘述。

对于中等流域,多年平均年径流深等值线图有很大的实用意义,其精度一般也较高;对于小流域,等值线图的误差可能较大。这是由于绘制等值线图时主要依据大中等流域的资料来推求小流域的多年平均年径流深,一般得到的数值偏大,其原因是小流域河槽下切深度较浅,一般为非闭合流域,不能汇集全部地下径流。因此,实际应用时,要进行调查,必要时加以修正。

(二)年径流量变差系数 C_v 及偏态系数 C_s 的估算

影响年径流量年际变化的因素主要是气候因素,因此也可以用等值线图来表示年径流量变差系数 C_v 的地区变化规律,并用它来估算缺乏资料的流域年径流量的变差系数 C_v 的值。年径流量变差系数 C_v 等值线图的绘制和使用方法与多年平均年径流深等值线图相似,但 C_v 等值线图的精度一般较低,特别是用于小流域时,读数一般偏小,其主要原因是大中流域与小流域调蓄能力的差异而导致径流的年际变化不同。因此,必要时应进行修正。

至于年径流量偏差系数 C_s 值,可用《水文手册》上给出的各分区 C_s 与 C_v 的比值,一般常取 $C_s = 2C_v$。

(三)设计年径流量的估算

求得多年平均径流深、C_v、C_s 三个统计参数后,根据指定的设计频率,查皮尔逊Ⅲ型曲线模比系数值表确定 K_P,然后由公式 $Q_P = K_P\overline{Q}$ 求得设计年径流量 Q_P。

二、水文比拟法估算设计年径流量

水文比拟法是将参证流域的水文资料(指水文特征值、统计参数、典型时空分布)移用到设计流域上来的一种方法。这种移用是以设计流域影响径流的各项因素与参证流域影响径流的各项因素相似为前提的。因此,使用水文比拟法时,关键在于选择恰当的参证流域,具体选择条件为:①参证流域与设计流域必须在同一气候区,且下垫面条件相似;②参证流域应具有长期实测径流资料系列,而且代表性好;③参证流域与设计流域面积不能相差太大。常见的参证流域为与设计站处于同一河流的上下游、干支流站或邻近流域。

(一)多年平均年径流量的估算

当选择了符合要求的参证流域后,确定设计流域的多年平均年径流深,常用以下两种方法:

(1)直接移用径流深。当设计站与参证站位于同一条河流的上下游,两站的控制面积相差不超过3%时,一般可直接移用参证站的成果,即

$$\overline{R}_{设} = \overline{R}_{参} \tag{4-2}$$

(2)用流域面积修正。当设计流域与参证流域流域面积相差为3% ~15%,但区间降雨和下垫面条件与参证流域相差不大时,则应按面积比修正的方法来推求设计站多年平均流量,即

$$\overline{Q}_{设} = \frac{F_{设}}{F_{参}}\overline{Q}_{参} \tag{4-3}$$

式中　$\overline{Q}_{设}$、$\overline{Q}_{参}$——设计流域、参证流域的多年平均流量,m^3/s;

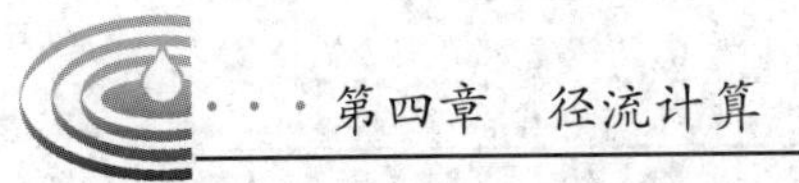

$F_{设}$、$F_{参}$——设计流域、参证流域的面积，km^2。

移用参证流域的多年平均流量时，式(4-2)考虑面积比进行修正，易知它与式(4-3)是等价的。

(3)用降水量修正。如果设计流域与参证流域的多年平均年降水量不同，就不能直接移用径流深。可假设径流系数接近，即 $R_{设}/H_{设}=R_{参}/H_{参}$，考虑年降水量差异进行修正，即

$$R_{设} = \frac{H_{设}}{H_{参}}R_{参} \tag{4-4}$$

式中　$H_{设}$、$H_{参}$——设计流域、参证流域的多年平均年降水量，mm。

(二)年径流量变差系数 C_v 和偏差系数 C_s 的估算

年径流量变差系数 C_v 一般可直接移用，无须进行修正，并常采用 $C_s=(2\sim3)C_v$。

(三)设计年径流量的估算

有了多年平均年径流量、C_v、C_s 三个统计参数后，推求设计年径流量 Q_p 的方法同前。

三、设计年内分配的计算

为配合参数等值线图的应用，各省(区)《水文手册》《水文图集》或水资源分析成果中，都按气候及地理条件划分了水文分区，并给出各分区的丰、平、枯各种年型的代表年分配过程，可供无资料流域推求设计年内分配查用。

当采用水文比拟法进行计算时，可同样将参证流域代表年的年内分配直接或间接移用到设计流域来。

【例4-3】　拟在某河流 A 断面处修建一座水库，流域面积 $F=176$ km^2。试用参数等值线法推求坝址断面 A 处的 $P=90\%$ 的设计年径流量及其年内分配。

解：(1)设计年径流量的推求。

如图4-2所示，在流域所在地区的多年平均年径流深 $\overline{R}$ 等值线及年径流量变差系数 C_v 等值线图上分别勾绘出流域分水线，并定出流域形心位置。用直线内插法求出流域形心处数值为 $\overline{R}=780$ mm，$C_v=0.39$，采用 $C_s=2C_v$。

将多年平均年径流深 $\overline{R}$ 换算成多年平均流量 $\overline{Q}$，得

$$\overline{Q} = \frac{1\,000F\overline{R}}{T} = \frac{1\,000\times176\times780}{31.54\times10^6} = 4.4(\text{m}^3/\text{s})$$

由 $P=90\%$、$C_v=0.39$、$C_s=2C_v$ 查皮尔逊Ⅲ型曲线模比系数 K_P 值表，得 $K_P=0.54$。故坝址断面 $P=90\%$ 的设计年径流量为

$$Q_P = K_P\overline{Q} = 0.54\times4.4 = 2.4(\text{m}^3/\text{s})$$

(2)设计年内分配的推求。

由《水文图集》查得，流域所在分区的枯水代表年的年内分配如表4-3所示。只要用表中的各月分配比乘以设计年径流量，就可得到设计年内分配过程，结果见表4-3。全年各月流量之和为28.79 m^3/s，除以12得2.4 m^3/s，等于设计值，计算正确。

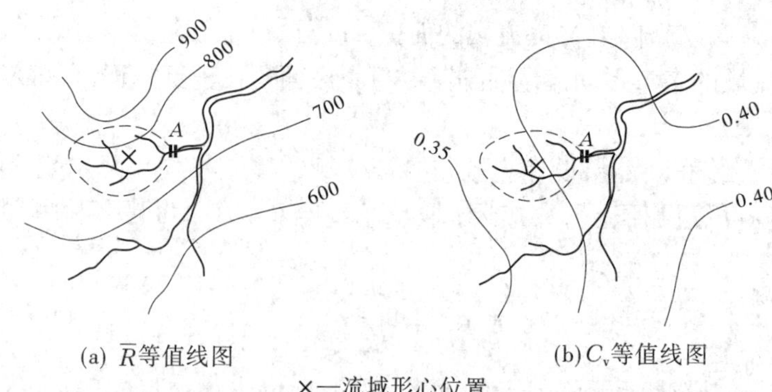

(a) $\overline{R}$等值线图　　(b) C_v等值线图

×—流域形心位置

图 4-2　某地区多年平均年径流量深 $\overline{R}$ 及年径流量 C_v 等值线图

表 4-3　$P=90\%$ 设计年径流量年内分配计算

项目	3 月	4 月	5 月	6 月	7 月	8 月	9 月	10 月	11 月	12 月	1 月	2 月	合计
$Q_{月}/Q_{年}$	2.24	1.88	3.44	3.71	0.46	0.03	0	0	0.01	0.04	0.03	0.16	12.00
$Q_{设,月}$ (m^3/s)	5.38	4.51	8.26	8.90	1.10	0.07	0	0	0.02	0.10	0.07	0.38	28.79

第五节　枯水径流分析计算

枯水径流是指河流主要依靠地下水为补给水源的河川径流。一旦流域地下蓄水耗尽或地下水位降低到不能再补给河道时,河道内会出现断流现象。这就会引起严重的干旱缺水。因此,枯水径流与工农业供水和城市生活供水等关系甚为密切。随着我国国民经济的发展,水资源供需矛盾日益突出,为满足供水、灌溉、航运、发电、环保等的需要,均需进行枯水径流的分析计算。例如,对于没有调节能力的工程,如修建于天然河道岸边的灌溉泵站、为城镇供水的取水泵站,需要根据枯水位、枯水流量确定取水口的高程及引水流量;又如,河段的枯水位、枯水流量也是研究河道内生态环境所需最小水深和需水量时不可缺少的数据。

枯水径流应根据设计要求,分析计算其最小日平均流量、时段径流量及其过程线等。

一、具有实测径流资料时枯水径流的频率计算

枯水径流可以用枯水流量或枯水位进行分析。枯水径流的频率计算与年径流相似,但有一些比较特殊的问题必须加以说明。

(一)资料的选取和审查

枯水流量的时段应根据工程设计要求和设计流域的径流特性确定。一般因年最小瞬时流量容易受人为影响,所以常取全年(或几个月)的最小连续几天平均流量作为分析对象,如年最小 1 日、5 日、7 日、旬平均流量等。当计算时段确定后,可按年最小选样的原则得到枯水流量系列(一般要求有 30 年以上实测资料),然后对枯水流量系列进行频率分析计算,推求出各种设计频率的枯水流量。枯水流量实测精度一般比较低,且受人类活动

影响较大,因此在分析计算时更应注重对原始资料的可靠性和一致性审查。

(二)$C_s<2C_v$ 情况的处理

进行枯水流量频率计算时,经配线 C_s 常有可能出现小于 $2C_v$ 的情况,使得在设计频率较大时(如 $P=97\%$,$P=98\%$ 等)所推求的设计枯水流量有可能会出现小于零的数值。这是不符合水文现象客观规律的,目前常用的处理方法是用零来代替。

(三)$C_s<0$ 情况的处理

水文特征值的频率曲线在一般情况下都是呈下凹的形状,但枯水流量(或枯水位)的经验分布曲线,有时会出现上凸的趋势,如图 4-3 所示。若用矩法公式计算 C_s,则 $C_s<0$,因此必须用负偏频率曲线对经验点据进行配线。而现有的皮尔逊Ⅲ型曲线离均系数 Φ_P 值或 K_P 值由查表所得均属于正偏情况,故不能直接应用于负偏分布的配线,需作一定的处理。经数学计算可得

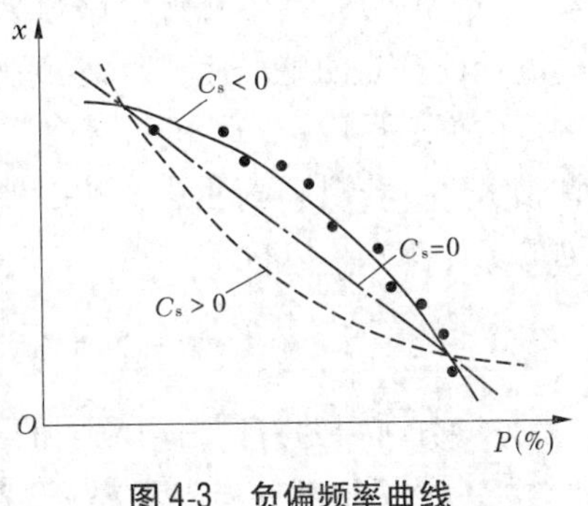

图 4-3　负偏频率曲线

$$\Phi(-C_s,P)=-\Phi(C_s,1-P) \tag{4-5}$$

就是说,当 C_s 为负时,频率 P 对应的 Φ 值与 C_s 为正时,频率 $1-P$ 对应的 Φ 值,其绝对值相等,符号相反。

必须指出,在进行枯水径流频率计算中,当遇到 $C_s<2C_v$ 或 $C_s<0$ 的情况时,应特别慎重。此时,必须对样本作进一步的审查,注意曲线下部流量偏小的一些点据,可能是由于受人为的抽水影响而造成的;并且必须对特枯年的流量(特小值)的重现期作认真的考证,合理地确定其经验频率,然后再进行配线。总之,要避免因特枯年流量人为地偏小,或其经验频率确定得不当,而错误地将频率曲线定为 $C_s<2C_v$ 或 $C_s<0$ 的情况。但如果资料经一再审查或对特小值进行处理后,频率分布确属 $C_s<2C_v$ 或 $C_s<0$,即可按上述方法确定。

此外,当枯水流量经验频率曲线的范围能够满足推求设计值的需要时,也可以采用经验频率曲线推求设计枯水流量。

【例 4-4】　某站年最小流量系列的均值 $\overline{Q}$ 为 4.96 m^3/s,C_v 为 0.10,C_s 为 -1.50。求 $P=95\%$ 的枯水流量。

解:先求出 $1-P$ 值,即 $1-P=1-95\%=5\%$;查 $C_s=1.50$、$P=5\%$ 时的 Φ' 值为 1.95,则 $\Phi=-\Phi'=-1.95$。由此求得 $P=95\%$ 的枯水流量为

$$Q_P=(1+\Phi C_v)\overline{Q}=(1-1.95\times 0.10)\times 4.96=3.99(m^3/s)$$

二、具有实测水位资料时枯水位频率计算

有时生产实际需要推求设计枯水位。当设计断面附近有较长的水位观测资料时,可直接对历年枯水位进行频率计算。但只有在河道变化不大且未受水工建筑物影响的天然河道,水位资料才具有一致性,才可以直接用来进行频率计算并推求设计枯水位;而在河道变化较大的地方,应先用流量资料推求设计枯水流量,再通过水位流量关系曲线转换成设计枯水位。

用枯水位进行频率计算时，必须注意以下基准面情况：

(1)同一观测断面的水位资料系列，在以往不同时期所取的基面可能不一致，若原先用测站基面，后来是用绝对基面，则必须统一转换到同一个基面上后再进行统计分析。

(2)在水位频率计算中，采用的基面不同，所求统计参数的均值、变差系数也就不同，而偏态系数不变。在地势高的地区，往往水位数值很大，因此均值变大，则变差系数值变小，相对误差增大，不宜直接作频率计算。在实际工作中常取最低水位(或断流水位)作为统计计算时的基准面，即将实际水位都减去一个常数 a 后再作频率计算。但经适线法频率计算最后确定采用的统计参数都应还原到实际基准面情况下，然后才能用以推求设计枯水位。若以 $\overline{Z}$ 表示进行频率计算的水位系列，以 $\overline{Z}+a$ 表示实际的水位系列，则两系列的统计参数可以按下式转换，即

$$Z_{\overline{Z}+a}=\overline{Z}+a \quad C_{\mathrm{v},\overline{Z}+a}=\frac{\overline{Z}}{\overline{Z}+a}C_{\mathrm{v},\overline{Z}} \quad C_{\mathrm{s},\overline{Z}+a}=C_{\mathrm{s},\overline{Z}} \tag{4-6}$$

(3)有时需要将同一河流上的不同测站统一到同一基准面上，这时可将各个测站原有水位资料各自加上一个常数 a(基准面降低，则 a 为正；基准面升高，则 a 为负)。若各站系列的统计参数已经求得，则只需按式(4-6)转换，就能得到统一基面后水位系列的统计参数。

此外，当枯水位经验频率曲线的范围能够满足推求设计值的需要时，也可直接采用经验频率曲线推求设计枯水位。

三、缺乏实测径流资料时设计枯水流量的推求

当工程拟建处断面缺乏实测径流资料时，通常采用等值线图法或水文比拟法估算枯水径流量。

(一)等值线图法

由枯水径流量的影响因素分析可知，非分区性因素对枯水径流的影响是比较大的，但随着流域面积的增大，分区性因素对枯水径流的影响会逐渐显著，所以就可以绘制出大中流域的年枯水流量(如年最小流量、年最小日平均流量、连续最小几日的平均流量)模数的均值、C_v 等值线图及 C_s 分区图。由此就可求得设计流域年枯水流量的统计参数，从而近似估算出设计枯水流量。

由于非分区性因素对枯水径流的影响较大，所以年枯水流量模数统计参数的等值线图的精度远较年径流量统计参数等值线图低，特别是对于较小河流，可能有很大的误差，使用时应认真分析。

(二)水文比拟法

在枯水径流的分析中，要正确使用水文比拟法，必须具备水文地质的分区资料，以便选择水文地质条件相近的流域作为参证流域。选定参证流域后，即可将参证流域的枯水径流特征值移用于设计流域。同时，还需通过野外查勘，观测设计站的枯水流量，并与参证站同时实测的枯水流量进行对比，以便合理确定设计站的设计枯水流量。

当参证站与设计站在同一条河流的上下游时，可以采用与年径流量一样的面积比方法修正枯水流量。

四、缺乏实测水位资料时设计枯水位的推求

当设计断面处缺乏历年实测水位系列时，设计断面枯水位常移用上下游参证站的设计枯水位，但必须按一定方法加以修正。

（一）比降法

当参证站距设计断面较近，且河段顺直、断面形状变化不大、区间水面比降变化不大时，可用下式推算设计断面的设计枯水位，即

$$Z_{设} = Z_{参} \pm LI \tag{4-7}$$

式中　$Z_{设}$、$Z_{参}$——设计断面、参证站的设计枯水位，m；

L——设计断面至参证站的距离，m；

I——设计断面至参证站的平均枯水水面比降。

（二）水位相关法

当参证站距离设计断面较远时，可在设计断面设置临时水尺与参证站进行对比观测，最好连续观测一个水文年度以上，然后建立两站水位相关关系时，用参证站设计水位推求设计断面的设计水位。

（三）瞬时水位法

当设计断面的水位资料不多，难以与参证站建立相关关系时，可采用瞬时水位法。即选择枯水期水位稳定时，设计站与参证站若干次同时观测的瞬时水位资料（要求大致接近设计水位，并且涨落变化不超过 0.05 m），然后计算设计站与参证站各次瞬时水位差，并求出其平均值 $\Delta\overline{Z}$，则根据参证断面的设计枯水位 $Z_{参}$ 及瞬时平均差 $\Delta\overline{Z}$，按下式便可求得设计断面的设计枯水位 $Z_{设}$，即

$$Z_{设} = Z_{参} + \Delta\overline{Z} \tag{4-8}$$

五、日平均流量（或水位）历时曲线

用以上方法，可为无调节水利水电工程的规划设计提供设计枯水流量或设计枯水位，但是不能得到超过或低于设计值可能出现的持续时间。在实际工作中，对于径流式电站、引水工程或水库下游有航运要求的，需要知道流量（或水位）超过或低于某一数值持续的天数有多少。例如，设计引水渠道，需要知道河流中来水量一年内出现大于设计值的流量有多少天，即有多少天取水能得到保证；航行需要知道一年中低于最低通航水位的断航历时等。解决这类问题就需要绘制日平均流量（或水位）历时曲线。

日平均流量历时曲线是反映流量年内分配的一种统计特性曲线，只表示年内大于或小于某一流量出现的持续历时，它不反映各流量出现的具体时间。在规划设计无调蓄能力的水利水电工程时，常要求提供这种形式的来水资料。绘制的方法如下：

将研究年份的全部日平均流量资料划分为若干组，组距不一定要求相等，对于枯水分析，小流量处组距可小些，大流量处组距可大些，然后按递减次序排列，统计每组流量出现的天数及累积天数（即历时），再将累积天数换算成相对历时 P_i（%），如表 4-4 所示。用各组流量下限值 Q_i 与相应的 P_i 点绘关系线，即得日平均流量历时曲线，如图 4-4 所示。

表 4-4　日平均流量历时曲线统计

流量分组 (m^3/s)	历时(日数)		相对历时 P_i (%)
	分组	累积	
300(最大值)	2	2	0.55
250～299.9	11	13	3.56
200～249.9	13	26	7.12
150～199.9	15	41	11.2
⋮	⋮	⋮	⋮
10～14.9	3	364	99.7
4～9.9(最小值)	1	365	100

有了日平均流量历时曲线,就可求出超过某一流量的持续天数。例如,某取水工程设计枯水流量为 20 m^3/s,在图 4-4 上查得相对历时 $P_i=80\%$,也就是一年中流量大于或等于 20 m^3/s 的历时为 $365\times80\%=292$(日),即全年中有 292 日能保证取水,而其余 73 日流量低于设计值,不能保证取水。

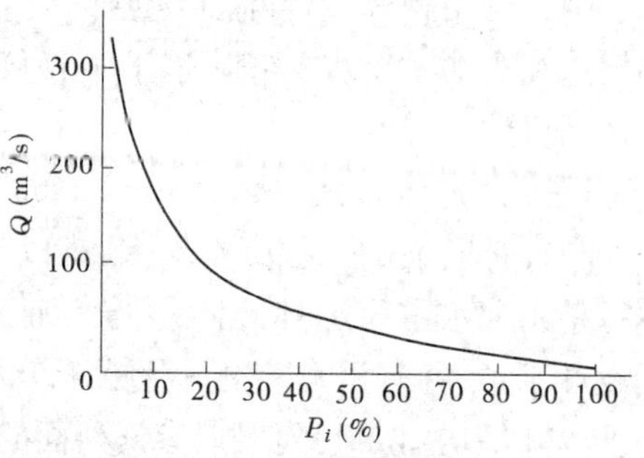

图 4-4　日平均流量历时曲线

日平均流量历时曲线也可以不取年为时段,而取某一时期如枯水期、灌溉期等绘制,此时总历时就为所指定时期的总日数。若有需要,也可直接用水位资料绘制日平均水位历时曲线,方法与上述相同。

第五章　设计洪水

学习目标及要点

1. 了解设计洪水的相关概念，掌握设计洪水的推求原理、方法和步骤。

2. 掌握小流域设计洪水的推求方法。

3. 初步具备洪水资料分析处理和成果合理性检查的能力，具备推求设计洪峰流量和设计洪水过程线的技能。

第一节　概　述

一、洪水与设计洪水

当流域内发生暴雨、急骤的融冰化雪或水库垮坝等引起江河水量迅速增加或水位急剧上涨的一种水流现象即为洪水。由暴雨形成的洪水称为雨洪，由融雪形成的洪水称为春汛或桃汛。我国大部分地区的洪水由暴雨形成，只在东北、新疆及西部高山区，河流才有明显的春汛过程。

一次洪水持续时间的长短与暴雨特性及流域自然地理特性有关，一般持续数十小时或数十天。流域上每发生一次洪水，洪水过程可由水文站实测水位及流量资料绘制，如图 5-1 所示。在洪水过程线上可以看出：

(1)起涨点 A。表示地面径流骤然增加，河流水位迅猛上升，流量开始增大，是一次洪水开始起涨的位置。

(2)洪峰流量 Q_m。是一次洪水过程中的瞬时最大流量。中小流域的洪水过程具有陡涨陡落的特点，Q_m 与相应的最大日平均流量相差较大；大流域洪峰持续时间较长，Q_m 与最大日平均流量相差较小。

(3)落平点 C。表示一次暴雨形成的地面径流基本消失，转为地下径流补给，因此 C 点可作为分割地面径流与地下径流的一个特征点。从 A 点到 Q_m 出现的时距，称为涨洪历时 t_1。从 Q_m 点到 C 点出现的时距称为退水历时 t_2。从 A 点到 C 点出现的时距称为一次洪水的总历时 T，$T = t_1 + t_2$，一般情况下 $t_1 < t_2$。

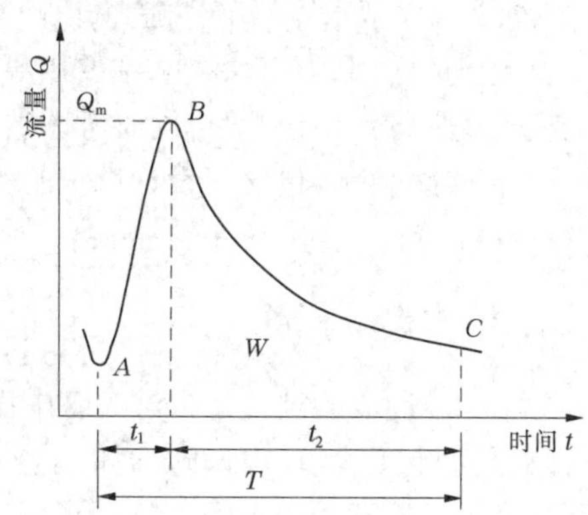

图 5-1　洪水过程线示意图

(4)洪水过程线 $Q(t)$。表示洪水流量随时间变化的过程。山溪性小河流洪水陡涨陡落,流量过程线的线型多为单峰型,且峰型尖瘦、历时短;平原性河流及大流域因流域调蓄作用较大、汇流时间长,加上干支流洪水的组合,使峰型叠起,过程线形状多呈复式峰型。

(5)洪水总量 W。T 时段内通过断面的总水量称为洪水总量,数值上等于洪水过程线 $Q(t)$ 与横坐标轴 t 包围的面积。

洪峰流量 Q_m、洪水总量 W 和洪水过程线 $Q(t)$ 是表示洪水特性的三个基本水文变量,称为洪水三要素,简称"峰、量、型"。

河流在一年内常发生多次洪水。当洪水超过天然河道的正常泄洪能力时,若不加以防范就会泛滥成灾,造成人民生命财产和国民经济的损失。为了防止洪水灾害和减小其危害的程度,可采取多种防洪工程措施。如疏浚河道增加行洪能力,修筑堤防防止洪水漫溢,兴建水库拦蓄洪水、削减洪峰,改变天然洪水在时间上的分配过程,开辟分洪区或滞洪区等。

目前,我国水利工程设计大多是按照工程的规模、重要性及社会、经济等综合因素,指定不同频率作为设计标准,根据设计标准(设计频率),则可推出符合设计标准的洪水,这种洪水就称为设计洪水。

确定设计洪水的程序通常是:先确定工程的等级及建筑物的级别,再按设计洪水规范选用相应的设计标准(设计频率),最后推求出设计洪水的三个控制性要素,即设计洪峰流量、设计洪水总量及设计洪水过程线。

设计洪峰流量是指设计洪水的最大流量。对于堤防、桥梁、涵洞及调节性能小的水库等,一般可只推求设计洪峰流量。例如,堤防的设计标准为百年一遇,只要求堤防能抵御百年一遇的洪峰流量,至于洪水总量多大、洪水过程线形状如何,均不重要,故也称之为"以峰控制"。

设计洪水总量是指自洪水起涨至落平时的总径流量,相当于设计洪水过程线与时间坐标轴所包围的面积。设计洪水总量随时段的不同而不同。1 日、3 日、7 日等固定时段的连续最大洪量是指计算时段内水量的最大值,简称最大 1 日洪量、最大 3 日洪量、最大 7 日洪量等。大型水库调节性能高,洪峰流量的作用就不显著,而洪水总量则起着决定防洪库容大小的作用,当设计洪水主要由某一历时的洪量决定时,称为"以量控制"。在水利工程的规划设计中,一般应同时考虑洪峰和洪量的影响,要以峰和量同时控制。

设计洪水过程线包含了设计洪水的所有信息,是水库防洪规划设计计算时的重要入库洪水资料。

二、洪水设计标准

洪水泛滥造成的洪灾是自然灾害中危害最大的一种,它给城市、乡村、工矿企业、交通运输、水利水电工程、动力设施、通信设施、文物古迹以及旅游设施等带来巨大的损失。为了保护上述对象不受洪水侵害,减少洪灾损失,必须采取防洪措施,包括防洪的工程措施和非工程措施。防洪标准是指担任防洪任务的水工建筑物应具备的防御洪水的能力,一般可用防御洪水相应的重现期或出现频率来表示,如 50 年一遇、100 年一遇等。此外,有的部门将调查或实测的某次洪水适当放大作为防洪标准,但也往往与相应频率洪水对比。

值得注意的是,上面所说的 50 年一遇、100 年一遇,绝不能错误地理解为 50 年或 100 年以后才发生一次,或者错误地认为每 50 年或 100 年必定发生一次。实际上 100 年一遇是指在多年平均的情况下100年发生一次，即100年内可发生一次、二次或多次，甚至一次也不发生。所以，一定设计标准的水利工程每年都要承担一定的失事风险。为了说明工程的风险率，可作如下简单分析：

若某工程的设计频率为$P(\%)$，该工程有效工作L年（L为工作寿命），由概率论知识可知，工程建成后一年，其被破坏的可能性为$P(\%)$，不遭破坏的可能性则为$1-P$；第二年继续不遭破坏的可能性由概率乘法定理应为$(1-P)(1-P)=(1-P)^2$；依此类推，在L年内不遭破坏的可能性为$(1-P)^L$。那么，在L年内遭破坏的可能性，也就是该工程应承担的风险率为$R=1-(1-P)^L$。如果一座设计标准为$P=1\%$的工程，使用100年和200年时，使用期内出现超标准洪水遭破坏的可能性就分别为63.4%和86.6%。

为保证防护对象的防洪安全，需投入资金进行防洪工程建设和维持其正常运行。防洪标准高、工程规模及投资运行费用大，工程风险就小、防洪效益就大；相反，防洪标准低、工程规模小、工程投资少，所承担的风险就大、防洪效益就小。因此，选定防洪标准的原则在很大程度上是如何处理好防洪安全和经济的关系，要经过认真的分析论证，考虑安全和经济的统一。我国于1994年6月发布了由水利部会同有关部门共同制定的《防洪标准》（GB 50201—94），作为强制性国家标准。2014年6月由中华人民共和国水利部主编，国家住房和城乡建设部批准颁布了新的《防洪标准》（GB 50201—2014），新标准于2015年5月1日正式实施。新标准中有关城市防护区、水库工程、水工建筑物、灌溉和治涝工程规模、供水工程的防洪工程标准，见表5-1～表5-4。水利水电工程等别和水工建筑物级别划分见表5-5和表5-6。

表5-1　城市保护区的防护等级和防洪标准

等级	重要性	常住人口(万)	当量经济规模(万)	防洪标准(重现期,年)
Ⅰ	特别重要	>150	≥300	>200
Ⅱ	重要	150～50	300～100	200～100
Ⅲ	比较重要	50～20	100～40	100～50
Ⅳ	一般	<20	<40	50～20

注：当量经济规模为城市防护区人均GDP指数与人口的乘积，人均GDP指数为城市防护区人均GDP与同期全国人均GDP的比值。

表5-2　水库工程水工建筑物的防洪标准

水工建筑物级别	防洪标准(重现期,年)				
	山区、丘陵区			平原区、海滨区	
	设计	校核		设计	校核
		混凝土坝、浆砌石坝	土坝、堆石坝		
1	1 000～500	5 000～2 000	PMF或10 000～5 000	300～100	2 000～1 000
2	500～100	2 000～1 000	5 000～2 000	100～50	1 000～300
3	100～50	1 000～500	2 000～1 000	50～20	300～100
4	50～30	500～200	1 000～300	20～10	100～50
5	30～20	200～100	300～200	10	50～20

注：当山区、丘陵区的水库枢纽工程挡水建筑物的挡水高度低于15 m，上下游水头差小于10 m时，其防洪标准可按平原区、滨海区栏的规定确定；当平原区、滨海区的水库枢纽工程挡水建筑物的挡水高度高于15 m，上下游水头差大于10 m时，其标准可按山区、丘陵区栏的规定确定。

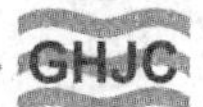

表 5-3　引水枢纽、泵站等主要建筑物的防洪标准

水工建筑物级别	防洪标准(重现期,年)	
	设计	校核
1	100~50	300~200
2	50~30	200~100
3	30~20	100~50
4	20~10	50~30
5	10	30~20

表 5-4　供水工程水工建筑物的防洪标准

水工建筑物级别	防洪标准(重现期,年)	
	设计	校核
1	100~50	300~200
2	50~30	200~100
3	30~20	100~50
4	20~10	50~30
5	10	30~20

表 5-5　水利水电工程等别

工程等别	水库		防洪		治涝	灌溉	供水	发电
	工程规模	总库容(亿 m^3)	城镇及工矿企业的重要性	保护农田(万亩)	治涝面积(万亩)	灌溉面积(万亩)	供水对象的重要性	装机容量(MW)
Ⅰ	大(1)型	>10	特别重要	≥500	≥200	≥150	特别重要	≥1 200
Ⅱ	大(2)型	10~1.0	重要	500~100	200~60	150~50	重要	1 200~300
Ⅲ	中型	1.0~0.1	比较重要	100~30	60~15	50~5	中等	300~50
Ⅳ	小(1)型	0.1~0.01	一般	30~5	15~3	5~0.5	一般	50~10
Ⅴ	小(2)型	0.01~0.001	一般	≤5	≤3	≤0.5	一般	≤10

表 5-6　水工建筑物的级别

工程等别	永久性水工建筑物级别		临时性水工建筑物级别
	主要建筑物	次要建筑物	
Ⅰ	1	3	4
Ⅱ	2	3	4
Ⅲ	3	4	5
Ⅳ	4	5	5
Ⅴ	5	5	

我国各部门现行的防洪标准,有的规定只有一级标准,有的规定设计、校核两级标准。水利水电工程采用设计、校核两级标准。设计标准是指当发生小于或等于该标准的洪水时,应保证防护对象的安全或防洪设施的正常运行。校核标准是指遇到该标准的洪水时,采取非常运用措施,在保障主要防洪对象和主要建筑物安全的前提下,允许次要建筑物局部或不同程度的损坏,允许次要防护对象受到一定的损失。

三、设计洪水计算的内容和方法

设计洪水的计算内容一般包括设计洪峰流量、固定时段的设计洪量和设计洪水过程线三项。这里所指的设计洪水计算实际上还包括校核洪水。目前,我国设计洪水的计算方法可分为有资料和无资料两种情况。

有资料情况下推求设计洪水的方法是:

(1)由流量资料推求设计洪水。当设计断面有足够(一般要求 30 年以上)的实测流量资料时,可运用水文统计原理直接由流量资料推求设计洪水。这种方法与由径流资料推求设计年径流及其年内分配的方法大体相同,即通过频率计算求出设计洪峰流量和各时段的设计洪量,然后按典型洪水过程线经同倍比或同频率放大的方法求得设计洪水过程线。区别在于,当进行频率计算时需加入特大洪水资料。

(2)由暴雨资料推求设计洪水。先由暴雨资料经过频率计算求得设计暴雨,再经过产流计算和汇流计算推求出设计洪水过程。

(3)由水文气象资料推求设计洪水。根据气象资料首先推求可能最大暴雨,再用可能最大暴雨推算出可能最大洪水。

无资料情况下推求设计洪水的方法是:

(1)地区等值线插值法。对于缺乏资料的地区,根据邻近地区的实测和调查资料,对洪峰流量模数、暴雨特征值、暴雨和径流的统计参数等进行地区综合,绘制相应的等值线图供无资料的小流域设计时使用。

(2)经验公式法。在地区综合分析的基础上,通过试验研究建立洪水、暴雨与流域特征值的经验公式,用于估算无资料地区的设计洪水。有关这类图、公式或一些经验数据,在各省区编印的《暴雨洪水图集》(或称《暴雨洪水查算手册》)中均有刊载。

第二节 由流量资料推求设计洪水

由流量资料推求设计洪水和由流量资料推求设计年径流的基本思路相同,即利用实测流量资源推求规定标准的、用于水库规划和水工建筑物设计的洪水过程线。计算程序包括:资料的“三性”审查;洪峰流量和时段洪量资料的选样;加入特大洪水资料系列的频率计算,推求符合设计标准的设计洪峰流量和各种时段的设计洪量;然后按典型洪水过程进行放大求得设计洪水过程线,进行成果的合理性检查。

$$\text{资料}\xrightarrow[\text{频率计算}]{\text{审查、选择}}\begin{cases}\text{设计洪峰流量}\\\text{各时段设计洪量}\end{cases}\xrightarrow[\text{放大}]{\text{选择典型洪水过程}}\text{设计洪水过程线}$$

一、洪水资料的选样与审查

在洪水频率计算中是把每年河流的洪水过程作为一次随机事件。实际上它包含若干次不同的洪水过程，根据频率计算的选择原则，从多场洪水过程中选出符合要求的洪水特征值。

对于洪峰流量，用年最大值法选样，即每年挑选一个最大的瞬时洪峰流量，若有 n 年资料，则可得到 n 个最大洪峰流量构成的样本系列：$Q_{m1},Q_{m2},\cdots,Q_{mn}$。

对于洪量，采用固定时段年最大值法独立选样。首先，根据当地洪水特性和工程设计的要求确定统计时段（包括设计时段和控制时段）；然后，在各年的洪水过程中，分别独立地选取不同时段的年最大洪量，组成不同时段的洪量样本系列。所谓独立选样，是指同一年中最大洪峰流量及各时段年最大洪量的选取互不相干，各自都取全年最大值即可。几个特征值有可能在同一场洪水中，也有可能不在同一场洪水中。如图 5-2 所示，最大 1 日洪量 W_1 与最大 3 日洪量 W_3 分别在两场洪水中，而最大 7 日洪量 W_7 又包含最大 3 日洪量 W_3。如果有 n 年资料即可得到几组不同时段的年最大系列：

$$W_{11},W_{12},\cdots,W_{1n}$$

$$W_{31},W_{32},\cdots,W_{3n}$$

$$W_{71},W_{72},\cdots,W_{7n}$$

年最大瞬时洪峰流量值和各种时段的年最大洪量值可由《水文年鉴》中的“逐日平均流量表”或“水文要素择录表”统计求得，或者直接从水文特征值统计资料上查得。

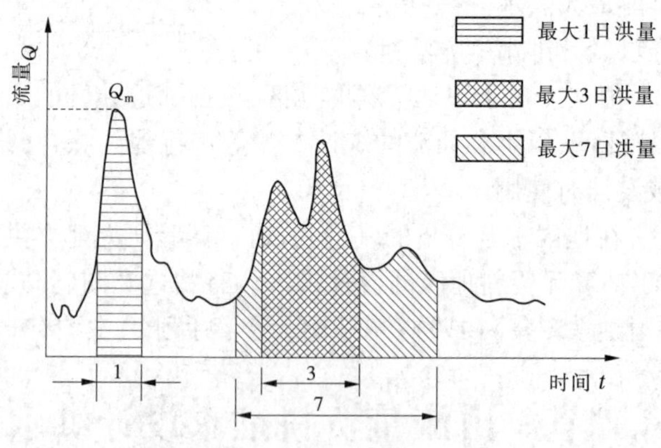

图 5-2　洪量独立选样示意图

洪水资料的审查，主要是审查它的可靠性、一致性和代表性，审查的方法和内容见第三章所述。

如果审查发现洪水资料的代表性不高，可以通过相关分析进行插补展延。例如，可以利用上下游站洪水资料进行相关分析，延长洪峰及洪量资料，也可以利用本站的峰量关系进行插补延长，或者利用暴雨径流关系来插补延长。其中，加入调查历史特大洪水资料是延长样本系列、提高系列代表性的最重要的方法。

二、设计洪峰流量和洪量系列的频率计算

洪水资料经审查和插补延长后,可用频率计算推求设计洪峰流量和各时段的设计洪量,其方法步骤与设计年径流的频率计算基本相同,只是洪水资料系列由于含有洪水特大值而使其经验频率和统计参数的计算及适线侧重点与设计年径流不同。下面只对洪峰流量资料频率计算的特点作简单介绍。

(一)加入洪水特大值的作用

所谓特大洪水,目前还没有一个非常明确的定量标准,通常是指比实测系列中的一般洪水大得多的稀遇洪水(重现期超过 50 年)。特大洪水包括调查历史洪水和实测洪水中的最大值。

目前,我国河流的实测流量资料多数都不长,经过插补延长后也得不到满意的结果。要根据这样短期的实测资料来推算百年一遇、千年一遇等稀遇洪水,难免存在较大的抽样误差。而且,每年出现一次大洪水后,设计洪水的数据及结果就会产生很大的波动,若以此计算成果作为水工建筑物防洪设计的依据,显然是不可靠的。因此,《水利水电工程设计洪水计算规范》(SL 44—2006)中明确提出,无论用什么方法推求设计洪水都必须考虑特大洪水问题。如果能调查和考证到若干次历史洪水并加入频率计算,就相当于将原来几十年的实测系列加以延长,这将大大增强资料的代表性,提高设计成果的精度。例如,我国滹沱河黄壁庄水库,在 1956 年规划设计时,仅以 18 年实测洪峰流量系列计算设计洪水。其后在 1956 年发生了特大洪水,洪峰流量 $Q_m = 13\ 100\ m^3/s$,超过了原千年一遇的洪峰流量,加入该年特大洪水后重新计算,求得千年一遇洪峰流量比原设计值大 1 倍多。紧接着 1963 年又发生了 $Q_m = 12\ 000\ m^3/s$ 的特大洪水,使人们认识到必须更深入地研究历史特大洪水。继续调查后,将历史上发生的 4 次特大洪水一并加入系列,再进行洪水频率计算,其千年一遇洪峰流量设计值为27 600 m^3/s,与 20 年系列分析成果相差 3.6%,设计成果也基本趋于稳定。上述计算成果如表 5-7 所示。

表 5-7　黄壁庄水库不同资料系列设计洪水计算成果

计算方案	系列项数	历史洪水个数	重现期(年)	Q_m 均值(m^3/s)	C_v	C_s/C_v	设计洪峰流量(m^3/s)	
							$P=0.1\%$	$P=0.01\%$
Ⅰ	18	0	162	1 640	0.9	3.5	12 600	20 140
Ⅱ	20	1	364	2 230	1.4	3.0	28 600	42 010
Ⅲ	24	4	170	2 700	1.25	2.0	27 600	38 530

(二)加入特大洪水不连序系列的几种情况

由于特大洪水的出现机会终究是比较少的,因而其相应的考证期(调查期)N 必然大于实测系列的年数 n,而在 $N-n$ 时期内的各年洪水信息尚不确知。把特大洪水和实测一般洪水加在一起组成的样本系列,在由大到小排位时其序号无法连贯(即不连序),中间有空缺的序位,这种样本系列称为不连序系列;若由大到小排位时序号是连贯不间断的,这种样本系列则称为连序系列。一般来讲,实测年径流系列为连序系列,含洪水特大值的洪水系列为不连序系列。不连序系列有三种可能情况,如图 5-3 所示。

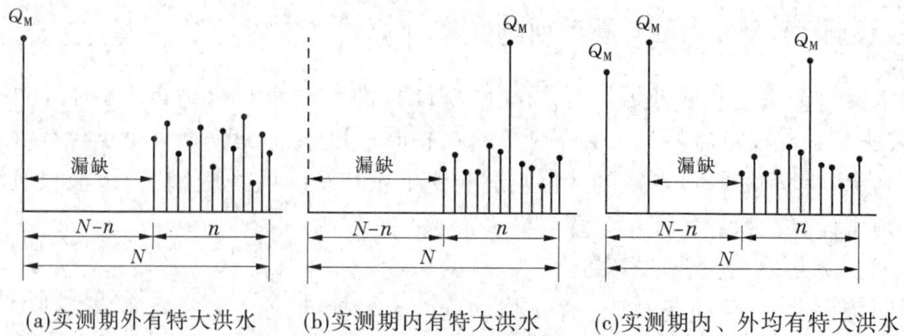

图 5-3　特大洪水组成的不连序洪水系列

图 5-3(a)中为实测系列 n 年以外有调查的历史大洪水 Q_M，其调查期为 N 年。

图 5-3(b)中没有调查的历史大洪水，而实测系列中的 Q_M 远比一般洪水大，经论证其考证期可延长为 N 年，因此将 Q_M 放在 N 年内排位。

图 5-3(c)中既有调查历史大洪水又有实测的特大值，这种情况比较复杂，关键是要将各特大值的调查考证期考证准确，并弄清排位的次序和范围。

对于不连序系列样本资料，其经验频率及统计参数的计算与连序系列样本资料有所不同，这样是对所谓的特大洪水的处理问题。

（三）洪峰流量经验频率的计算

考虑特大洪水的不连序系列，其经验频率计算常常是将特大值和一般洪水分开，分别计算。目前，我国采用的计算方法有以下两种。

1. 独立样本法

独立样本法（分别处理法），即把实测一般洪水样本与特大洪水样本分别看作是来自同一总体的两个连序随机样本，则将各项洪水分别在各自的样本系列内排位，计算经验频率。其中，特大洪水按下式计算经验频率，即

$$P_M = \frac{M}{N+1} \times 100\% \qquad (5\text{-}1)$$

式中　M——特大洪水排位的序号，$M = 1, 2, \cdots, a$；

N——特大洪水首项的考证期，即为调查最远的年份迄今的年数；

P_M——特大洪水第 M 项的经验频率（%）。

同理，n 个一般洪水的经验频率按下式计算，即

$$P_m = \frac{m}{n+1} \times 100\% \qquad (5\text{-}2)$$

式中　m——实测洪水排位的序号，$m = l+1, l+2, \cdots, n$，l 为实测系列中抽出作特大值处理的洪水个数；

n——实测洪水的项数；

P_m——实测洪水第 m 项的经验频率（%）。

2. 统一样本法

统一样本法（统一处理法），即将实测系列和特大值系列都看作是从同一总体中任意抽取的一个随机样本，各项洪水均在 N 年内统一排位计算其经验频率。

设调查考证期 N 年中有 a 个特大洪水，其中有 l 项发生在实测系列中，则此 a 个特大洪水的排位序号 $M=1,2,\cdots,a$，其经验频率仍按式(5-1)计算。而实测系列中剩余的 $n-l$ 项的经验频率按下式计算，即

$$P_M = P_{Ma} + (1 - P_{Ma})\frac{m-l}{n-l+1} \times 100\% \tag{5-3}$$

式中　P_{Ma}——N 年中末位特大值的经验频率，$P_{Ma}=\dfrac{a}{N+1}\times 100\%$；

l——实测系列中抽出作特大值处理的洪水个数；

m——实测系列中各项在 n 年中的排位序号，l 个特大值应该占位；

n——实测系列的年数。

【例 5-1】　某站 1938～1982 年共 45 年洪水资料，其中 1949 年洪水比一般洪水大得多，应从实测系列中抽出作特大值处理。另外，通过调查历史洪水资料得知，本站自 1903 年以来的 80 年间有两次特大洪水，分别发生在 1921 年和 1903 年。经分析考证，可以确定 80 年以来没有遗漏比 1903 年更大的洪水，洪水资料见表 5-8，试用两种方法分析计算各次洪水的经验频率，并进行比较。

表 5-8　某站洪峰流量系列经验频率分析计算成果

<table>
<tr><td rowspan="3">洪水资料</td><td>洪水性质</td><td colspan="3">特大洪水</td><td colspan="5">一般洪水</td></tr>
<tr><td>年份</td><td>1921</td><td>1949</td><td>1903</td><td>1949</td><td>1940</td><td>1979</td><td>…</td><td>1981</td></tr>
<tr><td>洪峰流量(m³/s)</td><td>8 540</td><td>7 620</td><td>7 150</td><td></td><td>5 020</td><td>4 740</td><td></td><td>2 580</td></tr>
<tr><td rowspan="2">排位情况</td><td>排位时期</td><td colspan="3">1903～1982 年(N=80 年)</td><td colspan="5">1938～1982 年(n=45 年)</td></tr>
<tr><td>序号</td><td>1</td><td>2</td><td>3</td><td>—</td><td>2</td><td>3</td><td>…</td><td>45</td></tr>
<tr><td rowspan="2">独立取样
分别排位
(方法 1)</td><td>计算公式</td><td colspan="3">式(5-1)</td><td colspan="5">式(5-2)</td></tr>
<tr><td>经验频率(%)</td><td>1.23</td><td>2.47</td><td>3.70</td><td>—</td><td>4.35</td><td>6.52</td><td>…</td><td>97.8</td></tr>
<tr><td rowspan="2">统一取样
统一排位
(方法 2)</td><td>计算公式</td><td colspan="3">式(5-1)</td><td colspan="5">式(5-3)</td></tr>
<tr><td>经验频率(%)</td><td>1.23</td><td>2.47</td><td>3.70</td><td>—</td><td>5.84</td><td>7.98</td><td>…</td><td>97.9</td></tr>
</table>

解：(1)先用独立样本法计算。根据资料绘制示意图 5-4。

按式(5-1)和式(5-2)分别计算洪水特大值系列及实测洪水系列的各项经验频率。

1921 年洪水 $Q_m=8\ 540\ m^3/s$，在特大值系列中($N=80$ 年)排第 1，则

$$P_{1921} = \frac{1}{80+1}\times 100\% = 1.23\%$$

$$P_{1949} = \frac{2}{80+1}\times 100\% = 2.47\%$$

$$P_{1903} = \frac{3}{80+1}\times 100\% = 3.70\%$$

实测系列中各项的经验频率应在系列内排位，即 $m=1,2,\cdots,n$。但由于将 1949 年提

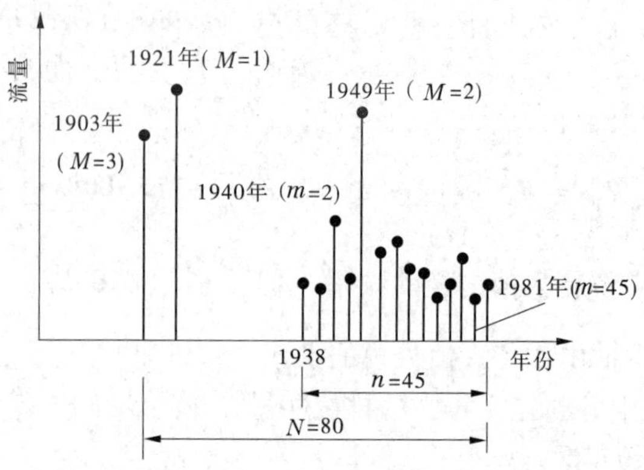

图 5-4　某站洪峰流量系列示意图($a=3$)

出特大值处理，所以排位实际上应从 $m=2$ 开始，即 1940 年洪水经验频率为

$$P_{1940}=\frac{2}{45+1}\times 100\%=4.35\%$$

(2) 统一样本法计算。a 个特大值洪水的经验频率仍用式(5-1)计算，结果与独立样本法相同。$(n-l)$ 项实测洪水的经验频率按式(5-3)计算，如 1940 年为

$$P_{1940}=\left[\frac{3}{80+1}+\left(1-\frac{3}{80+1}\right)\times\frac{2-1}{45-1+1}\right]\times 100\%=5.84\%$$

其余各项实测洪水的经验频率可仿此计算，成果列入表 5-8 中。

由表 5-8 中计算结果可以看出，特大洪水的经验频率两种方法计算的结果一致；而实测一般洪水的经验频率两种方法计算的结果不同，如 1940 年洪水($m=2$)，用独立样本法计算频率为 4.35%，用统一样本法计算为 5.84%，可见第二种方法计算的经验频率比第一种方法大。

上述两种方法目前都在使用。一般来说，独立样本法适用于实测系列代表性较好，而历史洪水排位可能有遗漏的情况；统一样本法适用于在调查考证期 N 年内，为首的数项历史洪水排位连序而无错漏的情况。两种方法计算结果比较接近，第一种方法计算虽简单，但存在特大洪水的经验频率与实测洪水的经验频率重叠的现象。

(四)统计参数的计算

对于不连序系列，统计参数初值的估算仍可采用三点法和矩法公式进行。但在使用矩法时，计算公式要作适当修正。

设调查考证期 N 年内共有 a 个特大洪水，其中 l 个发生在实测系列中，$n-l$ 项为一般洪水。假定除去特大洪水后的 $N-a$ 年系列，其均值和均方差与 $n-l$ 年系列的均值和均方差相等，即

$$\overline{Q}_{N-a}=\overline{Q}_{n-l}$$

$$\sigma_{N-a}=\sigma_{n-l}$$

于是推导出不连序系列的均值和变差系数的计算公式如下

$$\overline{Q}_{\mathrm{m}}=\frac{1}{N}\left(\sum_{j=1}^{a}Q_j+\frac{N-a}{n-l}\sum_{i=l+1}^{n}Q_i\right)\tag{5-4}$$

$$C_v = \frac{1}{\overline{Q}_m}\sqrt{\frac{1}{N-1}\left[\sum_{j=1}^{a}(Q_j-\overline{Q}_m)^2+\frac{N-a}{n-l}\sum_{i=l+1}^{n}(Q_i-\overline{Q}_m)^2\right]} \tag{5-5}$$

式中　$\overline{Q}_m$、C_v——加入特大值后系列的均值、变差系数；

Q_j——特大洪水洪峰流量，$j=1,2,\cdots,a$；

Q_i——一般洪水洪峰流量，$i=l+1,l+2,l+3,\cdots,n$；

N——调查洪水的考证期；

a——特大洪水个数；

n——一般洪水个数；

l——实测系列中特大洪水的项数。

偏差系数 C_s 抽样误差较大，一般不直接计算，而是参考相似流域分析成果，选用一定的 C_s/C_v 值作为初始值。

（五）洪水频率计算的适线原则

洪峰洪量计算时，无论采用何种方法估算统计参数，最终仍以理论频率曲线与经验点群的最佳配合来确定统计参数。适线时如何正确地掌握“最佳”的配合，这就要遵循以下适线的原则：

（1）适线时尽量照顾点群趋势，使曲线上、下两侧点子数目大致相等，并交错均匀分布。

（2）考虑到P－Ⅲ型曲线的应用仍具有一定的假定性，在适线过程中应着重配合曲线中上部，对下部点据的配合可适当放宽要求。

（3）应注意各次历史洪水点据的精度以便区别对待，使曲线尽量靠近精度较高的点据。

（4）要考虑不同历时洪水特征值参数的变化规律，以及同一历时的参数在地区上变化规律的合理性。

不连序系列的频率计算方法同时也包括各固定时段的洪量系列的频率计算，根据以上原则分别对洪峰流量和各时段洪量的样本系列进行配线后，选定配合最佳的理论频率曲线及其参数，从而在该曲线上查得设计洪峰流量和各时段的设计洪量。

【例5-2】　某流域拟建中型水库一座。经分析确定水库枢纽本身的永久水工建筑物正常运用洪水标准 $P=1\%$，非常运用洪水标准（校核标准）$P=0.1\%$。该工程坝址位置有25年实测洪水资料（1958～1982年），经选样审查后洪峰流量资料列入表5-9第②栏，为了提高资料代表性，曾多次进行洪水调查，得知1903年发生特大洪水，洪峰流量为3 750 m^3/s，考证期为80年，试推求 $P=1\%$、$P=0.1\%$ 的设计洪峰流量。

解：（1）根据已知资料分析，1975年洪水较1903年洪水属于同一量级，仅次于1903年居第二位，且与实测洪水资料相比洪峰流量值明显偏大。因而，可以从实测系列中抽出作特大值处理，所以 $l=1$，$a=2$，$N=80$，$n=25$。

（2）经验频率按独立样本法列表计算，见表5-9。

（3）用矩法公式计算统计参数初始值。

（4）理论频率曲线推求时先以样本统计参数 $\overline{Q}_m=1\ 168\ m^3/s$，$C_v=0.58$，$C_s=3.0C_v$ 作为初始值查表并绘制P－Ⅲ型曲线，具体做法可参见前述适线原则。图5-5曲线Ⅰ为初试结果，可以看出，曲线上半部系统偏低，应重新调整统计参数，调整结果见表 5-10，$C_v=0.65$，$C_s=3.5\ C_v$ 时所得理论频率曲线与中高水点据配合较好，见图 5-5 中曲线Ⅱ。此线即为所求的频率曲线，相应的统计参数为$\overline{Q}_m=1\ 168\ m^3/s$，$C_v=0.65$，$C_s=3.5\ C_v$，据此可从图 5-5 曲线Ⅱ上查出洪峰流量的设计值：$P=1\%$ 时，$Q_{mP}=4\ 018\ m^3/s$；$P=0.1\%$ 时，$Q_{mP}=5\ 933\ m^3/s$。

表 5-9　经验频率曲线计算成果

年份	洪峰流量 Q_m(m^3/s)	序号 M、m	Q_m 由大到小排序 (m^3/s)	经验频率 P(%)	年份	洪峰流量 Q_m(m^3/s)	序号 M、m	Q_m 由大到小排序 (m^3/s)	经验频率 P(%)
①	②	③	④	⑤	①	②	③	④	⑤
1903	3 750	一	3 750	1.23	1971	2 300	14	875	53.8
1958	639	二	3 300	2.46	1972	720	15	850	57.7
1959	1 475	2	2 510	7.69	1973	850	16	815	61.5
1960	984	3	2 300	11.5	1974	1 380	17	780	65.4
1961	1 100	4	2 050	15.4	1975	3 300	18	720	69.2
1962	661	5	1 800	19.2	1976	406	19	705	73.1
1963	1 560	6	1 560	23.1	1977	926	20	661	76.9
1964	815	7	1 475	26.9	1978	1 800	21	639	80.8
1965	2 510	8	1 450	30.8	1979	780	22	615	84.6
1966	705	9	1 380	34.6	1980	615	23	510	88.5
1967	1 000	10	1 100	38.5	1981	2 050	24	479	92.3
1968	479	11	1 000	42.3	1982	875	25	406	96.2
1969	1 450	12	984	46.2	合计	33 640		7 050 (26 590)	
1970	510	13	926	50.0					

表 5-10　理论频率曲线适线计算成果

频率 P(%)		0.1	0.5	1	2	5	10	20	50	75	90	95
第一次适线 $\overline{Q}_m=1\ 168\ m^3/s$	K_P	4.23	3.38	3.01	2.64	2.14	1.77	1.38	0.84	0.58	0.45	0.40
$C_v=0.58$ $C_s=3.0C_v$	Q_P	4 941	3 948	3 516	3 084	2 500	2 067	1 612	981	677	526	467
第二次适线 $\overline{Q}_m=1\ 168\ m^3/s$	K_P	5.08	3.92	3.44	2.94	2.30	1.83	1.36	0.78	0.55	0.46	0.44
$C_v=0.65$ $C_S=3.5C_v$	Q_P	5 933	4 578	4 018	3 434	2 686	2 137	1 588	911	642	537	514

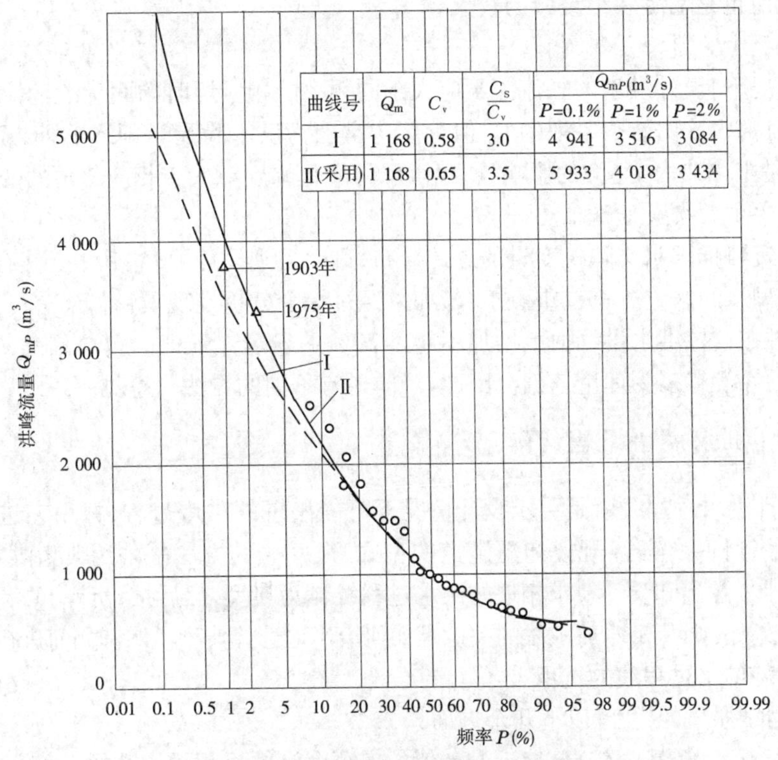

曲线号	$\overline{Q}_m$	C_v	$\frac{C_S}{C_v}$	Q_{mP}(m³/s)		
				P=0.1%	P=1%	P=2%
Ⅰ	1 168	0.58	3.0	4 941	3 516	3 084
Ⅱ(采用)	1 168	0.65	3.5	5 933	4 018	3 434

图 5-5　某站洪峰流量频率曲线图

(六) 设计成果的合理性分析和安全保证值

1. 成果的合理性分析

成果的合理性分析主要是对洪峰流量及洪量设计成果(包括各项统计参数)进行合理性检查。检查时,一方面根据邻近地区河流的一般规律,检查设计成果有无偏大偏小的情况,从而发现问题并及时修正;另一方面,也要注意设计站与邻近站的差别,不要机械地强求一致。常用的检查方法如下所述。

1) 本站洪峰及各种历时洪量的频率计算成果相互比较

(1) 同一频率下,应该是 $W_7 > W_3 > W_1$,将它们的理论频率曲线绘制在一张频率格纸上,在实用范围内各线不应相交。

(2) 一般情况下,1 日洪量系列的 C_v 值应该大于 3 日洪量的 C_v 值,3 日洪量系列的 C_v 值应该大于 7 日洪量的 C_v 值,历时愈短洪量系列 C_v 值应愈大。不过有些河流受暴雨特性及河槽调蓄作用的影响,其洪量系列的 C_v 值也可能随历时的加长而增大,达到最高值后又随历时的增长而减小。

2) 与上、下游及邻近河流的频率计算成果相比较

(1) 同一条河流的上、下游如果在同一地区或者在同一地区大小不同的河流,应该是洪峰流量及各种历时洪量的均值从上游到下游递增,大河的比小河的要大;而洪峰流量模数则小流域的较大。

(2) 如果其他条件相同,洪峰流量的 C_v 值应该是小流域的较大。同样,历时相同的

洪量，其 C_v 值也是上游和小流域的较大。

3）与暴雨频率计算成果对比

一般情况下，设计洪水的径流深不应大于同频率的相应历时的面暴雨量，而且洪峰及洪量的 C_v 值都应该比暴雨系列的 C_v 值大。这是因为洪水除受暴雨影响外，还受下垫面条件（尤其是土壤缺水情况）的影响，所以洪水的变化幅度要大于相应暴雨的变化幅度。

2. 设计洪水的安全保证值

由样本资料推求水文随机变量的总体分布，进而得到设计值，这其中必然存在抽样误差。对于大型水利水电工程或重点工程，如果经过综合分析发现设计值确有可能偏小，则为了安全，可在校核洪水设计值上增加不超过20%的安全保证值。但这只是一个规定性的技术措施，并没有多少理论依据。因此，目前还有不同的看法和意见。

三、设计洪水流量过程线

推求设计洪水过程线就是寻求设计情况下可能出现的洪水过程，并用它进行防洪调节计算，以确定水库的防洪规模和溢洪道的型式、尺寸。其方法是采用典型洪水放大法，即从实测洪水中选出和设计要求相近的洪水过程线作为典型，然后按设计的峰和量将典型洪水过程线放大。典型洪水放大法的关键是如何恰当地选择典型洪水和如何进行放大。

（一）典型洪水过程线的选取

典型洪水的选取可考虑以下几个方面：

（1）从资料完整、精度较高、接近设计值的实测大洪水过程线中选择。

（2）要选择具有代表性的、对防洪偏于不利的洪水过程线作为典型，即在发生季节、地区组成、峰型、主峰位置、洪水历时及峰量关系等方面能够代表设计流域大洪水的特性。所谓对防洪不利的典型，一般来说，调洪库容较小时，尖瘦型洪水对防洪不利；调洪库容较大时，矮胖型洪水对防洪不利；对于多峰洪水来说，一般峰型集中、主峰靠后的洪水过程线对调洪更为不利。

（3）若水库下游有防洪要求，应考虑与下游洪水遭遇的不利典型。

（二）典型洪水过程线的放大

1. 同倍比放大法

同倍比放大法是按同一放大系数 K 放大典型洪水过程的纵坐标，使放大后的洪峰流量等于设计洪峰流量 Q_{mP}，或使放大后的洪量等于设计洪量 W_P。如果使放大后的洪水过程线的洪峰等于设计洪峰流量 Q_{mP}，称为峰比较大，放大系数为

$$K_Q = \frac{Q_{mP}}{Q_{md}} \tag{5-6}$$

式中　Q_{md}——典型洪水的洪峰流量。

如果使放大后的洪水过程线洪量等于设计洪量，称为量比较大，放大系数为

$$K_W = \frac{W_P}{W_d} \tag{5-7}$$

式中　W_d——典型洪水的洪量。

同倍比放大法方法简单、计算工作量小，但在一般情况下，K_Q 和 K_W 不会完全相等，所

以按洪峰放大后的洪量不一定等于设计洪量，按量放大后的洪峰流量不一定等于设计洪峰流量。

2. 同频率放大法

在放大典型过程线时，若按洪峰和不同历时的洪量分别采用不同的倍比，就能使放大后的过程线的洪峰及各种历时的洪量分别等于设计洪峰和设计洪量。也就是说，放大后的过程线，其洪峰流量和各种历时的洪水总量都符合同一设计频率，称为“峰、量同频率放大”，简称“同频率放大”。同频率放大法能适应多种防洪工程，目前大中型水库规划设计主要采用此法。

如图5-6取洪量历时为1日、3日、7日，计算典型洪水洪峰流量 Q_{md} 及各历时洪量 $W_{1\,d}$、$W_{3\,d}$、$W_{7\,d}$。计算典型洪水的洪量时采用“长包短”，即把短历时洪量包在长历时洪量之中，以保证放大后的设计洪水过程线峰高量大，峰型集中，便于计算和放大。洪量的选样不要求长包短，是为了所取得的样本是真正的年最大值，符合独立随机选择要求。两者都是从安全角度出发的。

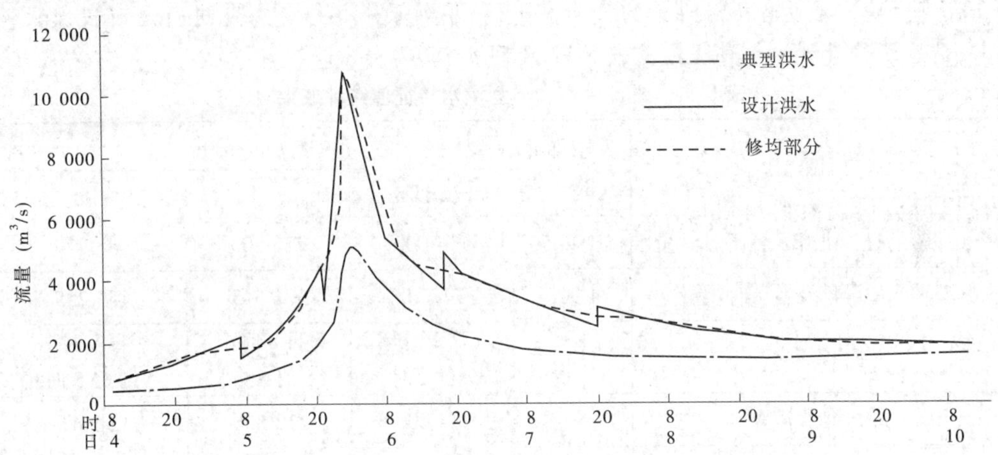

图5-6　某水库 $P=0.1\%$ 设计洪水与典型洪水过程线

典型洪水各段的放大倍比可计算如下：

洪峰的放大倍比

$$K_Q = \frac{Q_{mP}}{Q_{md}} \tag{5-8}$$

1日洪量放大倍比

$$K_1 = \frac{W_{1P}}{W_{1\,d}} \tag{5-9}$$

由于3日之中包括了1日，即 W_{3P} 中包括了 W_{1P}，$W_{3\,d}$ 中包括了 $W_{1\,d}$，而典型1日的过程线已经按 K_1 放大了。因此，就只需要放大其余2日的洪量，所以这一部分的放大倍比为

$$K_{3-1} = \frac{W_{3P} - W_{1P}}{W_{3\,d} - W_{1\,d}} \tag{5-10}$$

同理，在放大典型过程线7日中的其余4日时，放大倍比为

$$K_{7-3} = \frac{W_{7P} - W_{3P}}{W_{7\mathrm{d}} - W_{3\mathrm{d}}} \tag{5-11}$$

在典型放大过程中，由于两种控制时段衔接的地方放大倍比不一致，因而放大后的交界处往往产生不连续的突变现象，使之过程线呈锯齿形，如图 5-6 所示。此时可以徒手修匀，使之成为光滑曲线，但要保持设计洪峰和各历时设计洪量不变。同频率放大法推求的设计洪水过程线，较少受到所选典型的影响，比较符合设计标准。其缺点是可能与原来的典型相差较远，甚至形状有时也不能符合自然界中河流洪水形成的规律。为改善这种情况，应尽量减少放大的层次，例如除洪峰和最长历时的洪量外，只取一种对调洪计算起直接控制作用的历时，称为控制历时，并依次按洪峰、控制历时和最长历时的洪量进行放大，以得到设计洪水过程线。

【例 5-3】 某水库千年一遇设计洪峰流量和各历时设计洪量计算成果如表 5-11 所列，用同频率法推求设计洪水过程线。

解：经分析选定 1991 年 8 月的一次洪水为典型洪水，计算典型洪峰流量和各历时洪量。计算洪峰流量及各历时洪量的放大倍比，结果列于表 5-11。以此进行逐时段放大并修匀，最后所得设计洪水过程线见表 5-12 及图 5-6。

表 5-11 设计洪水和典型洪水特征值统计成果

项目	洪峰流量 (m^3/s)	洪量($(m^3/s)\cdot h$)		
		1 日	3 日	7 日
$P=0.1\%$的设计洪峰及各历时洪量	10 245	114 000	226 800	348 720
典型洪水的洪峰及各历时洪量	4 900	74 718	121 545	159 255
起止日期	6 日 8 时	6 日 2 时至 7 日 2 时	5 日 8 时至 8 日 8 时	4 日 8 时至 11 日 8 时
设计洪水洪量差 ΔW_P		114 000	112 800	121 920
典型洪水洪量差 ΔW_{d}		74 718	46 827	37 710
放大倍比	2.09	1.53	2.41	3.23

表 5-12 同频率放大法设计洪水过程线计算成果

典型洪水过程线		放大倍比 K	设计洪水流量过程 (m^3/s)	修正后设计洪水流量过程 (m^3/s)
时间(月-日 T 时)	$Q(m^3/s)$			
08-04T08	268	3.23	866	866
08-04T20	375	3.23	1 211	1 211
08-05T08	510	3.23/2.41	1 647/1 229	1 440
08-05T20	915	2.41	2 205	2 205
08-05T02	1 780	2.41/1.53	4 290/2 723	3 500
08-06T08	4 900	2.09	10 241	10 245
08-06T14	3 150	1.53	4 820	4 820

续表 5-12

典型洪水过程线		放大倍比 K	设计洪水流量过程 (m^3/s)	修正后设计洪水流量过程 (m^3/s)
时间(月-日 T 时)	Q(m^3/s)			
08-06T20	2 583	1.53	3 952	3 952
08-06T02	1 860	1.53/2.41	2 846/4 483	3 660
08-07T08	1 070	2.41	2 579	2 579
08-07T20	885	2.41	2 133	2 133
08-08T08	727	2.41/3.23	1 752/2 348	2 050
08-08T20	576	3.23	1 860	1 860
08-09T08	411	3.23	1 328	1 328
08-09T20	365	3.23	1 179	1 179
08-10T08	312	3.23	1 008	1 008
08-10T20	236	3.23	762	762
08-11T08	230	3.23	743	743

第三节　由暴雨资料推求设计洪水

一、概述

上一节介绍了由流量资料推求设计洪水的方法,但在实际工作中许多水利工程所在地点缺乏流量资料,或系列太短,无法采用前一节的方法推求设计洪水。相反多数地区都有降雨资料,站网密度大,且系列较长。同时我国绝大部分地区的洪水是由暴雨形成的,暴雨与洪水之间具有直接且密切的关系,所以可以利用暴雨资料通过一定的方法推求出设计洪水来。这种方法是推求中小流域水利工程设计洪水的主要途径。即使具有长期实测洪水资料的流域,往往也需要用暴雨资料来推求设计洪水,同由流量资料推求的设计洪水进行比较,互相参证以提高设计洪水的可靠程度。

由暴雨资料推求设计洪水的步骤是:先由降雨资料采用数理统计法推求设计暴雨,再由设计暴雨采用成因分析法或地区综合法进行产流和汇流计算,推求出相应的设计洪水过程。这种方法本身假定暴雨和洪水是同频率的,即认为某一频率的洪水是由相同频率的暴雨所产生的。这种假定对中小流域较为符合,对较大流域在有些情况下有所出入。

降雨形成河川径流的过程相当复杂,为了研究方便将其概化为产流和汇流两个过程。本节将进一步讨论降雨径流的定量计算。因此,由暴雨资料推求设计洪水包含设计暴雨计算、产流计算和汇流计算三个主要环节,计算程序如图 5-7 所示。

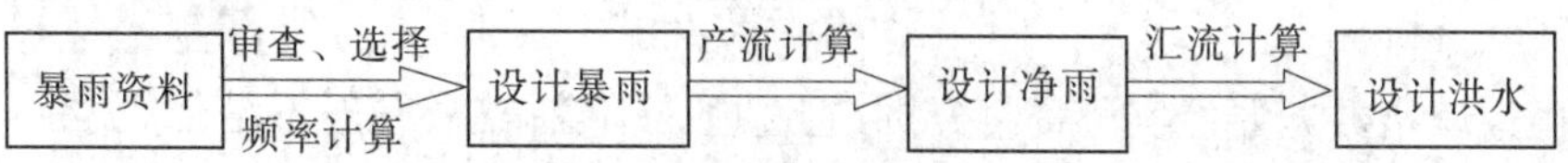

图 5-7　由暴雨资料推求设计洪水流程

二、设计暴雨计算

（一）设计暴雨的推求

设计暴雨是指符合设计标准的面平均暴雨量及过程。推求设计洪水所需要的是流域上的设计面暴雨过程。根据当地雨量资料条件，计算方法可分资料充足和资料短缺两种。前一种是由面平均雨量资料系列直接进行频率计算，方法类似于由流量资料推求设计洪水的方法，适用于雨量资料充分的流域；后一种方法是通过降雨的点面关系，由设计点雨量间接推求设计面暴雨量，有时直接以点代面，适用于雨量资料短缺的中小流域。

1. 暴雨资料充分时设计面暴雨量的计算

1）面暴雨量的选样

面暴雨资料的选样，一般采用年最大值法。其方法是先根据当地雨量的观测站资料、设计精度要求确定各计算时段，一般为6 h、12 h、1 d、3 d、7 d…，并计算出各时段面平均雨量，然后按独立选样方法选取历年各时段的年最大面平均雨量组成面暴雨量系列。

为了保证频率计算成果的精度，应尽量插补展延面暴雨资料系列，并对系列进行可靠性、一致性与代表性的审查与修正。

2）面暴雨量的频率计算

面暴雨量的频率计算所选用的线型和经验频率公式与洪水频率分析计算相同，其计算步骤包括暴雨特大值的处理、适线法绘制频率曲线、设计值的推求、典型暴雨过程的放大及合理性分析等，此处不再赘述。

2. 暴雨资料短缺时设计面暴雨量的计算

当流域内的雨量站较少，或各雨量站资料长短不一，难以求出满足设计要求的面暴雨量系列时，可先求出流域中心的设计点雨量，然后通过降雨的点面关系进行转换，求出设计面暴雨量。

1）设计点雨量计算

求设计点雨量时，如果在流域中心处有雨量站且系列足够长，则可用该站的暴雨资料直接进行频率计算，求得设计点雨量，然后通过地理插值求出流域中心的设计点雨量。若流域缺乏暴雨资料，则通过各省（区）《水文手册》（《水文图集》）所提供的各时段年最大暴雨量的$\overline{H}_t$、C_v 的等值线图及 C_s/C_v 的分区图计算设计点雨量。

此外，对于流域面积小、历时短的设计暴雨，也可采用暴雨公式计算设计点雨量。其方法是：根据各地区的《水文手册》（《水文图集》）查得设计流域中心的 24 h 暴雨统计参数（$\overline{H}_{24}$、C_v、C_s），计算出该流域 24 h 设计雨量 $H_{24,P}$，并按暴雨公式求出设计雨力 S_P，其公式为

$$S_P = H_{24,P}24^{n-1} \tag{5-12}$$

任一短历时的设计暴雨 $H_{t,P}$（mm），可通过暴雨公式转换得到，计算公式为

$$H_{t,P} = S_P t^{1-n} \tag{5-13}$$

暴雨递减指数 n 要经实测资料分析，通过地区综合得出，一般不是常数，当 $t<t_0$ 时，$n=n_1$；当 $t>t_0$ 时，$n=n_2$。t_0 经资料分析，在我国大部分地区取 1 h，n_1 为 0.5 左右，n_2 为 0.7 左右；少数省份 t_0 取 6 h，当 t_0 等于 6 h 时，设计暴雨可由另一公式计算，这里不再介

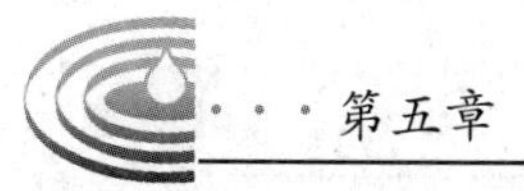

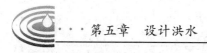

绍。具体应用时,可由当地的《水文手册》(《水文图集》)查得。

【例5-4】 某小流域拟建一小型水库,该流域无实测降雨资料,需推求历时 $t=2$ h、设计标准 $P=1\%$ 的暴雨量。

解:(1)在该省《水文手册》上,查得流域中心处暴雨的参数为

$$\overline{H}_{24}=100\ \text{mm},\ C_v=0.50,\ C_s=3.5\ C_v,t_0=1\ \text{h},n_2=0.65$$

(2)求最大24 h设计暴雨量,由暴雨统计参数和 $P=1\%$,查附表2得 $K_P=2.74$,故

$$H_{24,1\%}=K_P\overline{H}_{24}=2.74\times100=274\ (\text{mm})$$

(3)计算设计雨力 S_P,则有

$$S_P=H_{24,1\%}24^{n_2-1}\cdot=274\times24^{-0.35}=90\ (\text{mm/h})$$

(4)$t=2$ h,$P=1\%$ 的设计暴雨量为

$$H_{2,1\%}=S_Pt^{1-n_2}=90\times2^{1-0.65}=115\ (\text{mm})$$

2)设计面暴雨量的计算

按上述方法求得设计点雨量后,就可由流域降雨点面关系,很容易地转换出流域设计年均雨量,即设计面暴雨量。各省(区)的《水文手册》(《水文图集》)中,刊有不同历时暴雨的点面关系图(表),可供查用。

当流域较小时,可直接用设计点雨量代替设计面暴雨量,以供推求小流域设计洪水使用。

(二)设计暴雨的时程分配

拟定设计暴雨过程的方法也与设计洪水相似,首先选定一次典型暴雨过程,然后以各历时的设计暴雨量为控制缩放典型,得到设计暴雨过程。典型暴雨的选择原则:首先,要考虑所选典型暴雨的分配过程应是设计条件下可能发生的;其次,还要考虑对工程不利的情况。所谓可能发生,是从量上来考虑,即典型暴雨的雨量应接近设计暴雨的雨量,因设计暴雨比较稀遇,因而应从实测最大的几次暴雨中选择典型,要使所选典型的雨峰个数、主雨峰位置和实际降雨日数是大暴雨中常见的情况。所谓对工程不利,是指暴雨比较集中、主雨峰靠后,其形成的洪水对水库安全不利。

选择典型时,原则上应从各年的面雨量过程中选取。为了减少工作量或资料条件限制,有时也可选择单站雨量(即点雨量)过程作典型。一般来说,单站典型比面雨量典型更不利。例如,淮河上游"75·8"暴雨就常被选作该地区的暴雨典型。如图5-8所示,这场暴雨从8月4日起到8日止,历时5天。但暴雨量主要集中在8月5~7日3天内。林庄站最大3日雨量1 605.3 mm,5日最大雨量1 631.1 mm;板桥站最大3日雨量1 422.4 mm,最大5日雨量1 451.0 mm。而各代表站在3日中的最后1天(8月7日)的雨量占3日的50%~70%。同时这一天的雨量又集中在最后6 h内。可知这是一次多峰暴雨,主雨峰靠后,对水库防洪极为不利。

典型暴雨过程的缩放方法与设计洪水的典型过程缩放计算基本相同,一般采用同频率放大法。具体计算见下面算例。

【例5-5】 已求得某流域千年一遇1日、3日、7日设计面暴雨量分别为320 mm、521 mm、712.4 mm,并已选定了典型暴雨过程(见表5-13)。通过同频率放大法推求设计暴雨的时程分配。

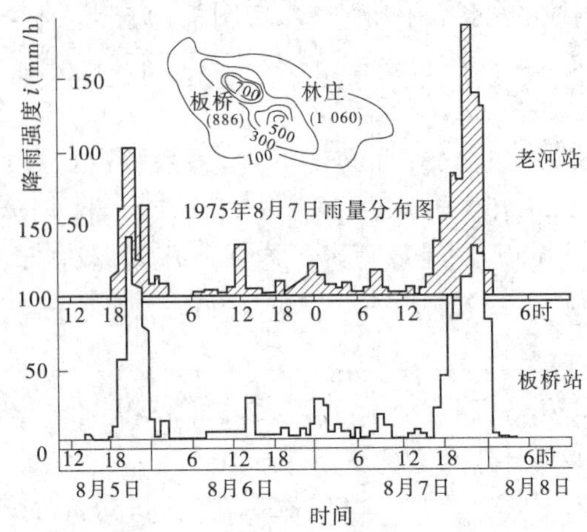

图 5-8　河南"75 · 8"暴雨时程分配图

解:典型暴雨 1 日(第 4 日)、3 日(第 3 ~ 5 日)、7 日(第 1 ~ 7 日)最大暴雨量分别为 160 mm、320 mm、393 mm,结合各历时设计暴雨量计算各段放大倍比为

最大 1 日　　　　$K_1 = 320/160 = 2.0$

最大 3 日中其余 2 日　　　　$K_{3-1} = (521 - 320)/(320 - 160) = 1.26$

最大 7 日中其余 4 日　　　　$K_{7-3} = (712.4 - 521)/(393 - 320) = 2.62$

将各放大倍比填入表 5-13 中各相应位置,乘以典型雨量即得设计暴雨过程。必须注意,放大后的各历时总雨量应分别等于其设计雨量,否则应予以修正。

表 5-13　某流域设计暴雨过程计算成果

项目	第 1 日	第 2 日	第 3 日	第 4 日	第 5 日	第 6 日	第 7 日	合计
典型暴雨过程(mm)	32.4	10.6	130.2	160.0	29.8	9.2	20.8	393.0
放大倍比 K	2.62	2.62	1.26	2.00	1.26	2.62	2.62	
设计暴雨过程(mm)	85.0	27.8	163.6	320.0	37.4	24.1	54.5	712.4

三、设计净雨的推求

一次降雨中,产生径流的部分为净雨,不产生径流的部分为损失。一场降雨的损失包括植物枝叶截留、填充流程中的洼地、雨期蒸发和降雨初期的下渗,其中降雨初期和雨期的下渗为主要的损失。因此,求得设计暴雨后,还要扣除损失,才能算出设计净雨。扣除损失的方法常采用径流系数法、降雨径流相关图法和初损后损法三种。

(一)径流系数法

降雨损失的过程是一个非常复杂的过程,影响因素很多,我们把各种损失综合反映在一个系数中,称为径流系数。对于某次暴雨洪水,求得流域平均雨量 H,由洪水过程线求得径流深 Y,则一次暴雨的径流系数为 $\alpha = Y/H$。根据若干次暴雨的 α 值,取其平均值 $\bar{\alpha}$,或为了安全选取其较大值或最大值作为设计采用值。各地《水文手册》(《水文图集》)均载有暴雨径流系数值，可供参考使用。还应指出，径流系数往往随暴雨量强度的增大而增大。因此，根据暴雨资料求得的径流系数，可根据其变化趋势进行修正，用于设计条件。这种方法是一种粗估的方法，精度较低。

（二）降雨径流相关图法

次降雨和其相应的径流量之间一般存在着较密切的关系，可根据次降雨量和径流量建立其相关关系。同时，对其影响因素作适当考虑，能够有效地改进降雨径流关系。这些影响因素包括前期流域下垫面的干湿程度、降雨强度、流域植被和季节影响等。对于一个固定流域来说，植被可视为固定因素，降雨季节影响亦相对较小，最重要的影响因素是前期流域下垫面的干湿程度和降雨强度，需要首先加以考虑。

1. 前期影响雨量的计算

反映前期流域下垫面干湿程度最常用的指标为前期影响雨量 P_a，其计算式为

$$P_{a,t+1} = K_a(P_{a,t} + H_t) \quad (P_{a,t} \leqslant I_m) \tag{5-14}$$

式中　$P_{a,t+1}$、$P_{a,t}$——第 $t+1$ 天和第 t 天开始时的前期影响雨量，mm；

H_t——第 t 天的流域降雨量，mm；

K_a——流域蓄水的日消退系数，各月可近似取一个平均值；

I_m——流域最大损失水量，即流域久旱之后（$P_a=0$）普降大雨使流域全面产流的总损失，mm。

根据 I_m 的概念，可用下式估算 K_a 值，即

$$K_a = 1 - E_m/I_m \tag{5-15}$$

式中　E_m——流域日蒸发能力，可以水面蒸发观测值近似代替。

从式（5-15）可以看出 K_a 和 I_m 的关系，即 I_m 愈大，K_a 亦愈大，相应地也表示所考虑的影响土层深度亦愈大。因此，对于一个流域来说，K_a 和 I_m 是配对使用的，它没有唯一解，但有一个合理的取值范围，K_a 值一般在 0.85～0.95 变化。

2. 降雨径流相关图法

1）降雨径流相关图的建立

降雨径流相关图是指流域面雨量与所形成的径流深及影响因素之间的相关曲线。一般以次降雨量 H 为纵坐标，以相应的径流深 Y 为横坐标，以流域前期影响雨量 P_a 为参数，然后按点群分布的趋势和规律定出一条以 P_a 为参数的等值线，这就是该流域 $H \sim P_a \sim Y$ 三变量降雨径流相关图，如图 5-9（a）所示。相关图作好后，要用若干次未参加制作相关图的雨洪资料，对相关图的精度进行检验与修正，以满足精度要求。当降雨径流资料不多、相关点据较少、按上述方法定线有一定难度时，可绘制简化的三变量相关图，即以 $H+P_a$ 为纵坐标，Y 为横坐标的 $(H+P_a) \sim Y$ 相关图，如图 5-9（b）所示。

必须指出，降雨径流相关图中的径流有地面径流与总径流之分，两者有很大的差别，前者是以超渗产流为基础建立的，而后者则是以蓄满产流为基础建立的，有时尚需划分地面径流及地下径流。

有的省对降雨量径流相关图选配了数学公式；有的省不考虑 P_a，直接建立两变量的降雨径流相关图；有的省则采用直线表示上述两变量的降雨径流相关图，亦即径流系数法；而有的省采用了理论的降雨径流关系，即用蓄满产流模型来推求设计净雨。具体见各

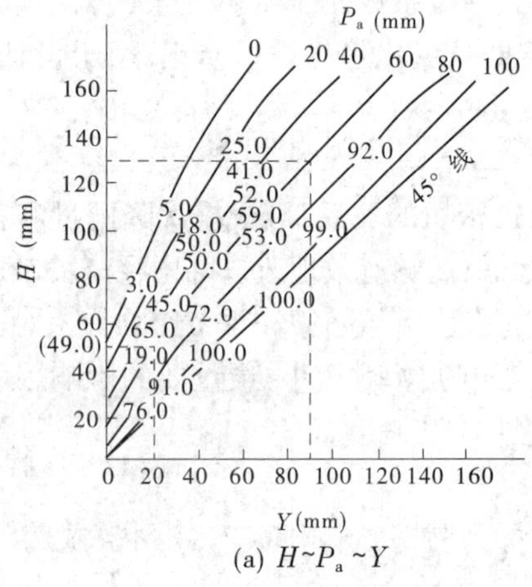

(a) $H \sim P_a \sim Y$

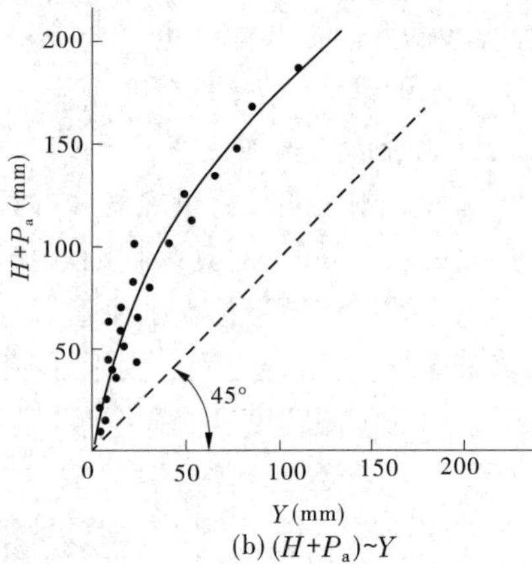

(b) $(H+P_a) \sim Y$

图 5-9　降雨径流相关图

省(区)的《水文手册》(《水文图集》)。

2)降雨径流相关图的应用

利用降雨径流相关图由设计暴雨及过程可查出设计净雨及过程。其方法是由时段累加降雨量,查降雨径流相关图曲线得相应的时段累加净雨量,然后相邻累加净雨量相减得到各时段的设计净雨量。

需要强调的是,由实测降雨径流资料建立起来的降雨径流相关图,应用于设计条件时,必须处理以下两方面的问题:

(1)降雨径流相关图的外延。设计暴雨常常超出实测点据范围,使用降雨径流相关图时,需对相关曲线作外延。以蓄满产流为主的湿润地区,其上部相关线接近于45°直线,外延比较方便。干旱地区的产流方案外延时任意性大,必须慎重。

(2)设计条件下 $P_{a,P}$ 的确定。有长期实测暴雨洪水资料的流域,可直接计算各次暴雨的 P_a,用频率计算法求得 $P_{a,P}$;有时也用几场大暴雨所分析的 P_a 值,取其平均值作为 $P_{a,P}$。

中小流域缺乏实测资料时,可采用各省(区)《水文手册》(《水文图集》)分析的成果确定 $P_{a,P}$ 值,大约为 I_m 的2/3,湿润地区大一些,干旱地区一般较小。

【例5-6】　经分析某流域各时段的设计暴雨量分别为 $H_1=32$ mm、$H_2=48$ mm、$H_3=20$ mm,设计条件下的 $P_{a,P}=40$ mm,试根据图5-9(a)所示的降雨径流相关图,推求其设计净雨过程。

解:在图5-9(a)中的 $P_a=40$ mm 的曲线上,先由第一时段暴雨量 $H_1=32$ mm,查得净雨 $h_1=5$ mm;然后由 $H_1+H_2=32+48=80$ (mm),查曲线得 $h_1+h_2=31$ mm,则 $h_2=31-5=26$ (mm);同理,由 $H_1+H_2+H_3=32+48+20=100$ (mm),查曲线得 $h_1+h_2+h_3=50$ mm,则 $h_3=50-31=19$ (mm)。因此,设计净雨量过程为 $h_1=5$ mm、$h_2=26$ mm、$h_3=19$ mm。

3)设计净雨的划分

对于湿润地区,一次降雨所产生的径流量包括地面径流和地下径流两部分。由于地面径流和地下径流的汇流特性不同，在推求洪水过程线时要分别处理。为此，在由降雨径流相关图求得设计净雨过程后，需将设计净雨划分为设计地面净雨和设计地下净雨两部分。

按蓄满产流方式，当流域降雨使包气带的缺水得到满足后，全部降雨形成径流，其中按稳定入渗率 f_c 入渗的水量形成地下径流 h_g，降雨强度 i 超过 f_c 的那部分水量形成地面径流 h_s。设时段为 Δt，时段净雨为 h，则：

当 $i>f_c$ 时　　$h_g=f_c\Delta t$　　$h_s=h-h_g=(i-f_c)\Delta t$

当 $i\leqslant f_c$ 时　　$h_g=h=i\Delta t$　$h_s=0$

可见，f_c 是个关键数值，只要知道 f_c 就可以将设计净雨划分为 h_s 和 h_g 两部分。f_c 是流域土壤、地质、植被等因素的综合反映。若流域自然条件无显著变化，一般认为 f_c 是不变的，因此 f_c 可通过实测雨洪资料分析求得，可参考有关专业书籍。各省（区）的《水文手册》（《水文图集》）中刊有 f_c 分析成果，可供无资料的中小流域查用。

（三）初损后损法

1. 初损后损法基本原理

在干旱地区的产流计算一般采用对下渗曲线进行扣损推求，按照对下渗的处理方法的不同，可分为下渗曲线法和初损后损法。下渗曲线法多是采用对下渗量累积曲线进行扣损，即将流域下渗量累积曲线和雨量累积曲线绘在同一张图上，通过图解分析的方法确定产流量及过程。由于受雨量观测资料的限制及存在着各种降雨情况下下渗曲线不变的假定，使得下渗曲线法并未得到广泛应用。因此，生产上常使用初损后损法扣损。

初损后损法是将下渗过程简化为初损与后损两个阶段，如图 5-10 所示。从降雨开始到出现超渗产流的阶段称为初损阶段，其历时记为 t_0，这一阶段的损失量称为初损量，用 I_0 表示，I_0 为该阶段的全部降雨量。

产流以后的损失称为后损，该阶段的损失常用产流历时内的平均下渗率 $\bar{f}$ 来计算。当时段内的平均降雨强度 $\bar{i}>\bar{f}$ 时，按 $\bar{f}$ 入渗，净雨量为 $H_i-\bar{f}\Delta t$；反之，当 $\bar{i}\leqslant\bar{f}$ 时，按 $\bar{i}$ 入渗，此时图 5-10 中的降雨量 H_n 全部损失，净雨量为零。按水量平衡原理，对于一场降雨所形成的地面净雨深可用下式计算，即

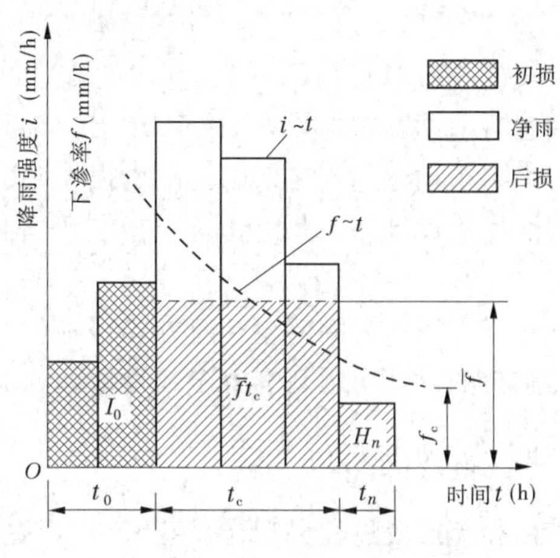

图 5-10　初损后损法示意图

$$h_s=H-I_0-\bar{f}t_c-H_n \tag{5-16}$$

式中　H——次降雨量，mm；

h_s——次降雨所形成的地面净雨深，mm；

I_0——初损量，mm；

t_c——产流历时，h；

$\bar{f}$——产流历时内的平均下渗率，mm/h；

H_n——后损阶段非产流历时 t_n 内的雨量，mm。

用式(5-16)进行净雨量计算时，必须确定 I_0 与 $\bar{f}$。

2. 初损 I_0 的确定

流域较小时，降雨分布基本均匀，出口断面洪水过程线的起涨点反映了产流开始的时刻。因此，起涨点以前雨量的累积值可作为初损 I_0 的近似值，如图 5-11 所示。

初损 I_0 与前期影响雨量 P_a、降雨初期 t_0 内的平均降雨强度 i_0、月份 M 及土地利用等有关。因此，常根据流域的具体情况，从实测资料分析出 I_0 及 P_a、i_0、M，从 P_a、i_0、M 中选择适当的因素，建立它们与 I_0 的关系，如图 5-12 所示，由此图可查出某条件下的 I_0。

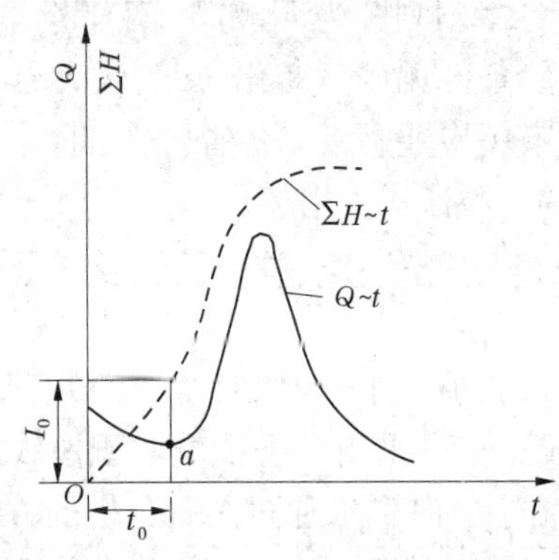

图 5-11 初损 I_0 示意图

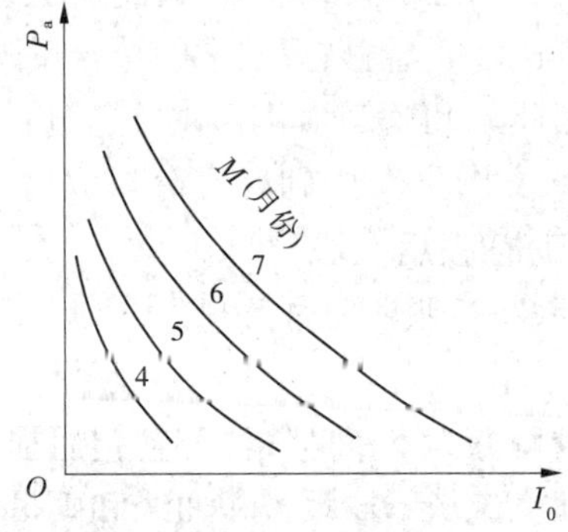

图 5-12 $I_0 \sim M \sim P_a$ 相关图

3. 平均下渗率 $\bar{f}$ 的确定

有实测雨洪资料时，平均下渗率 $\bar{f}$ 的计算式为

$$\bar{f} = \frac{H - I_0 - h_s - H_n}{t_c} \tag{5-17}$$

式(5-17)中 t_c 与 $\bar{f}$ 有关，所以 $\bar{f}$ 的确定必须结合实测雨洪资料试算求出。影响 $\bar{f}$ 的主要因素有前期影响雨量 P_a、产流历时 t_c 与超渗期的降雨量 H_{t_c}。如果不区分初损和后损，仅考虑一个均化的产流期内的平均损失率，这种简化的扣损方法叫平均损失率法。初损后损法用于设计条件时，也同样存在外延问题，外延时必须考虑设计暴雨雨强因素的影响。

对于干旱地区的超渗产流方式，除有少量的深层地下水外，几乎没有浅层地下径流，因此求得的设计净雨基本上全部是地面径流，不存在设计净雨划分问题。

四、设计洪水过程线

由径流形成过程可知，流域上个点产生的净雨，经过坡地和河网汇流形成出口断面流量过程线的整个过程为流域汇流。设计洪水过程线的推求，就是设计净雨的汇流计算。一般来说，流域的设计地面洪水过程线采用等流时线及单位线法来推求，设计地下洪水过程线采用简化的方法推求。

（一）等流时线法

由于流域内各点距离出口断面的远近不同，加上坡面与河槽的调蓄作用，各净雨点汇集到流域出口断面的速度和时间都不一样。把净雨从流域最远点流到出口断面所经历的时间,称为最大汇流历时,简称流域汇流历时,以 τ 表示。净雨在单位时间所通过的距离,叫作汇流速度,以 v_τ 表示。

在流域上把净雨汇流历时相等的点连成的一组等值线,叫作等流时线,如图 5-13 所示。

图中单元汇流历时为 $\Delta\tau$。每条等流时线上的水质点,将在同一时间内到达出口断面。流域汇流历时 $\tau = m\Delta\tau$(图示中 $m=4$)。于是第一条等流时线上的净雨,经 $\Delta\tau$ 时间到达出口断面;第二条等流时线上的净雨,则经 $2\Delta\tau$ 时间到达出口断面,依此类推。两条等流时线间所包围的面积称为共时径流面积,用 f_1、f_2、f_3…表示。显然共时径流面积的总和为流域面积 F。

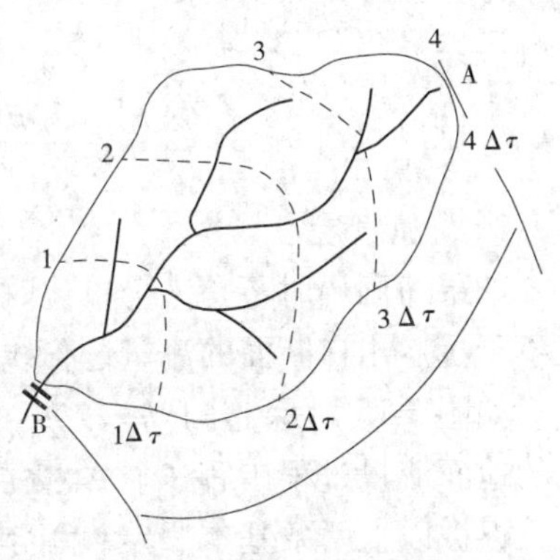

图 5-13 等流时线示意图

根据等流时线的汇流原理可知,在任意时刻,出口断面的流量 Q,显然是由第一块面积上本时段的净雨,加上第二块面积上前一时段的净雨,再加上第三块面积上前二时段的净雨……项乘积之和组成。其各项通式为

$$Q_t = \frac{h_t f_1}{\Delta t} + \frac{h_{t-1} f_2}{\Delta t} + \frac{h_{t-2} f_3}{\Delta t} + \cdots + \frac{h_{t-(n-1)} f_n}{\Delta t} \tag{5-18}$$

式中 h_t、h_{t-1}、h_{t-2}…——本时段、前一、前二……时段的净雨;

f_1、f_2、f_3…——共时径流面积。

式(5-18)为等流时线的基本方程式。由公式可知,当净雨过程已知,并勾绘了流域等流时线时,可求出流域出口断面的流量过程线。

在生产上,常用等流时线的汇流原理分析洪峰流量 Q_m 的形成,建立计算洪峰流量的推理公式。

由于降雨时空分布的随机性及各次降雨的损失水量各不相同,净雨历时 t_c 和流域汇流历时 τ 必然各异,所以在应用时应予以注意。

(二)经验单位线法

用单位线法进行汇流计算简便易行,该法是由美国 L·K·谢尔曼提出的,故又称谢尔曼单位线。由于单位线通过实测暴雨及洪水流量资料分析求得,因此又称为经验单位线,亦即是一种经验性的流域汇流模型。分析的资料应尽量选择暴雨历时较短、分布均匀、雨强较大的净雨,因为由这样的暴雨形成的洪水多为涨落明显的单峰。

1. 单位线的定义与假定

一个流域上,单位时间 Δt 内均匀降落单位深度(一般取 10 mm)的地面净雨,在流域出口断面形成的地面径流过程线,可定义为单位线。

单位线时段取多长依流域洪水特性而定。流域大,洪水涨落比较缓慢的,Δt 取得长一些;反之,Δt 要取得短一些。Δt 一般取单位线涨洪历时 t_r 的 1/2 ~ 1/3,即 $\Delta t = (1/2 \sim 1/3)t_r$,以保证涨洪有 3 ~ 4 个点据控制过程线的形状。在满足以上要求的情况

下，同时常按 1 h、3 h、6 h、12 h 等选取 Δt。

1）倍比假定

如果一个流域上有两次降雨，它们的净雨历时 Δt 相同，例如都是一个单位时段 Δt，但地面净雨深不同，分别为 h_a、h_b，则它们各自在流域出口形成的地面径流过程线 $Q_a \sim t$、$Q_b \sim t$（见图 5-14）的洪水历时相等，并且相应流量成比例，皆等于 h_a/h_b，即流量与净雨呈线性关系

$$\frac{Q_{a1}}{Q_{b1}} = \frac{Q_{a2}}{Q_{b2}} = \frac{Q_{a3}}{Q_{b3}} = \cdots = \frac{h_a}{h_b} \tag{5-19}$$

2）叠加假定

如果净雨历时不是一个单位时段而是 m 个时段，则各时段所形成的地面流量过程线互不干扰。出口断面的流量过程线等于 m 个时段净雨的地面流量过程之和。

如图 5-15 所示，由于 h_b 较 h_a 推后一个 Δt，地面流量过程 $Q \sim t$ 应由两个时段净雨形成的地面流量过程错后一个 Δt 叠加而得。

根据以上两条基本假定，就能解决多时段净雨推求单位线和净雨推求洪水过程的问题。

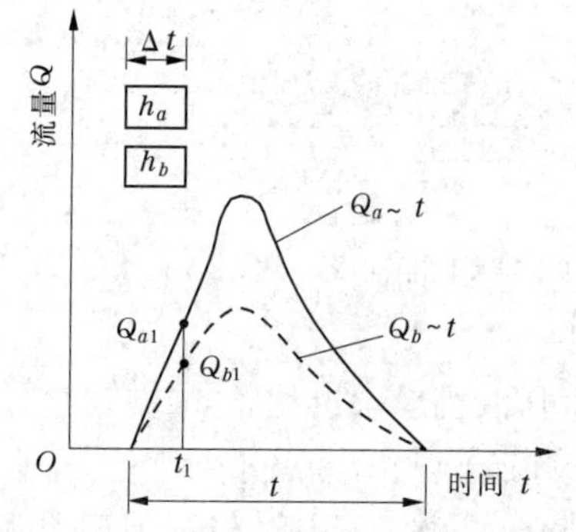

图 5-14　不同净雨深的地面流量过程线

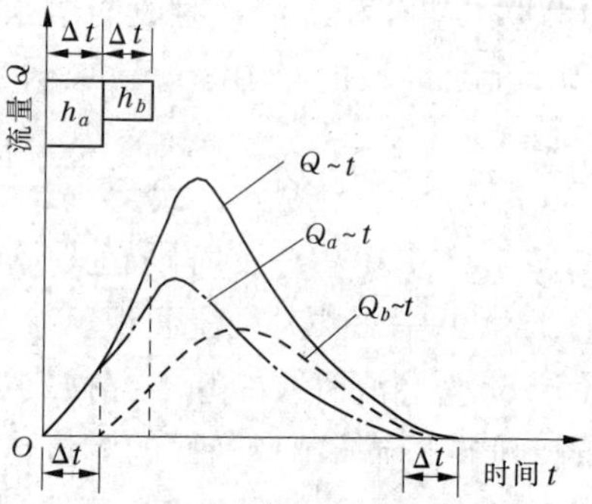

图 5-15　相邻时段净雨的地面过程线

2. 应用单位线推求洪水过程

一个流域根据多次实测雨洪资料分析多条单位线后，经过平均或分类综合，就得到了该流域实用单位线，即汇流计算方案。由设计净雨，即可应用单位线按列表计算推求设计洪水过程。现结合表 5-14 的示例说明其计算步骤如下：

（1）将单位线方案和设计净雨分别列于第③栏和第②栏。

（2）按照倍比假定，用单位线求各时段净雨产生的地面径流过程，即用 6. 1/10 乘单位线各流量值得净雨为 6. 1 mm 的地面径流过程，列于第④栏，依此类推，求得各时段净雨产生的地面径流过程，分别列于第④ ~ ⑧栏。

（3）按叠加假定将第④ ~ ⑧栏的同时刻流量叠加，得总的地面径流过程，列于第⑨栏。

（4）计算地下径流过程。因地下径流比较稳定，且量不大，根据设计条件取为 30 m^3/s，列于第⑩栏。

（5）地面径流、地下径流过程按时程叠加，得第⑪栏的设计洪水过程。

表 5-14　某流域单位线法推求设计洪水过程计算成果

时段 $\Delta t=12$ h	设计净雨 R_i (mm)	单位线 q (m^3/s)	各时段净雨产生的地面径流过程 (m^3/s)					总的地面径流过程 (m^3/s)	地下径流过程 (m^3/s)	设计洪水流量过程 (m^3/s)
			6. 1 mm	32. 5 mm	45. 3 mm	12. 7 mm	4. 6 mm			
①	②	③	④	⑤	⑥	⑦	⑧	⑨	⑩	⑪
0		0	0					0	30	30
1	6. 1	28	17	0				17	30	47
2	32. 5	250	153	91	0			244	30	274
3	45. 3	130	79	813	127	0		1 019	30	1 049
4	12. 7	81	49	423	1 133	36	0	1 641	30	1 671
5	4. 6	54	33	263	589	318	13	1 216	30	1 246
6		35	21	176	367	165	115	844	30	874
7		21	13	114	245	103	60	535	30	565
8		12	7	68	159	69	37	340	30	370
9		5	3	39	95	44	25	206	30	236
10		0	0	16	54	27	16	113	30	143
11				0	23	15	10	48	30	78
12					0	6	6	12	30	42
13						0	2	2	30	32
14							0	0	30	30

（三）瞬时单位线法

1. 瞬时单位线的概念

瞬时单位线是指流域上均匀分布的瞬时时刻（即 $\Delta t\to 0$）的单位净雨在出口断面处形成的地面径流过程线。其纵坐标常以 $u(0、t)$ 或 $u(t)$ 表示，无因次。瞬时单位线可用数学方程式表示，概括性强，便于分析。

J. E. Nash 设想流域的汇流可看做是 n 个调蓄作用相同的串联水库调节，且假定每一个水库的蓄泄关系为线性，则可导出瞬时单位线的数学方程为

$$u(t)=\frac{1}{K\Gamma(n)}\left(\frac{1}{K}\right)^{n-1}\mathrm{e}^{-t/K} \tag{5-20}$$

式中　$u(t)$——t 时刻的瞬时单位线的纵高；

n——线性水库的个数；

$\Gamma(n)$——n 的伽玛函数；

K——线性水库的调节系数，具有时间单位。

前述经验单位线的两个基本假定同样适用于瞬时单位线，瞬时单位线与时间轴所包围的面积为1.0，即

$$\int_0^{\infty} u(t)\,\mathrm{d}t = 1.0 \tag{5-21}$$

显然，决定瞬时单位线的参数只有 n、K 两个。n 值越大，流域调节作用越强；K 值相当于每个线性水库输入与输出的时间差，即滞时。整个流域的调蓄作用所造成的流域滞时为 nK。只要求出流域的 n 值和 K 值，就可推求该流域的瞬时单位线。

2. 瞬时单位线的综合

瞬时单位线的综合实质上就是参数 n、K 的综合。但是，在实际工作中一般并不直接对 n、K 进行综合，而是根据中间参数 m_1、m_2 等来间接综合，$m_1 = nK$，$m_2 = \frac{1}{n}$。实践证明，n 值相对稳定，综合的方法比较简单，如湖北省Ⅱ片的 $n = 0.529F^{0.25}J^{0.2}$，江苏省山丘区的 $n = 3$。因此，一般先对 m_1 进行地区综合，再根据已确定的 n 值就很容易确定出 K 值。

对 m_1 进行地区综合，一般是首先通过建立单站的 m_1 与雨强 i 之间的关系，其关系式为 $m_1 = ai^{-b}$，求出相应于雨强为10 mm/h（或其他指定值）的 $m_{1,(10)}$。然后根据各站的 $m_{1,(10)}$ 与流域地理因子（如 F、J、L 等）建立关系，$m_{1,(10)} = f(F, L, J\cdots)$，则 $m_1 = m_{1,(10)} \times (10/i)^b$，从而求得任一雨强 i 相应的 m_1，如湖北省Ⅱ片的 $m_{1,(10)} = 1.64F^{0.131}L^{0.231}J^{-0.08}$。其次，对指数 b 进行地区综合。一般 b 随流域面积的增大而减小。有时也可以直接对单站的 $m_1 \sim i$ 关系中的 a、b 进行综合，而不经 $m_{1,(10)}$ 的转换，如黑龙江省的 $m_1 = CF^{0.27}i^{-0.31}$，C 可查图得到。

3. 综合瞬时单位线的应用

由于瞬时单位线是由瞬时净雨产生的，而实际应用时无法提供瞬时净雨，所以用综合瞬时单位线推求设计地面洪水过程线时，需将瞬时单位线转换成时段 Δt（与净雨时段相同）、净雨深为10 mm的时段单位线后，再进行汇流计算。具体步骤如下。

（1）求瞬时单位线的 S 曲线。S 曲线是瞬时单位线的积分曲线，其公式为

$$S(t) = \int_0^t u(0,t)\,\mathrm{d}t = \frac{1}{\Gamma(n)}\int_0^{t/K}\left(\frac{t}{K}\right)^{n-1} \mathrm{e}^{-\frac{t}{K}}\mathrm{d}\left(\frac{t}{K}\right) \tag{5-22}$$

公式表明 $S(t)$ 曲线也是参数 n、K 的函数。生产中为了应用方便，已制成 $S(t)$ 关系表供查用，见附表5。

（2）求无因次时段单位线。将求出的 $S(t)$ 曲线向后错开一个时段 Δt，即得 $S(t-\Delta t)$。两条 S 曲线的纵坐标差为时段 Δt 的无因次时段单位线，其计算公式为

$$u(\Delta t, t) = S(t) - S(t-\Delta t) \tag{5-23}$$

（3）求有因次时段单位线。根据单位线的特性可知，有因次时段单位线的纵坐标之和为 $\sum q_i = \frac{10F}{3.6\Delta t}$；而无因次时段单位线的纵坐标之和为 $\sum u(\Delta t, t) = 1.0$。有因次时段单位线的纵高 q_i 与无因次时段单位线的纵高 $u(\Delta t, t)$ 之比等于其总和之比，即

$$\frac{q_i}{u(\Delta t, t)} = \frac{\sum q_i}{\sum u(\Delta t, t)} = \frac{10F}{3.6\Delta t} \tag{5-24}$$

由此可知,时段为 Δt、净雨深为 10 mm 的时段单位线的纵坐标为

$$q_i = \frac{10F}{3.6\Delta t}u(\Delta t,t) \tag{5-25}$$

(4)汇流计算。根据单位线的定义及倍比性和叠加性假定,用各时段设计地面净雨(换算成 10 的倍数)分别去乘单位线的纵高得到对应的部分地面径流过程,然后把它们分别错开一个时段后叠加即得到设计地面洪水过程。计算公式为

$$Q_i = \sum_{i=1}^{m}\frac{h_{s_i}}{10}q_{t-i+1} \tag{5-26}$$

式中　m——地面净雨 h_{s_i} 的时段数,$i=1,2,3,\cdots,m$;

t——单位线的时段数。

根据单位线的定义可知,单位线只能用来推求流域设计地面洪水过程线。湿润地区的设计洪水过程线还包括设计地下洪水过程线。如果流域的基流量较大,且不可忽视时,则还需加上基流。所以,湿润地区的设计洪水过程线是由设计地面洪水过程线、设计地下洪水过程线和基流三部分叠加而成的。而干旱地区的设计地面过程线就为所求的设计洪水过程线。

设计地下洪水过程线可采用下述简化三角形的方法推求。该方法认为地面径流、地下径流的起涨点相同,由于地下洪水汇流缓慢,所以将地下径流过程线概化为三角形过程,且将峰值放在地面径流过程的终止点。三角形面积为地下径流总量 W_g,计算式为

$$W_g = \frac{Q_{mg}T_g}{2} \tag{5-27}$$

而地下径流总量又等于地下净雨总量,即 $W_g = 1\ 000h_gF$,因此

$$Q_{mg} = \frac{2W_g}{T_g} = \frac{2\ 000h_gF}{T_g} \tag{5-28}$$

式中　Q_{mg}——地下径流过程线的洪峰流量,m^3/s;

T_g——地下径流过程总历时,s;

h_g——地下净雨深,mm;

F——流域面积,km^2。

按式(5-28)可计算出地下径流的峰值,其底宽一般取地面径流过程的 2 ~ 3 倍,由此可推求出设计地下径流过程。

【例 5-7】　江苏省某流域属于山丘区,流域面积 $F=118\ km^2$,干流平均坡度 $J=0.05$,$P=1\%$ 的设计地面净雨过程($\Delta t=6$ h)$h_1=15$ mm、$h_2=25$ mm,设计地下总净雨深 $h_g=9.5$ mm,基流 $Q_基=5\ m^3/s$,地下径流历时为地面径流的 2 倍。求该流域 $P=1\%$ 的设计洪水过程线。

解:1. 推求瞬时单位线的 $S(t)$ 曲线和无因次时段单位线

(1)根据该流域所在的区域,查《江苏省暴雨洪水手册》得 $n=3$,$m_1=2.4(F/J)^{0.28}=21.1$,则 $K=m_1/n=21.1/3=7.0$(h)。

(2)因 $\Delta t=6$ h,用 $t=N\Delta t$,$N=0,1,2\cdots$,算出 t。

(3)由参数 $n=3$、$K=7.0$,计算 t/K,见表 5-15 中第③栏,查附表 5“瞬时单位线 S 曲

线查用表”得瞬时单位线的 $S(t)$ 曲线，见第④栏。

(4) 将 $S(t)$ 曲线顺时序向后移一个时段（$\Delta t = 6$ h），得 $S(t-\Delta t)$ 曲线，见第⑤栏，用式(5-23)计算无因次时段单位线，见第⑥栏。

2. 将无因次时段单位转换为 6 h、10 mm 的时段单位线

用式(5-25)将第⑥栏中的无因次时段单位线转换为有因次的时段单位线，填入第⑦栏。

$$q_i = \frac{10F}{3.6\Delta t}u(\Delta t, t) = 54.63u(\Delta t, t)$$

检验时段单位线：$y = \dfrac{3.6\Delta t \sum q_i}{F} = 10$ mm，计算正确。

3. 设计洪水过程线的推求

(1) 计算设计地面径流过程。

表 5-15　设计洪水过程线计算成果

时段 ($\Delta t = 6$ h)	设计净雨 (mm)	t/K	$S(t)$	$S(t-\Delta t)$	$u(\Delta t, t)$	单位线 $q(t)$ (m^3/s)	部分地面径流 (m^3/s)		$Q_s(t)$ (m^3/s)	$Q_g(t)$ (m^3/s)	$Q_基$ (m^3/s)	$Q_P(t)$ (m^3/s)
							15 mm	25 mm				
①	②	③	④	⑤	⑥	⑦	⑧		⑨	⑩	⑪	⑫
0		0	0		0	0	0		0	0	5.0	5.0
1	15	0.9	0.063	0	0.063	3.4	5.1	0	5.1	0.2	5.0	10.3
2	25	1.7	0.243	0.063	0.180	9.8	14.7	8.5	23.2	0.4	5.0	28.6
3		2.6	0.482	0.243	0.239	13.1	19.7	24.5	44.2	0.6	5.0	49.8
4		3.4	0.660	0.482	0.178	9.7	14.6	32.8	47.4	0.8	5.0	53.2
5		4.3	0.803	0.660	0.143	7.8	11.7	24.3	36.0	1.0	5.0	42.0
6		5.1	0.883	0.803	0.080	4.4	6.6	19.5	26.1	1.2	5.0	32.3
7		6.0	0.938	0.883	0.055	3.0	4.5	11.0	15.5	1.4	5.0	21.9
8		6.9	0.967	0.938	0.029	1.6	2.4	7.5	9.9	1.6	5.0	16.5
9		7.7	0.983	0.967	0.016	0.9	1.4	4.0	5.4	1.8	5.0	12.2
10		8.6	0.991	0.983	0.008	0.4	0.6	2.3	2.9	2.0	5.0	9.9
11		9.4	0.995	0.991	0.004	0.2	0.3	1.0	1.3	2.2	5.0	8.5
12		10.3	0.998	0.995	0.003	0.2	0.3	0.5	0.8	2.4	5.0	8.2
13		11.1	0.999	0.998	0.001	0.1	0.2	0.5	0.7	2.6	5.0	8.3
14		12	1.000	0.999	0.001	0.1	0.2	0.3	0.5	2.8	5.0	8.3
15						0	0	0.3	0.3	3.0	5.0	8.3
16								0	0	3.2	5.0	8.2
17										3.0	5.0	8.0
合计					1.0	54.6						

根据单位线的特性，各时段设计地面净雨换算成 10 的倍数后，分别去乘单位线的纵

坐标得到相应的部分地面径流过程，然后把它们分别错开一个时段后叠加便得到设计地面洪水过程，即用式(5-26)计算，见第⑧、⑨栏。

(2)计算设计地下径流过程。

$$T_g = 2T_s = 2 \times 16 \times 6 = 192(\mathrm{h})$$

根据式(5-28)计算，得 $Q_{mg}=3.2\ \mathrm{m^3/s}$，按直线比例内插得每一时段地下径流的涨落均为 $0.2\ \mathrm{m^3/s}$。经计算即可得出第⑩栏的设计地下径流过程。

将设计地面径流、地下径流及基流相加，得设计洪水过程，见第⑫栏。

五、设计洪水的其他问题

(一)可能最大暴雨与可能最大洪水简介

可能最大暴雨，简称 PMP。可能最大洪水，简称 PMF。这是 20 世纪 30 年代提出的从物理成因方面研究设计洪水的一种途径。可能最大暴雨是指在现代气候条件下，特定流域(或地区)面积上一定历时内气象上可能发生的最大暴雨，即暴雨的上限值。将其转化为洪水，则称为可能最大洪水。

我国从 1958 年开始分析个别地区的可能最大洪水。1975 年河南“75 · 8”特大洪水发生后，因水库失事造成巨大损失，引起了人们对水库安全保坝洪水的普遍重视。原水利电力部颁发的《水利水电枢纽工程等级划分及设计标准(山区、丘陵区部分，试行)》(SDJ 12—78)中规定，在设计重要的大中型水库以及特别重要的小型水库，且大坝为土石坝时，必须以可能最大洪水作为校核洪水。为此，在全国相继开展了可能最大暴雨和可能最大洪水的分析研究工作，并于 1977 年出版了我国《全国可能最大 24 h 点雨量等值线图》。各省区也相继完成了《雨洪图册》的编印工作，系统地分析了推求 PMP 的各种方法，编制了计算 PMP 和 PMF 的图表资料，为防洪安全检查和新建水库的保坝设计提供了依据。

但在目前所具有的水文气象资料及水文气象科学发展水平的条件下，远远不能解决对暴雨的物理上限值精确计算的问题，只能逐步地接近它。因此，对 PMP 的计算问题是一个对自然不断认识的过程。随着资料增多、科学的发展，必将逐步认识 PMP 的物理机制。

现阶段推求 PMP 的主要方法是水文气象法。水文气象法从暴雨地区的气象成因着手，认为形成洪水的暴雨是在一定天气形势下产生的，因而可用气象学和天气学理论及水文学知识将典型暴雨模式加以极大化，进行分析计算，求得的相应的暴雨作为可能最大暴雨。

这里所说的典型暴雨是指能反映设计流域暴雨特性且对工程防洪影响大的实测大暴雨。典型暴雨可采用当地实测大暴雨，还可移用气候一致区的大暴雨，或用多次实测大暴雨综合而成的组合暴雨。

所谓暴雨模式是把暴雨形成的天气系统概化成一个包含主要物理因子的某种降雨方程式。极大化则是指分析影响降雨的主要因子的可能最大值，然后将实测暴雨因子加以放大。

水文气象途径的具体方法有：当地暴雨法、暴雨移置法、暴雨组合法、水汽辐合上升指标法、积云模式等。目前，以上各方法尚不成熟，根据仅有的大暴雨资料应该怎样放大到“可能最大”尚需进一步研究。

(二)经验单位线的分析推求

前面已经介绍应用单位线可以推求设计洪水过程,特定流域的单位线一般是根据实测的流域降雨和出口断面流量过程运用单位线的两个基本假定来反求的。一般用缩放法、分解法和试错优选法等。

1. 缩放法

如果流域上恰有由一个单位时段且分布均匀的净雨 R_s 所形成的一个孤立洪峰,那么只要从这次洪水的流量过程线上割去地下径流,即可得到这一时段降雨所对应的地面径流过程 $Q_s \sim t$ 和地面净雨 h_s(等于地面径流深)。利用单位线的倍比假定,对 $Q_s \sim t$ 按倍比 $10/h_s$ 进行缩放,即可得到所推求的单位线 $q \sim t$。

2. 分解法

若流域上某次洪水是由两个时段的净雨所形成,则需用分解法求单位线。此法是利用单位线的基本假定,先把实测的总地面径流过程分解为各时段净雨的地面径流过程,再由净雨较大的地面径流过程用缩放法求得单位线。下面结合实例说明具体计算方法。

【例 5-8】 某水文站以上流域面积 $F = 963\ \text{km}^2$,1997 年 6 月发生一次降雨过程,实测雨量列于表 5 16 第⑥栏,所形成的流量过程列于第③栏。现从这次实测的雨洪资料中分析时段为 6 h 的 10 mm 净雨单位线。

解:(1)分割地下径流,求地面径流过程及地面径流深。因该次洪水地下径流量不大,按水平分割法求得地下径流过程,列于表中第④栏。第③栏减去第④栏得第⑤栏的地面径流过程,于是可求得总的地面径流深 R_s 为

$$R_s = \frac{\Delta t \sum Q_j}{F} = \frac{6 \times 3\,600 \times 3\,028}{963 \times 1\,000^2} = 68.0(\text{mm})$$

(2)求地面净雨过程。本次暴雨总量为 118.7 mm,则损失量为 118.7 − 68.0 = 50.7 (mm)。根据该流域实测资料分析,后损时期平均入渗率 $\bar{f} = 1$ mm/h,则每时段损失量为 6 mm。由雨期末逆时序逐时段扣除损失得各时段净雨,再逆时序累加各时段净雨,当总净雨等于地面径流 68.0 mm 时,剩余降雨即为初损。计算的各时段净雨列于第⑦栏。

(3)分解地面径流过程。首先,联合使用倍比假定和叠加假定,将总的地面径流过程分解为 63.0 mm(R_{s1})和 5.0 mm(R_{s2})产生的地面径流过程。总的地面径流过程从 17 日 20 时开始,依次记为 Q_0、Q_1、Q_2…;R_{s1} 产生的记为 Q_{1-0}、Q_{1-1}、Q_{1-2}…;R_{s2} 产生的则是从 18 日 2 时开始(错后一个时段),依次记为 Q_{2-0}、Q_{2-1}、Q_{2-2}…。由叠加假定 $Q_{1-0} = 0$,再根据倍比假定判知 $Q_{2-0} = R_{s2}/R_{s1} = 0$;重复使用叠加假定,$Q_1 = 103 = Q_{1-1} + Q_{2-0} = Q_{1-1} + 0$,即得 $Q_{1-1} = 103(\text{m}^3/\text{s})$;再由倍比假定,$Q_{2-1} = (R_{s2}/R_{s1})Q_{1-1} = (5.0/63.0) \times 103 = 8(\text{m}^3/\text{s})$。如此反复使用单位线的两项基本假定,便可求得第⑧、⑨栏所列的 63.0 mm 及 5.0 mm 净雨分别产生的地面径流过程。然后运用倍比假定,由第⑧栏乘以10/63.0,便可计算出单位线 q,列于第⑩栏。该栏数值也可由第⑨栏乘以 10/5.0 而得。

(4)对上步计算的单位线检查和修正。由于单位线的两项假定并不完全符合实际等原因,会使上步计算的单位线偶尔出现不合理的现象,例如计算的单位线径流深不正好等于 10 mm,或单位线的纵标出现上下跳动,或单位线历时 T_q 不能满足下式要求

表 5-16　某河某站 1997 年 6 月一次洪水的单位线计算成果

时间		实测流量 (m^3/s)	地下径流 (m^3/s)	地面径流 (m^3/s)	流域降雨 (mm)	地面净雨 (mm)	各时段净雨的地面径流 (m^3/s)		计算的单位线 q (m^3/s)	修正后的单位线 q (m^3/s)	用单位线还原的地面径流 (m^3/s)
日 T 时	时段 (Δt = 6 h)						63.0 mm	5.0 mm			
①	②	③	④	⑤	⑥	⑦	⑧	⑨	⑩	⑪	⑫
17T14	0	15	15	0	15.0	0					0
17T20	1	15	15	0	87.8	63.0	0		0	0	0
17T02	2	118	15	103	11.0	5.0	103	0	16	16	101
18T08	3	1 349	15	1 334	3.6	0	1 326	8	211	211	1 331
18T14	4	585	15	570	1.3	0	465	105	72	75	578
18T20	5	338	15	323			286	37	45	46	334
18T02	6	253	15	238			215	23	34	35	245
19T08	7	189	15	174			157	17	25	25	175
19T14	8	137	15	122			109	13	17	17	120
19T20	9	103	15	88			79	9	13	13	91
19T02	10	67	15	52			46	6	7	7	51
20T08	11	39	15	24			0(20)	4	0	0	4
20T14	12	15	15	0				0(2)			0
合计				3 028 (折合 68.0 mm)	118.7	68.0			440 (折合 9.9 mm)	445 (折合 10.0 mm)	3 030 (折合 68.0 mm)

$$T_q = T - T_s + 1 \tag{5-29}$$

式中　T_q——单位线历时(时段数)；

T——洪水的地面径流历时(时段数)；

T_s——地面净雨历时(时段数)。

若出现上述不合理情况，则需修正，使最后确定的单位线径流深正好等于 10 mm，底宽等于 $T-T_s+1$，形状为光滑的铃形曲线，并且使用这样的单位线作还原计算，即用该单位线由地面净雨推算地面径流过程(如表中第⑫栏)，并与实测的地面经流过程相比，误差为最小。根据这些要求对第⑩栏计算的单位线进行检验和修正，得第⑪栏最后确定的单位线 $q \sim t$，它的地面径流正好等于 10 mm，底宽等于 10 个时段。

3. 试错优选法

在一场洪水的过程中，净雨历时较长，若大于或等于 3 个净雨时段，用分析法推求单位线常因计算过程中误差累积太快，使解算工作难以进行到底，这种情况下比较有效的办法是改用试错优选法。

试错优选法就是先假定一条单位线(表 5-17 中的第④栏)作为本次洪水除最大一个时段净雨外其他时段净雨的试用单位线,并计算这些净雨产生的流量过程,然后错开时段叠加,得到一条除最大一个时段净雨外其余各时段净雨所产生的综合流量过程线。很明显,原来的洪水过程减去计算的上述综合出流过程,即得到一条最大时段净雨(h_2 = 18.5 mm)所产生的流量过程线,将其纵坐标分别乘以 $10/h_2$ = 10/18.5,即得到该时段净雨所产生的 10 mm 净雨单位线,列于第⑪栏中。将此单位线与原采用的单位线进行比较,并采用其平均值,再重复上述步骤,直到满意为止。本例中,两条单位线差别不大,可以取其平均值作为最终采用的单位线,如第⑫栏。

表 5-17　某流域试错优选法推求单位线计算成果示例

时段 (Δt = 6 h)	净雨 (mm)	实测地面径流 (m^3/s)	假定单位线 q (m^3/s)	各时段净雨产生的径流 (m^3/s)				部分径流之和 ⑤+⑦+⑧ (m^3/s)	h_2 产生的径流 (m^3/s)	由 h_2 分析的单位线 (m^3/s)	采用单位线 q (m^3/s)
				7.5 mm	18.5 mm	11.3 mm	6.7 mm				
①	②	③	④	⑤	⑥	⑦	⑧	⑨	⑩	⑪	⑫
1	7.5	0	0	0				0	0	0	
2	18.5	95	120	90				90	5	3	0
3	11.3	460	300	225		0		225	235	127	124
4	6.7	810	140	105		136	0	241	569	308	304
5		770	85	64		339	80	483	287	155	148
6		540	60	45		158	201	404	136	74	80
7		345	40	30		96	94	220	125	68	64
8		220	20	15		68	57	140	80	43	42
9		120	5	4		45	40	89	31	17	18
10		60	0	0		23	27	50	10	5	5
11		25				6	13	19	6	3	2
12		5				0	3	3	2	1	0
13		0					0	0	0	0	

(三)设计洪水的地区组成

1. 基本概念

为规划流域开发方案,推算水库对下游的防洪作用,以及进行梯级水库开发或水库群的联合调洪计算问题,需要分析设计洪水的地区组成。也就是说,当下游控制断面发生某设计频率的洪水时,要计算其上游各控制断面和区间相应的洪峰、洪量及洪水过程线。

如图 5-16 所示,上游 A 处拟建一水库,负担下游 B 断面附近地区的防洪任务。要推求设计断面 B 处即下游的设计洪水,就必须分析研究该断面设计洪水的地区组成,亦即

上游 A 库和 AB 区间发生相应洪水的情况。

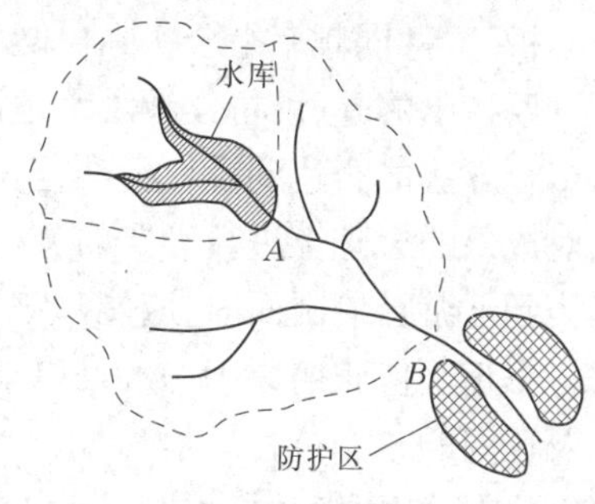

图 5-16　防洪水库与防护区位置示意图

由于暴雨分布不均,各地区洪水来量不同,各干支流来水的组合情况十分复杂。因此,洪水地区组成的研究方法与固定断面设计洪水的研究方法不同,必须根据实测资料,结合调查资料和历史文献,对流域内洪水的地区组成规律进行综合分析。应着重分析暴雨、洪水的地区分布及其变化规律,历史洪水的地区组成及其变化规律,各断面峰量关系以及各断面洪水传播演进的情况等。为了分析设计洪水不同的地区组成对防洪的影响,通常需要拟定若干个以不同地区来水为主的计算方案,并经调洪计算,从中选定可能发生而又能满足设计要求的成果。

2. 设计洪水地区组成的计算方法

1）相关法

统计下游断面各次较大洪水过程中,某种历时的最大洪量及相应时间内(考虑洪水传播演进时间)上游控制断面与区间的洪量,点绘相关图,然后根据下游设计断面洪量,由相关线上查得上游控制断面及区间的设计洪量并作为设计洪水的地区组成洪量,再按已求得的洪量作控制,用同倍比放大上游各断面及区间的典型洪水过程线。

相关法一般用于设计断面以上各地区洪水组成比例较为稳定的情况。但应注意检查上游各断面及区间的洪水过程演算至下游控制断面的水量是否平衡,若不平衡应进行修正。

2）典型洪水地区组成法

从实测资料中选出若干个在设计条件下可能发生的,并且在地区组成上具有一定代表性(如洪水主要来自上游、来自区间或在全流域均匀分布)的典型洪水过程,然后以设计断面(下游断面)某一控制时段的设计洪量作控制,按典型洪水各区相同时段洪量组成比例,放大各断面及区间的洪水过程,以确定设计洪水的地区组成。

本方法简单、直观,是工程设计中最常用的方法之一,尤其适合于地区组成比较复杂的情况。其方法的关键是选择恰当的洪水典型。

3）同频率地区组成法

同频率地区组成法,就是根据防洪要求,指定某一局部地区的洪量与下游控制断面的洪量同为设计频率,其余洪量再根据水量平衡原理分配到流域其他地区。一般考虑以下两种同频率组成情况:

(1)当下游断面发生设计频率为 P 的洪水 $W_{下P}$ 时,上游断面也发生频率为 P 的洪水 $W_{上P}$,而区间为相应的洪水 $W_{区}$,即

$$W_{区} = W_{下P} - W_{上P} \tag{5-30}$$

(2)当下游断面发生设计频率为 P 的洪水 $W_{下P}$ 时,区间也发生频率为 P 的洪水 $W_{区P}$,上游断面为相应的洪水 $W_{上}$,即

$$W_{上} = W_{下P} - W_{区P} \tag{5-31}$$

究竟选用哪种组成进行设计,要视分析的结果并结合工程性质的需要综合确定。若

经分析,这种同频率组合实际可能性很小时,则不宜采用。

要指出的是,现行设计洪水地区组成的计算方法还不完善,主要问题之一是这种特定的组合方法能否达到设计标准,至今尚未确认。为此,在拟定好洪水的地区组成方案后,应对成果的合理性进行必要的分析。例如,对放大所得的各地区设计洪水过程线,当演进汇集到下游控制断面时,应能与该断面的设计洪水过程线基本一致,当发生差别过大时应进行修正。修正的原则一般是以下游控制断面的设计洪水过程为准,适当调整各上游断面及区间的来水过程。

(四)入库设计洪水

1. 基本概念

入库设计洪水是指水库建成后,通过各种途径进入水库回水区的洪水。入库洪水一般由三部分组成:

(1)水库回水末端附近干支流水文站或某设计断面以上流域产生的洪水。

(2)干支流各水文站以下到水库周边区间陆面上产生的洪水。

(3)库面洪水,即库面降水直接转化为径流形成的洪水。

由于建库后流域的产流、汇流条件都有所改变,入库洪水与坝址洪水相比就有所不同,其差异主要表现在:

(1)入库洪水是由水库周边汇入,坝址洪水是坝址断面的出流,两者的流域调节程度不同。建库后,回水末端到坝址处的河道被回水淹没成库区,原河道调节能力丧失,再加上干支流和区间陆面洪水易于遭遇,使得入库洪水的洪峰增高,峰型更尖瘦。

(2)库区产流条件改变,使入库洪水的洪量增大。水库建成后,上游干支流和区间陆面流域面积的产流条件相同,而水库回水淹没区(水库库面)由原来的陆面变为水面,产流条件相应发生了变化。在洪水期间库面由陆地产流变为水库水面直接承纳降水、由原来的陆面蒸发变为水面蒸发。一般情况下,洪水期间库面的蒸发损失不大,可以忽略不计,而库区水面产流比陆面产流大一些。因此,在降水量相同的情况下,建库后的入库洪量比建库前的大。

(3)流域汇流时间缩短,入库洪峰流量出现时间提前,涨水段的洪量增大。建库后,洪水由干支流的回水末端和水库周边入库,洪水在区间的传播时间比在原河道的传播时间短。因此,流域总的汇流时间缩短,洪峰出现的时间相应提前,而库面降雨集中于涨水段,涨水段的洪量增大也造成了前述的干支流和区间陆面洪水易于遭遇。

2. 入库洪水的计算方法

建库前,水库的入库洪水不能直接测得,一般根据水库特点、资料要求,采用不同的方法分析计算。依据资料的不同,入库洪水可分为由流量资料推求的入库洪水和由雨量资料推求的入库洪水两种类型。

由流量资料推求入库洪水的方法又可分为:流量叠加法、马斯京根法、槽蓄曲线法和水量平衡法。由于篇幅所限,各种方法的具体操作步骤在此不作详细阐述。

3. 入库设计洪水的计算方法

水利工程的设计应该以建库后的洪水情况作为设计依据,当坝址洪水与入库洪水差别不大时,可用坝址设计洪水近似代替。但当两者差别较大时,以入库洪水进行水库防洪规划更为合理。推求入库洪水的方法有：

(1)推求历年最大入库洪水，组成最大入库洪水样本系列，采用频率分析的方法推求一定标准的入库洪水。

(2)首先推求坝址设计洪水，然后反算为入库设计洪水。

(3)选择某典型年的坝址实测洪水过程线，推算该典型年的入库洪水过程，然后用坝址洪水设计值的倍比关系求得入库设计洪水过程线。

(五)分期设计洪水问题

在水利枢纽施工期间，常需要推求施工期间的设计洪水作为预先研究施工阶段的围堰、导流、泄洪等临时工程，以及制订各种工程施工进度计划的依据与参考。由于水利工程施工期限较长，不同阶段抵御洪水的能力不同，随着坝体的升高，泄洪条件在不断变化，因此施工设计洪水一般要求指定分期内的设计洪水。同样，水库在汛期控制运用时，为了防洪安全和分期蓄水，也需要计算分期设计洪水。

分期设计洪水计算要根据河流洪水特性，将一年分成若干分期，认为逐年发生在同一分期内的最大洪水应是独立的，可以分别进行统计，然后绘制各个分期内洪峰及各种历时洪量最大值频率曲线，也可以用年最大设计洪水计算的同样方法绘制设计洪水过程线。因此，分期设计洪水计算主要解决如何划定分期以及分期洪水频率计算中的一些具体问题。

分期的划定须考虑河流洪水的天气成因以及工程设计、运行中不同季节对防洪安全和分期蓄水的要求。首先应尽可能地根据不同成因的洪水出现时间进行分期。例如，浙江7月上旬以前为梅雨形成的洪水，7月中下旬以后为台风雨形成的洪水。据此分期，水库可以采用不同的汛期防洪限制水位。施工设计洪水时段的划分还要依据工程设计的要求。例如，为选择合理的施工时段、安排进度等，常需要分出枯水期、平水期、洪水期的设计洪水或分月设计洪水。应当注意，为了减少分期洪水频率计算成果的抽样误差，分期不宜短于一个月。

分期洪水频率计算一般按分期年最大值法选样，若一次洪水跨越两个分期，视其洪峰流量或定时段洪量的主要部位位于何期，即作为该期的样本，而不应重复选样。历史洪水按其发生的日期，分别加入各分期洪水的系列进行频率计算。

对分期设计洪水的成果也要进行合理性分析。主要分析分期设计洪水的均值，各种频率的设计是否符合季节性的变化规律，以及各分期洪水的峰期频率曲线与全年最大洪水的峰量频率曲线是否协调。

第四节　小流域设计洪水的推求

一、小流域设计洪水的特点

小流域与大中流域的特性有所不同，一般情况下流域面积在300～500 km^2 以下的可认为是小流域。从水文学角度看，小流域具有流域汇流以坡面汇流为主、水文资料缺乏、集水面积小等特性。由于我国目前水文站网密度较小，例如某省100 km^2 以下的小河水文站只有 20 个,平均 1 500 km^2 只有一个测站。因此,小流域设计洪水计算一般为无资料情况下的计算。从计算任务上来看,小流域上兴建的水利工程一般规模较小,没有多大的调洪能力,所以计算时常以设计洪峰流量为主,对洪水总量及洪水过程线要求相对较低。从计算方法上来看,为满足众多的小型水利水电、交通、铁路工程短时期提交设计成果的要求,小流域设计洪水的方法必须具有简便、易于掌握的特点。

小流域设计洪水计算方法较多,归纳起来主要有推理公式法、经验公式法、综合单位线法、调查洪水法等。本节重点介绍推理公式法。

二、推理公式法计算设计洪峰流量

推理公式法是由暴雨资料推求小流域设计洪水的一种简化方法。它把流域的产流、汇流过程均作了概化,利用等流时线原理,经过一定的推理过程,得出小流域设计洪峰流量的推求方法。

(一)推理公式的基本形式

在一个小流域中,若流域的最大汇流长度为 L,流域的汇流时间为 τ,根据等流时线原理,当净雨历时 t_c 大于等于汇流历时 τ 时称全面汇流,即全流域面积 F 上的净雨汇流形成洪峰流量;当 t_c 小于 τ 时称部分汇流,即部分流域面积上 F_{t_c} 的净雨汇流形成洪峰流量,形成最大流量的部分流域面积 F_{t_c},是汇流历时相差 t_c 的两条等流时线在流域中所包围的最大面积,又称最大等流时面积。

当 $t_c \geqslant \tau$ 时,根据小流域的特点,假定 τ 历时内净雨强度均匀,流域出口断面的洪峰流量 Q_m 为

$$Q_m = 0.278\frac{h_\tau}{\tau}F \tag{5-32}$$

式中　h_τ——τ 历时内的净雨深,mm;

0.278——Q_m 为 m^3/s、F 为 km^2、τ 为 h 的单位换算系数。

当 $t_c < \tau$ 时,只有部分面积 F_{t_c} 上的净雨产生出口断面最大流量,计算公式为

$$Q_m = 0.278\frac{h_R}{t_c}F_{t_c} \tag{5-33}$$

式中　h_R——一次降雨产生的全部净雨深,mm。

F_{t_c} 与流域形状、汇流速度和 t_c 大小等有关,因此详细计算是比较复杂的,生产实际中一般采用简化方法,其近似假定 F_{t_c} 随汇流时间的变化可概化为线性关系,即

$$F_{t_c} = \frac{F}{\tau}t_c \tag{5-34}$$

将式(5-34)代入式(5-33),则部分汇流计算洪峰流量的简化公式为

$$Q_m = 0.278\frac{h_R}{\tau}F \tag{5-35}$$

综合上述全面汇流($t_c \geqslant \tau$)与部分汇流($t_c < \tau$)情况,计算洪峰流量公式为

$$\left.\begin{aligned} Q_m &= 0.278\frac{h_\tau}{\tau}F \quad (t_c \geqslant \tau) \\ Q_m &= 0.278\frac{h_R}{\tau}F \quad (t_c < \tau) \end{aligned}\right\} \tag{5-36}$$

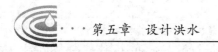

式(5-36)即为推理公式的基本形式,式中 τ 可用下式计算,即

$$\tau = \frac{0.278L}{mJ^{1/3}Q^{1/4}} \tag{5-37}$$

式中　J——流域平均坡度,包括坡面和河网,实用上以河道平均比降来代表,以小数计;

L——流域汇流的最大长度,km;

m——汇流参数,与流域及河道情况等条件有关。

式(5-36)中的地面净雨计算可分为两种情况,如图 5-17 所示。

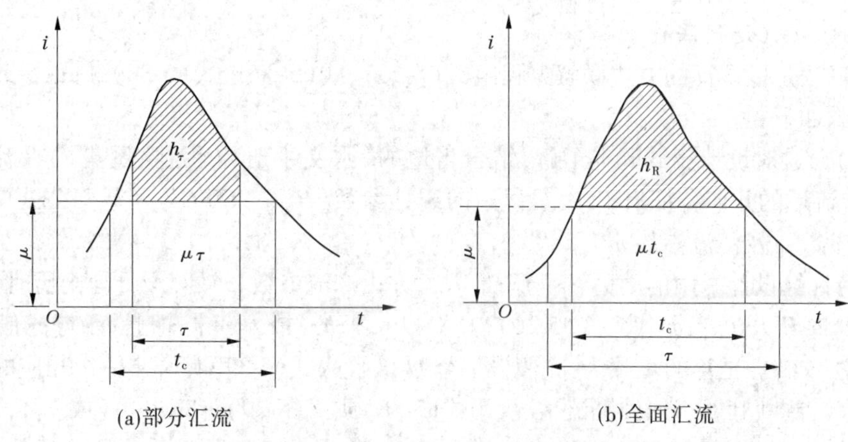

图 5-17　两种汇流情况示意图

当 $t_c \geqslant \tau$ 时,历时 τ 的地面净雨深 h_τ 可用式(5-38)计算,即

$$h_\tau = (\bar{i}_\tau - \mu)\tau = S_P\tau^{1-n} - \mu\tau \tag{5-38}$$

当 $t_c < \tau$ 时 ,产流历时内的净雨深 h_R 可用式(5-39)计算,即

$$h_R = (\bar{i}_{t_c} - \mu)\tau = S_P\tau^{1-n} - \mu t_c = nS_P t_c^{1-n} \tag{5-39}$$

式中　$\bar{i}_\tau$、$\bar{i}_{t_c}$——汇流历时与产流历时内的平均雨强,mm/h;

μ——产流参数,mm/h。

经推导,净雨历时 t_c 可用式(5-40)计算,即

$$t_c = \left[(1-n)\frac{S_P}{\mu}\right]^{\frac{1}{n}} \tag{5-40}$$

可见,由推导公式计算小流域设计洪峰流量的参数有三类:流域特征参数 F、J、L;暴雨特性参数 n、S_P;产、汇流参数 m、μ。Q_m 可以看成是上述参数的函数,即

$$Q_m = f(F,L,J;n,S_P;m,\mu)$$

流域特性参数与暴雨特性参数可根据各地区《水文图集》(《水文手册》)上所述的计算方法确定,因此关键是确定流域的产、汇流参数。

(二)产、汇流参数的确定

产流参数 μ 代表产流历时 t_c 内的地面平均入渗率,又称损失参数。推理公式法假定流域各点的损失相同,把 μ 视为常数。μ 值的大小与所在地区的土壤透水性能、植被情况、降雨量的大小及分配、前期影响雨量等因素有关,不同地区其数值不同,且变化较大。

汇流参数 m 是流域中反映水力因素的一个指标,用以说明洪水汇集运动的特性。它

与流域地形、植被、坡度、河道糙率和河道断面形状等因素有关。一般可根据雨洪资料反算，然后进行地区综合，建立它与流域特征因素的关系，以解决无资料地区确定 m 的问题。各省在分析大暴雨洪水资料后都提供了 μ 值和 m 值的简便计算方法，可在当地的《水文手册》(《水文图集》)中查到。

(三)设计洪峰流量的推求

应用推理公式推求设计洪峰流量的方法很多，本章仅介绍实际应用较广且比较简单的两种方法——试算法和图解交点法。

1. 试算法(迭代法)

试算法是以试算的方式联解方程组式(5-36)、式(5-37)、式(5-38)或式(5-39)。具体计算步骤如下：

(1)通过对设计流域调查了解，结合当地的《水文手册》(《水文图集》)及流域地形图，确定流域的几何特征值 F、L、J，暴雨的统计参数($\overline{H}$、C_v、C_s/C_v)及暴雨公式中的参数 n，产流参数 μ 及汇流参数 m。

(2)计算设计暴雨的雨力 S_P 与雨量 H_{tP}，并由产流参数 μ 计算设计净雨历时 t_c。

(3)将 F、L、J、t_c、m 代入式(5-36)，其中 Q_{mP}、τ、h_τ(或 h_R)未知，且 h_τ 与 τ 有关，故需用试算法求解。试算的步骤为：先假设一个 Q_{mP}，代入式(5-37)计算出一个相应的 τ，将它与 t_c 比较，判断其属于何种汇流情况，用式(5-38)或式(5-39)计算出 h_τ(或 h_R)，再将该 τ 值与 h_τ(或 h_R)值代入式(5-36)，求出一个 Q'_{mP}，若 Q'_{mP} 与假设的 Q_{mP} 一致(误差在1%以内)，则该 Q_{mP} 及 τ 即为所求；否则，另设 Q_{mP} 重复上述试算步骤，直至满足要求。

2. 图解交点法

图解交点法是对式(5-36)与式(5-37)分别作曲线 $Q_{mP} \sim \tau'$ 及 $\tau \sim Q'_{mP}$，点绘在同一张图上，如图5-18所示，两线交点的读数显然同时满足上述两个方程，因此交点读数 Q_{mP}、τ 即为两式的解。

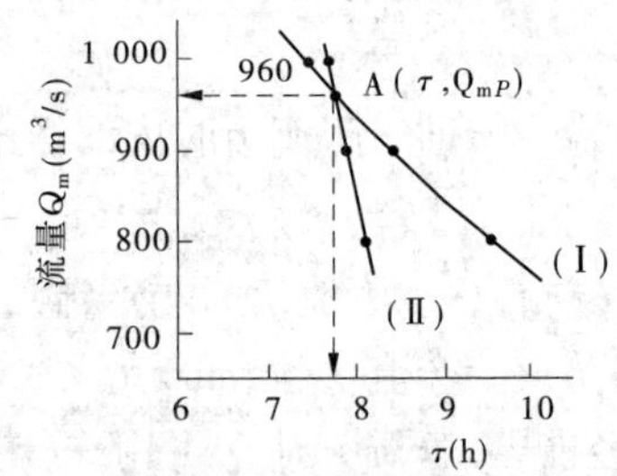

图5-18 图解交点法

【例5-9】 在某小流域拟建一小型水库，已知该水库所在流域为山区，且土质为黏土。其流域面积 $F=84\ \text{km}^2$，流域的长度 $L=20\ \text{km}$，平均坡度 $J=0.01$，流域的暴雨资料同例5-4。试用推理公式法计算坝址处 $P=1\%$ 的设计洪峰流量。

解：1. 试算法

(1)设计暴雨计算。

由例5-4知，雨力 $S_P=90\ \text{mm/h}$，$n_2=0.65$。根据暴雨公式得历时 t 的设计暴雨量 H_{tP} 为

$$H_{t,P} = S_P t^{1-n_2} = 90t^{0.35}$$

(2)设计净雨计算。

根据流域的自然地理特性，查当地《水文手册》得设计条件下的产流参数 $\mu=3.0$ mm/h，按式(5-40)计算净雨历时 t_c 为

$$t_c = \left[(1-0.65)\frac{90}{3.0}\right]^{\frac{1}{0.65}} = 37.24(\text{h})$$

(3)计算设计洪峰流量。

根据该流域的汇流条件,$\theta=\frac{L}{J^{1/3}}=92.8$,由该省《水文手册》确定本流域的汇流系数为$m=0.28\theta^{0.275}=0.97$。

假设 $Q_{mP}=500\ m^3/s$,代入式(5-37),计算汇流历时 τ 为

$$\tau=\frac{0.278L}{mJ^{1/3}Q^{1/4}}=5.6(h)$$

因 $t_c>\tau$,属于全面汇流,由式(5-38)计算得

$$h_\tau=S_P\tau^{1-n}-\mu\tau==90\times5.6^{1-0.65}-3.0\times5.6=147.7(mm)$$

将所有参数代入式(5-36)得

$$Q_{mP}=0.278\frac{h_\tau}{\tau}F=0.278\times\frac{147.7}{5.6}\times84=616(m^3/s)$$

所求结果与原假设不符,应重新假设 Q_{mP} 值,经试算求得 $Q_{mP}=640\ m^3/s$。

2. 图解交点法

首先假定为全面汇流,假设 τ,用式(5-36)计算 Q'_{mP};假设 Q_{mP},用式(5-37)计算 τ',具体计算见表5-18。

表5-18　图解交点法计算成果

假设 τ(h)	计算 Q'_{mP}(m^3/s)	假设 Q_{mP}(m^3/s)	计算 τ'(h)
①	②	③	④
5.60	616	550	5.49
5.40	632	600	5.37
5.20	649	650	5.27
5.00	668	700	5.17

根据表5-18分别作曲线 $Q_{mP}\sim\tau'$ 及 $\tau\sim Q'_{mP}$,点绘在同一张图上,交点读数 $Q_m=640\ m^3/s$、$\tau=5.29$ h,即为两式的解。

验算:$t_c=37.2$ h, $\tau=5.29$ h, $t_c>\tau$,原假设为全面汇流是合理的,不必重新计算。

3. 用Excel实现推理公式法对设计洪峰流量的推求

从以上可以看出,要求得洪峰流量 Q_m,必须首先求得各种参数,传统的图解法和试算法需要查图、画图,比较麻烦,容易出错,精度也不高。那么有没有快捷且精准的计算方法呢? 答案是肯定的。这就是用Excel来实现对设计洪峰流量的推求。Excel是我们日常工作中的常用软件,界面精洁、函数丰富、可编程,能使我们的计算工作更有效率。

利用Excel表格的自动计算和数据分析功能(单变量求解),对设计洪峰流量的推求只要一步即可完成。具体的编制过程和应用举例可参见其他书籍。

三、经验公式法

经验公式是对本地区实测洪水资料或调查的相关洪水资料进行综合归纳,直接建立洪峰流量与影响因素之间的经验相关关系,采用数学方式或图示表示洪水特征值的方法。经验公式法方便简单、应用方便,如果公式能考虑到影响洪峰流量的主要因素,且建立公式时所依据的资料有较好的可靠性与代表性,则计算成果就能有很好的精度。按建立公

式时考虑的因素,经验公式可分为单因素经验公式和多因素经验公式。

(一)单因素经验公式

以流域面积为参数的单因素经验公式是经验公式中最为简单的一种形式。把流域面积看作影响洪峰流量的主要因素,其他的因素可用一些综合参数表达,公式的形式为

$$Q_{mP} = C_P F^n \tag{5-41}$$

式中 Q_{mP}——频率为 P 的设计洪峰流量,m^3/s;

C_P、n——经验系数、经验指数;

F——流域面积,km^2。

(二)多因素经验公式

多因素经验公式是以流域特征与设计暴雨等主要影响因素为参数建立的经验公式。它认为洪峰流量主要受流域面积、流域形状及设计暴雨等因素的影响,而其他的因素可用一些综合参数表达,公式的形式为

$$Q_{mP} = CH_{24,P}F^n \tag{5-42}$$

$$Q_{mP} = Ch_{24,P}^{a}K^m F^n \tag{5-43}$$

式中 $H_{24,P}$、$h_{24,P}$——最大 24 h 设计暴雨量、净雨量;

C、a 和 m、n——经验参数和经验指数;

K——流域形状系数。

经验公式不着眼于流域的产、汇流原理,只进行该地区资料的统计归纳,故地区性很强,两个流域洪峰流量公式的基本形式相同,它们的参数和系数会相差很大。所以,外延时一定要谨慎。很多省(区)的《水文手册》(《水文图集》)上都刊有经验公式,使用时一定要注意公式的适用范围。

四、调查洪水法推求设计洪峰流量

调查洪水法主要是通过洪水调查或临时设站观测,以获取一次或几次大洪水资料,采用直接选配频率曲线、地区洪峰流量综合频率曲线和历史洪水加成法推求某一频率的设计洪水。

(一)直接选配频率曲线法

如果获得的大洪水资料较多(3~4 次以上),可用经验频率公式计算出每次洪水的频率并点绘到频率纸上,然后选配一条和经验点据配合很好的频率曲线,将其统计参数与邻近流域进行比较,检查其合理性,若有不合理之处,应对参数进行适当调整。通过频率曲线就可以查出某一频率的设计洪水。

(二)地区洪峰流量的综合频率曲线法

地区洪峰流量的综合频率曲线法首先是将水文分区内各站的各种频率的模比系数,点绘在同一张频率纸上,然后在图上取各种频率模比系数的中值(或均值),绘一条综合的频率曲线,这就是洪峰流量地区综合频率曲线。因为该线的坐标是相对值,所以在该区域内的各地都可以使用。通过这条综合的频率曲线 ,就可以由历时洪水推求设计洪水。

假设在设计断面处只调查到一次大洪水,由估算的重现期计算的经验频率为 P_1,其洪峰流量为 Q_{mP1},则频率为 P 的设计洪峰流量 Q_{mP} 可按下式计算,即

$$Q_{mP} = \frac{K_1}{K_P} Q_{mP_1} \tag{5-44}$$

式中 K_1、K_P——在综合频率曲线上查出的相应 P_1、P 的模比系数。

若历史洪水不止一个,则可用同样的方法求出几个设计洪峰流量,取其均值,即为所求。

(三)历史洪水加成法

历史洪水加成法是将调查的历史洪水的洪峰流量加上(或不加)一定的成数(安全值)直接作为设计洪峰流量。在具有比较可靠的历史洪水调查数据,而其稀遇程度又基本上能够达到工程设计标准时,此方法有一定的现实意义。

第六章 水库调洪计算

学习目标及要点

1. 了解水库的作用和特性，理解防洪调节的作用、任务及调洪原理。

2. 掌握水库特征水位及库容的基本概念。

3. 掌握利用洪水资料进行水库的蓄泄调节计算，推求泄流过程并确定有关防洪特征水位与特征库容的基本方法。

第一节 概 述

一、水库调节的作用

我国每年发生的最大洪水流量与年平均流量的比值在各地有很大的差异，江淮地区一般达 20～100，有的可达 300～400，其次是黄河、辽河部分地区，比值一般为 40～150，最小的比值发生在青藏融雪补给区，仅为 7～9。对比河流多年最大流量的最大值与最小值的比值可以看出洪水年际变化状况。由此看出，河川径流在一年之内或者在年际之间的丰枯变化都是不均匀的，这种急剧变化在丰水期或汛期容易造成灾害，而在水少的枯水期，则不能满足兴利需求。因此，无论是为了消除或减轻洪水灾害，还是为了满足兴利需求，都要求采取措施对天然径流进行控制和调节。

为了适应国民经济的发展，充分发挥河流水资源的作用，协调来水与用水在时间分配和地区分布上的矛盾，以及统一协调各用水部门需求之间的矛盾，防止洪水泛滥，保证人民生命财产安全，就必须修建水库、调蓄流量、抬高水位、改变河川径流形态。

按人们的需要，利用水库控制并重新分配不同季节径流流量的工程措施称为径流调节。其中，为提高枯水期（或枯水年）的供水量，满足灌溉、水力发电及城镇工业、生活用水等兴利要求而进行的调节称为兴利调节，如引黄（河）济卫（海河支流卫河）、引滦（河）济津（天津）、南水北调工程等；为拦蓄洪水、削减洪峰流量，防止或减轻洪水灾害而进行的调节称为防洪调节，如在 1998 年长江发生特大洪水期间，位于长江第二大支流清江上的隔河岩水电站共拦蓄 7 次洪水，总计 17.6 亿 m^3。

二、水库防洪的措施

防洪是一项长期而艰巨的工作。目前，解决洪水问题一般都趋向于采取综合治理的方针，合理实施泄、分、蓄、滞、拦的措施。防洪措施是指为防止或减轻洪水灾害损失而采取的各种手段和对策，包括防洪工程措施和防洪非工程措施。

（一）防洪工程措施

防洪工程措施指为控制和防御洪水以减免洪水灾害损失而修建的各种工程措施，主要包括堤防与防洪墙、河道整治工程、分蓄洪工程、水库等。

1. 修筑堤防

堤防是古今中外采用最广泛的一种防洪工程措施，这一措施对于防御常遇洪水来说较为经济，容易施行。沿河筑堤，束水行洪，可提高河道宣泄洪水的能力。但是筑堤也会带来一些负面的影响，如因河宽束窄，造成河道槽蓄能力下降，河段同频率的洪水抬高；筑堤后洪水位还有可能因河床逐年淤积而抬高，致使堤防需要经常加高加固，甚至需要改建。

2. 河道整治工程

河道整治是流域综合开发中的一项综合性工程措施。可根据防洪、航运、供水等方面的要求及天然河道的演变规律，因势利导，合理进行河道的局部整治。从防洪意义上讲，靠河道整治提高全河道（或较长的河段）的泄洪能力一般是很不经济的，但对提高局部河道泄洪能力、稳定河势、护滩保堤作用较大。例如，对河流天然弯道裁弯取直，可缩短河线、增大水面比降、提高河道过水能力，并对上游临近河段起拉低其洪水位线的作用；对局部河段采取扩宽或挖深河槽的措施可扩大河道过水断面，相应地增加其过水能力。

3. 开辟分洪道和分蓄洪工程

在适当地点开辟分洪道行洪可将超出河道安全泄量的峰部流量绕过重点保护河段后回归原河流或分流入其他河流。分洪道的作用是提高其临近的下游重点保护河段的防洪标准，但应提前分析研究分洪道对沿程及其承泄区可能产生的不良影响，不能造成将一个地区（河段）的洪水问题转移到另一个地区的后果。分蓄洪工程则是利用天然洼地、湖泊或沿河地势平缓的洪泛区，加修周边围堤、进洪口门和排洪设施等工程措施而形成分蓄洪区。其防洪功能是分洪削峰，并利用分蓄洪区的容积对所分流的洪量起蓄、滞作用。分蓄洪区内一般土地肥沃，而由于我国人多地少，许多分蓄洪区已形成区内经济过度开发、人口众多的局面，这将导致分洪损失恶性膨胀的严重后果。因此，必须研究在分蓄洪区内采用防洪非工程措施，以确保区内居民可靠避洪或安全撤离，减小分洪损失。

4. 水库蓄洪及滞洪

水库是水资源开发利用的一项重要的综合性工程措施，其防洪作用比较显著。在河流上兴建水库，使进入水库的洪水经水库拦蓄和阻滞作用之后，自水库泄入下游河道的洪水过程大大展平，洪峰被削减，从而达到防止或减轻下游洪水灾害的目的。防洪规划中常利用有利地形合理布置干支流水库，共同对洪水起有效的控制作用。

5. 水土保持工程

水土保持指对自然因素和人为活动造成的水土流失所采取的预防和治理措施。主要包括工程措施、生物措施和蓄水保土耕作措施。通过在流域中上游地区采取水土保持措施，控制水土流失、拦截径流和泥沙、削减河道洪峰流量。

综上所述，防洪工程措施通过对洪水的泄、分、蓄、滞、拦，起到防洪减灾的效果。这种减灾效果包括两方面：其一是提高了江河抗御洪水的能力，减少了洪灾的出现频率；其二是出现超防洪标准的大洪水时，虽不能避免产生洪水灾害，但可在一定程度上减轻洪灾损失。必须强调指出，由于受自然、技术、经济等条件的限制，不能设想可以由防洪工程措施来实现对洪水的完全控制。亦即是说,防洪工程措施只能减轻洪灾损失,而不可能根除洪灾。

(二)防洪非工程措施

防洪非工程措施是指为了减少洪泛区洪水灾害损失,采取颁布和实施法令、政策及防洪工程以外的技术手段等方面的措施,如建立洪水预报和洪水警报系统、洪水保险、洪泛区管理、避洪安全设施、安全撤离计划等。

1. 建立洪水预报和洪水警报系统

建立洪水预报和洪水警报系统是防洪减灾的有效技术手段。利用水情自动测报系统自动采集和传输雨情、水情信息,及时作出洪水预报;利用洪水预报的预见期,配合洪水调度及洪水演算,预见将出现的分洪、行洪灾情,在洪水来临之前,及时发出洪水警报,以便分蓄洪区居民安全转移。洪水预报愈精确,预报预见期愈长,减轻洪灾损失的作用愈大。

2. 洪泛区管理

洪泛区管理是减轻洪灾损失的一项重要措施。根据我国的国情,这里所指的洪泛区主要是分蓄洪区(包括滞洪区及为特大洪水防洪预案安排出路所涉及的行洪范围),而不是泛指江河的洪泛平原。必须通过政府颁布法令及政策加强对洪泛区的管理,以实现对洪泛区进行有计划的、合理的开发利用。我国人多地少,洪泛区已呈现的过度开发的趋势有增无减,必须对这种不合理开发的现状通过制定政策及下达法令予以限制和调整。如有的国家采用调整税率的政策,对不合理开发的区域采用较高的税率。

3. 洪水保险

洪水保险作为一项防洪非工程措施主要是由于它有助于洪泛区的管理,对防洪减灾在一定程度上起有利的作用。洪水灾害的发生状况是:小洪水年份不出现洪灾,而一旦发生特大洪水,灾区将蒙受惨重的损失,国家也不得不为此突发性灾害付出巨额的救济资金。实行洪水保险是指洪泛区内的单位和居民必须为洪灾投保,支付一定的年保险费,若发生洪灾,可用积累的保险费赔偿投保者的洪灾损失。显然,洪水保险对防洪事业具有积极意义,其主要表现在:①它将极不规则的洪灾损失的时序分布转化为均匀支付的年保险费,从而减小突发性洪灾对国民经济和灾区的严重冲击和不利影响;②配合洪泛区管理,规定对具有不同洪灾风险的区域交纳不同的洪水年保险费,与调节洪泛区内不同区域的纳税率的政策相似,可以借助于洪水保险对洪泛区的合理利用起促进作用。目前,此项措施在我国还处于研究和准备试行阶段。

第二节　水库特性曲线及特征水位

一、水库特性曲线

水库是指在河道、山谷等处修建水坝等挡水建筑物并以此形成蓄集水的人工湖泊。水库的作用是拦蓄洪水、调节河川天然径流和集中落差。一般来说,坝筑得越高,水库的容积(简称库容)就越大。但在不同的河流上,即使坝高相同,其库容相差也很大,这主要是由于库区内地形的不同所造成的。若库区内地形开阔,则库容较大;若为一峡谷,则库容较小。此外,河流的坡降对库容大小也有影响,坡降小的库容较大,坡降大的库容较小。

根据库区河谷形状,水库有河道型和湖泊型两种。

一般把用来反映水库地形特征的曲线称为水库特性曲线。它包括水库水位—面积关系曲线和水库水位—容积关系曲线,简称水库面积曲线和水库容积曲线,是水库规划设计的重要依据。

(一)水库水位—面积曲线

水库水位—面积曲线是指水库蓄水位与相应水面面积的关系曲线。水库的水面面积随水位的变化而变化。库区形状与河道坡度不同,水库水位与水面面积的关系也不尽相同。水库面积曲线反映了水库的地形特性。

绘制水库水位—面积曲线时,一般可根据 1/10 000 ~ 1/5 000 比例尺的库区地形图,利用求积仪、方格法、网点法、图解法或光电扫描与电子计算机辅助设备等,计算不同等高线与坝轴线所围成的水库的面积(高程的间隔可用 1 m、2 m 或 5 m),然后以水位为纵坐标、以面积为横坐标,点绘出水位—面积关系曲线,如图 6-1 所示。

水库水位—面积特性曲线是研究水库库容、淹没范围和计算水库蒸发损失的依据。也可以根据水库水位—面积特性曲线的特征推求水库实际地形情况:库区开阔、河道纵坡较缓者,面积随水位增加很快,曲线坡度较小;反之,库区狭窄、河道纵坡较陡者,面积随水位增加较慢,曲线坡度较大。

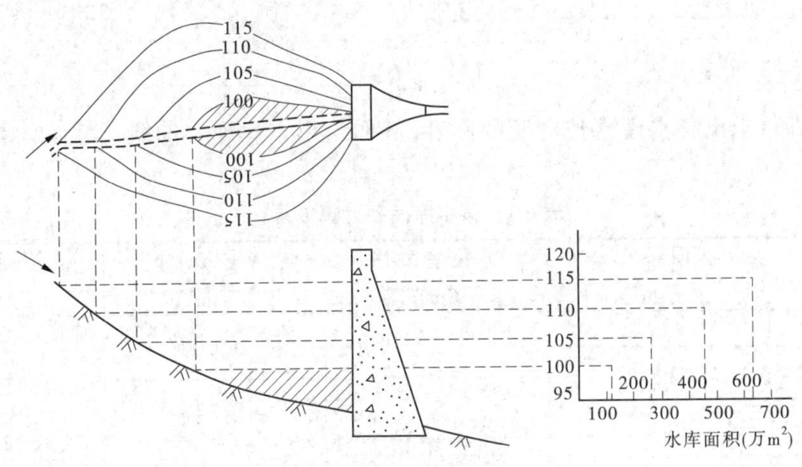

图 6-1 水库面积特性曲线绘法示意图

(二)水库水位—容积曲线

水库水位—容积曲线是水库水位—面积曲线的积分曲线,即水库水位 Z 与累积容积 V 的关系曲线,如图 6-2 所示。其绘制方法是:首先,将水库面积曲线中的水位分层;其次,自河底向上逐层计算各相邻高程之间的容积。

假设水库形状为梯形台,当库区地形变化不大时,按以下公式计算各分层间容积

$$\Delta V = (F_i + F_{i+1})\Delta Z/2 \tag{6-1}$$

式中 ΔV ——相邻高程间库容,m^3;

F_i、F_{i+1} ——相邻两高程的水库水面面积,m^2;

ΔZ ——高程间距,m。

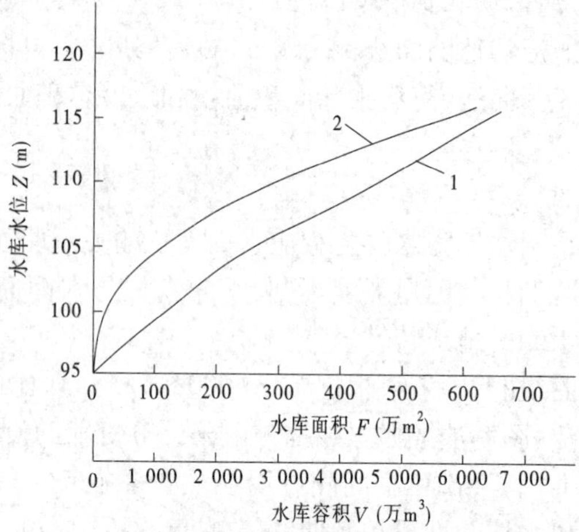

1—水库面积特性曲线；2—水库容积特性曲线

图 6-2　水库容积特性曲线和面积特性曲线

当库区地形变化较大时，按以下较精确公式计算各分层间库容

$$\Delta V = (F_i + \sqrt{F_i F_{i+1}} + F_{i+1})\Delta Z/3 \tag{6-2}$$

然后自下而上按

$$V = \sum_{i=1}^{n} \Delta V_i \tag{6-3}$$

依次叠加，即可求出各水库水位对应的库容，从而绘出水库库容曲线。具体计算过程见表 6-1。

表 6-1　某水库库容计算成果

水位 Z (m)	面积 F (万 m^2)	水位差 ΔZ (m)	容积 ΔV (万 m^3)	库容 V (万 m^3)
95	0			0
		5	200.00	
100	120			200.0
		5	927.7	
105	260			1 127.7
		5	1 764.9	
110	455			2 892.6
		5	2 700.7	
115	630			5 593.3

水库水位—容积关系曲线是估算渗漏损失水量和确定水库水位或库容的依据。水库水位—面积曲线和水库水位—容积关系曲线可结合使用，当已知其中任何一个参数时，就可以根据水库特征曲线推求其他两个参数。

前面所讨论的水库特性曲线均是建立在假定入库流量为零时，水库水面是水平的基础上绘制的。这是在水库内的水体为静止（即流速为零）时所观察到的水静力平衡条件下的自由水面，故称这种库容为静水库容。若有一定入库流量（水流有一定流速），则水库水面从坝址起沿程上溯的回水曲线呈非水平，越接近上游，水面越向上翘，直到入库端与天然水面相交为止。因此,相应于坝址上游某一水位的水库库容,实际上要比静库容大,其超出部分如图 6-3 中斜影线所示。静库容相应的坝前水位水平线以上与洪水的实际水面线之间包含的楔形库容称为动库容。以入库流量为参数的坝前水位与计入动库容的水库容积之间的关系曲线,称为动库容曲线。

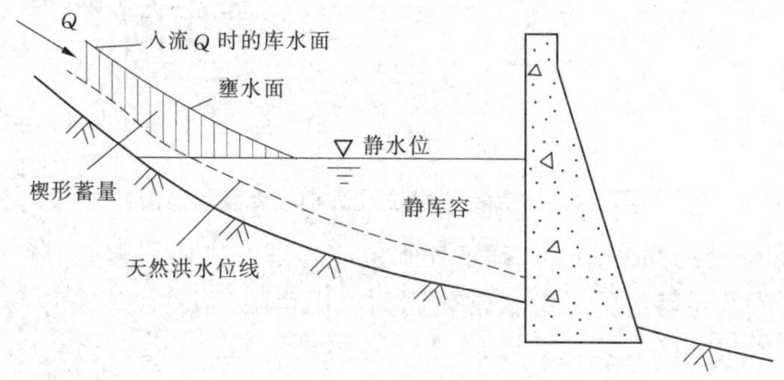

图 6-3　动库容示意图

一般情况下,按静库容进行径流调节计算,精度已能满足要求。但在需详细研究水库回水淹没和浸没范围问题、梯级水库衔接情况或动库容占调洪库容比重较大时,应考虑回水影响。动库容曲线的绘制,可采用水力学方法推求不同坝前水位和不同入库流量时的库区水面曲线来进行。对于多泥沙河流,泥沙淤积对库容有较大影响,应按相应设计水平年和最终稳定情况下的淤积量和淤积形态修正库容曲线。

水库容积的计量单位除用 m^3 表示外,在实际运用过程中为了便于调节计算,常将库容的单位与来水的流量单位直接对应,这样,在计算时段内,库容和相应的流量在数值上是相等的。水库容积的计量常采用 $Q \cdot \Delta t$(单位常写成(m^3/s) · 月的形式)表示。Δt 是单位时段,可取月、旬、日、时。如 1 (m^3/s) · 月表示 1 m^3/s 的流量在一个月(每月天数计为 30.4 d)的累积总水量,即

$$1(m^3/s) \cdot 月 = 30.4 \times 24 \times 3\ 600 = 2.63 \times 10^6 (m^3)$$

二、水库特征水位

表示水库工程规模及运用要求的各种水库水位,称为水库特征水位。它们是根据河流的水文条件、坝址的地形地质条件和各用水部门的需水要求,通过调节计算,从政治、技术、经济等方面进行全面综合分析论证来确定的。这些特征水位和库容各有其特定的任务和作用,体现着水库运用和正常工作时的各种特定要求,是规划设计阶段确定主要水工建筑物尺寸(如坝高和溢洪道大小),估算工程投资、效益的基本依据。水库的特征水位和相应的库容通常有下述几种(见图 6-4)。

(一)死水位和死库容

水库建成后,并非全部库容都可用来进行径流调节。首先,泥沙的沉积迟早会将部分库容淤满,此外,自流灌溉、发电、航运、渔业以及旅游等用水部门也要求水库水位不能低于某一高程。水库在正常运用情况下,允许消落的最低水位,称为死水位 $Z_{死}$。死水位以下的水库容积称为死库容 $V_{死}$。水库正常运行时蓄水位一般不能低于死水位。除非特殊干旱年份,或其他特殊情况(如战备、地震等),经慎重研究,为保证紧要用水,才允许临时

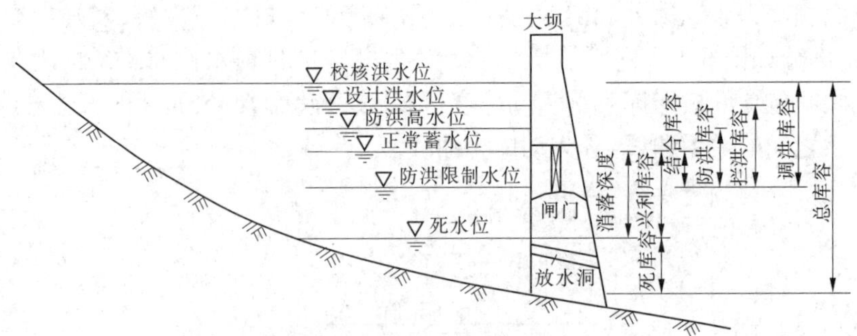

图 6-4　水库特征水位及其相应库容示意图

泄放或动用死库容中的部分存水。确定死水位应考虑的主要因素如下:

(1)保证水库有足够的能发挥正常效用的使用年限(俗称水库寿命)。主要是考虑预留部分库容供泥沙淤积。

(2)保证水电站所需要的最低水头和自流灌溉所必要的引水高程。水电站水轮机的选择都有一个允许的水头变化范围,其取水口的安置高程也要求水库始终保持在某一高程以上。自流灌溉要求水库水位不低于灌区地面高程与引水水头损失之和。死水位愈高,则自流灌溉的控制面积也愈大,在抽水灌溉时也可使抽水的扬程减小。

(3)库区航运和渔业的要求。当水库回水尾端有浅滩,或库区有港口或航渠入口,则为了维持最小航深,均要求死水位不能低于上述情况相应的水位。水库的建造为发展渔业提供了优良的条件,因此水库死库容的大小,必须顾及在水库水位消落到最低时,尚有足够的面积和容积以维持鱼群生存的需要。对于北方地区的水库,因冬季有冰冻现象,尚应计及在死水位冰层之下保留足够的容积供鱼群栖息。

(二)正常蓄水位和兴利库容

在正常运用条件下,水库为了满足兴利部门枯水期的正常用水,水库在供水开始时应蓄到的最高水位,称正常蓄水位 $Z_{蓄}$,又称正常高水位。正常蓄水位到死水位之间的库容,是水库可用于兴利径流调节的库容,称兴利库容,又称调节库容。正常蓄水位与死水位之间的深度,称消落深度或工作深度。

当溢洪道无闸门时,正常蓄水位就是溢洪道堰顶的高程;当溢洪道有操作闸门时,多数情况下正常蓄水位也就是闸门关闭时的门顶高程。

正常蓄水位是水库最重要的特征水位之一,是一个重要的设计数据。它直接关系到一些主要水工建筑物的尺寸、投资、淹没、综合利用效益及其他工作指标,大坝的结构设计、强度和稳定性计算也主要以它为依据。因此,大中型水库正常蓄水位的选择是一个重要问题,往往牵涉技术、经济、政治、社会、环境等多方面的影响,需要全面考虑、综合分析才能确定。一般的考虑原则有下列几点:

(1)考虑兴利的实际需要。即从水库要负担的综合利用任务和对天然来水调节程度的要求,以及可能投资的多少等来考虑水库规模和正常蓄水位的高低。

(2)考虑库区及坝址的地形、地质条件。例如,坝基和两岸地基的承载能力、库区周边的地形、库岸和分水岭的高程以及库区有无垭口、山口等。

(3)考虑淹没和浸没情况。不使上游重要的城镇、工矿区、铁路及高产农田受到严重淹没和浸没的影响；不使大块地区内水流排泄不畅；特别要研究移民数量和安置的可能性。

(4)考虑河段上下游已建和拟建水库枢纽情况。主要是梯级水库水头的合理衔接问题,以及不影响已建工程的效益等。

(三)防洪特征水位及防洪库容

水库除兴利功能外,还可以进行防洪。兴建水库后,为了汛期安全泄洪,要求有一定库容作为削减洪峰、拦蓄洪水之用,这部分库容在汛期应该经常留空,以备洪水到来时能及时拦蓄洪量和削减洪峰,洪水过后再放空,以便迎接下一次洪水。

1. 防洪限制水位和结合库容

水库在汛期为兴利蓄水允许达到的上限水位称为防洪限制水位,又称为汛期限制水位,或简称为汛限水位。它是在设计条件下水库进行防洪调节的起调水位。该水位以上的库容可作为滞蓄洪水的容积,只有出现洪水时,才允许水库水位超过该水位。一旦洪水消退,应尽快使水库水位回落到防洪限制水位。

兴建水库后,为了汛期安全泄洪和减少泄洪设备,常要求有一部分库容作为拦蓄洪水和削减洪峰之用。水库为了解决防洪安全与兴利蓄水的矛盾,防洪限制水位应尽可能定在正常蓄水位以下。若防洪限制水位低于正常蓄水位,则将这两个水位之间的水库容积称为结合库容,也称共用库容或重叠库容。汛期它是防洪库容的一部分,汛后又可用来兴利蓄水,成为兴利库容的组成部分。若汛期洪水有明显的季节性变化规律,经论证,可分期设置不同的防洪限制水位。

2. 防洪高水位和防洪库容

当水库下游有防洪要求,遇到下游防护对象的设计标准洪水时,水库为控制下泄流量而拦蓄洪水,这时坝前达到的最高水位称为防洪高水位 $Z_{防}$。此水位至防洪限制水位间的水库容积称为防洪库容 $V_{防}$。

防洪高水位是为了解决水库蓄洪与泄洪的矛盾而设置的防洪特征水位之一。该水位由下游防护对象的防护标准决定。由于下游防洪标准通常低于大坝设计洪水标准,故防洪高水位常低于设计洪水位。防洪高水位可采用相应下游防洪标准的各种典型洪水,按拟定的防洪调度方式,自防洪限制水位开始进行水库调洪计算求得。

3. 设计洪水位和拦洪库容

当水库遇到大坝设计标准洪水时,经水库调洪,坝前达到的最高水位,称为设计洪水位 $Z_{设}$。它与防洪限制水位间的水库容积称为拦洪库容 $V_{拦}$或设计调洪库容 $V_{设}$。

设计洪水位是水库的重要参数之一,它决定了设计洪水情况下的上游洪水淹没范围,同时又与泄洪建筑物尺寸、类型有关;而泄洪设备类型(包括溢流堰、泄洪孔、泄洪隧洞)则应根据地形、地质条件和坝型、枢纽布置等特点拟定。设计洪水位是水库正常运用情况下允许达到的最高水位,可采用相应大坝设计标准的设计洪水,按拟定的调洪方式,自防洪限制水位开始进行调洪计算求得。

4. 校核洪水位和调洪库容

当水库遇到大坝校核标准洪水时,经水库调洪后,在坝前达到的最高水位称为校核洪水位 $Z_{校}$。它与防洪限制水位间的水库容积称为调洪库容 $V_{调}$或校核调洪库容 $V_{校}$。

校核洪水位是水库非常运用情况下允许达到的临时性最高洪水位，是确定坝顶高程及进行大坝安全校核的主要依据。可采用相应大坝校核标准的校核洪水，按拟定的调洪方式，自防洪限制水位开始进行调洪计算求得。

校核洪水位以下的全部水库容积就是水库的总库容。校核洪水位（或正常蓄水位）至死水位之间的库容称为有效库容。水库总库容 V 的大小是水库最主要指标。通常按此值的大小，把水库划分为下列五级：

大(1)型——$V \geq 10$ 亿 m^3。

大(2)型——$V = 1$ 亿～10 亿 m^3。

中型——$V = 0.1$ 亿～1 亿 m^3。

小(1)型——$V = 0.01$ 亿～0.1 亿 m^3。

小(2)型——$V = 0.001$ 亿～0.01 亿 m^3。

第三节　水库调洪作用与计算原理

一、水库调洪作用

水库设有的调洪库容就能起到调洪作用：当水库有下游防洪任务时，它的作用主要是削减下泄洪水流量，使其不超过下游河床的安全泄量，起到滞洪的作用；当水库下泄的洪水与下游区间洪水或支流洪水遭遇，相叠加后其总流量会超过下游的安全泄量，这时水库使下泄洪水不与下游洪水同时到达需要防护的地区，起到错峰的作用；当水库是防洪与兴利相结合的综合利用水库，则水库除滞洪作用外还起蓄洪兴利作用。

下面通过图 6-5 来说明一次洪水通过水库时，水库的滞洪作用。

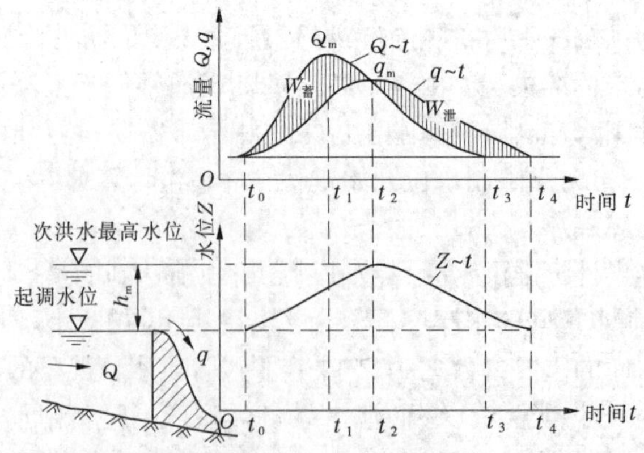

图 6-5　无闸门控制时一次洪水的蓄泄过程和水库水位变化过程

为了便于说明，假定水库溢洪道无闸门控制，水库防洪限制水位通常与溢洪道堰顶高程、正常蓄水位齐平。图中 $Q \sim t$ 为入库流量过程，$q \sim t$ 为水库下泄流量过程，$Z \sim t$ 为水库蓄水位变化过程。

假设在洪水来临之前，水库蓄水位为防洪限制水位，即 t_0 时刻，水库水位 Z_0 为防洪限制水位，由于洪水入库时的库水位是水库洪水调节的起始水位，故常称此水位为调洪计算的起调水位。此时下泄流量 $q_0=0$。随后，入库洪水流量 Q 增大，水库水位 Z 上升，溢洪道开始溢流，下泄流量 q 随水位升高而逐渐增大，且 $Q>q$。t_1 时刻为入库洪峰流量 Q_m 出现时间，t_1 以后入库流量 Q 虽然减少，但仍大于下泄流量 q，因而库水位 Z 继续抬高，水库继续拦蓄洪水，下泄流量 q 不断加大。直到 t_2 时刻 $Q=q$ 时，此时水库出现最高水位 Z_m，下泄流量达到最大值 q_m，水库蓄水过程结束。t_2 时刻以后，由于 $Q<q$，水库水位逐渐下降，下泄流量 q 也随之减小。t_4 时刻水库水位降到防洪限制水位，本次洪水调节结束。图 6-5 中阴影部分 $W_{蓄}$ 是水库在 $t_0 \sim t_2$ 时间内拦蓄在水库中的水量，这部分水量在$t_2 \sim t_4$ 期间逐渐泄出，如图 6-5 中 $W_{泄}$。以往洪水造成灾害的原因主要是在有限的时间内河道断面无法通过巨大的水量，通过水库调洪将洪水的结束时刻由 t_3 延长至 t_4，将洪峰流量由 Q_m 降至 q_m，从而避免了洪灾的产生。

上述情况是在溢洪道尺寸已定及入库洪水过程线一定的条件下得出的，当溢洪道尺寸及设计洪水过程改变时，调洪库容 V_m（即图 6-5 中 $W_{蓄}$）和最大泄量 q_m 也将改变。这说明设计洪水过程、溢洪道尺寸、调洪库容和最大下泄流量之间是相互联系、互为影响的。

二、水库防洪调节计算的任务

在规划设计阶段，水库防洪调节计算的主要任务是：根据水文计算提供的设计洪水成果，通过调节计算和工程的效益投资分析确定水库防洪库容、最高洪水位、坝高和泄洪建筑物尺寸。计算过程大体如下。

（一）基本资料的收集与计算

（1）设计洪水资料。包括大坝设计洪水、校核洪水。当水库下游有防洪任务时，还需有下游防洪标准所相应的设计洪水、坝址与防护区的区间设计洪水，上下游洪水遭遇组合方案或分析资料等。

（2）泄洪能力资料。各种不同泄洪建筑物（溢洪道、泄洪洞、底孔）组合的泄洪方案的泄洪能力曲线。

（3）有关淹没损失、淹没控制高程等社会经济资料。

（4）水库库容曲线。

（二）拟定比较方案

根据地形、地质、建筑材料、施工能力和施工设备等条件，拟定不同方案的泄洪建筑物型式（溢洪道或泄洪底孔）、位置、尺寸，拟定几种可供选择的起调水位。

（三）防洪调节计算

根据泄洪建筑物特性和下游防洪要求的不同，水库调洪计算也有所区别。

（1）下游无防洪任务时，泄洪建筑物的尺寸和水库的调洪库容主要由水库大坝等水工建筑物对防洪安全的要求确定。即在设计洪水和校核洪水条件下，通过对不同方案的调洪计算、分析比较，合理地选定水库所需的调洪库容和泄洪建筑物尺寸。

（2）下游有防洪任务时，水库的防洪库容和相应的泄洪建筑物尺寸，应在确保水库主要建筑物（大坝等）防洪安全的前提下，同时满足下游防洪要求。这种情况多属有闸门控制泄洪的大中型水库。所谓下游防洪要求，就是在一定标准的洪水前提下，通过水库调节和选定的闸门操作方式，控制其最大下泄流量，使之不超过下游河道的安全泄量，以保证下游防护对象的安全。

(四)方案选择

根据防洪调节计算成果，计算各方案大坝、泄洪建筑物及下游堤防等的造价、库区淹没损失及下游受淹经济损失等。通过技术经济比较选择最优方案。

在运行管理阶段，调洪计算的任务是求出某种频率洪水(或预报洪水)在不同防洪限制水位时，水库洪水位与最大下泄流量的关系，为编制防洪调度规程、制定水库防洪措施提供依据，以期满足下游防洪要求和保证坝体防洪安全。

三、水库调洪计算基本原理

(一)水库水量平衡方程

在某一时段 Δt 内，入库水量与出库水量之差等于该时段内水库蓄水量的变化量，如图 6-6 所示，以式(6-4)表示，式(6-4)称为水库的水量平衡方程。

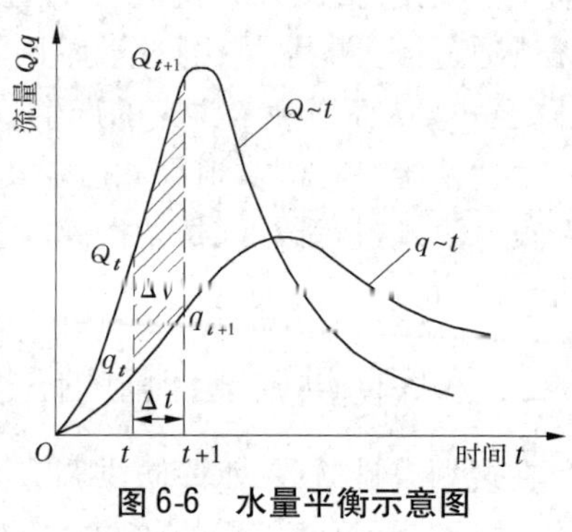

图 6-6　水量平衡示意图

$$\frac{(Q_t+Q_{t+1})}{2}\Delta t-\frac{(q_t+q_{t+1})}{2}\Delta t=V_{t+1}-V_t=\Delta V \tag{6-4}$$

式中　Δt ——计算时段长度，s；

Q_t、Q_{t+1} ——Δt 时段初、末的入库流量，m^3/s；

q_t、q_{t+1} ——Δt 时段初、末的出库(下泄)流量，m^3/s；

V_t、V_{t+1} ——Δt 时段初、末水库蓄水量，m^3；

ΔV——V_{t+1} 与 V_t 之差，即时段 Δt 内水库蓄水量的变化量，m^3；

Δt——计算时段，一般取 1 ~6 h，需化为秒数。

计算时段 Δt 的长短视入库流量的变化程度和调洪计算的精度而定。陡涨陡落的中小河流，Δt 可取短些；流量变化平缓的大河流，Δt 可适当取长些。Δt 取值时，注意不要把洪峰流量 Q_m 的影响漏掉。

在水库规划设计阶段，根据水工建筑物的设计标准或下游防洪标准，按第五章所介绍的方法可推求出设计洪水流量过程线；在运行管理阶段，可由预报或实际入库洪水过程确定洪水过程线。因此，入库流量过程 $Q\sim t$ 为已知，则方程式(6-4)中 Q_t，Q_{t+1} 为已知数，时段初的下泄流量 q_t 和水库蓄水量 V_t 可由前一时段求得，则 q_t、V_t 也为已知数。Δt 按上述情况选取，而 q_{t+1} 和 V_{t+1} 是两个未知数，故方程式(6-4)不能独立求解，还须建立第二个方程。

(二)水库蓄泄方程

水库通过泄洪建筑物泄洪，该泄量就是出库流量。在泄洪建筑物型式、尺寸一定的情况下，泄流量取决于水头 h，即 $q=f(h)$。当水库内水面坡降较小，可视为静水面时，h 只是水库蓄水量 V 的函数，即 $h=f(V)$，故下泄流量 q 又可写成蓄水量 V 的函数式，此式称为蓄泄方程，以式(6-5)表示，即

$$q = f(V) \tag{6-5}$$

式(6-5)与水库水量平衡方程联立,即可求出 q_{t+1} 和 V_{t+1}。

由于水库形状极不规则,很难列出 $q = f(V)$ 的具体函数式。进行调洪计算时,只能借助于库容曲线 $Z \sim V$,以库中水位 Z 反映泄流水头 h,以库容 V 反映蓄水量 W,用列表或图示的方式表示蓄泄方程 $q = f(V)$ 中 q 与 V 的关系。需要注意的是,当水库在汛期有其他兴利泄水时,下泄流量就必须考虑到这部分泄流流量,以使计算结果正确。

(三)水库泄洪建筑物泄流能力的分析

水库通过泄洪建筑物泄洪,不同泄洪建筑物的泄流能力是不同的,下面我们对常见的泄洪建筑物溢洪道和泄洪洞的泄流能力作简要介绍,详细请参考水力学方面的相关资料。

溢洪道所能通过的流量主要取决于溢流堰的堰顶水头、宽度和堰型。当溢流堰的堰顶水平长度大于堰顶水头 h 的 10 倍时,按明渠水流计算;当堰顶水平长度为$(2.5 \sim 10)h$时,按宽顶堰计算;当堰顶水平长度为$(0.67 \sim 2.5)h$,且具有光滑的曲线外形时,则按实用堰计算。一般中小型水库的溢洪道,常常设计为宽顶堰或实用堰,其下泄流量 q 按式(6-6)计算,即

$$q = MBh_0^{\frac{3}{2}} \tag{6-6}$$

式中　q——下泄流量,m^3/s;

B——溢流堰堰顶净宽,m;

h_0——计入行进流速 v_0 的堰上水头,$h_0 = h + \dfrac{\alpha v_0^2}{2g}$,一般 v_0 忽略不计,故 $h_0 = h$,m;

M——第二流量系数,$M = m\sqrt{2g}$,宽顶堰取 1.42 ~ 1.70,实用堰取大于 1.77,而大中型工程的 M 值需要通过模型试验确定。

深水式泄洪洞(或泄流底孔)一般设闸门控制,而且位置较低,它的下泄流量 q 按有压管流(孔流)计算,即

$$q = M\omega\sqrt{h_0} \tag{6-7}$$

式中　q——下泄流量,m^3/s;

h_0——计入行进流速的计算水头,$h_0 = h + \dfrac{\alpha v_0^2}{2g}$,非淹没出流时,$h$ 取上游水位与泄洪洞出口中心处高程之差,淹没出流时,则取上下游水位差,m;

ω——泄洪洞出口横断面的过水面积,m^2;

M——流量系数,可根据淹没出流或非淹没出流查《水力学手册》或做试验确定。

第四节　无闸门控制的水库调洪计算

水库溢洪道无闸门控制时,防洪库容和兴利库容很难结合共用,调洪的起调水位多采用与正常蓄水位相同,即与溢洪道堰顶齐平。常用的水库调洪计算方法有列表试算法、半图解法和简化三角形法三种。调洪计算的主要成果应有:选择溢洪道宽度 B,确定调洪库容 V 及其相应的洪水位 Z 和最大下泄量 q_m。

列表试算法能够明确地表达出调洪计算的基本原理,因此概念明确,可适用于固定时段、变时段、有闸门、无闸门各种情况下的调洪计算,虽计算工作量较大,但随着计算机技术的发展,可以借助计算机程序很方便地进行调洪计算。半图解法是用图解和计算相结合的方式求解,常用的有双辅助曲线法和单辅助曲线法,计算过程相对简单,但该方法受时段 Δt 限制,且只适用于无闸或闸门全开情况下的自由泄流计算。为充分利用各方法的特点,在手算时,可先用半图解法求出大致解,再用列表试算法计算精确解。简化三角形法是中小型水库在初步规划阶段进行调洪方案比较时,不需计算蓄泄过程的简化方法,只确定最大调洪库容 V_m 和最大泄流量 q_m。

一、列表试算法

为了求出水库水量平衡方程及水库蓄泄方程的联立解,通过列表试算,可逐时段求得水库的蓄水量和下泄流量,这种通过试算求方程组解的方法称为列表试算法。列表试算法的步骤大体如下:

(1)引用水库的设计洪水过程线 $Q \sim t$。

(2)根据已知的水库水位—库容关系曲线 $Z=f(V)$ 和泄洪建筑物方案,应用式(6-6)或式(6-7)求出下泄流量与库容的关系曲线 $q=f(V)$。具体方法是:根据水位变化的大致范围,取不同的水库水位 Z(一般情况下自起调水位算起即可)计算相应水头 h 和下泄流量 q,再由 $Z=f(V)$ 查得相应的 V,这样就可由相同水位情况下的下泄流量与库容的关系绘制出 $q=f(V)$ 曲线。

(3)选取合适的计算时段 Δt(以 s 为计算单位)。由设计洪水过程线 $Q \sim t$ 找出相应流量 $Q_1, Q_2, Q_3, Q_4 \cdots$。

(4)调洪计算。确定起始计算时刻的 V_t、q_t,然后列表计算,计算过程中,对每一计算时段的 V_{t+1}、q_{t+1} 都要进行试算。

试算方法是:当 $t=1$ 时,由起始条件,已知时段初的 V_1、q_1 和入库流量 Q_1、Q_2,假设时段末的下泄流量 q_2,根据式(6-4)求出时段末水库的蓄水变化量 ΔV,则 $V_2 = V_1 + \Delta V$,由 V_2 查 $q=f(V)$ 曲线得 q_2'。若 $|q_2' - q_2| < \varepsilon$,即 q_2' 与 q_2 相差很小,则 q_2 为所求;否则,说明原假设的 q_2 与实际不符,重新假设 q_2(可令 $q_2 = q_2'$),再进行试算。

(5) 将计算出的 V_2、q_2 当成下一时段的起始值 V_1、q_1,重复上述试算,可求出下一时段末的 V_2、q_2。这样逐时段试算,就可求得水库下泄流量过程和相应的水库蓄水量(水位)过程。

(6) 根据计算成果将下泄流量过程线 $q \sim t$ 和设计洪水过程线 $Q \sim t$ 绘在一张图上,若计算的最大泄流量 q_m 正好是两线的交点,则计算的 q_m 是正确的;否则,应缩短交点附近的计算时段,重新进行试算,直至计算的 q_m 正好是两线的交点为止。

(7)由 q_m 查 $q \sim V$ 关系线,可得最高洪水位时的库容 V_m。由 V_m 减去起调水位相应库容,即得水库为调节该入库洪水所需的调洪库容 $V_{洪}$。再由 V_m 查水位库容曲线,即可得到最高洪水位 Z_m。显而易见,当入库洪水为相应枢纽设计标准的洪水、起调水位为汛限水位时,求得的 $V_{洪}$ 和 Z_m 即是设计调洪库容与设计洪水位。当入库洪水为校核标准的洪水、起调水位为汛限水位时,求得的 $V_{洪}$ 和 Z_m 即是校核调洪库容与校核洪水位。

【例 6-1】 南方某年调节水库，百年一遇设计洪水过程线资料列入表 6-2 中第①、②栏，水位库容曲线如图 6-7 所示。设计溢洪道方案之一为无闸门控制的实用堰，堰宽 70 m，堰顶高程与正常蓄水位 59.98 m 相齐平。求下泄流量过程、水库蓄水过程、水库设计洪水位、最大下泄流量和相应的设计调洪库容。

表 6-2　某水库调洪计算($P=1\%$)成果

时间 t (h)	流量 Q (m^3/s)	时段 Δt (1 h)	$\frac{Q_1+Q_2}{2}$ (m^3/s)	$\frac{Q_1+Q_2}{2}\Delta t$ (万 m^3)	时段末出库流量 q (m^3/s)	$\frac{q_1+q_2}{2}$ (m^3/s)	$\frac{q_1+q_2}{2}\Delta t$ (万 m^3)	ΔV (万 m^3)	V (万 m^3)	Z (m)
①	②	③	④	⑤	⑥	⑦	⑧	⑨	⑩	⑪
0	0	0	0	0	0	0	0	0	1 296	59.98
1	390	0~1	195	70.2	18	9	3.2	+67.0	1 363	60.20
2	770	1~2	580	208.8	88	53	19.1	+189.7	1 553	60.77
3	1 150	2~3	960	345.6	256	172	61.9	+283.7	1 836	61.60
4	986	3~4	1 068	384.5	436	346	124.6	+259.9	2 096	62.30
5	820	4~5	903	325.1	544	490	176.4	+148.7	2 245	62.65
6 (6.36)	656 (596.5)	5~6	738	265.7	596 (596.5)	570	205.2	+60.5	2 306	62.83
7	492	6~7	574	206.6	588	592	213.1	−6.5	2 299	62.80
8	326	7~8	409	147.2	540	564	203.0	−55.8	2 243	62.68
9	162	8~9	244	87.8	476	508	182.9	−95.1	2 148	62.40
10	0	9~10	81	29.2	384	430	154.8	−125.6	2 023	62.10
11		10~11	0		298	341	122.8	−122.8	1 900	61.80
12		11~12			233	266	95.6	−95.6	1 804	61.52
13		12~13			186	210	75.4	−75.4	1 729	61.31
14		13~14			154	170	61.2	−61.2	1 668	61.13
15		14~15			130	142	51.1	−51.1	1 616	60.98
		15~16			106	118	42.5	−42.5	1 574	60.85
		16~17			84	95	34.2	−34.2	1 540	60.75
		17~18			72	78	28.1	−28.1	1 512	60.66
		18~20			52	62	44.6	−44.6	1 467	60.50
		20~22			36	44	31.7	−31.7	1 435	60.42
		22~26			22	29	41.8	−41.8	1 393	60.30
		26~30			16	19	27.4	−27.4	1 366	60.20
		30~36			10	13	28.1	−28.1	1 338	60.11
		36~42			6	8	17.3	−17.3	1 321	60.08
		42~48			4	5	10.8	−10.8	1 310	60.02
		48~58			2	3	10.8	−10.8	1 299	59.99
		58~62			1	1.5	2.2	−2.2	1 297	
		62~66			0	0.5	0.7	−0.7	1 296	59.98

解:(1)计算并绘制水库的 $q \sim V$ 关系曲线。应用公式 $q = MBh^{3/2}$,$B = 70$ m,采用 $M = 1.77$,根据不同库水位 Z 计算 h 与 q,再由图6-7 查得相应的 V,将计算结果列于表6-3 中,并绘制 $q \sim V$ 关系曲线,如图6-8 所示。

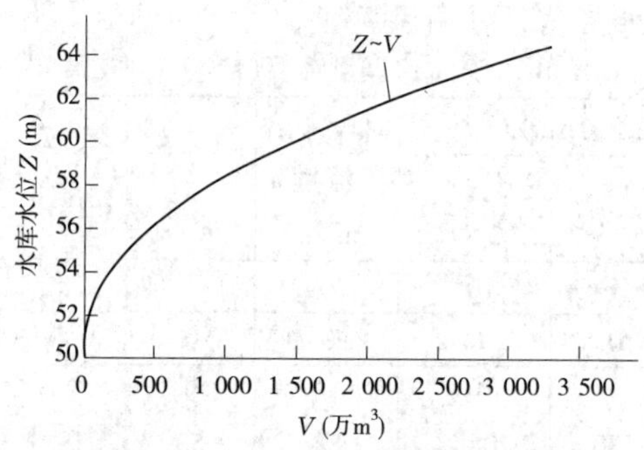

图6-7 某水库水位—库容关系曲线

表6-3 某水库 $q = f(V)$ 关系曲线计算

水库水位 Z(m)	59.98	60.5	61.0	61.5	62.0	62.5	63.0	63.5	64.0	64.5
总库容 V(万 m³)	1 296	1 460	1 621	1 800	1 980	2 180	2 378	2 598	2 817	3 000
堰上水头 h(m)	0	0.52	1.02	1.52	2.02	2.52	3.02	3.52	4.02	4.52
下泄流量 q(m³/s)	0	46.5	127.6	232.2	356	496	650	818	999	1 191

(2)计算时段平均流量和时段入库水量。先将表6-2 中 $P = 1\%$ 洪水过程线划分计算时段为 $\Delta t = 1$ h(3 600 s,当后期泄流量减少时 Δt 可改为 2 h 以上),填入第③栏。计算出时段平均流量和入库水量,分别填入第④、⑤栏。例如第1 时段平均流量为

$$(Q_1 + Q_2)/2 = (0 + 390)/2 = 195(\text{m}^3/\text{s})$$

入库水量为

$$[(Q_1 + Q_2)/2]\Delta t = 195 \times 3\ 600 = 70.2(\text{万 m}^3)$$

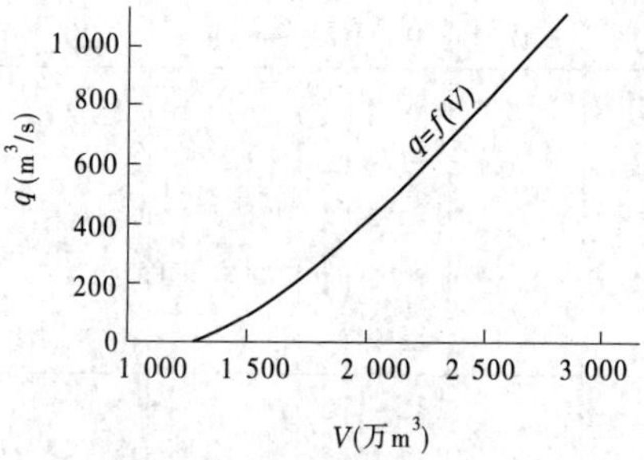

图6-8 下泄流量与蓄水量关系

(3)试算时段末的出库流量 q_2。因时段末出库流量 q_2 与该时段水库内蓄水量变化有关,而蓄水量的变化程度又决定了 q_2 的大小,故需试算确定 q_2。

例如,第1 时段开始(时刻为0),水库水位 $Z_1 = 59.98$ m,$h_1 = 0$,$q_1 = 0$,$V_1 = 1\ 296$ 万 m³。假设 $q_2 = 40$ m³/s,则 $[(q_1 + q_2)/2]\Delta t = [(0 + 40)/2] \times 3\ 600 = 7.2$(万 m³),第1 时段蓄水量变化值 $\Delta V = [(Q_1 + Q_2)/2]\Delta t - [(q_1 + q_2)/2]\Delta t = 70.2 - 7.2 = 63$(万 m³),时段末水库蓄水量 $V_2 = V_1 + \Delta V = 1\ 296 + 63 = 1\ 359$(万 m³),查 $q \sim V$ 关系曲线(见图6-8),得 $q_2' = 15$ m³/s,与原假设不符。

重新假设 $q_2 = 18$ m³/s,则 $[(q_1 + q_2)/2]\Delta t = [(0 + 18)/2] \times 3\ 600 = 3.2$(万 m³),$\Delta V = 70.2 - 3.2 = 67$ 万 m³,$V_2 = V_1 + \Delta V = 1\ 296 + 67 = 1\ 363$(万 m³),查 $q \sim V$ 关系曲线,得 $q_2 = 18$ m³/s,与原假设相符,$q_2 = 18$ m³/s 为所求。

由 V_2 查 $Z \sim V$ 关系曲线(见图6-7)得 $Z_2 = 60.20$ m。分别将试算所得的正确结果填入表6-2中第⑥~⑪栏。

(4)用上一时段的 q_2、V_2 作为下一时段的 q_1、V_1。再假设 q_2,重复上述试算过程,即可求得各时段末的出库流量 q_2、蓄水量 V_2 和水位 Z_2,将计算结果填入表6-2中。

(5)根据表6-2中第①、⑥栏,可绘制下泄流量过程线 $q \sim t$;由第①、⑩栏,可绘制水库蓄水过程线 $V \sim t$;由第①、⑪栏,可绘制水库调洪后的水位过程线 $Z \sim t$。由第⑥、⑩、⑪栏可以看出:计算的最大下泄流量为596 m^3/s,按无闸门调洪过程,此时应有 $Q = q$,而 $Q =$ 656 m^3/s,故需对以上试算过程继续计算,以求得精确解。经比较,最大值出现在6~7 h之间,对此时间段的计算时段缩小后重复以上步骤,可得最大下泄流 $q_m = 596.5$ m^3/s(见表6-2中括号部分),出现在6.36 h,相应的设计调洪库容 $V_{设洪} = 2\ 306 - 1\ 296 = 1\ 010$(万 m^3),设计洪水位 $Z_{设洪} = 62.83$ m。

二、半图解法

水库水量平衡方程和水库蓄泄方程组也可用图解和计算相结合的方式求解,这种方法称为半图解法。常用的有双辅助曲线法和单辅助曲线法。此法避免了列表试算法的烦琐,减少了计算工作量。

(一)双辅助曲线法

1. 双辅助曲线法原理

将水量平衡方程式(6-4)改写为

$$\frac{Q_t + Q_{t+1}}{2} - \frac{q_t + q_{t+1}}{2} = \frac{V_{t+1} - V_t}{\Delta t}$$

移项,整理得

$$\overline{Q} + \left(\frac{V_t}{\Delta t} - \frac{q_t}{2}\right) = \frac{V_{t+1}}{\Delta t} + \frac{q_{t+1}}{2} \tag{6-8}$$

式中 $\overline{Q}$——Δt 时段内的入库平均流量,即 $\overline{Q} = (Q_t + Q_{t+1})/2$,$m^3/s$。

因为 V 是 q 的函数,故 $\frac{V}{\Delta t} + \frac{q}{2}$ 和 $\frac{V}{\Delta t} - \frac{q}{2}$ 也是 q 的函数,因此可以写成

$$q = f\left(\frac{V}{\Delta t} + \frac{q}{2}\right)$$

$$q = f\left(\frac{V}{\Delta t} - \frac{q}{2}\right)$$

将上述两式绘制成两条关系曲线(假定 $t = 1$),如图6-9所示。根据时段初 V_1、q_1,应用这两条辅助曲线推求时段末的 V_2、q_2 的方法,称为双辅助曲线法。实际上,因为 q、Z、V 这三个参数是可以互相转换的,$\frac{V}{\Delta t} \pm \frac{q}{2}$ 也可以与水库水位 Z 或库容 V 建立函数关系

$$Z = f\left(\frac{V}{\Delta t} \pm \frac{q}{2}\right)$$

$$V = f\left(\frac{V}{\Delta t} \pm \frac{q}{2}\right)$$

2. 双辅助曲线法调洪计算步骤

(1)已知时段初的出库流量 q_1,在图 6-9 纵坐标上取 $OA=q_1$,得 A 点。

(2) 过 A 点向右平行于横坐标引线,交 $q=f\left(\frac{V}{\Delta t}-\frac{q}{2}\right)$ 曲线于 B 点,则 $AB=\frac{V_1}{\Delta t}-\frac{q_1}{2}$,延长 AB 至 C 点,取 $BC=\overline{Q}$。

(3)由 C 点向上作垂线(过了 q_m 后则向下作垂线),交 $q=f\left(\frac{V}{\Delta t}+\frac{q}{2}\right)$ 曲线于 D 点。

(4)由 D 点向左作平行于横坐标的直线交纵坐标于 E 点,则 $DE=\frac{V_2}{\Delta t}+\frac{q_2}{2}$,$D$ 点的纵坐标 $OE=q_2$。

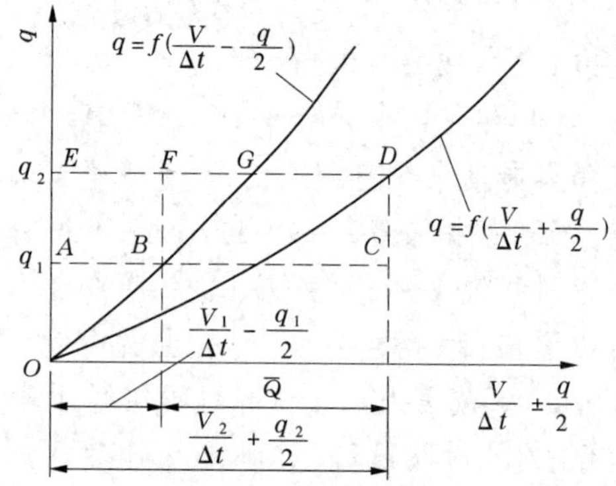

图 6-9　双辅助曲线图

由图 6-9 可知,$DE=BC+AB$,即是$\frac{V_2}{\Delta t}+\frac{q_2}{2}=\overline{Q}+\left(\frac{V_1}{\Delta t}-\frac{q_1}{2}\right)$,故 D 点的纵坐标 $OE=q_2$,即为所求时段末的下泄流量。

按以上步骤,利用求得的 q_2 作为下一时段的 q_1,依次逐时段进行计算,求得水库下泄流量过程曲线 $q\sim t$。

【例 6-2】　基本资料与要求同例 6-1,用双辅助曲线法求最大下泄流量 q_m、设计调洪库容 $V_{设洪}$ 及设计洪水位 $Z_{设洪}$。

解:(1)计算双辅助曲线。计算表格如表 6-4 所示,第①、②、⑤栏摘自【例 6-1】表 6-3,

表 6-4　某水库双辅助曲线计算成果

水库水位 Z (m)	库容 $V_总$ (万 m³)	溢流堰顶以上库容 V (万 m³)	$\frac{V}{\Delta t}$ (m³/s)	下泄流量 q (m³/s)	$\frac{q}{2}$ (m³/s)	$\frac{V}{\Delta t}-\frac{q}{2}$ (m³/s)	$\frac{V}{\Delta t}+\frac{q}{2}$ (m³/s)
①	②	③	④	⑤	⑥	⑦	⑧
59.98	1 296	0	0	0	0	0	0
60.5	1 460	164	456	46.5	23	433	479
61.0	1 621	325	903	127.6	64	839	967
61.5	1 800	504	1 400	232.2	116	1 284	1 516
62.0	1 980	684	1 900	356	178	1 722	2 078
62.5	2 180	884	2 456	496	248	2 208	2 704
63.0	2 378	1 082	3 006	650	325	2 681	3 331
63.5	2 598	1 302	3 617	818	409	3 208	4 026
64.0	2 817	1 521	4 225	999	500	3 725	4 725
64.5	3 000	1 704	4 733	1 191	596	4 137	5 329

为减小计算数字,公式(6-8)中的 V 采用溢洪道堰顶以上库容(也可采用 $V_总$),列入第③栏。第④栏的计算时段 $\Delta t=1\text{ h}=3\ 600\text{ s}$(注意:表中计算时段必须与洪水过程线上摘录

值时段相同)，第⑥～⑧栏按表列公式计算。

(2)绘制双辅助曲线。由表6-4中第⑤栏与第⑦栏、第⑤栏与第⑧栏绘双辅助曲线，第⑤栏与第①栏绘制下泄流量与水位关系曲线，如图6-10所示。

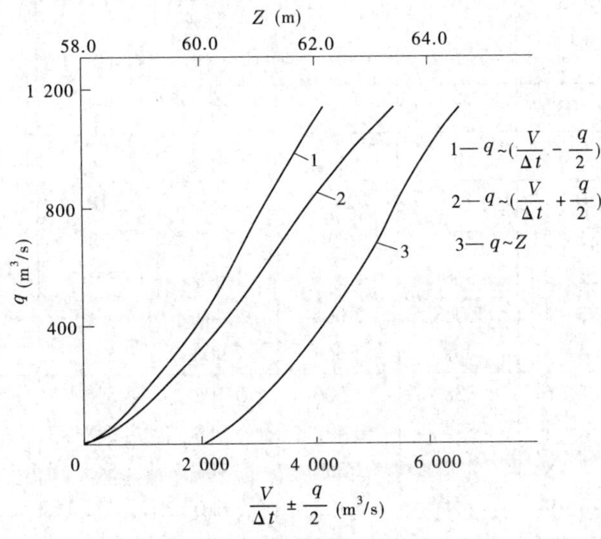

图6-10　某水库调洪计算双辅助曲线

(3)用双辅助曲线计算下泄流量过程。计算见表6-5。

第1时段，根据起始条件，时段初($t=1$)$q_1=0$、$V_1=0$，即$OA=0$，入库平均流量$\overline{Q}=195\ \mathrm{m^3/s}$。由$\frac{V_2}{\Delta t}+\frac{q_2}{2}=\overline{Q}+\left(\frac{V_1}{\Delta t}-\frac{q_1}{2}\right)=195+0=195(\mathrm{m^3/s})$，$q_1=0$、$V_1=0$，故在横坐标上截取$AC=AB+BC=0+195=195(\mathrm{m^3/s})$，如图6-9和图6-10所示。过$C$点向上作垂线交$q\sim\left(\frac{V}{\Delta t}+\frac{q}{2}\right)$线于$D$点，该点纵坐标$OE=q_2=18\ \mathrm{m^3/s}$，即为所求第1时段末的下泄流量，填入第⑦栏。

ED与$q\sim\left(\frac{V}{\Delta t}-\frac{q}{2}\right)$线相交于$G$点，$EG=177\ \mathrm{m^3/s}$，即为$q_2$相应的$\frac{V_2}{\Delta t}-\frac{q_2}{2}$值，填入第⑤栏。$ED=AC=195\ \mathrm{m^3/s}$，为$q_2$相应的$\frac{V_2}{\Delta t}+\frac{q_2}{2}$值，填入第⑥栏。

第2时段，$\overline{Q}=580\ \mathrm{m^3/s}$，$q_1=18\ \mathrm{m^3/s}$，由$\frac{V_2}{\Delta t}+\frac{q_2}{2}=\overline{Q}+\left(\frac{V_1}{\Delta t}-\frac{q_1}{2}\right)=580+177=757$ $(\mathrm{m^3/s})=A'C'$，填入第⑥栏，再过C'点作垂线交$q\sim\left(\frac{V}{\Delta t}+\frac{q}{2}\right)$线于$D'$，$D'$的纵坐标$OE'=q_2=88\ \mathrm{m^3/s}$，填入第⑦栏。

其他时段，用上一时段所求的q_2作下一时段的q_1，再用上述相同步骤连续求解，便可求出下泄流量过程线$q=f(t)$，由第①栏和第⑦栏可绘制下泄流量过程线$q=f(t)$。由第⑦栏中最大值可得$q_m=596\ \mathrm{m^3/s}$。

表 6-5　某水库用双辅助曲线法调洪计算($P=1\%$)成果

时间 t (h)	流量 Q (m^3/s)	时段 Δt (1 h)	平均流量 $\overline{Q}$ (m^3/s)	时段末的 $\frac{V}{\Delta t}-\frac{q}{2}$ (m^3/s)	时段末的 $\frac{V}{\Delta t}+\frac{q}{2}$ (m^3/s)	时段末的 下泄流量 q (m^3/s)	总容库 $V_{总}$ (万 m^3)	水库水位 Z (m)
①	②	③	④	⑤	⑥	⑦	⑧	⑨
0	0	0	0	0	0	0	1 296	59.98
1	390	0 ~ 1	195	177	195	18		
2	770	1 ~ 2	580	669	757	88		
3	1 150	2 ~ 3	960	1 373	1 629	256		
4	986	3 ~ 4	1 068	2 005	2 441	436		
5	820	4 ~ 5	903	2 364	2 908	544		
6	656	5 ~ 6	738	2 506	3 102	596	2 306	62.83
7	492	6 ~ 7	574	2 492	3 080	588		
8	326	7 ~ 8	409	2 356	2 901	545		
9	162	8 ~ 9	244	2 125	2 600	475		
10	0	9 ~ 10	81	1 822	2 206	384		
11		10 ~ 11	0	1 524	1 822	298		
12		11 ~ 12		1 289	1 524	235		
13		12 ~ 13		1 101	1 289	188		
14		13 ~ 14		949	1 101	152		
15		14 ~ 15		834	949	115		
⋮		⋮		⋮	⋮	⋮		

(4)求设计调洪库容及设计洪水位。根据 q_m 查 $q=f(V)$ 曲线(见图 6-8)得最大库容 $V_{总}=2\ 306$ 万 m^3,则设计调洪库容 $V_{设洪}=2\ 306-1\ 296=1\ 010$(万 m^3),设计洪水位 $Z_{设洪}=62.83$ m。

(二)单辅助曲线法

1. 单辅助曲线法原理

将水量平衡方程式改写为

$$\frac{V_{t+1}}{\Delta t}+\frac{q_{t+1}}{2}=\left(\frac{V_t}{\Delta t}+\frac{q_t}{2}\right)+\overline{Q}-q_t \tag{6-9}$$

式中,$\overline{Q}$ 为 Δt 时段内的入库平均流量,m^3/s。V_t、q_t 为时段初已知值,式左边 V_{t+1}、q_{t+1} 为时段末的未知值,由式(6-9)可以看出 $\frac{V}{\Delta t}+\frac{q}{2}$ 是 q 的函数,故可将 q 与 $\frac{V}{\Delta t}+\frac{q}{2}$ 的关系绘制成调洪辅助曲线。因式(6-9) 两边都有 $\frac{V}{\Delta t}+\frac{q}{2}$,只需绘制一条辅助曲线就能求解 q_{t+1}、V_{t+1},故称单辅助曲线法,如图 6-11 所示。同双辅助曲线一样,单辅助曲线也可以建立 Z 或 V 与

$\frac{V}{\Delta t}+\frac{q}{2}$的函数关系。

取$OA=q_1$,由图6-11可见$EF=AB+BC-CD$,即是$\frac{V_2}{\Delta t}+\frac{q_2}{2}=\left(\frac{V_1}{\Delta t}+\frac{q_1}{2}\right)+\overline{Q}-q_1$,故$E$的纵坐标$OF=q_2$,即为所求时段末的下泄流量。

2. 单辅助曲线调洪计算方法

首先,根据起始条件($t=1$时)q_1,在辅助曲线上查出相应的$\frac{V_1}{\Delta t}+\frac{q_1}{2}$值,然后由式(6-9)计算出$\frac{V_2}{\Delta t}+\frac{q_2}{2}=\left(\frac{V_1}{\Delta t}+\frac{q_1}{2}\right)+\overline{Q}-q_1$,再由$\frac{V_2}{\Delta t}+\frac{q_2}{2}$在单辅助曲线上反查出相应的$q_2$值,以$q_2$作为下一时段的$q_1$,重复上述图解计算,即可求得水库下泄流量过程曲线$q\sim t$。

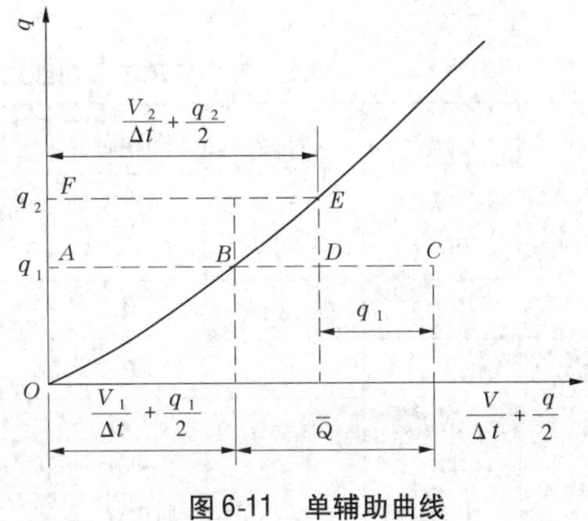

图6-11　单辅助曲线

【例6-3】　基本资料与设计方案同例6-1,用单辅助曲线法求最大下泄流量q_m、设计调洪库容$V_{设洪}$和设计洪水位$Z_{设洪}$。

解:(1)作单辅助曲线图。计算表格形式如表6-4,表内第⑦栏略去。以第⑤栏和第⑧栏对应值绘制单辅助曲线$\left(\frac{V}{\Delta t}+\frac{q}{2}\right)\sim q$,用第⑤栏与第①栏绘制水位与下泄流量关系曲线$q\sim Z$,如图6-10中的2、3线。

(2)用单辅助曲线法进行调洪计算。计算表格形式按$\frac{V_2}{\Delta t}+\frac{q_2}{2}=\left(\frac{V_1}{\Delta t}+\frac{q_1}{2}\right)+\overline{Q}-q_1$应有$\overline{Q}$、$\frac{V}{\Delta t}+\frac{q}{2}$、$q$三个主要变量,故列表,计算成果见表6-6。

第1时段,$\overline{Q}_1=195\ \mathrm{m^3/s}$,起调时段初,$q_1=0$,$V_1=0$,由式(6-9),得

$$\frac{V_2}{\Delta t}+\frac{q_2}{2}=\left(\frac{V_1}{\Delta t}+\frac{q_1}{2}\right)+\overline{Q}-q_1=0+195-0=195(\mathrm{m^3/s})$$

填入第⑤栏,在单辅助曲线(即图6-10中曲线2)上,截取横坐标195 $\mathrm{m^3/s}$向上交曲线,得相应的纵坐标为18 $\mathrm{m^3/s}$,这就是该时段末的下泄流量q_2,填入第⑥栏。

第2时段,$\overline{Q}_2=580\ \mathrm{m^3/s}$,时段初$q_1=18\ \mathrm{m^3/s}$,$\frac{V_1}{\Delta t}+\frac{q_1}{2}=195\ \mathrm{m^3/s}$,则$\frac{V_2}{\Delta t}+\frac{q_2}{2}=\left(\frac{V_1}{\Delta t}+\frac{q_1}{2}\right)+\overline{Q}-q_1=195+580-18=757(\mathrm{m^3/s})$,填入第⑤栏,由图6-10单辅助曲线横坐标为757 $\mathrm{m^3/s}$时,查得相应的纵坐标$q_2=88\ \mathrm{m^3/s}$,填入第⑥栏。

其他时段,按上述方法连续求解。由第①、⑥栏的对应值可绘制水库下泄流量过程线$q\sim t$。第⑥栏中的最大下泄流量$q_m=596\ \mathrm{m^3/s}$。

(3)求设计调洪库容及设计洪水位。根据$q_m=596\ \mathrm{m^3/s}$,查图6-8中$q=f(V)$曲线,

得最大库容 $V_{总}=2\ 306$ 万 m^3，已知起调库容 $V=1\ 296$ 万 m^3，则设计调洪库容 $V_{设洪}=2\ 306-1\ 296=1\ 010$（万 m^3），以 $q_m=596\ m^3/s$，查图 6-10 中 3 线，得设计洪水位 $Z_{设洪}=62.83$ m。

表 6-6　某水库单辅助曲线法调洪计算（$P=1\%$）成果

时间 t (h)	流量 Q (m^3/s)	时段 Δt (1 h)	平均流量 $\overline{Q}$ (m^3/s)	时段末的 $\frac{V}{\Delta t}+\frac{q}{2}$ (m^3/s)	时段末的下泄流量 q (m^3/s)	总容库 $V_{总}$ (万 m^3)	水库水位 Z (m)
①	②	③	④	⑤	⑥	⑦	⑧
0	0	0	0	0	0	1 296	59.98
1	390	0～1	195	195	18		
2	770	1～2	580	757	88		
3	1 150	2～3	960	1 629	256		
4	986	3～4	1 068	2 441	436		
5	820	4～5	903	2 908	544		
6	656	5～6	738	3 102	596	2 306	62.83
7	492	6～7	574	3 080	588		
8	326	7～8	409	2 901	545		
9	162	8～9	244	2 600	475		
10	0	9～10	81	2 206	384		
11		10～11	0	1 822	298		
12		11～12		1 524	235		
13		12～13		1 289	188		
14		13～14		1 101	152		
15		14～15		949	125		
⋮		⋮		⋮	⋮		

三、简化三角形法

中小型水库在初步规划阶段进行调洪方案比较时，只要求确定最大调洪库容 V_m 和最大泄流量 q_m，不需计算蓄泄过程，故常采用简化三角形法。其应用条件和假定如下：

（1）设计洪水过程线近似为三角形。

（2）洪水来临前水库水位与溢洪道堰顶齐平，溢流方式为无闸门控制的自由溢流，下泄流量过程近似为直线，如图 6-12 所示。

（一）简化三角形解析法

由图 6-12 可知，最大调洪库容为

$$V_m=\frac{1}{2}Q_mT-\frac{1}{2}q_mT=\frac{Q_mT}{2}\left(1-\frac{q_m}{Q_m}\right)$$

因洪水总量 $W_m = \frac{Q_m T}{2}$，则

$$V_m = W_m\left(1 - \frac{q_m}{Q_m}\right) \qquad (6\text{-}10)$$

或

$$q_m = Q_m\left(1 - \frac{V_m}{W_m}\right) \qquad (6\text{-}11)$$

求解式(6-10)采用试算法。先假定 q_m，用式(6-10)求出 V_m，以 V_m 在 $q \sim V$（V 为溢洪道堰顶以上库容）曲线上查得相应的 q_m 值，若与原假设 q_m 相符，则 q_m 和 V_m 即为所求，否则需重新假定 q_m，继续试算。

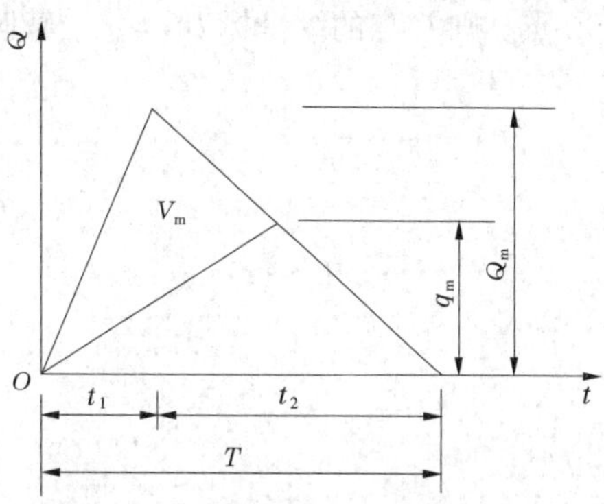

图 6-12　简化三角形解析法示意图

【例 6-4】　拟建某小型水库，已知 $P = 2\%$，设计洪峰流量 $Q_m = 99\ m^3/s$，洪水历时 $T = 6\ h$（$t_1 = 2\ h, t_2 = 4\ h$），三角形洪水过程。溢洪道宽度为 10 m，其 $q \sim V$ 曲线见表 6-7，用简化三角形解析法求最大泄量 q_m 和设计调洪库容 $V_{设洪}$（即图 6-12 中的 V_m）。

表 6-7　某水库 $q \sim V$ 关系

下泄流量 q（m^3/s）	0	5.0	15.0	28.0	42.0	59.0	78.0
溢洪道堰顶以上库容 V（万 m^3）	0	14	30	45	62	79	96

解：(1)根据表 6-7 绘制 $q \sim V$ 曲线，如图 6-13 所示。

(2)计算设计洪水总量 W_m。

$W_m = \frac{Q_m T}{2} = \frac{99 \times 6 \times 3\ 600}{2} = 107$（万 m^3）。

(3)用试算法求 q_m 和设计调洪库容 $V_{设洪}$。第一次假设 $q_m = 47\ m^3/s$，计算 $V_{设洪} = W_m\left(1 - \frac{q_m}{Q_m}\right) = 107 \times \left(1 - \frac{47}{99}\right) = 56$（万 m^3），查得 $q_m = 38\ m^3/s$，与原假设不符，应重新试算。

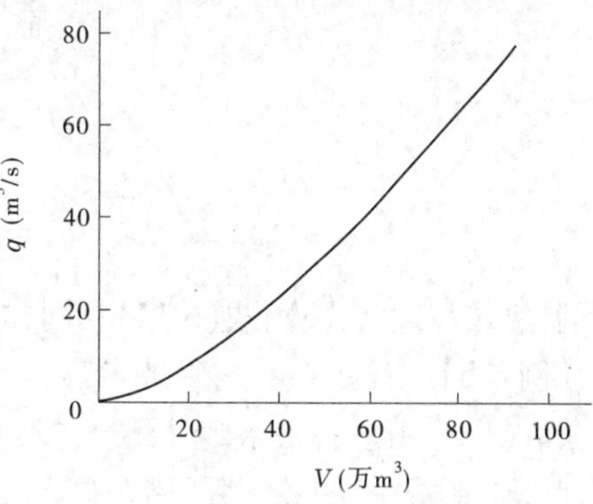

图 6-13　某水库下泄流量库容关系

第二次假设 $q_m = 42\ m^3/s$，计算 $V_{设洪} = 107 \times \left(1 - \frac{42}{99}\right) = 62$（万 m^3），查 $q \sim V$ 关系曲线得 $q_m = 42\ m^3/s$，与原假设相符。$V_{设洪} = 62$ 万 m^3，$q_m = 42\ m^3/s$，即为所求的设计最大调洪库容和最大泄流量。

（二）简化三角形图解法

1. 图解方法

将设计洪水过程线（三角形）绘于图 6-14 的右边，$q \sim V$ 关系曲线绘于左边。图解步骤：由 Q_m 向左引水平线，交纵轴于 M 点，在横轴上截取 $ON = W_m$，连接 MN 线，交 $q \sim V$ 线

于 C 点。则 C 点的纵坐标 $DC = q_m$，横坐标 $BC = V_m$。

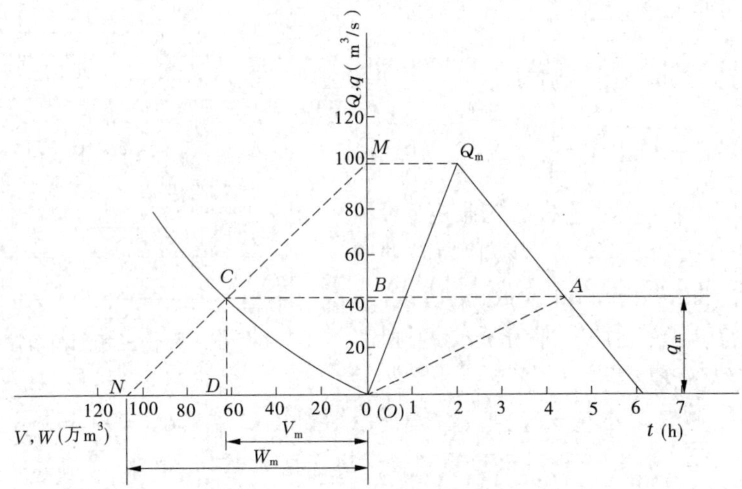

图 6-14 简化三角形图解法示意图

2. 证明

图 6-14 中△MBC ∽△ MON，故

$$\frac{MO}{ON} = \frac{MB}{BC} = \frac{MO - BO}{BC}$$

即
$$\frac{Q_m}{W_m} = \frac{Q_m - q_m}{V_m}$$

则
$$V_m = W_m\left(1 - \frac{q_m}{Q_m}\right)$$

或
$$q_m = Q_m\left(1 - \frac{V_m}{W_m}\right)$$

上两式与式(6-10)、式(6-11)相同，故 C 点坐标即为所求。

【例 6-5】 按例 6-4 资料，用简化三角形图解法求 q_m 和 V_m。

解：(1)作图。将洪水过程线绘在图 6-14 右边；用相同的纵坐标流量比例尺，将 $q \sim V$ 关系曲线(见图 6-13)绘于图 6-14 左边。

(2)图解。在纵坐标上取 $Q_m = 99\ m^3/s$ 得 M 点，在左图横坐标上取 $W_m = 107$ 万 m^3，得 N 点，连接 MN 交 $q \sim V$ 关系曲线于 C 点。则 C 点的横坐标 $BC = V_m = 62$ 万 m^3，C 点的纵坐标 $DC = q_m = 42\ m^3/s$。

第五节 有闸门控制的水库调洪计算

一、概述

(一)溢洪道设置闸门的作用

溢洪道设置闸门可控制泄洪流量的大小及泄流时间，使水库防洪调度灵活、控制运用方便，提高水库的防洪效益。所以，当下游要求水库蓄洪、与河道区间洪水错峰、有预报洪水时提前预泄腾空库容以减小最大下泄流量或水库群防洪调度等情况时，都需要设置闸门。

对于综合利用性水库，特别是承担下游防洪任务的水库，溢洪道上一般都设有闸门。在溢洪道上设置闸门将有利于解决水库防洪与兴利的矛盾，提高水库的综合效益。对于防洪来说，汛期要求水库水位低一些，以利防洪；对于兴利来说，则要求水库水位高一些，以免汛后蓄水量不足，影响到兴利用水。设置闸门后，便可在主汛期之外分阶段提高防洪限制水位，拦蓄洪水主峰后的部分洪量，使水库既发挥了防洪作用，又能争取较多蓄水兴利。

设置闸门还有利于选取较优的工程布置方案。当溢洪道的宽度 B 相同时，若调洪库容 $V_{调洪}$ 相等，设置闸门可以减小下泄流量 q_m；若 q_m 相等，有闸门可减小 $V_{调洪}$；若 q_m、$V_{调洪}$ 皆相同，有闸门的溢洪道宽度要比无闸门的小。因此，根据地形地质条件、淹没损失及枢纽布置等情况，便可优选出 B、$V_{调洪}$ 和 q_m 的组合方案。

综上所述，为了提高水库的综合效益，大中型水库的溢洪道上都应设置闸门。而闸门该如何设置及闸门的尺寸、位置、数量等均应通过调洪计算、多方案比较和综合分析确定。

（二）考虑灌溉用水情况时水库防洪限制水位的确定

水库防洪限制水位是水库在汛期允许蓄水的上限水位，又称汛期限制水位。在调洪计算时，它是调洪计算的起始水位，所以常称起调水位。

有闸门控制的水库，调洪库容可与兴利库容部分地结合，其结合程度取决于泄洪建筑物的控制条件、洪水特性和兴利用水规律。防洪限制水位 $Z_{限}$ 通常低于正常蓄水位 $Z_{蓄}$，而高于溢洪道堰顶高程，如图 6-15 所示，$Z_{蓄}$ 和 $Z_{限}$ 之间的库容既可兴利又能防洪，这部分结合的库容称为共用库容 $V_{共}$。防洪限制水位关系到水库的防洪度汛和蓄水兴利，是水库调度运用中的关键性指标之一，是解决防洪与兴利矛盾的一个特征水位。

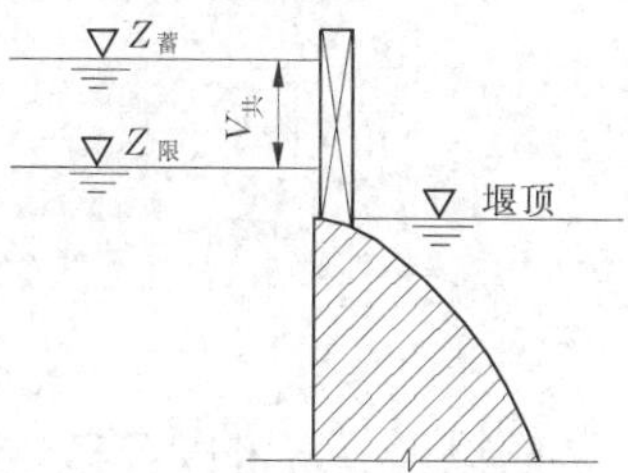

图 6-15 有闸溢流堰示意图

在规划设计阶段，由于洪水预报误差太大（特别是中长期预报），还不宜引用到规划设计中使用，故多数仍以设计枯水年来水规律与用水要求，使汛后蓄水至正常蓄水位为原则来确定。

对以灌溉为主的年调节水库，防洪限制水位的确定应考虑汛后能蓄满兴利库容，确保灌溉用水要求，也就是从汛末到翌年灌溉用水开始时，能蓄水到正常蓄水位。

二、有闸门控制的调洪计算

（一）水库不承担下游防洪任务

水库下游无防洪任务的调洪计算情况如图 6-16 所示。其闸门操作方式的一般过程为：$t_0 \sim t_1$ 时段内，随着入库流量 Q 不断增大，闸门开度也逐渐加大，使下泄流量 q 等于入库流量 Q，即来多少泄多少，保持水库水位不变，直至 t_1 时刻。当闸门开启到与防洪限制水位齐平后，若洪水继续增大，说明入库流量将要大于防洪限制水位 $Z_{限}$ 所对应的泄流量 $q_{限}$，闸门应逐步开大至全部开启，按下泄能力 q 下泄。$t_1 \sim t_4$ 时段内 $Q > q$，水库水位逐渐上升，至 t_4 时刻水库水位上升到最高值 Z_m，下泄流量达到最大值 q_m。t_4 时刻以后随着入

库流量 Q 逐渐减小,$Q<q$,水位逐渐降低,下泄流量逐渐减小,到 t_5 时刻水库水位已恢复到防洪限制水位,将闸门逐渐关闭,保持水库水位在防洪限制水位,一次洪水调节过程结束。

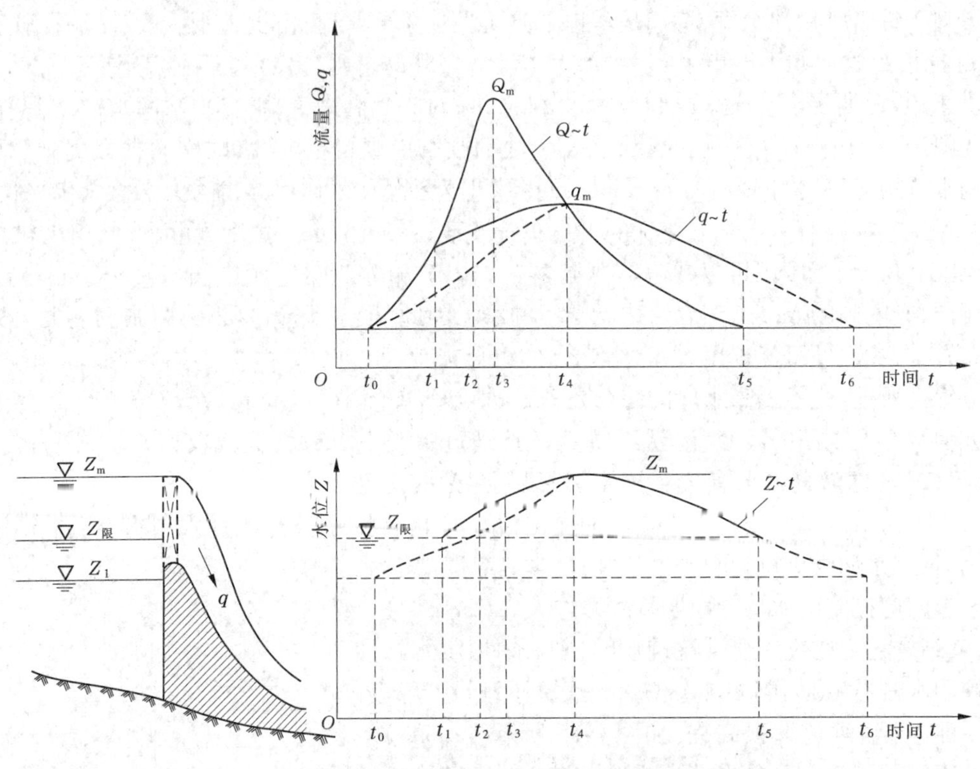

图 6-16　水库下游无防洪任务的调洪示意图

从以上分析可以看出,用闸门控制泄流,在调洪原理上与无闸门控制的情况一样。不同之处只是无闸门控制时的泄流方式是自由溢流,而有闸门控制时,泄流方式可以人为控制变动(如图 6-16 中 $t_0 \sim t_1$ 时段是人为控制泄流,$t_1 \sim t_4$ 时段是自由溢流)。

图 6-16 虚线表示无闸门控制情况下的泄流过程线和水位过程线。为便于和有闸门控制的情况相比较,假定在最高水库水位 Z_m 和最大下泄流量 q_m 都相同的情况下,有闸门时可将防洪限制水位由堰顶高程 Z_1 抬高到 $Z_{限}$,减小了调洪库容亦即增大了兴利库容。有闸门和无闸门情况的这种差别是由于设置闸门后,借助闸门控制,从洪水开始时就得到较高的泄流水头,使洪水初期增大了下泄流量。有的水库也采用有闸门控制的泄流底孔(或隧洞),因其泄流水头大大提高,故更能增加洪水初期的下泄流量。

有闸门控制的调洪计算方法,仍为如前述的列表试算法或半图解法。

(二)水库承担下游防洪任务

在有闸门控制的情况下,当下游有防洪任务时一般采用不同设计标准洪水的两级(或多级)调洪计算方法。对于某一确定的溢洪道宽度 B 而言,首先对下游防洪标准 P_1 的设计洪水进行调洪计算,按下泄流量 q 不超过下游安全泄量 $q_{安}$ 的要求,计算出满足下游防洪要求所需的防洪库容 $V_{防}$ 及其相应的防洪高水位 $Z_{防}$。然后,对大坝设计标准 P_2 的设计洪水进行调洪计算,开始仍应尽量使下泄流量 q 不超过 $q_{安}$;当水库蓄洪量达到 $V_{防}$,水位到达防洪高水位 $Z_{防}$ 时,若入库流量仍较大,说明该次洪水已超过下游设计标准

P_1，此时主要考虑大坝本身的安全，不能再以 $q_{安}$ 控制下泄，应将闸门全部打开全力泄洪。下面我们将分别讨论两级调洪的计算方法。

1. 满足下游防洪要求的调洪计算

当出现下游防护对象的防洪标准洪水时，需控制泄量来保证下游的防洪安全。水库防洪调节计算，就是在满足下游防洪要求，下泄流量 $q \leqslant q_{安}$ 的情况下，推求水库所需要的防洪库容 $V_{防}$ 和相应的水库水位(即防洪高水位)$Z_{防}$。这里说明一点，当水库至防护区的防洪控制站区间流量 $Q_{区}$ 较大而不能忽略时，水库允许泄放流量 $q_{允} \leqslant (q_{安} - KQ_{区})$。式中 K 为加大系数，视各地具体情况而定。

调洪计算方法：采用相应于下游防洪标准的设计洪水过程线，通过水库水量平衡方程及蓄泄方程，在水库下泄流量 $q \leqslant q_{安}$ 或 $q_{允} \leqslant (q_{安} - KQ_{区})$ 的条件下，逐时段推求水库蓄水过程，其中水库蓄水量的最大值减去防洪限制水位所相应的库容即为所求的防洪库容 $V_{防}$，如图 6-17 所示。

按上述防洪要求，闸门的操作过程分以下两种情况：

(1) $q_{安} < q_{限}$ 的情况。$q_{限}$ 为闸门全开时防洪限制水位 $Z_{限}$ 所对应的泄流量，由式(6-6)或式(6-7)计算的情况，如图 6-17 所示，当设计洪水来临时，其闸门操作方式的一般过程为：在 $t_0 \sim t_1$ 时段内，随着入库流量 Q 不断增大，闸门逐渐开启加大，使下泄流量 q 等于入库流量 Q，即来多少泄多少，保持水库水位不变，至 t_1 时刻。在 $t_1 \sim t_2$ 时段内，$Q > q_{安}$，为保证下游防护对象的防洪安全，将闸门逐渐关闭，控制下泄流量，令 $q = q_{安}$，水库水位逐渐上升，b 点以后水库水位才逐渐降低。图 6-17 中的 ab 段均按 $q_{安}$ 来泄洪，其相应库容即防洪库容 $V_{防}$，这种泄洪方式俗称“削平头”操作法。

(2) $q_{安} \geqslant q_{限}$ 的情况。如图 6-18 所示，当设计洪水来临时，其闸门操作方式的一般过程为：在 $t_0 \sim t_1$ 时段内，随着入库流量 Q 不断增大，闸门逐渐开启加大，使下泄流量 q 等于入库流量 Q，即来多少泄多少，保持水库水位不变，直至 t_1 时刻 $Q = q_{限}$(即 $q = q_{限}$)时闸门全部开启。在 $t_1 \sim t_2$ 时段内，$Q > q$，水库水位逐渐上升，按下泄能力 q 下泄，至 t_2 时刻下泄流量 q 达到下游安全泄量 $q_{安}$。$t_2 \sim t_3$ 时段内，下泄能力 $q > q_{安}$，为保证下游防护对象的防洪安全，使闸门逐渐关闭，控制下泄流量，令 $q = q_{安}$，水库水位逐渐上升，c 点以后水库水位才逐渐降低。

2. 满足水库防洪要求的调洪计算

水库的防洪要求，主要是当出现水工建筑物的设计(或校核)标准洪水时，确保水库工程的安全。一般水工建筑物的设计洪水标准均高于下游防护区的设计洪水标准。这样，就需要分两级调洪计算：一级调洪计算，以相应于下游防护标准的设计洪水作为入库洪水，控制下泄流量 $q \leqslant q_{安}$，进行调洪计算，求出防洪库容 $V_{防}$ 和防洪高水位 $Z_{防}$；二级调洪计算，用大坝的设计标准洪水作为入库洪水，进行调洪计算。

按上述防洪要求，闸门的操作过程分两种情况：

(1) $q_{安} < q_{限}$ 的情况。如图 6-19 所示，当设计洪水来临时，其闸门操作方式的一般过程为：$t_0 \sim t_1$ 时段内，随着入库流量 Q 不断增大，闸门逐渐开启加大，使下泄流量 q 等于入库流量 Q，即来多少泄多少，保持水库水位不变，直至 t_1 时刻。$t_1 \sim t_2$ 时段内，$Q > q_{安}$，为保证下游防护对象的防洪安全，将闸门逐渐关闭，控制下泄流量 $q = q_{安}$，水库水位逐渐上升，

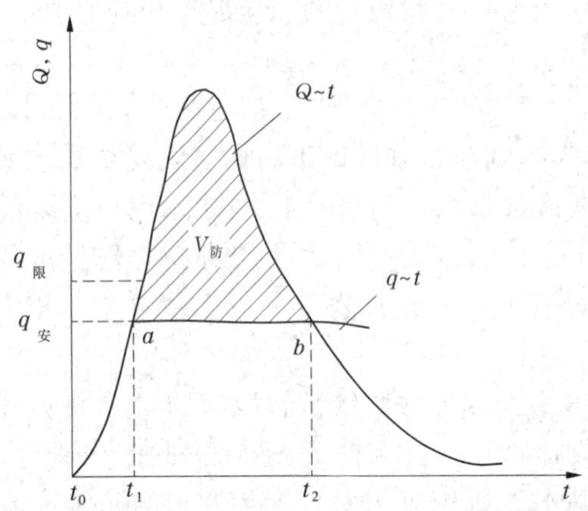

图 6-17　$q_{安} < q_{限}$的情况(满足下游防洪要求)

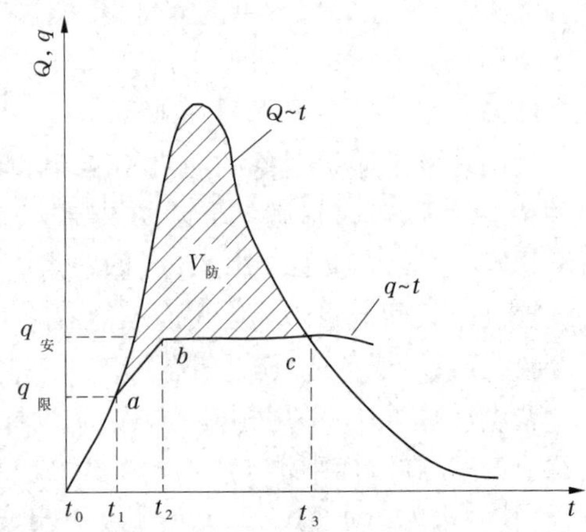

图 6-18　$q_{安} \geqslant q_{限}$的情况(满足下游防洪要求)

当水库蓄水量蓄满 $V_{防}$ 后,水库水位达到防洪高水位 $Z_{防}$,如果此时来水量仍然较大,说明该次洪水超过了下游防洪标准相应的洪水,为保证水库大坝本身的安全,不再考虑下游防洪要求,将闸门全部打开,形成自由泄流,作二级调洪计算,按下泄能力 q 下泄,$q > q_{安}$,下泄流量过程与无闸门控制下游无防洪任务的情况相同。

(2)$q_{安} \geqslant q_{限}$ 的情况。如图 6-20 所示,当设计洪水来临时,其闸门操作方式的一般过程为:$t_0 \sim t_1$ 时段内,随着入库流量 Q 不断增大,闸门逐渐开启加大,使下泄流量 q 等于入库流量 Q,即来多少泄多少,保持水库水位不变,直至 t_1 时刻 $Q = q_{限}$(即 $q = q_{限}$)时闸门全部开启。在 $t_1 \sim t_2$ 时段内,$Q > q$,水库水位逐渐上升,按下泄能力 q 下泄,至 t_2 时刻下泄流量 q 达到下游安全泄量 $q_{安}$。$t_2 \sim t_3$ 时段内,下泄能力 $q > q_{安}$,为保证下游防护对象的防洪安全,使闸门逐渐关闭,控制下泄流量令 $q = q_{安}$,水库水位逐渐上升,当水库蓄水量蓄满 $V_{防}$ 后,水库水位达到防洪高水位 $Z_{防}$,如果此时来水量仍然较大,说明该次洪水超过了下游防洪标准相应的洪水,为保证水库大坝本身的安全,不再考虑下游防洪要求,将闸门全部打开,形成自由泄流,作二级调洪计算,按下泄能力 q 下泄,$q > q_{安}$,下泄流量过程与无闸门控制下游无防洪任务的情况相同。

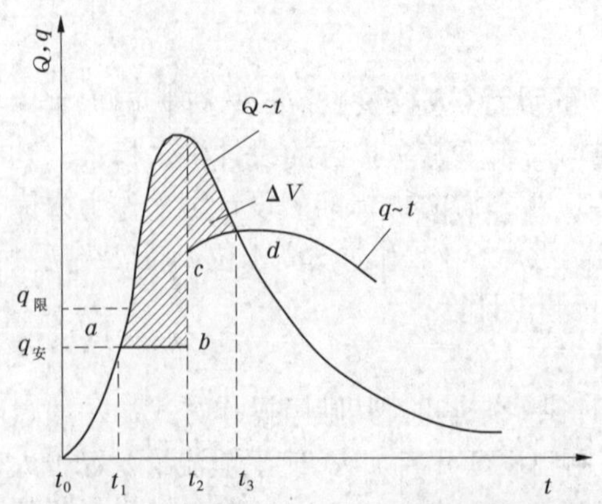

图 6-19　$q_{安} < q_{限}$的情况(满足水库防洪要求)

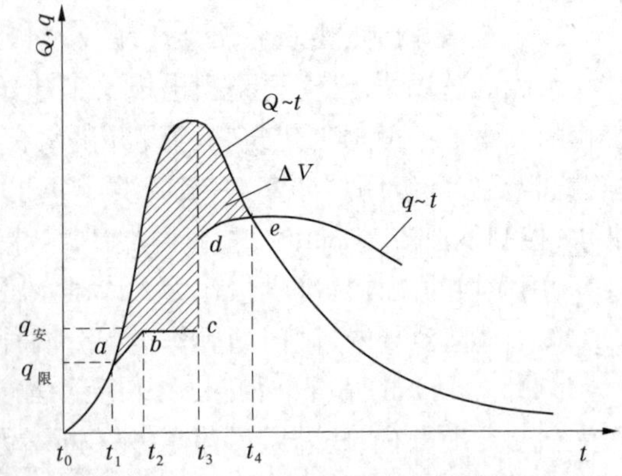

图 6-20　$q_{安} \geqslant q_{限}$的情况(满足水库防洪要求)

上述调洪计算方法首先考虑其下游的防护要求,当洪水超过了防护对象的洪水标准时,就应只考虑大坝的安全。这样的二级防洪调节所需要的调洪库容为 $V_{防}+\Delta V$。若入库洪水为大坝设计标准的洪水,则调洪计算得到的最高水位和最大调洪库容即为设计洪水位和设计调洪库容。若入库洪水为大坝校核标准的洪水,则调洪计算得到的最高水位和最大调洪库容就为校核洪水位和校核调洪库容。

第七章 水库兴利调节计算

学习目标及要点

1. 掌握水库兴利调节的概念,理解水库的设计标准和设计保证率的概念。

2. 掌握水库兴利调节计算的原理及具体方法步骤。

3. 了解水电站的类型,了解电力系统负荷及容量组成,掌握水能计算的基本原理,以及各种调节电站的水能计算及其装机容量的确定方法。

第一节 概 述

一、水库的调节作用

在天然条件下,水资源特别是河川径流,由于其形成因素(如降雨、气温等)的变化特性,因此在年与年、季与季之间水量都不同,这种变化常常是相当大的。例如,用丰水年的年径流量(以年径流模比系数 k 表示)与枯水年的年径流量的比值来衡量不均匀性,则淮河的蚌埠站为

$$\frac{k_{max}}{k_{min}} = \frac{3.50}{0.26} = 13.5$$

同理,滹沱河为 14.0,永定河为 7.4,即使比较稳定的珠江(北江)也有 1.5。如果以洪峰流量与最小枯水流量相比,则变化更为悬殊。例如,黄河三门峡建库前最小流量小于 200 m^3/s,而最大洪峰流量实测可达 23 500 m^3/s,相差近 120 倍;长江下游大通站最小流量与最大流量相差 15 倍,虽相对比较小,但其支流如嘉陵江下游北碚站和清江搬鱼嘴站,则分别达 150 余倍和 650 余倍。河川水量的这种巨大变化,对于配合各用水部门的需要,进行有效的经济利用是非常不利的。因为大多数的用水部门都要求有比较固定的用水数量和供水时间,这些往往与来水的天然情况不能吻合。例如,我国很多流域在水稻插秧期需水较多,而这时河川流量却往往很少。由于种种情况,为了尽可能充分地利用河流的水量兴利,就需要发挥人类的主观能动作用,人工地把天然径流进行再分配。从防灾的角度来说,由于河川径流年内变化的巨大不均匀性,极大部分水量往往集中于汛期(几周或几个月)内流过,而河槽宣泄能力有限,就往往引起洪水泛滥。为了减轻洪涝灾害,也需要对河川径流进行控制和调节。

因此,必须通过兴建一些专门的水利工程,如蓄水、拦水、引水等项目,来调节和改变径流的天然状态,解决供和需的矛盾,达到兴利除害的目的。人们将这种控制和调节径流的措施,称为径流调节。水库是最常见的蓄水工程之一,建造水库调节河川径流是解决来水与需水之间矛盾的一种常用的积极的方法。其中,提高枯水期的供水量,满足灌溉发电

及城镇工业用水等兴利要求而进行的调节称为兴利调节。拦蓄洪水、削减洪峰流量、防止或减轻洪水灾害的调节称为防洪调节。

二、水库的调节周期

由于来水和用水都具有一定的周期性变化规律,使水库充蓄与泄放也具有一定的周期性变化。水库由库空到蓄满,再由蓄满到放空,循环一次所经历的时间,称为调节周期。由于水库的大小和调节任务的不同,调节周期也不同,可以短到一天,也可以长达数年。水库按调节周期的长短可分为日调节、年调节和多年调节等几种类型。

(一)按调节周期长短划分

1. 日调节

河川径流在一昼夜间的变化基本上是均匀的,而某些部门的用水(如发电、灌溉)则白天和夜晚差异甚大。有了水库,就可把当天负荷少时的多余水量蓄存起来,增加当天负荷增长时的发电水量,其调节周期为一天(见图7-1)。

2. 年调节

河川径流在丰水期和枯水期的水量相差悬殊,用水部门如发电、灌溉等,在枯水期水量不足,丰水期水量过剩。这就要求在一年内进行天然径流的重新分配,这种分配称为年调节或季调节,其调节周期为一年。

3. 多年调节

河川径流的年际变化剧烈,枯水年份缺水,丰水年份余水。如将丰水年多余的水量蓄入库内,以补足枯水年水量的不足,这种调节就称为多年调节,其调节周期要长达好几年。

相对于一定的河流来水而言,水库的相对库容越大,它调节的周期就越长,调节径流的程度也越完善。多年调节的水库可同时进行年调节和日调节。年调节水库也类似。

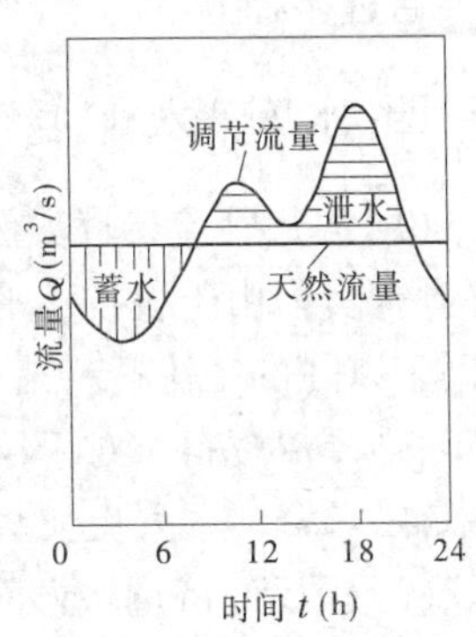

图7-1 日调节示意图

(二)按径流利用程度划分

1. 完全年调节

完全年调节是指将设计年内全部来水量完全按用水要求重新分配而不发生弃水的径流调节。

2. 不完全年调节

不完全年调节是指仅能蓄丰水期部分多余水量的径流调节。

完全年调节和不完全年调节的概念是相对的,例如对于同一水库而言,可能在一般年份能进行完全年调节,但遇丰水年就可能发生弃水,只能进行不完全年调节。

(三)其他形式的调节

除以上几种调节方式外还有补偿调节、反调节、库群调节等。补偿调节常见于当水库与下游用水部门的取水口间有区间入流时,因区间来水不能控制,故水库调度要视区间来水多少进行补偿放水。反调节是当进行日调节的水电站下游有灌溉取水或航运要求时,往往需要对已调节过的水电站的放水过程进行一次重新调节,使其适应灌溉或航运需要。

库群调节则是指河流上有多个水库时，研究它们如何联合运行，才能最有效地满足各用水部门的要求。显然，库群调节是最高形式的径流调节，也是开发和治理河流的发展方向。

三、水库兴利调节计算的任务

兴利调节计算的任务，基本上可以归纳为两种：一种是根据河流天然来水情况和需水情况确定用水量的大小与年需兴利库容（亦称调节库容）及用水保证程度之间的关系；另一种是在兴利库容已定的情况下，拟定水库的运行调度规程，阐述水库蓄水、供水、弃水情况。

在设计工作中，关于第一种任务又可遇到下列几种情况：

（1）已知需水量，推求兴利库容的大小。

（2）已知兴利库容，求调节流量（即用水量）。亦即由于某种限制要求在水库蓄水不超过某一水位时，推求出最大效益的调节流量。

（3）兴利库容和调节流量均未知时求最佳的兴利库容和相应的调节流量。这种情况需要通过多种方案比较，才能合理确定。

四、水库兴利调节计算所需的资料

（1）河川径流特性方面的资料。按照水库工作期间的来水进行水库调节计算是最理想的情况，但由于科技水平的限制，目前还不可能做到。因此，现行径流调节计算不得不借助于以往的径流资料来估计未来的水文情势。在进行调节计算时，必须具有尽可能长的年、月径流资料。对于年调节水库，一般要求具有 10 ~ 20 年的径流资料；对于多年调节水库，要求资料系列更长些，同时要收集地区气象、河流泥沙等水文气象资料。

（2）国民经济用水方面的资料。包括农业灌溉用水、工业用水、水力发电用水、航运用水等。同时还应了解当地工农业生产发展的规划和各用水部门对水质、水量的保证程度，以及引水地点和用水时间的要求。

（3）水库特性方面的资料。包括水库的面积和容积特性、水库的蒸发和渗漏、水库的淤积、水库的淹没和浸没等资料。

第二节 水库水量损失与水库死水位确定

一、水库水量损失

水库建成后，天然水流情况有了变化，最明显的是径流年内分配发生变化，削减了洪峰，增加了枯水期流量。同时，库区水位及库区周边地下水位抬高，水面加宽，水深增大，流速减小；库区内的水流挟沙、蒸发、渗漏，水温、水质等水情亦起变化。水库中一部分水量的无益损失主要是水库蒸发损失及渗漏损失。此外，在某种场合下，还须考虑在形成冰层时所损失的水量。

（一）水库的蒸发损失

水库的蒸发损失是指水库兴建前后因蒸发量的不同所造成的水量差值。修建水库前，除原河道有水面蒸发外，整个库区都是陆面蒸发。因水面蒸发比陆面蒸发大，故所谓蒸发损失就是由陆面面积变成水面面积所增加的额外蒸发量，以 ΔW 表示为

$$\Delta W = 1\,000(E_{水} - E_{陆})F_v \tag{7-1}$$

$$E_{水} = kE_{皿} \tag{7-2}$$

$$E_{陆} = \overline{E} = \overline{H} - \overline{Y} \tag{7-3}$$

式中　ΔW——水库的蒸发损失量，m^3；

$E_{皿}$——蒸发皿实测水面蒸发量，mm；

k——蒸发皿折算系数，一般为0.65～0.80；

$E_{水}$——水面蒸发量，mm；

$E_{陆}$——陆面蒸发量，mm；

$\overline{H}$——闭合流域多年平均年降水量，mm；

$\overline{Y}$——闭合流域多年平均年径流深，mm；

$\overline{E}$——闭合流域多年平均年陆面蒸发量，mm；

F_v——建库增加的水面面积，取计算时段始末的平均面积，km^2，如果水库形成前原有的水面面积（例如湖泊、河川等）与水库总面积的相对比值不大，则计算中可忽略不计，取水库总面积作为 F_v 的值。

在蒸发资料比较充分时，要做出与来、用水对应的水库年蒸发损失系列，其年内分配即采用当年实测的年内分配。如果资料不充分，在年调节计算（或多年调节计算）时，可采用多年平均的年蒸发量和多年平均的年内分配。

【例7-1】　已知某水库观测资料，由蒸发皿实测的水面蒸发量为1 506 mm，蒸发皿折算系数 $k=0.8$，流域多年平均年降水量 $\overline{H}=1\,310$ mm，多年平均年径流深 $\overline{Y}=787$ mm，蒸发量的多年平均年内分配百分比见表7-1。计算水库的年蒸发损失及相应的年内分配。

表7-1　某水库蒸发损失计算

月份	1	2	3	4	5	6	7	8	9	10	11	12	全年
月损失百分比(%)	3.09	3.82	6.88	8.53	11.80	14.21	13.05	13.30	9.81	7.61	4.69	3.21	100
蒸发损失量(mm)	21	26	47	58	80	97	89	91	67	52	32	22	682

解：(1)陆面蒸发量为

$$E_{陆} = \overline{H} - \overline{Y} = 1\,310 - 787 = 523(\text{mm})$$

(2)水面蒸发量为

$$E_{水} = kE_{皿} = 0.8 \times 1\,506 = 1\,205(\text{mm})$$

(3)水库年蒸发损失量为

$$\Delta W = E_{水} - E_{陆} = 1\,205 - 523 = 682(\text{mm})$$

(4)水库各月的蒸发损失量为用682 mm乘以表7-1中各月蒸发损失百分比，计算结果填入表7-1中的第三行。

（二）渗漏损失

水库建成后，由于水位抬高，水压力增大，水库蓄水量的渗漏损失随之加大。如果渗漏比较严重，则在调节计算中应有所考虑，以求有较高的计算精度。水库的渗漏损失主要

包括以下几个方面：

(1)经过能透水的坝身(如土坝、堆石坝等)，以及闸门、水轮机等的渗漏。

(2)通过坝址及坝的两翼渗漏。

(3)通过库底流向较低的透水层或库外的渗漏。

一般可按渗漏理论的达西公式估算渗漏的损失量。计算时所需的数据(如渗透系数、渗径长度等)必须根据库区及坝址的水文地质、地形、水工建筑物的型式等条件来决定，而这些地质条件及渗流运动均较复杂，往往难以用理论获得较好的成果。因此，在生产实际中，常根据水文地质情况，定出一些经验性的数据，作为初步估算渗漏损失的依据。

若一年或一月的渗漏损失可以用水库蓄水容积的一定百分数来估算，则初步可采用如下数值：

(1)水文地质条件优良，每年0～10%或每月0～1%。

(2)水文地质条件中等，每年10%～20%或每月1%～1.5%。

(3)水文地质条件较差，每年20%～40%或每月1.5%～3%。

在水库运行的最初几年，渗漏损失往往较大(大于上述经验数据)，因为初蓄时，为了湿润土壤及抬高地下水位需要额外损失水量。水库运行多年之后，因为库床泥沙颗粒间的空隙逐渐被水内的细泥或黏土淤塞，渗透系数变小，同时库岸四周地下水位逐渐抬高，也使渗漏量减少。鉴于此，在渗漏量严重的地区，常采用人工放淤措施来减少库床渗漏。

(三)其他损失

水库水量损失除上述两种主要形式外，还可能有其他形式的损失：

一种是结冰损失。北方地区气候寒冷，冬季水库水面形成冰盖。年调节水库每年泄空一次，冬季枯水期水库供水时水位随之下降，水库面积缩小，有一部分冰盖附着库岸，相应于这部分冰盖的水量当时不能利用，应视为结冰损失。多年调节的水库仅在连续枯水年末才泄空，所以在枯水年组最后一年的结冰损失才是真正的损失。

另一种是水工建筑物的漏水和操作所损失的水量。例如，由于闸门和水轮机阀门的止水性差所造成的漏水；鱼道操作、木材流放、船闸过船都要损失一定的水量。水库初蓄时，湿润库床和蓄至死水位所需的水量对初期运行的水库也可作为一种损失水量来处理。在地质条件复杂地区的初期岸蓄损失也可能较大，只是当为数不大，或只是一次性损失时，在一般调节计算中可以不予考虑。在梯级开发中，上游有大水库投入时，须专门研究初蓄水量对下游已建各水库正常工作的影响。

二、库区淹没、浸没和淤积问题

(一)库区淹没、浸没问题

修建水库时，由于蓄水而造成的一定范围淹没，将使库区内原有耕地及建筑物被废弃，居民、工厂和交通线路被迫迁移改建，这就造成损失。因此，规划设计水库时，要十分重视淹没问题，并拟定多种正常蓄水位方案，以便进行经济、技术和社会政治因素的综合比较。淹没损失和移民数量的多少常常会限制水库工程的规模，甚至会妨碍在地形、地质和水资源利用条件上十分优越的水库的修建。所以有关对库区淹没情况的研究是很重要的。为此,必须掌握充分的资料,包括库区不同高程上必须迁移的居民人数和淹没的农田面积,要区别是经常性的淹没还是某种频率大洪水时的临时性淹没,也要注意是否有淹没重要的城市、交通线路、矿藏、经济作物区和名胜古迹等情况。

由于我国人多地少,筑坝建库所引起的淹没问题往往比较突出。在处理时,除按政策需要对受淹没居民给予迁移赔偿并妥善安置外,还应充分利用建库后的有利条件,尽力发展移民区的生产建设,化消极因素为积极因素。特别是在经济已相当发达的地区,例如河流的中下游,要修建大中型水库,这种淹没补偿的费用可能会占水库枢纽总投资的很大比重(如15%～30%),移民数量也可能较多,这时淹没问题的考虑、处理就更需要周密的研究。

水库淹没所涉及的问题,一般有以下几个方面:

(1)居民的迁移安置。

(2)迁移或改建淹没区内的交通运输建筑物,如铁路、公路、通信设备及输电线等。

(3)迁移或重建淹没区内的工业企业。

(4)重建水道上的建筑物,包括桥梁、河岸及港口建筑物。

(5)排水系统、地下电线等的重新安装。

(6)森林的恢复。

(7)用堤防保护耕地、贵重的矿藏以及旅游胜地等。

(8)蓄水前的库底清理等。

大坝所造成的回水可能延伸相当远的距离,在平原河流上更是如此。在设计水库计及回水所带来的淹没损失时,必须先进行相应的回水计算。这主要是要求水库在各种出、入库流量和坝前壅水位组合下,沿程最高回水位的连线或上、下包线。由它定出库区沿程回水的极限高程。上包线是估算淹没、浸没影响,规划库区引水、排水和城镇、铁路交通等防护措施的依据;下包线是规划库区航运、灌溉等工程的依据。

当水库建筑在由透水岩层所构成的地区时,由于库区水面的不断壅高,库区周围的地下水位随之逐渐抬高,改变了原库区地下水的水力条件,形成了地下水随着水库水位的波动而变化的新的水力联系。当水库供水时,会使沿库岸线附近地区的地下水位随之降低,同时土壤中所蓄的水会流入水库;当水库蓄水时,会抬高库区附近的地下水位而使土壤恢复它的蓄水量。库区周围地下水的往返补给使库区周围的土壤包气带形成所谓的地下水库,其地下水库的调蓄库容(称为岸库容)大小视库区周围的土壤性质及水文地质条件而定。由于对这些现象的研究还不够深入,目前在水利计算中一般都不予考虑。

同时,因库区附近地下水位的抬高,也使这些地区受到浸没影响;有可能造成周围农田的次生盐碱化,形成对农作物生长不利的环境;或形成部分沼泽地区,致使蚊蝇滋生,环境恶化;甚至可能导致邻近地区的地面建筑物的基础受潮而产生沉陷,造成裂缝或倒塌,以及对矿井等的淹没。另外,由于地下水位抬高及水库回流的作用,会使库岸塌方或变形,从而影响水库的有效容积,降低调节性能,减少水库使用年限。

(二)水库的淤积问题

1. 水库的淤积年限

当河道上修建了壅水建筑物之后,随着库水位的抬升,水流的过水断面增大,水力坡度变缓,纵向流速和紊动流速都大大减小。原河道水流特性的这种改变降低了水流的挟沙能力,也改变了原河道的泥沙运动条件,导致部分悬移质泥沙逐渐沉淀、淤积在水库中。

在水库设计时,重要的是要估计可能的淤积速度,以便判断水库的寿命和是否值得兴建。影响水库淤积的因素主要是:入库水流的含沙量多少及其年内分配、水库形状、库区地形、地质特性以及水库的调度规则。对于很多水库来说,水库全部淤满,或达到入库沙量和出库沙量基本相等的所谓“平衡库容”的情况,可能需要很长的时间。但是,水库工作年限或寿命的衡量是着眼于水库淤积是否已在相当程度上影响到水库正常(设计)功能的发挥。由于水库淤积并非全在死库容范围内,而是沿库分布,特别是在入库处,若入库处淤积快且严重,不仅会影响有效库容,对航运也有危害。因此,严格来说,所谓水库“寿命”应指水库正常工作的年限,又称水库使用年限。

2. 泥沙淤积量计算

当实际计算时,需要作水库淤积过程(包括淤积部位分布)的详细演算。目前,虽然已有可能进行这种演算,但无论从精度、时间或经济上看,多半非一般水库设计所能办到,只有对极重要的或淤积影响深远的水库,才需要结合水库淤积模型(物理的或数学的)进行较详细的分析计算。一般情况下,特别在规划和初步设计阶段,常采用较简单的方法来估算,即假定河流挟带的泥沙有一部分沉积在水库中,而且泥沙淤积呈水平状增长,计算水库使用 T 年后的淤沙总容积,公式为

$$V_{沙总} = TV_{沙年} \tag{7-4}$$

年淤积量公式为

$$V_{沙年} = \frac{\rho_0 W_0 m}{(1-P)\gamma} \tag{7-5}$$

式中 T——水库正常使用年限,按规定,小型水库 $T=20\sim30$ 年,中型水库 $T=50$ 年,大型水库 $T=50\sim100$ 年;

$V_{沙年}$——多年平均年淤沙容积,m^3/年;

ρ_0——多年平均含沙量,kg/m^3;

W_0——多年平均年径流量,m^3;

m——库中泥沙沉积率(%),视库容的相对大小或水库调节程度而定;

P——淤积体的孔隙率;

γ——泥沙的干密度,kg/m^3。

当泥沙的干密度 $\gamma=2.0\sim2.8\ kg/m^3$,淤泥的孔隙率 $P=0.3\sim0.4$(30% ~40%)时,则

$$V_{沙年} = \frac{\rho_0 W_0 m}{(1-P)\gamma} \approx (0.5\sim0.8)\rho_0 W_0 m \tag{7-6}$$

式(7-6)仅适用于悬移质泥沙。对于推移质,因观测资料较少,一般是先根据观测和调查资料来分析推移质与悬移质淤积量的比值 α,再用其来计算推移质的淤积量。一般平原河流的 α 值较小,为1% ~10%。山区河流的 α 值较大,可达15% ~50%。当水库库

区有塌岸时,还应计入塌岸量,因此水库年淤积体积为

$$V_{沙年} = (1+\alpha)\frac{\rho_0 W_0 m}{(1-P)\gamma} + V_{塌} \tag{7-7}$$

式中 $V_{塌}$——库岸平均年坍塌量,m^3。

(三)减少水库淤积的措施

用设置死库容来接纳沉积的泥沙,这虽是处理淤积问题最常用的办法,却只是一种消极的途径。因为它丝毫不减少泥沙的淤积,仅是把淤积影响严重的日期推迟了而已。为减少水库淤积、延长水库寿命,研究总结出主要经验为:一是减少沙源,二是控制和调度泥沙。其措施有:

(1)水土保持。在上游流域面上加强水土保持工作,减少水土流失,这是解决水库泥沙淤积的根本性措施。

(2)上游拦沙。在重要的水库上游和来沙较多的支流上修建一些水坝,用以拦截泥沙。这种小水库建成后,在一定时期内也起拦蓄洪水的作用,后期被泥沙淤满后,可开辟为耕地。

(3)合理运行,调水调沙。借助枢纽泄水建筑物控制水库水位及泄水时机,可以有效地调整库区淤积泥沙的分布,甚至将大量泥沙直接或间接地排向下游。有水力排沙、水力冲刷和机械清淤三类。水力排沙根据水库来沙多集中在汛期的特点,采用汛期降低水库水位(或泄空),使悬沙的主要部分在通过库区时来不及沉积而排出,也可采用汛末蓄水,将泥沙以异重流形式排出水库,这类方法称为蓄清排浑法。水力冲刷法分为汛前泄空冲刷法、低水位冲刷法和定期降低水位水力冲刷法等。机械清淤分为利用水库水头差作为排沙能源和利用外加能源法两种。前者常利用水库上下游水位差,根据虹吸原理,用浮动软管将建筑物前淤积物排泄出库;后者用挖泥船或泥浆泵等机械清淤。一般情况下,机械清淤只适用于水资源特别宝贵的和规模不大的水库。

究竟采用何种运用管理方式必须根据水库所担负的主要任务,考虑工程的近期效益和远期效益,经过综合分析,作出合理的选择。

三、国民经济各用水部门的需水特征和要求

国民经济各用水部门在利用河川径流量方面有着多种形式。如居民及工业的给水,农业的灌溉,水电站的发电,天然河道及渠化河道中的通航与木材的浮运,鱼道和鱼塘的操作,以及污水净化及水上游乐等。这些用水部门,在供水不足时,便会影响工作或给生产造成不利。所以不论是直接耗用水量,或仅利用水的某种性质,都要求有一定的供水数量及供水程序的保证。

用水的需要随河流所在地区的不同而不同。它主要取决于流域内的国民经济的主要形式,工矿、农业的分布及种类,水陆交通运输情况,动力经济状况,城市及居民点的分布,洪涝旱灾情等。因此,需要了解这些部门以及整个国民经济的发展计划,才能定出流域或水库地区各用水部门当前和未来的用水需要。由于水利设施非短期可建成,其服务年限也较久,故用水需要不是针对眼前情况,而是应当充分估计未来用水需要的增长水平定出工程完工投入运用后若干年(工程能较充分发挥作用时,如5年以后)的需求水平作为设

计第一期工程的依据。同时,以工程运用更长一些年数后(如10年或15年后)的需求水平作为设计校核和假想远景发展的指导参考性数据。

用水的需要虽然各部门各有特点,不尽相同,但也有一些共同的基本特点。

首先,许多用水部门在某一用水(用电)量和供水程序条件下,工作是最有成效的,生产率是最高的。例如,给水(供水)、供电以及灌溉,都有各自的最佳消费情况。这种使用水(用电)单位处在最佳生产状态时所需要的单位产品用水(或用电)量,又称为需水定额,乘以总产量即可得总需水量。另外,需水量的多少常随生产规模的扩大而产生渐进性的变化。再如,某些企业对需水有周期性变化的要求。这种周期性的变化可以表现为:因季节变换对经济活动所造成的季节变化的影响,因昼夜的交替所引起的日变化或因工作日与休息日的区别所导致的周变化。

在规划设计水库时,对需水渐进性的变化可用不同阶段的用水水平来处理。而逐时、逐季的变化则用月平均需水量,结合一套各季的典型日用水量(电力负荷)图来表示。

在遇到特别干旱的年份、河川的枯季径流量很小时,对用户要维持正常的供水量,不仅十分困难,而且在经济上往往也不合理。因此,除最佳供水情况外,还要研究缩减供水的影响和可能的范围。它的主要依据是:一方面,因供水不足引起国民经济某部门生产计划的破坏所造成的损失,或该部门用后备装置来弥补和调剂时所需的额外投资费用的多少;另一方面,由于特别枯水期允许供水量有一定的缩减,因此水利设备不必造得很大,可以减少部分投资费用。这样,经济上的损失或其他额外投资费用与水利工程投资费用的减少,两者经济上的比较、权衡就可确定缩减用水的合理范围及其经济影响。

以上介绍了各用水部门对用水要求的共同基本点,下面就各用水部门特点分别介绍。

(一)给水

给水指城市或农村的民用给水与工业用水供给。现代化工业企业需要大量生产用水,用于制造产品、冷却设备、冲洗和排除废物以及生产蒸汽等。工业用水量常按产品的用水定额来计算。例如,炼1 t钢铁的用水定额为100~165 m^3,生产1 t石油的用水定额为3.5 m^3,生产1 t纺织物的用水定额为100~600 m^3 等。生活用水标准常按每一居民的每天用水量表示,我国城市居民平均的日用水量在90~200 L/人范围内变化。

给水不但要求有足够的水量,而且应符合水质的要求。它的特点如下:

(1)对水质的要求较高。居民用水和以水为原料的工业用水,对水的气味、溶解质的组成和含量,以及微生物的数量都有一定的要求,不应超过规定的数值。

(2)给水有日与年的周期变化。民用给水及工业用水供给有日周期的变化,靠水厂的蓄水池调节来适应,而年内变化较小,一般夏天较多、冬天较少。

(3)要求供水的保证程度较高。因为供水的中断会对人民生活造成很大的不便。若工业用水缺少过多,例如在15%~20%,也会影响主要车间的工作,引起减产或停工,造成较大的损失。工业缺水所引起的损失,可以用每缺1 m^3 的水引起的生产损失值来衡量。

工业用水的供给水中,作为生产原料的用水,其所占比重通常不大,多数是作为工艺用水,这些用水的特点是它并不消耗水量。因此,在水源供应紧张地区,就应考虑工业排放水的循环利用,特别是对于一些用水量大的工厂,如火电厂、造纸厂等。这对于减轻水源的各种污染(热污染、有害物污染等)、保护水质具有更重要的意义。

随着生产发展和都市化进程加快,近年来城市给水的重要性日渐增加,特别是在华北和一些滨海缺水城市,给水问题往往非常突出。

(二)农业灌溉用水

农作物的生长除养分及空气外,还要有适宜的水分。适宜的水分不仅能供给作物生长的需要,而且能调节土壤中的水分、养料和热状态。农作物适宜的水分的维持,除大气的有效降水补给外,还需从农田水利措施中不断提供补充,以弥补天然降水在时间和数量上的不足,这就是农业的灌溉用水。

为了适时适量地进行灌溉,必须掌握农作物的田间需水规律。田间需水量因农作物种类、因时、因地而不同。农作物在整个生产过程中需要浇灌的次数叫灌水次数,每次的浇灌水量叫灌水定额,所有各次浇灌水量的总和叫灌溉定额。灌水定额和灌溉定额的单位用 m^3/亩或 m^3/hm^2 来表示。农作物在一定的干旱程度、土壤性质和农业技术条件下达到高产、稳产目的需要的灌水次数、灌水方式、灌水时间、灌水定额和灌溉定额的总和叫灌溉制度,它是规划设计灌区和水库的基本依据之一。例如,辽宁省种植棉花,在一般干旱年份、土壤情况下的灌水次数为3次:第1次灌水在6月中旬出现花蕾时,灌水定额为500 m^3/亩;第2次灌水在7月中旬开花期,灌水定额为500 m^3/亩;第3次灌水在7月下旬到8月下旬棉花结铃期,灌水定额为500 m^3/亩,总的浇灌水量即灌溉定额为1 500 m^3/亩。在实际工作中认真总结科学实践和群众经验,在理论分析指导下结合灌区的具体条件来规定灌溉制度,是一种行之有效的办法。

各种农作物的灌溉制度确定后,若已知灌区的灌溉面积及各种农作物种植面积的百分比,则可定出灌区灌溉用水量及灌水时间。这样计算所得的水量(或用流量表示)称为净需水量。灌溉水量在通过渠道系统输送到田间的过程中,由于渗漏、蒸发以及管理方面等原因,会产生输水损失,其中主要是渗漏损失。因此,渠道实际引用流量(或引用水量)称为毛流量 $Q_{毛}$(或毛水量 $W_{毛}$)将大于净流量 $Q_{净}$(或净水量 $W_{净}$),如下所示

$$Q_{毛} = \frac{Q_{净}}{\eta} \quad 或 \quad W_{毛} = \frac{W_{净}}{\eta} \tag{7-8}$$

式中 η——渠系水利用系数,其值取决于灌区大小、渠道的土壤性质、有无防渗措施、渠道长度及其横断面大小与水深、渠道工作间断程度及管理方法等,根据我国各灌区多年观测结果,管理较好的大型灌区的渠系水利用系数约为0.6。

已知灌区用水量、灌水时间,并通过调查研究确定渠系水利用系数后,即可求得灌区渠道的引水流量过程线(见图7-2),过程线与横坐标轴包围的面积即为灌区渠道引水量。

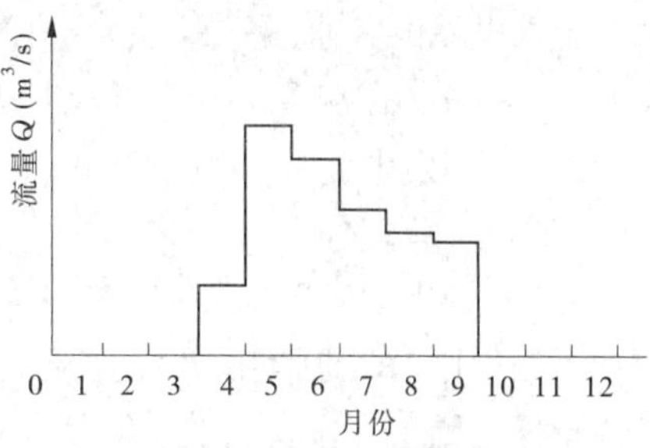

图7-2 灌区渠首引水流量过程线

对于一个灌区,所需灌溉总水量的大小及用水过程通常取决于两个因素:一个是灌区面积及农作物的组成,另一个是灌区降雨量的多少以及在年内分配的情况。如在湿润年份,降水量多,蒸发量小,灌溉水量较小;在干旱年份,降水量少,蒸

发量大,作物的需水量较多,灌溉用水量也大。灌溉用水有以下几个特点:

(1)具有明显的季节性。作物生长的季节性要求灌溉供水有季节性的变化,一般是夏多冬少。

(2)灌溉用水量具有多变性。降水量的年际变化不同且各年不一,所以灌溉用水不像其他用水部门,如给水、航运、发电等有较固定的用水量。

(3)灌溉对缺水的适应性比其他用水部门大。作物收获量不仅与水量的充足与否有关,也与农业其他措施有关。当水量不足时,常常可采用适当的耕作措施,就能基本保持正常产量,因此灌溉用水的保证率较其他用水部门低。

(三)水力发电用水

水电站是利用河流的集中落差和控制水量使水的位能通过水轮机和发电机转变为电能,以满足用电户需要的综合工程设施。因此,电能需求的各种特性以及河流落差等情况决定了水电站的需水特性。

1. 电能变化特性

用电户对用电的需要各有不同,决定了电能需求的日变化、周变化和季变化。照明用电具有明显的日变化和年内变化,农业用电有明显的季节性,而工业用电四季变化不大。若采用假日轮休的措施后,则周变化也可明显减少,其日变化则视工厂采用几班生产而不同。在供电范围内,根据各用电部门的电能需要进行综合,以描绘用电在年内逐日、逐时的变化特性。表示一日内各小时用电变化的阶梯曲线叫日负荷图;表示一年内各月用电变化的过程线叫年负荷图;日负荷图或年负荷图的面积代表日电能或年电能。年负荷图一般采用日最大负荷(N'')、日最小负荷(N')年变化曲线和日(或月)平均负荷($\overline{N}$)年变化曲线表示(见图7-3)。

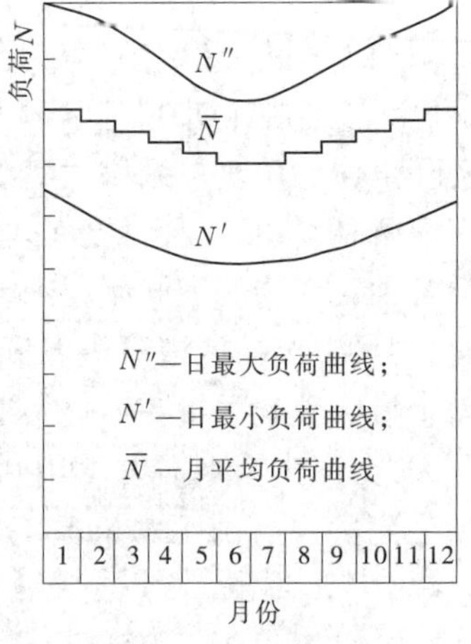

图7-3　年负荷图

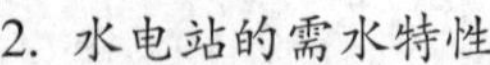

2. 水电站的需水特性

有了电力负荷图,再根据水电站所应担任的部分,确定水电站应发的电量,通过出力公式

$$N = \gamma QH \tag{7-9}$$

可化为水电站的需水图。

式中　γ——水的容重,$\gamma = 9.81\ \text{kN/m}^3$;

Q——发电流量,m^3/s;

H——落差,m;

N——出力,kW。

而工程中,N 的常用单位为千瓦(kW),故式(7-9)需经单位换算,因 1 kW = 102 kgf · m/s,于是

$$N = \frac{1\,000}{102}QH = 9.81QH\ (\text{kW}) \tag{7-10}$$

故发电流量

$$Q = \frac{102N}{1\,000H} = \frac{1}{9.81}\frac{N}{H}\ (\text{m}^3/\text{s}) \tag{7-11}$$

由式(7-11)可知，当出力 N 为一定值时，不同的落差所需要的流量是不同的。落差大时，所需要的流量小，落差小时，则所需要的流量大。水电站能发出的电力(简称出力)还与水轮机的效率 $\eta_{水}$ 以及发电机的效率 $\eta_{电}$ 有关。因此，实际的出力公式为

$$N = 9.81\eta_{水}\eta_{电}QH = kQH \tag{7-12}$$

式中　N——出力，kW；

k——效率系数和单位换算常数的综合，专称为出力系数，实用上常取7.5～8.8，对于小而旧的机组，k 值可达7.4甚至更低；

其他符号及单位同式(7-9)。

水电站需水的另一特性是：当有其他电源配合时可根据河川径流丰枯程度，在较大的范围内变动用水量，水多时多用，水少时少用，称此为灵活的需水图(二级需水)。这种用水灵活性可使径流利用率提高，尤其在水电站参加电力系统运转，河川径流量较丰时，可以多发电，从而节省系统中火电站的煤耗。

当水量不足而引起供电不足，迫使部分用户供电中断或受限制时，所造成的损失因用户性质的不同而不同。例如，对照明用电或对工业用电的中断与限制都会造成不同程度的损失，所以水电站所要求的需水保证程度取决于用户的性质。

(四)航运用水

一般情况下，内河航运较铁路、公路等其他运输方式的成本低、运输量大。在大河航道干线上，水运成本仅为铁路运输成本的一部分(例如1/2～1/3)，是公路运输成本的小部分(例如1/20～1/25)；在小河中，水运成本也比汽车运输成本低(例如1/6～1/10)。因此，在有条件的地方尽量发展内河航运，对国民经济有重要作用。

天然河道因浅滩、急流、礁石等，常使航道受阻；或因在枯水季节河道水量减少，使航道水深不足，迫使航运吨位减少，甚至停航。利用水库调节径流以维持航道最低通航水深，是改善航道的一个有效办法。

用水库调节径流、改善航运条件一般采用连续放水或断续放水两种。连续放水是指水库在枯水季连续不断地泄放一定水量，以维持下游一定的最低水位或设计航深。根据设计航深的要求以及相应的枯水季的流量过程可以确定因枯水不足所需补充的水量。这部分水量应由水库放水补给，由此可推算出所需要的库容。断续放水，即每隔一定时间由水库泄放一定水量，可以连续若干时日利用泄放水量来增加航深。放水时应考虑河床槽蓄、区间来水及不稳定流波的衰减作用，故需适当增加泄放水量。

利用渠化河道增加航深的作用更大。在渠化河道(包括运河)中，航运对水库的要求首先是壅水高程，其次是供给船闸操作所需的水量和补充渠化河段中的蒸发、渗漏损失。操作所需水量由船闸大小与操作次数而定，而船闸大小取决于最大航行船只或船队的尺寸(长、宽、吃水深)，操作次数取决于航道的年货运总量。

要保持渠化河道的航深，主要靠筑坝抬高水库上游水位形成回水。为了保持渠化河道两船闸间必要的航深，水库的蓄水位不应低于最低航深相应的水位。

航运用水的保证程度根据航道的重要性而定，大河一般在90%左右。

(五)其他需水部门及综合需水图

除上述主要供水对象外，还有渔业、卫生、环境保护及旅游事业等需水部门。

对于渔业，除确定水库死水位时要考虑养鱼水深外，在有必要专为渔业(例如操作鱼道和鱼塘灌水)而用水的情况下，应当根据实际需要拟定出用水过程线，作为渔业用水资料。

卫生及环境保护的要求可能是多种多样，并因地而异的。例如，为了水库下游沿河居民的生活用水，要求水库常年泄放生态基流，以供人畜饮用及生态环境等用水。为了防止库区疟蚊滋生，在蚊子生长季节，应使水库水位经常升降变动(例如做5~6 d为周期的水库水位的小幅度连续振荡)及避免有大面积的库边浅水区等。但这些已属于对水库的操作要求。与此类似，为了发展旅游事业和文体活动，一般要求夏季及其前后几个月，水库水位能尽量蓄高，并不要有过大的水位变动。

以上这些属于次要的用水部门，一般对水量的要求不多。

有了各种用水部门逐年和逐月的需水图，即可绘制综合需水图。它就是水库进行综合利用所应满足的总需水图。综合需水图的编制，并不是简单地把各部门需水量同步累加，而是要考虑到一水多用的可能性。例如，水力发电的尾水，通常可以用于下游工业、民用给水和灌溉，灌溉的引水可以用作通航等。但是某些用水则是无法结合的，例如从水库上游引走的灌溉用水就不可能再用于本水库电站的发电。

水库综合需水图和相应各部门的需水过程线的一般形状，如图7-4所示。图中为某一综合利用水库的实例，水库服务于四个用水部门：给水、灌溉、航运及水力发电。水力发电要求全年最小流量不小于10 m^3/s。其他部门要求如图7-4中(a)、(b)、(c)所示。需水图的编制，主要是各时刻按各用水部门所需流量求总和，但扣除可以共用的部分。例如3~11月发电可与航运给水共用，12月至翌年2月发电与给水共用。

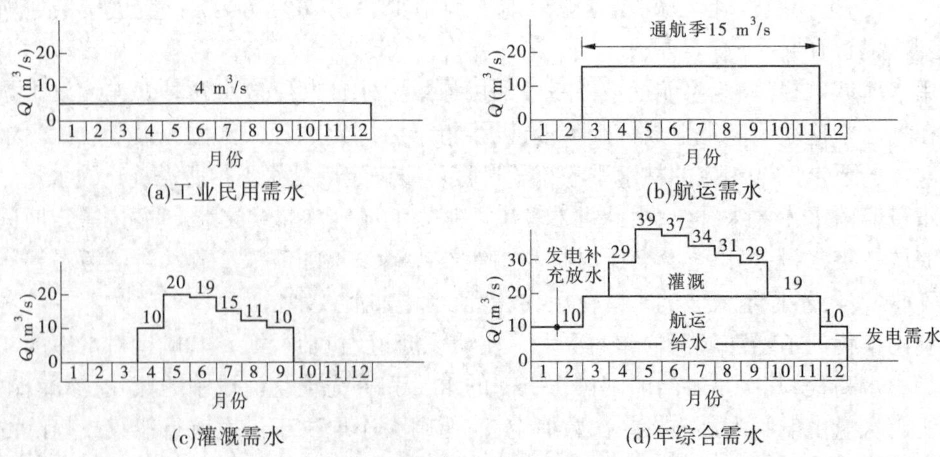

图7-4　各用水部门需水及综合需水图

水库进行综合利用时，各用水部门的关系往往错综复杂。从编制综合需水图的角度来看，主要有下列各点：

(1)取水地点和回泄地点。

(2)需要的水质。

(3)需水的年内各月分配和日内各小时的分配。

(4)需水保证率的不同。

上述不同的要求可能给水库供水带来矛盾且有可能不太合理、不太经济，则应进行一定的协调，必要时可统筹安排、调整个别用水部门的要求。另外，所编制的综合需水图应分别是正常供水和缩减供水(即低保证和高保证)两种图(见图7-5)。

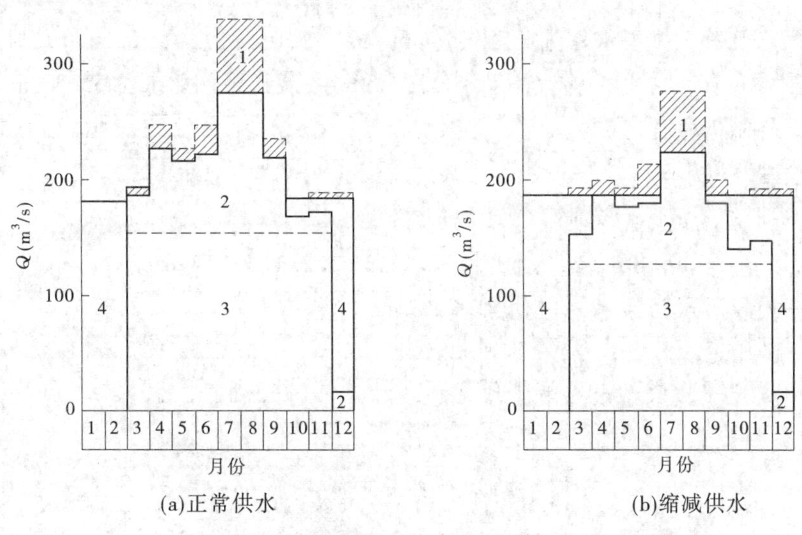

(a)正常供水　(b)缩减供水

1—上游灌溉；2—下游灌溉；3—航运；4—水电站补充用水

图7-5　综合需水图

四、水库死水位的确定

水库死水位是水库在正常运用条件下允许消落的最低水位。在确定死水位时，必须考虑各用水部门的要求，进行全面的分析论证。对于以灌溉为主的水库，亦应根据不同要求通过综合考虑来确定死水位。

(一)根据自流灌溉要求确定死水位

对于自流灌溉来说，死水位主要是由灌区高程的控制条件所决定的。死水位是由放水建筑物进口处A的高程所确定的，而放水建筑物进口处A的高程又是由放水建筑物出口处B的高程及放水建筑物的长度、坡度所确定的(见图7-6)。这个放水建筑物的出口高程也就是灌区渠首的设计高程。因此，死水位$Z_{死}$可按下式计算

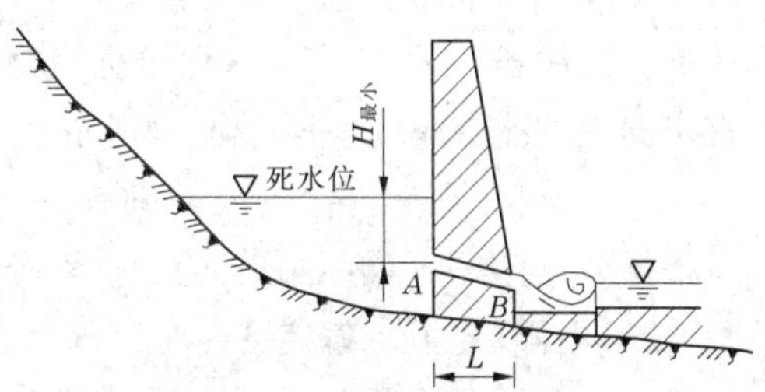

图7-6　考虑灌溉要求确定死水位示意图

$$Z_{死} = Z_{渠} + \frac{D_{内}}{2} + H_{最小} + iL \tag{7-13}$$

式中 $Z_{渠}$——干渠渠首设计高程,m;

i——引水管坡度,m;

L——引水管长度,m;

$D_{内}$——引水管内径,m;

$H_{最小}$——保证输出渠道设计流量的最小水头,m。

最小水头 $H_{最小}$可根据引水建筑物的形式,如有压涵管或无压隧洞等,进行水力计算得出。

【例 7-2】 已知某中型水库流域面积 $F=62\ km^2$,查得侵蚀模数 $M_{蚀}=80\ t/(km^2 \cdot 年)$(已计入推移质输沙量),水库设计使用年限 $T=50$ 年,灌溉要求死水位 53.32 m。求淤积库容,并检验是否满足灌溉要求。

解:1. 水库淤积库容

$$\begin{aligned} V_{淤} &= mM_{蚀}FT/[(1-P)\gamma] \\ &= 1 \times 80 \times 62 \times 50/[(1-0.3) \times 2.4] = 14.8(万\ m^3) \end{aligned}$$

式中 P——淤积漏水孔隙率,一般取 0.3~0.4;

γ——淤积泥沙容重;

m——入库泥沙留在水库中的相对值。

2. 水库淤积水位

根据 $V_{淤}=14.8$ 万 m^3,查水库水位—容积曲线,可得 $Z_{淤}=51.8$ m。

3. 检验

满足灌溉要求的死水位为 53.32 m,查水库水位—容积曲线,可得 $V_{死}=84$ 万 m^3,大于 $V_{淤}$,在水库设计年限 $T=50$ 年内,该水库淤积库容满足灌溉要求,因该水库无其他要求,故可选 $Z_{死}=53.32$ m,其相应的死库容 $V_{死}=84$ 万 m^3。

(二)根据淤积要求确定死水位和死库容

为防止泥沙进入,在规划设计水库时,根据水库要求的使用年限和泥沙淤积量,确定水库的淤积库容和淤积水位。一般要求引水管下缘应在淤积水位以上 1 m 左右,以保证引水设备和发电设备的安全运行,这个水深称为管底超高。而对于引水管上缘,也要求有 1~2 m 的安全水深,保证引水时不致进入空气,破坏水流状态,并保证在特殊枯水年份能动用部分死库容水量,此安全水深也称为管顶安全超高。对于北方河流,有时还要考虑冬季在水面上的冰层厚度。据上述,死水位为

$$Z_{死} = Z_{淤} + 管底超高 + 引水管外径 + 管顶安全超高 \tag{7-14}$$

根据 $Z_{死}$查 $Z \sim V$ 曲线可确定死库容 $V_{死}$。

(三)根据发电要求确定死水位

灌溉结合发电的水库,死水位的选择还要考虑发电所需要的最小工作水头。死水位愈高,电站出力愈大,如果兴利库容不能减少,则必然要增加工程投资。因此,要经多种方

案比较，选取最经济合理的方案。

（四）根据综合利用要求确定死水位

对于综合利用的水库，还需考虑航运、渔业和卫生条件等方面的要求，即保证航运的最小水深、鱼类生存有足够的面积和容积，使死水位时水库周围滩地水层不致太浅，不使水草滋长，蚊虫繁殖，妨碍卫生等。

总之，最后选定的水库死水位应是满足上述要求的较大值。之所以不是满足上述要求的最大值，是因为水库死水位的确定不单纯是个技术问题，在规划阶段，也需适当做一些经济比较工作。中小型水库选择死水位的工作可以有所简化，主要根据各用水部门（包括淤积要求）对死水位的技术要求拟定出死水位的可能范围，然后通过必要的综合分析论证选定较合理的死水位。

五、水库的设计标准和设计保证率

如果以修建水库来解决灌溉用水，则应修多大的水库才能满足用水要求？由于河川径流的多变性，如果在很少出现的特枯水年份也要保证正常的用水要求，则需要有相当大的库容，由此不得不耗费很大的人力、物力和财力，显然是不经济的，也是不合理的。为了避免不合理的耗费，一般不要求将来在水库使用的全部时间内都能绝对保证正常用水，而是可以在非常情况下允许一定的减少用水或断水，所以要确定水库规模必须有一个设计标准。我国现行的灌溉设计标准有以下两种。

（一）灌溉设计保证率

灌溉设计保证率是当前灌溉工程规划设计采用的主要标准。设计保证率一般有以下三种不同的衡量方式，即按保证正常用水的年数、保证正常用水的历时、保证正常用水的数量来衡量。三者都是以多年工作期中的相对百分数表示。

第一种为年保证率 P，指多年期间正常工作年数占运行总年数的百分比，即

$$P = \frac{\text{正常工作年数}}{\text{总年数}} \times 100\% = \frac{\text{总年数} - \text{破坏年数}}{\text{总年数}} \times 100\% \tag{7-15}$$

所谓破坏年，是指不能维持正常工作的任何年份，不论该年内缺水持续时间的长短和缺水数量的多少。

第二种为历时保证率 P'，指多年间正常工作历时（以日、旬或月为单位）占运行总历时的百分比，即

$$P' = \frac{\text{正常工作历时}}{\text{总历时}} \times 100\% = \frac{\text{总历时} - \text{破坏历时}}{\text{总历时}} \times 100\% \tag{7-16}$$

灌溉设计保证率是规划设计中一个极其重要的指标，它反映需要工程供水的保证程度，直接影响工程规模及农业增产，因此必须慎重对待，全面考虑政治、经济和对人民生活的影响，结合灌区的水利及土壤资源情况、作物种类、气象条件、水量调节程度及国家对当地农业生产的规划等因素分析决定。灌溉和水力发电的兴利标准如表 7-2 和表 7-3 所示，其他用水部门的兴利标准参照有关规范选用。一般对灌溉设计保证率选用的情况是：南方地区比北方地区高，自流灌溉比提水灌溉高，远景规划工程比近期工程高，大型工程

比中小型工程高。

表 7-2 灌溉设计保证率

地区	作物种类	灌溉设计保证率(%)
缺水地区	以旱作物为主	50~75
	以水稻为主	70~80
丰水地区	以旱作物为主	75~85
	以水稻为主	80~95

表 7-3 水电站设计保证率

电力系统中水电站容量所占比例(%)	<25	25~50	>50
水电站设计保证率(%)	80~90	90~95	95~98

对于一个具体水库的规划,往往是在灌溉面积已定的情况下,先根据上述原则确定灌溉设计保证率,然后通过水文水利计算确定水库兴利库容。有时,为了进行方案比较及技术、经济论证,还必须作出兴利库容—灌溉面积—灌溉设计保证率三变量关系曲线图(见图 7-7),作为选定灌溉设计保证率的参考。从图 7-7 可以看出:在灌溉面积一定的情况下,灌溉设计保证率定得越高,所需水库兴利库容越大,即工程规模越大;在灌溉设计保证率一定的情况下,灌溉面积越大,所需水库兴利库容也越大;在水库兴利库容一定的情况下,灌溉设计保证率越高,可灌溉的面积越小。这就需要进行多方面的比较,选定最经济合理而又符合国民经济发展长远利益的方案。

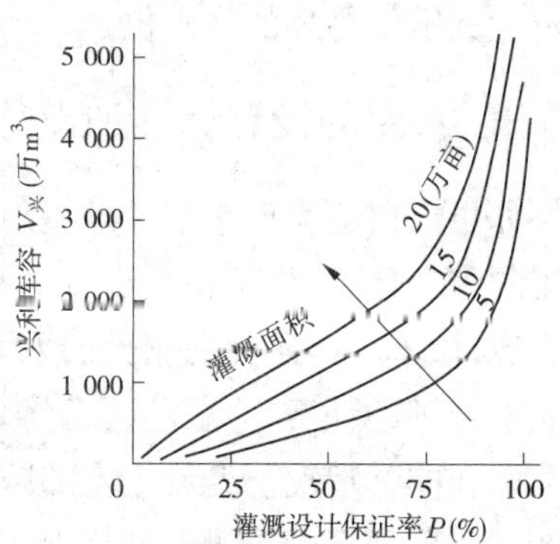

图 7-7 兴利库容—灌溉面积—灌溉设计保证率关系图

(二)设计代表年

设计水利水电工程,当具备长系列水文资料,并以此全部资料进行径流调节计算时,如果在计算成果中选取最不利的供水情况作为设计成果,意味着将来即使出现这种最不利的情况也能保证正常供水。如果这个水文系列很长,其中最不利的情况必然是非常稀遇的,因此这种做法很可能会使正常工作的保证程度超过设计保证率。为了使设计成果正好符合选定的设计保证率,必须根据设计保证率在径流调节中的计算成果选取一定的供水情况,而不是选取最不利的供水情况作为设计成果。

根据长系列水文资料进行径流调节计算,计算量很大,因此在实际工作中常采用简化方法,即从系列中选取某些代表年份或代表年组进行计算,其成果精度一般能满足规划和初步设计的要求。年调节水库设计中选取哪几种代表年进行计算需根据兴利部门的规定、设计精度要求等因素来确定。一般兴利部门,如灌溉、工业及民用供水等常选定设计枯水年作为设计代表年;水电站设计一般选三种特定年份作为设计代表年,即设计枯水年、设计平水年和设计丰水年。

1. 设计枯水年

设计枯水年指所提供的兴利效益在长系列的频率与设计保证率 $P_设$ 一致的年份。针对该年进行径流调节计算所得的成果表明设计保证率条件下的兴利供水情况。

2. 设计平水年

设计平水年通常选取年径流量系列中频率为50%，径流年内分配接近于多年平均的年份。针对该年进行径流调节计算，所得的成果表明一般来水条件下的兴利供水情况。

3. 设计丰水年

设计丰水年的年径流量频率一般由相对的设计枯水年的年径流量频率而定，即通常选取年径流量系列中频率为$1-P_{设}$，径流年内分配接近于丰水多年平均情况的年份，作为设计丰水年。针对该年进行径流调节计算，所得的成果表明丰水条件下的兴利供水情况。

第三节 水库兴利调节计算

一、年调节水库兴利调节计算

（一）兴利调节计算的基本原理和年运行情况

年调节就是利用水库的调蓄作用把河道中一年之内的天然来水按实际用水调余补缺，进行水量的重新分配。

兴利调节计算所要解决的问题是：在来水、用水及灌溉设计保证率已定的情况下，计算所需要的兴利库容；或在来水、兴利库容、供水能力（灌溉面积）已定的情况下，核算水库供水所能达到的保证率。这一节主要介绍第一类问题，即通过兴利调节计算求出兴利库容和正常蓄水位。

调节计算的原理是水库的水量平衡，即水库某一时段Δt内，流入水库的水量$W_{来}$与流出水库的水量$W_{用}$之差，等于该时段内蓄水变量（或库容）ΔW。用水量平衡方程式表示为

$$W_{来} - W_{用} = (Q - q)\Delta t = \Delta W \tag{7-17}$$

式中 $W_{来}$——某时段Δt内的入库水量，m^3；

$W_{用}$——某时段Δt内的出库水量，m^3；

Q——某时段Δt内的入库平均流量，m^3/s；

q——某时段Δt内的出库平均流量，m^3/s；

ΔW——某时段Δt内的水库蓄水变量，m^3，该值增加为正，减少为负。

水库的蓄泄过程称水库运用。蓄泄一次称水库一次运用，蓄泄多次称多次运用。根据来水过程和用水过程的不同，一年中水库运用情况有以下几种。

1. 一次运用

图7-8中，$Q\sim t$、$q\sim t$分别代表来水和用水过程。水库一次运用即在一个调节年度内，充蓄一次，泄放一次。当余水W_1大于亏水W_2时，W_2是唯一的亏水

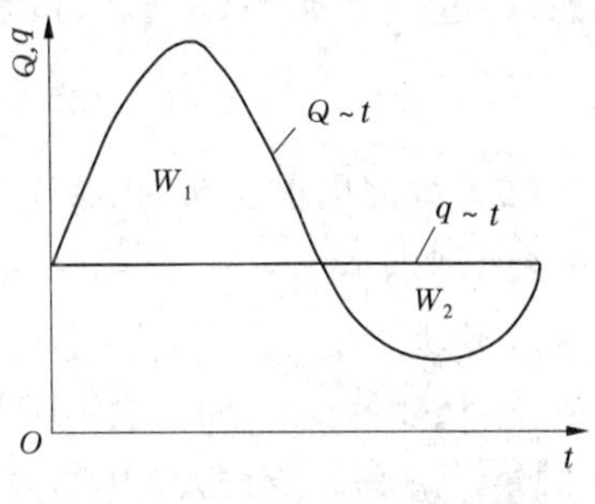

图7-8 水库一次运用示意图

量，只要水库能蓄够 W_2 的水量，就能保证这一年的用水需要，故水库兴利库容 $V_{兴} = W_2$。

2. 二次运用

水库在一个调节年度内，充蓄两次、泄放两次称为两次运用，可分为以下三种情况：

(1)第一种情况：如图 7-9(a)所示，每次余水量都大于随后的一次不足水量，即 $W_1 > W_2$，$W_3 > W_4$。水库的二次运用是独立的、互不影响的。因此，水库的兴利库容应取两个不足水量中的较大者。因 $W_2 > W_4$，故 $V_{兴} = W_2$。

(2) 第二种情况：如图 7-9(b) 所示，$W_1 > W_2$，$W_3 < W_4$，而 $W_3 < W_2$，要满足相应于 W_4 时间的亏水要求，就必须事先多存 W_3 不能满足 W_4 的那一部分水量，故 $V_{兴} = W_2 + W_4 - W_3$。

(3) 第三种情况：若 $W_1 > W_2$，$W_2 < W_3 < W_4$，则 $V_{兴} = W_4$。如图 7-9(c) 所示，无论是一次运用或二次运用，一般在最大余水期 W_1 的初期开始蓄水，蓄满后，余水再泄出去，叫先蓄后泄。我们在调节计算时，通常采用先蓄后泄的方法。

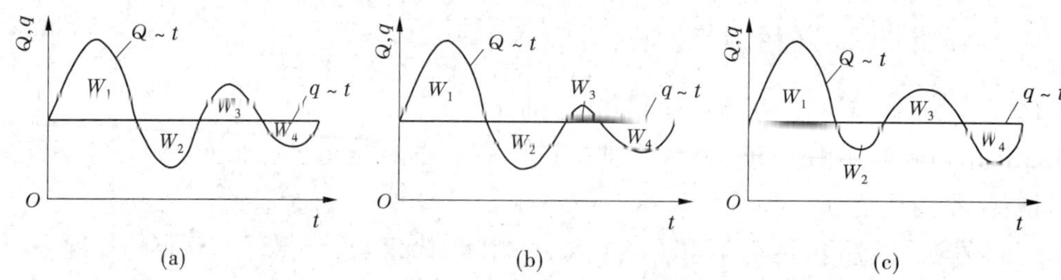

图 7-9　水库二次运用示意图

3. 多次运用

水库在一个调节年度内，充蓄、泄放多于两次时，即为多次运用。此时，确定兴利库容可从空库时刻起算 ($V_{兴} = 0$)，按顺时序或逆时序方法进行计算，分述如下。

(1) 逆时序计算：从 $V_{兴} = 0$ 开始，逆时序累加($W_{来} - W_{用}$)值，遇亏水量相加、余水量相减，减后若小于零即取为零，这样可求出各时刻所需的蓄水量，其最大累计值即为兴利库容

$$V_{兴} = \sum (W_{来} - W_{用})_{最大} \tag{7-18}$$

(2)顺时序计算：从 $V_{兴} = 0$ 开始，顺时序累加($W_{来} - W_{用}$) 值，遇余水量相加、亏水量相减，经过一个调节年度又回到计算的起点，当 $\sum (W_{来} - W_{用})$ 不为零，则有余水量 C，则

$$V_{兴} = \sum (W_{来} - W_{用})_{最大} - C \tag{7-19}$$

(二)根据用水要求确定兴利库容

根据水库设计年来水资料、兴利用水资料及水库特性资料确定水库必需的兴利库容是水库规划设计的重要内容之一。年调节水库调节周期为一年，调节计算时，首先确定出水库兴利蓄水为零的时刻，作为计算的起始点。显然，兴利蓄水量为零即库空之时，应为供水期末，从库空之后水库转为蓄水期，从水库开始蓄水到第二年放空的周期称为调节年或水利年，时间仍是 12 个月。

1. 典型年法

中小型水库一般仅对设计枯水年进行列表调节计算，由来水资料和用水资料及水库特性资料求出该年满足兴利用水的兴利库容，作为设计的兴利库容，这种方法称为典型年法。首先，按第四章讲述的方法求出相应于设计保证率的设计年径流量和年内分配作为水库的来水过程，再列出相应的用水过程，根据兴利计算原理列表逐时段计算，即可求出兴利库容。列表计算可以顺时序向前推算，也可逆时序向后推算，其计算公式如下：

顺时序向前推算

$$V_{末} = V_{初} + (W_{来} - W_{用}) \tag{7-20}$$

逆时序向后推算

$$V_{初} = V_{末} - (W_{来} - W_{用}) \tag{7-21}$$

1）不计损失的列表计算

用第四章所述方法求得的设计年径流量及其年内分配作为水库设计年的来水过程，再按照用水过程，根据水量平衡方程，列表逐时段计算，求得兴利库容。因为没有考虑水库的水量损失，所以求得的兴利库容可考虑加大10% ~15%；或者以不计损失求得的各时段的蓄水量，作为进一步考虑损失的计算依据。

【例7-3】 某水库灌溉设计标准采用 $P=80\%$（即相应的来水设计频率）。已知设计年来水量 $W_P=1\ 895$ 万 m^3，其年内分配列入表7-4中第①、②栏。灌溉面积3万亩，用水量填于表7-4中第③栏，$V_{死}=84$ 万 m^3。用列表计算法，不计损失，求 $V_{兴}$ 和各时段末的蓄水库容。

解：(1) 求调节年内的总来水量、总用水量和总余水量。

表7-4中灌溉期4~8月以旬为计算时段，非灌溉期以月为计算时段。第②、③栏的总和相减得余水，$C=\sum②-\sum③$，即 $C=1\ 895-1\ 649=246$（万 m^3）。

(2) 求时段余亏水量。

用第②栏减第③栏，正值填于第④栏，负值填于第⑤栏。并用 $C=\sum④+\sum⑤=246$ 万 m^3，验算是否有误。不难看出，本例有4次余水和4次亏水，属多次运用。

(3) 求时段累计余亏水量。

分析比较蓄水第④栏与供水第⑤栏，在水库整个供水期末，应为兴利蓄水量为零的时刻，即死水位的时刻。本例以8月末为0，开始顺时序求 $\sum(W_{来}-W_{用})$，填于第⑥栏。经过一年又回到8月末，余水量 C 应为246万 m^3，否则计算有误。

(4) 求不计损失时的兴利库容。

在供水期初，由累计最大蓄水量1 326万 m^3 减去弃水量246万 m^3，就能蓄到正常蓄水位，满足兴利用水要求，故 $V_{兴}=\sum(W_{来}-W_{用})_{max}-C=1\ 326-246=1\ 080$（万 m^3）。

(5) 求时段末的蓄水库容。

将 $V_{死}$ 填入第⑦栏中的8月末，再开始按顺时序起调。用先蓄后泄的方案，各时段的最大库容以 $V_{死}+V_{兴}=84+1\ 080=1\ 164$（万 m^3）控制，若大于1 164 m^3，则多余的水量需泄掉。如第⑦栏中12月末的弃水量为 $1\ 084+84-1\ 164=4$（万 m^3）填入第⑧栏。以总泄水量 $\sum⑧=246$ 万 m^3 校核。

表 7-4　某水库不计损失的年调节库容计算

时间		来水量 $W_{来}$	用水量 $W_{用}$	$W_{来}-W_{用}$（万 m^3）		$\Sigma(W_{来}-W_{用})$	月(旬)末库容	弃水量 C
月	旬	（万 m^3）	（万 m^3）	+	−	（月末）（万 m^3）	V（万 m^3）	（万 m^3）
①		②	③	④	⑤	⑥	⑦	⑧
1		63		63		1 084	1 164	63
						1 147	1 164	
2		62		62		1 209	1 164	62
3		79		79		1 288	1 164	79
4	上	38		38		1 326	1 164	38
	中	57	181		124	1 202	1 040	
	下	41	0	41		1 243	1 081	
5	上	102	104		2	1 241	1 079	
	中	51	0	51		1 292	1 130	
	下	44	231		187	1 105	943	
6	上	34	93		59	1 046	884	
	中	23	254		231	815	653	
	下	60	136		76	739	577	
7	上	40	142		102	637	475	
	中	21	205		184	453	291	
	下	17	155		138	315	153	
8	上	21	32		11	304	142	
	中	38	0	38		342 (246)	180	
	下	20	116		96	0	84	
9		360		360		360	444	
10		436		436		796	880	
11		203		203		999	1 083	
12		85		85		1 084	1 164	4
合计		1 895	1 649	1 456	1 210			246
		(246)		(246)				

2）计入损失的列表计算

不计损失的列表计算求得的兴利库容，即使加上约估的损失水量，得出修正后的兴利库容 $V'_{兴}$，也只能在规划阶段使用。进行水库设计，尤其是在损失水量占库容比重较大的时候，年调节计算必须计入损失。

计算的方法是：先不考虑损失，近似求得各时段的蓄水库容，再进行水库水量损失的计算，基本方法同前。主要不同点是将水库时段损失水量作为增加的用水量，从来水中减掉。重新调节计算，求得考虑损失后所需的兴利库容 $V'_{兴}$。

【例7-4】　资料同例7-3,库区水文地质条件较好,渗漏损失可按时段蓄水库容的0.6%估算,要求计算考虑水量损失后的兴利库容$V'_{兴}$,并查算相应的正常蓄水位。

解:1. 不考虑损失近似求各时段的蓄水库容

计算方法同例7-3。将表7-4中第①、②、③、⑦各栏数字,分别填入表7-5的第①~④栏。

2. 计算水库损失水量

表7-5中第⑤栏为第④栏时段始末的平均值$\overline{V}$。平均水库水面面积$\overline{F}$填于第⑥栏。蒸发量填于第⑦栏。4~8月各旬的蒸发量为月蒸发的旬分配值,总蒸发损失应为年蒸发损失682 mm。⑥栏×⑦栏=⑧栏,⑤栏×0.6%=⑨栏,⑧栏+⑨栏=⑩栏。最后用∑(⑧栏+⑨栏)=∑⑩栏=242万m^3进行验算。

3. 考虑水库水量损失求兴利库容$V'_{兴}$

将③栏+⑩栏=$W'_{用}$填于第⑪栏,并用∑③栏+∑⑩栏=∑⑪栏=1 891万m^3验算。②栏-⑪栏为正值,填于第⑫栏;为负值填于第⑬栏。∑②栏-∑⑪栏=∑⑫栏-∑⑬栏=C'=4万m^3。第⑭栏从8月末开始,由零开始调$\sum(W_{来}-W'_{用})$,经过一年又回到8月末,余水应为4万m^3。兴利库容$V'_{兴}=\sum(W_{来}-W'_{用})_{最大}-C'=1\ 216-4=1\ 212$(万$m^3$)。

考虑损失后时段末库容从8月末$V_{死}$=84万m^3起调,填入第⑮栏,控制V'的最大值,$V_{死}+V'_{兴}=1\ 212+84=1\ 296$(万$m^3$),余水4万$m^3$在4月上旬泄掉,见第⑮、⑯栏。与不计损失时对比,少泄246-4=242(万m^3)的水,但兴利库容差值$\Delta V=V'_{兴}-V_{兴}=1\ 212-1\ 080=132$(万$m^3$),并没有增加242万$m^3$的库容。这主要是在蓄水期用减少泄水量来抵偿水库的水量损失。从4月中旬到8月下旬供水期合计损失水量132万m^3,需事先存蓄在库内,否则不能满足用水的需要。

4. 正常蓄水位的确定

在供水期初(4月上旬)水库兴利库容蓄满,由$V_{死}+V'_{兴}$=1 296万m^3,在$Z\sim V$曲线上查得正常蓄水位$Z_{正常}$=59.98 m,由$V_{死}$=84万m^3查得$Z_{死}$=53.32 m,水库消落深度为59.98-53.32=6.66(m)。

5. 绘图

按表7-5中第①、②栏绘制用水过程线;第①、⑪栏绘制水库蓄水量过程线;由第①、⑮栏绘制水库蓄水量过程线;由第⑮栏得水库水位列入第⑰栏,由第①、⑰栏绘制年调节水库的水位过程线。

2. 时历年法简述

时历年法也称长系列法。这种方法是设计地点有较长时期(最好20年以上)的来水资料和用水资料,可逐年进行调节计算,求出每个调节年度所需要的兴利库容$V_{兴}$。然后将$V_{兴}$由小到大排位,计算各相应的经验频率,并绘制$V_{兴}\sim P$经验频率曲线,如图7-10所示。由该图可查出与设计保证率P相应的年调节兴利库容。

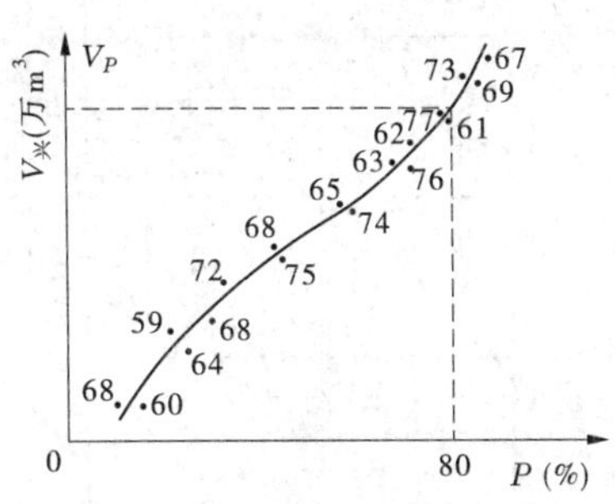

图7-10　库容与频率关系曲线

表 7-5　某水库计入损失的年调节库容计算

时间 月	时间 旬	来水量 $W_{来}$（万 m³）	用水量 $W_{用}$（万 m³）	月（旬）末库容 V（万 m³）	平均库容 $\overline{V}$（万 m³）	平均水库水面面积 $\overline{F}$（万 m²）	蒸发量 E（mm）	损失水量 ΔW（万 m³） 蒸发	渗漏	共计	计入损失用水量 $W'_{用}$（万 m³）	$W_{来}-W'_{用}$（万 m³） +	−	$\Sigma(W_{来}-W'_{用})$（万 m³）	计入损失的月（旬）末库容 V'（万 m³）	弃水量 C'（万 m³）	计入损失的月（旬）末水库水位 G(m)
①		②	③	④	⑤	⑥	⑦	⑧	⑨	⑩	⑪	⑫	⑬	⑭	⑮	⑯	⑰
1		63		1 164 1 164	1 164	283	21.0	6	7	13	13	50		1 033 1 083	1 117 1 167		59.5
2		62		1 164	1 164	283	26.0	7	7	14	14	48		1 131	1 215		59.7
3		79		1 164	1 164	283	47.0	13	7	20	20	59		1 190	1 274		59.9
4	上	38		1 164	1 164	283	19.3	5	7	12	12	26		1 216	1 296	4	59.98
	中	57	181	1 040	1 102	277	19.3	5	7	12	193		136	1 080	1 160		59.5
	下	41	0	1 081	1 061	271	19.4	5	6	11	11	30		1 110	1 190		59.6
5	上	102	104	1 079	1 080	275	25.8	7	6	13	117		15	1 095	1 175		59.5
	中	51	0	1 130	1 105	278	25.8	7	7	14	14	37		1 132	1 212		59.7
	下	44	231	943	1 037	268	28.4	7	6	13	245		201	931	1 011		59.0
6	上	34	93	884	914	251	32.3	8	5	13	106		72	859	939		58.7
	中	23	254	653	769	228	32.3	7	5	12	266		243	616	696		57.7
	下	60	136	577	615	204	32.4	7	4	11	147		87	529	609		57.3
7	上	40	142	475	526	186	28.7	5	3	8	150		110	419	499		56.7
	中	21	205	291	383	157	28.7	4	2	6	212		191	228	308		55.5
	下	17	155	153	222	118	31.6	4	1	5	160		143	85	165		54.3
8	上	21	32	142	148	94	30.4	3	1	4	36		15	70	150		54.1
	中	38	0	180	161	98	29.4	3	1	4	4	34		104(4)	184		54.5
	下	20	116	84	132	87	31.2	3	1	4	120		100	0	84		53.3
9		360		444	264	130	67.0	9	2	11	1[illegible]	350		350	434		56.3
10		436		880	662	211	52.0	11	4	15	1[illegible]	422		772	856		58.4
11		203		1 083	982	260	32.0	8	6	14	1[illegible]	189		961	1 045		59.1
12		85		1 164	1 124	280	22.0	6	7	13	1[illegible]	72		1 033	1 117		59.3
合计		1 895	1 649				682	140	102	242	1 891	1 317	1 313			4	
		(246)										(4)					

(三)根据兴利库容确定调节流量

在规划设计阶段,由于某些制约因素的限制,先要确定一定大小的兴利库容,进而研究能将天然枯水径流调节到何等程度。为此,针对所拟定的诸多方案分别推算出供水期的调节流量值,从而分析每个方案的效益,为选定较优方案提供依据。

在解决这类问题时,由于调节流量是未知值,难以确定蓄水期和供水期。此时可先假设若干个供水期调节流量方案,对每个方案采用本节前述方法求出的所需兴利库容,然后点绘成如图 7-11 所示的调节流量与兴利库容关系曲线,在该曲线上根据给定的兴利库容 $V_{兴}$,即可查出所求的供水期调节流量 $Q_{调}$。

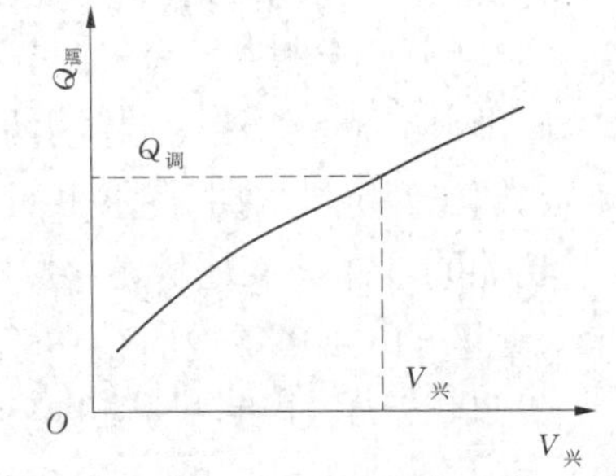

图 7-11　调节水库是与兴利库容关系曲线

对于年调节水库,可以应用简化水量平衡方程的方法进行调节计算,把整个调节周期划分成两个计算时段,即分蓄水期和供水期进行水量平衡计算,这就是简化水量平衡方程调节计算的关键所在。

由列表计算法可知,水库兴利库容 $V_{兴}$ 取决于亏水期最大累计水量,即

$$V_{兴} = W_{月调} T_{供} - \sum W_{供来} \tag{7-22}$$

式中　$W_{月调}$——供水期月调节水量,m^3/月;

$T_{供}$——供水期时段数,月;

$W_{供来}$——设计枯水年供水期来水总量,m^3。

当已知兴利库容 $V_{兴}$ 时,可用下式来计算月调节水量,即

$$W_{月调} = (\sum W_{供来} + V_{兴})/T_{供} \tag{7-23}$$

计入水量损失时,则

$$V_{兴} = W_{月调} T_{供} + \sum \Delta W_{供损} - \sum W_{供来} \tag{7-24}$$

$$W_{月调} = (\sum W_{供来} - \sum \Delta W_{供损} + V_{兴})/T_{供} \tag{7-25}$$

用式(7-25)求已知兴利库容的调节流量(或调节水量)较为简明,但必须注意两个问题:

(1)水库调节性能问题。应先判明水库是否为年调节,因只有年调节水库的 $V_{兴}$ 才是当年蓄满且全部用于该调节年度供水期内的。所以,只有当蓄水期来水总量 $\sum W_{蓄来}$ 与蓄水期的调节水量(或用水量)的差值大于兴利库容时才能成立,即应使下面不等式成立

$$\sum W_{蓄来} - W_{月调} T_{蓄} \geqslant V_{兴} \tag{7-26}$$

或者考虑损失水量,则有

$$\sum W_{蓄来} - W_{月调} T_{蓄} - \sum \Delta W_{蓄损} \geqslant V_{兴} \tag{7-27}$$

如果不能满足式(7-27)的要求,应属多年调节。在供水期和蓄水期未定的情况下,也

可用经验性库容系数 $\beta=\dfrac{V_{兴}}{\overline{W}}=8\%\sim30\%$ 作为年调节水库的判定系数。

(2)划定蓄、供水期问题。供水期 $T_{供}$ 的确定与调节水量 $W_{月调}$ 有关。径流调节供水期是指天然来水小于用水,需要水库放水补充的时期。假定水库是一次运用,在调节年度内一次充蓄、一次供水的情况下,供水期开始时刻应是天然流量开始小于调节流量之时,而终止时刻则是天然流量大于调节流量之时。因此,供水期长短是相对的,时段调节水量越大,则供水期越长。由于调节水量是未知值,故不能直接定出供水期,通常 $T_{供}$ 要由试算确定,即先假定供水期,待求出调节水量后进行核算,若不正确则重新假定后再算。

【例 7-5】 南方某地拟建以发电为主的水库,集水面积 $F=102\ km^2$,坝址处多年平均年来水量 $\overline{W}=13\ 400$ 万 m^3,$\overline{Q}=4.25\ m^3/s$,设计保证率 $P=90\%$,设计枯水年来水量 $W_{年设}=9\ 000$ 万m^3,其年内分配如表 7-6 所示,由于受淹没损失控制,初定兴利库容 $V_{兴}=3\ 000$ 万m^3,按月均分 $\sum\Delta W_{月损}=30$ 万 m^3,试计算调节水量和调节系数。

表 7-6 某水库设计枯水年来水过程($P=90\%$)

月份	5	6	7	8	9	10	11	12	1	2	3	4	合计
$W_{设月}$(万 m^3)	990	2 800	1 030	890	1 390	231	468	63	88	286	254	510	9 000

解:1. 初步判定水库调节性能

水库库容系数 $\beta=\dfrac{V_{兴}}{\overline{W}}=\dfrac{3\ 000}{13\ 400}=0.22$,初步定为年调节水库。

2. 按已知兴利库容确定调节水量

由表 7-6 初步判断设计枯水年供水期,假定为 10 月至翌年 4 月,设 $T_{供}$ 为 7 个月,10 月至翌年 4 月来水总量 $\sum W_{供来}=1\ 900$ 万 m^3,损失水量 $\sum\Delta W_{供损}=7\times30=210$(万 m^3),供水期的月调节水量由式(7-25)得

$$W_{月调}=(\sum W_{供来}-\sum\Delta W_{供损}+V_{兴})/T_{供}=(1\ 900-210+3\ 000)/7=670(万\ m^3)$$

以 $W_{月调}=670$ 万 m^3 与表 7-6 中各月来水量的对比可以看出,假定供水期为 7 个月是正确的。若以流量表示,取 1 个月秒数 $\approx2.63\times10^6$ s,则

$$Q_{调}=670\times10^4/(2.63\times10^6)=2.55(m^3/s)$$

3. 检验

用式(7-27)检验,$V_{兴}=3\ 000$ 万 m^3,5~9 月蓄水期来水总量 $\sum W_{蓄来}=7\ 100$ 万 m^3。

$$7\ 100-670\times5-30\times5=3\ 600(万\ m^3)>V_{兴}$$

该水库当 $V_{兴}=3\ 000$ 万 m^3 时,设计枯水年所能获得的月调节水量为 670 万 m^3(或 $Q_{调}=2.55\ m^3/s$),调节系数 $\alpha=0.60$。

二、多年调节水库兴利调节计算

为了充分利用水资源,当用水量超过了设计枯水年的年来水量时,年调节水库就不能满足兴利的需要。因此,就必须增大兴利库容,以便将丰水年或丰水年组的余水量蓄存起来,满足枯水年或枯水年组缺水量的要求。这种跨年度的调节,称为水库的多年调节。

水库多年调节计算方法有时历法和数理统计法两类,分别介绍如下。

(一)时历法

如果具备长系列的来、用水资料,可采用时历法推求兴利库容。时历法多年调节计算的步骤与年调节计算的长系列法相似,即先逐年调节计算求得各年所需库容,再对各年库容进行频率计算,求得符合设计保证率的兴利库容。只是在多年调节计算中,某些枯水年份的缺水量需由前面较丰水年份的余水来补充,因此计算这些年份需要的库容时,不能只考虑本年度供水期的缺水量,而应联系前一年或前几年的余缺水情况进行分析才能定出。

图 7-12(a)为某水库坝址断面多年来水和用水过程,图 7-12(b)为相应的来、用水量差累积曲线。从两图中容易看出,第 1 ~ 3 年均为丰水年,年来水量大于年用水量,各年所需库容依次为 $V_{兴1}=V_2$,$V_{兴2}=V_4$,$V_{兴3}=V_6$。第 4 ~ 6 年为连续枯水年,各年来水量小于用水量。对于第 4 年来说,其缺水要由第 3 年的余水补充,故计算 $V_{兴4}$ 时,应将第 3 年、第 4 年两年联系在一起考虑,相当于水库二次运用情况,故 $V_{兴4}=V_8$。第 5 年则应联系前面两年一起考虑,相当于水库三次运用情况,故 $V_{兴5}=V_8+(V_{10}-V_9)$。同理,$V_{兴6}=V_8+(V_{10}-V_9)+(V_{12}-V_{11})$。

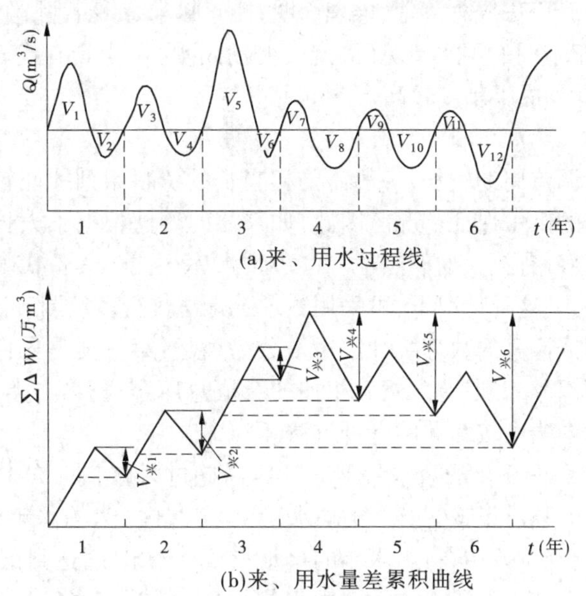

(a)来、用水过程线

(b)来、用水量差累积曲线

图 7-12　多年调节水库库容分析

具体计算各年库容时可按上述计算原则采用列表或图解的方法,但一般采用图解法比较方便。下面介绍一种较为常用的差积曲线法(同样用于年调节水库)。

根据逐年逐月(或季)来、用水资料,计算各月(季)来、用水量的差值,将它们逐时段累积后,绘出来、用水量差累积曲线,如图 7-12(b)所示,可在图上求得各年需要的兴利库容。在分析某年的 $V_兴$ 与哪些年份有关时,可从曲线上供水期末点向前(左)引水平线,若交于本年蓄水期线,如图 7-12(b)中第 1 ~ 3 年,则说明该年余水量大于缺水量,该年的兴利库容只根据本年供水期的缺水量确定,如图 7-12(b)中的 $V_{兴1}\sim V_{兴3}$。确定方法是这样的;曲线的下降段(供水期)内最高点与最低点的纵坐标差值即表示该调节年度内的最大累积缺水量,也就是该年所需的兴利库容。若所引水平线交到前面某一年的蓄水期线,则本年兴利库容的确定期应向前连续到交点所在年份,兴利库容的大小等于确定期内的累积最大缺水量,即曲线上最高点与最低点的纵坐标差。如图 7-12(b)中第 4 年末引水平线交于第 3 年蓄水期线,故第 4 年所需兴利库容的确定期为第 3 年、第 4 年,其间差积曲线最高点与最低点的纵坐标差即为保证第 4 年正常供水所需要的兴利库容。同理,为保证第 5 年、第 6 年正常供水所需要的兴利库容分别为 $V_{兴5}$、$V_{兴6}$。

求得各年的兴利库容 $V_{兴}$ 后,通过库容频率计算便可获得符合设计保证率的设计兴利库容。

多年调节水库考虑水量损失的调节计算,一般采用近似计算法,即先以不计损失求得的兴利库容计算多年平均库容$\left(V_{死}+\frac{1}{2}V_{兴}\right)$和相应的水面面积,并计算出多年平均的逐月蒸发损失量和渗漏损失量,然后将其逐月加至用水量之中,再进行一次多年调节计算,即可求得计入损失的兴利库容。

多年调节计算的时历法概念清楚、推理简明,能直接求得多年调节的兴利库容和水库蓄泄过程,并能适用于不同的用水情况(固定或变动用水)。当具有代表性较好的长系列资料($n \geqslant 30$ 年)时,计算成果精度较高。

(二)数理统计法

多年调节水库的调节周期较长,一般需要相当长的资料系列才能较确切地判断水库在未来长期运行期间的供水保证情况。因此,如采用时历法根据不太长的资料系列进行调节计算,其成果就会带有较大的偶然性。中小型水库往往不具备代表性较好的长系列资料,难以采用时历法。这种情况下,可采用数理统计法进行多年调节计算。

目前用于多年调节计算的数理统计法通常分为两类:第一类是先将兴利库容划分为年库容和多年库容两部分分别计算,然后相加的合成总库容法;第二类是直接总库容法。下面仅讲述合成总库容法中较简单的一种方法。

如图 7-12(a)中第 1~3 年的余水量 V_1、V_3、V_5 都超过了缺水量 V_2、V_4、V_6,为丰水年组。第 4~6 年的余水量 V_7、V_9、V_{11} 都小于当年缺水量 V_8、V_{10}、V_{12},为枯水年组。从图 7-12(b)中可以看出,水库从死水位开始,将丰水年的余水量蓄存于水库,达到正常蓄水位,在枯水年组的第 4~6 年用完,又降到死水位。水库水位循环一次,历时 6 年。水库调节年际之间来水与用水矛盾所需的库容为多年库容 $V_{多}$,而调节年内来水与用水矛盾所需的库容为年库容 $V_{年}$,则多年调节所需的兴利库容为

$$V_{兴} = V_{多} + V_{年} \tag{7-28}$$

在实际运用中,是不能将 $V_{兴}$ 硬性地划分为 $V_{多}$ 与 $V_{年}$ 两部分的,而是根据来水与用水情况统一调度。在实际工作中,用数理统计法只能计算多年库容 $V_{多}$,而年库容 $V_{年}$ 则常用时历列表法单独计算。

1. 多年库容的计算

数理统计法是先进行数理统计处理而后调节计算,即先利用天然来水多年变化的统计规律,对来水进行数理统计概括,然后进行调节计算。由于径流变化的频率曲线可概化

为几个统计参数，如年径流的多年平均值、变差系数 C_v 和偏差系数 C_s，如果在水库水量平衡调节计算中采用一套无因次的相对系数，如调节系数 α、库容系数 $\beta_多$、模比系数 $K(K_i=\frac{W_{来i}}{\overline{W}})$ 分别表示用水量、库容和来水量，并对调节计算成果加以综合，编制出一套在不同保证率 P 时的 α、$\beta_多$ 与 C_v 三者之间的关系曲线图，那么这就是多年调节计算中常用的普列什柯夫线解图（简称普氏线解图），如图 7-13 所示。

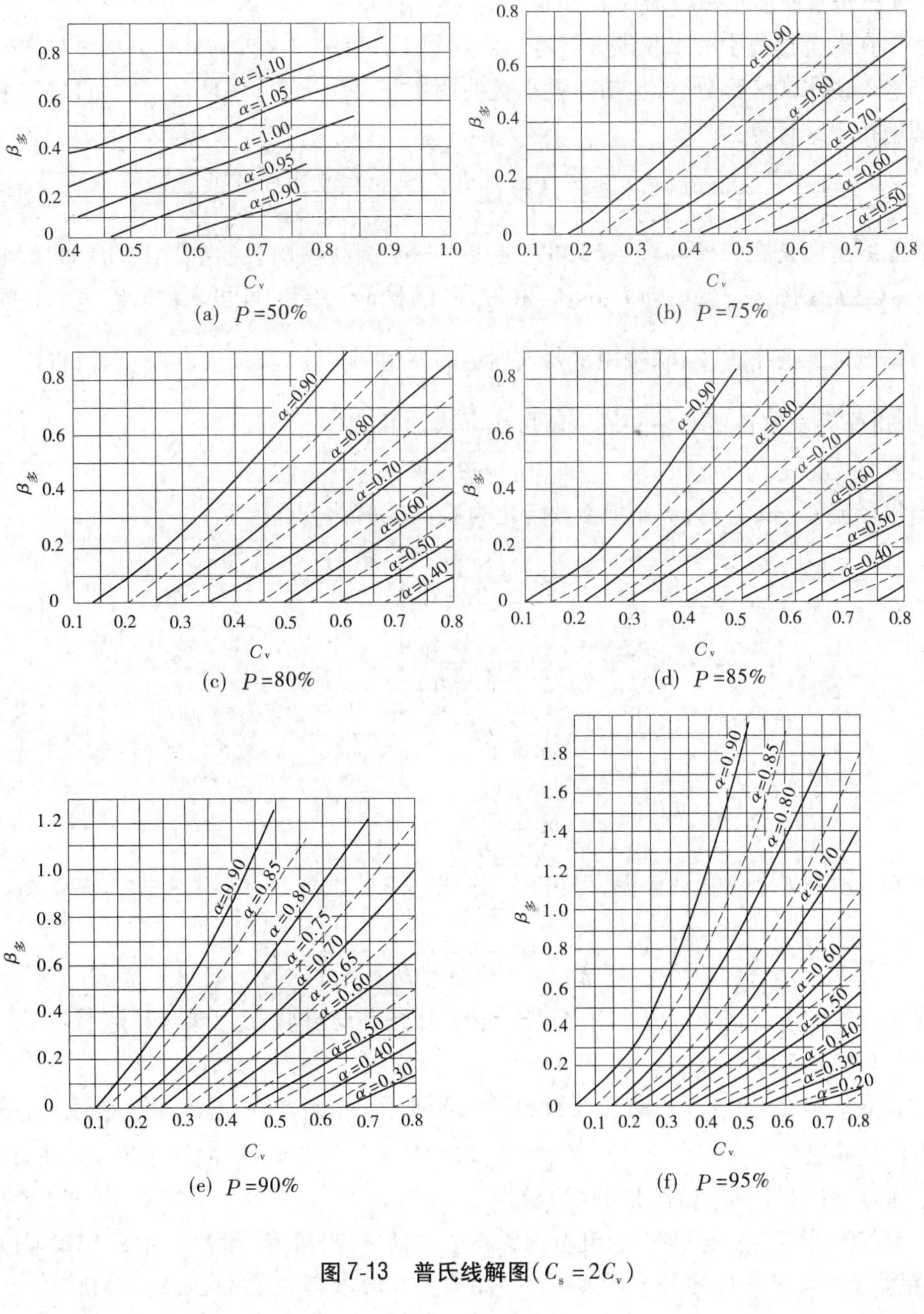

(a) $P=50\%$

(b) $P=75\%$

(c) $P=80\%$

(d) $P=85\%$

(e) $P=90\%$

(f) $P=95\%$

图 7-13　普氏线解图（$C_s=2C_v$）

用数理统计法计算多年库容所采用的相对值调节系数 α 和库容系数 $\beta_{多}$，公式为

$$\alpha = \frac{W_{用}}{\overline{W}} \tag{7-29}$$

$$\beta_{多} = \frac{V_{多}}{\overline{W}} \tag{7-30}$$

式中　$W_{用}$——水库设计年用水量，m^3；

$\overline{W}$——水库多年平均来水量，m^3。

水库在调节过程中的水量损失与蓄水面积和库容有关。简要的处理方法是将损失水量当作水库供水的一部分，即包括损失水量的用水量 $W'_{用} = W_{用} + W_{损}$。水库的损失水量可近似地按下式计算：

$$W_{损} = 多年调节水库年用水量 \times \frac{完全年调节水库的水量损失}{完全年调节水库的年用水量} \tag{7-31}$$

普氏线解图是在年径流 $C_s = 2C_v$ 时，通过水量平衡和频率组合绘制出的不同 P 时的 $\beta_{多}$—α—C_v 关系图。只要已知 P、α、$\beta_{多}$ 和 C_v 中任意3个参数，即可求得另外一个参数。

根据设计保证率 P、C_v 和按用水要求确定的 α 值（计入水量损失 $\alpha = \frac{W'_{用}}{\overline{W}}$），查普氏线解图，可得库容系数 $\beta_{多}$ 值，多年库容就可按下式计算，即

$$V_{多} = \beta_{多}\overline{W} \tag{7-32}$$

当年径流 $C_s \neq 2C_v$ 时，应先把参数转化为 C'_v、α'，转化公式为

$$\left.\begin{aligned} C'_v &= \frac{C_v}{1 - \alpha_0} \\ \alpha' &= \frac{\alpha - \alpha_0}{1 - \alpha_0} \\ \alpha_0 &= \frac{m - 2}{m} \\ m &= \frac{C_s}{C_v} \end{aligned}\right\} \tag{7-33}$$

由 C'_v、α' 和 P 查普氏线解图，得出 $\beta'_{多}$，按式(7-34)求出 $\beta_{多}$，再代入式(7-32)求多年库容 $V_{多}$。

$$\beta_{多} = (1 - \alpha_0)\beta'_{多} \tag{7-34}$$

普氏线解图主要是针对固定用水量绘制的，如是变动用水量，可参考其他书籍。

2. 年库容的计算

计算多年库容 $V_{多}$ 所用的普氏线解图是以年水量为统计单位，按水量平衡原理，通过频率组合计算绘制而成的。它并未考虑年内水量分配的不均匀性，故除求得 $V_{多}$ 外，还要计算年库容，以调节年内来水和用水的矛盾。

年库容的计算方法与年调节相同，问题在于如何选择设计计算年。由图 7-12 可以看出，多年调节水库的年库容是由连续枯水年组前一年的水文情况所决定的。很明显，在选

择计算年时，若选用的年来水量小于 $W_{用}$（即 $K_i<\alpha$），则说明该年属于连续枯水年组之一，需要多年库容补充不足水量；若选用的年来水量比 $W_{用}$ 大得较多（即 $K_i>\alpha$），则属于丰水年，其枯水期来水量也大，来水和用水矛盾较小。用它计算所得的库容较小，有可能因年库容不足而造成正常供水的中断，以致满足不了设计保证率的要求。所以，考虑到不利的情况，常采用设计年来水量等于用水量 $W_{用}$（即 $K_i=\alpha$）的年份来决定年库容较为合适。

确定设计年的年内分配也十分重要，因为它直接关系到年库容的大小。一般认为天然来水选用多年平均情况下的年内分配来计算年库容是较为合理的。设计年用水量 $W_{用}$（计入损失水量则采用 $W'_{用}$）的年内用水分配，同样选用多年平均情况下的年内用水分配比；缺乏资料时，可用中水年（或接近中水年）的用水分配比。根据所求的设计年来水量与用水量，列表作完全年调节计算，所得库容就是年库容 $V_{年}$。

【例 7-6】 资料同算例 7-3，远景规划要求水库灌区的设计灌溉面积为 4 万亩，全年用水量按比例增加得 $1\ 649\times(4/3)=2\ 199$（万 m^3），假定年用水量各年变化不大，可应用普氏线解图求解。超过相应于设计保证率的天然来水量 $W_P=1\ 895$ 万 m^3，已知年径流为 3 010 万 m^3，$C_v=0.42$，$C_s=2C_v$。推求水库多年调节所需的兴利库容和相应的正常蓄水位。

解：1. 计算多年调节水库的水量损失

由表 7-5 可知全年弃水量为 4 万 m^3，可以看作完全年调节，其年用水量为 1 649 万 m^3，水库的年损失水量为 242 万 m^3，用式(7-31)求得 $W_{损}=2\ 199\times(242/1\ 649)=323$（万 m^3）。

2. 计算多年库容

由于 $W'_{用}=W_{用}+W_{损}=2\ 199+323=2\ 522$（万 m^3），故调节系数 $\alpha=2\ 522/3\ 010=0.84$，根据 $P=80\%$、$C_v=0.42$ 和 $\alpha=0.84$ 查图 7-13 得库容系数 $\beta_{多}=0.34$，用式(7-32)计算多年库容 $V_{多}=0.34\times3\ 010=1\ 023$（万 m^3）。

3. 计算年库容

年来水总量 $W_{来}=W'_{用}=2\ 522$ 万 m^3，年内分配选择本地区接近多年平均情况的中水年为典型年，其月、旬水量分配比列入表 7-7 中第②栏，用 2 522 × ②栏的分配比，得各月、旬来水量，填入表第③栏，并用 ∑③栏 = 2 522 万 m^3 验算。

水库的年水量损失近似地按表 7-5 中第⑩栏同比分配，即用 323/242 = 1.335 乘以表 7-5 第⑩栏各月、旬损失水量，填入表 7-7 第④栏，用 ∑④栏 = 323 万 m^3 验算。

水库年灌溉用水量 $W_{用}=2\ 199$ 万 m^3，其年内分配采用多年平均的年内分配比（未列出），将两者相乘的结果列入第⑤栏，用 ∑⑤栏 = 2 199 万 m^3 验算。④栏 + ⑤栏 = ⑥栏，用 ∑⑥栏 = ∑③栏 = 2 522 万 m^3 验算。

第⑨栏的计算：供水期末应为 7 月末，从零开始起调，顺时序计算得 $\sum(W_{来}-W'_{用})_{最大}=1\ 647$ 万 m^3，当回到 7 月末时为零。因按完全年调节，弃水 $C=0$，否则有误。故年库容 $V_{年}=1\ 647$ 万 m^3。

表7-7　多年调节水库的年库容计算成果

时间		来水量 $W_{来}$		用水量 $W'_{用}$（万 m^3）			$(W_{来}-W'_{用})$（月末）（万 m^3）		$\sum(W_{来}-W'_{用})$（月末）（万 m^3）
月	旬	比例（%）	水量（万 m^3）	损失	灌溉	合计	+	-	
①		②	③	④	⑤	⑥	⑦	⑧	⑨
									1 454
1		2.3	58	17		17	41		1 495
2		2.7	68	19		19	49		1 544
3		4.6	116	27		27	89		1 633
4	上	1.2	30	16		16	14		1 647
	中	1.8	46	16	246	262		216	1 431
	下	1.0	25	15	0	15	10		1 441
5	上	1.4	35	17	161	178		143	1 298
	中	3.0	76	19	24	43	33		1 331
	下	1.7	43	17	356	373		330	1 001
6	上	1.5	38	17	162	179		141	860
	中	1.2	30	16	425	441		411	449
	下	2.0	51	15	232	247		196	253
7	上	1.6	40	11	160	171		131	122
	中	6.0	151	8	139	147	4		126
	下	3.0	76	7	195	202		126	0
8	上	4.4	111	5	18	23	88		88
	中	10.0	252	5	0	5	247		335
	下	6.0	151	5	81	86	65		400
9		23.0	580	15		15	565		965
10		13.8	348	20		20	328		1 293
11		5.5	139	19		19	120		1 413
12		2.3	58	17		17	41		1 454
总　计		100	2 522	323	2 199	2 522	1 694	1 694	

4. 求兴利库容及正常蓄水位

兴利库容 $V_{兴}=V_{多}+V_{年}=1\ 023+1\ 647=2\ 670$（万 m^3）。

由 $V_{死}+V_{兴}=84+2\ 670=2\ 754$（万 m^3），查水库水位—库容曲线（略），得相应的正常蓄水位为63.38 m。

第四节　水电站的保证出力与保证电能计算

一、水能利用的基本知识

(一)水能计算的基本原理

河川中的水流蕴藏着巨大的能量,称为水能资源。水电站就是利用天然的水能生产电能的工厂。

在地球引力(重力)作用下,河水不断向下游流动。河水因克服阻力、冲蚀河床、挟带泥沙等使所含水能被分散地消耗掉了。水力发电的任务就是利用这些无益的、消耗掉的水能来生产电能。

设计水电站时,首先需要知道天然河川可以利用的能量和功率有多少,然后才能设计水电站的出力和发电量。

水流在某一时段内所能做的功叫作水能,而在单位时间内水能所做的功叫作水流功率。为了计算水流的能量和功率,现取天然河道中的一个河段(见图7-14),研究水流流经断面1—1及断面2—2时能量的变化情况。根据水力学的伯努利方程,水体 W 在时间 Δt 内从断面1—1到2—2所消耗的能量为

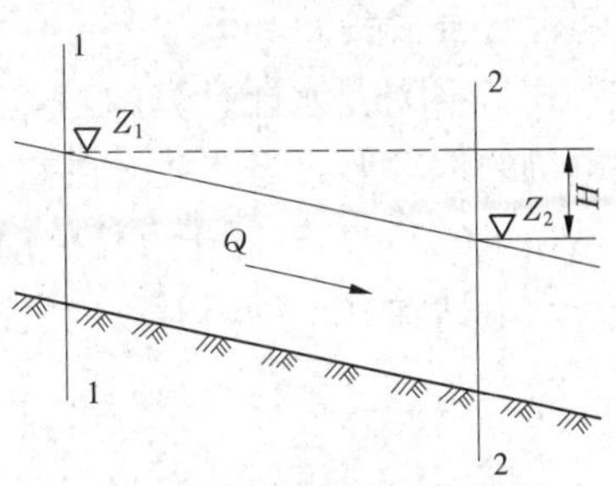

图7-14　河段纵剖面图

$$E_{1-2}=E_1-E_2=\left[\left(z_1+\frac{p_1}{\gamma}+\frac{\alpha_1 v_1^2}{2g}\right)-\left(z_2+\frac{p_2}{\gamma}+\frac{\alpha_2 v_2^2}{2g}\right)\right]\gamma W \tag{7-35}$$

式中　z——断面的水面高程,m;

p——水面大气压强,Pa;

v——断面平均流速,m/s;

α——断面流速不均匀系数;

γ——水的容重,通常等于9.81 kN/m^3;

W——在时间 t 内流过河段的水体积,m^3;

g——重力加速度,m/s^2。

天然河道的水流可近似地看成是均匀流。在均匀流的情况下,可以认为 $\frac{p_1}{\gamma}=\frac{p_2}{\gamma}=0$, $\frac{\alpha_1 v_1^2}{2g}=\frac{\alpha_2 v_2^2}{2g}$,则式(7-35)可写成

$$E_{1-2}=E_1-E_2=(z_1-z_2)\gamma W=\gamma WH \tag{7-36}$$

式中　H——两断面间的水位差,称为水头,m。

式(7-36)表示在时间 t 内水体 W 经过断面1—1至断面2—2耗去的水能,亦即水流所做的功。根据水流功率的定义,可得

$$N=\frac{E}{t}=H\left(\frac{W}{t}\right)\gamma=1\ 000\ QH\quad(10\ \mathrm{N\cdot m/s}) \tag{7-37}$$

在工程上，功率的单位常用“千瓦(kW)”表示，1 kW = 102 kgf · m/s，于是

$$N = \frac{1\,000\ QH}{102} = 9.81\ QH \quad (\mathrm{kW}) \tag{7-38}$$

按式(7-37)或式(7-38)计算出的水流功率是表示水流在天然情况下的功率，称为理想功率。水电站在实际运行时，水流通过水电站引水建筑物至水轮机，并经尾水管排至下游河道，在整个流动过程中，必定会产生各种水头损失 ΔH，所以作用在水轮机上的净水头为 $H_{净} = H - \Delta H$。此外，还必须考虑水轮机效率 $\eta_{水机}$、传动设备效率 $\eta_{传动}$ 及发电机效率 $\eta_{电机}$。现以 η 表示水电站的总效率，则 $\eta = \eta_{水机}\eta_{传动}\eta_{电机}$，故水电站的实际功率为

$$N = 9.81\eta QH_{净} \quad (\mathrm{kW}) \tag{7-39}$$

习惯上把水电站的实际功率称为水电站的出力。如果把式(7-39)中的 9.81η 用水电站出力系数 A 来表示，则该式可简化为

$$N = AQH_{净} \quad (\mathrm{kW}) \tag{7-40}$$

式(7-40)是水能计算的基本公式，式中 A 称为出力系数，与机组类型以及水轮机和发电机的传动形式等有关。在初步计算时，对于大中型水电站，$A = 8.0 \sim 8.5$；对于小型水电站，$A = 6.5 \sim 7.5$；对于直接传动(皮带传动)形式的，可取 $A = 6.5$。

水电站在 $t(t_1 \sim t_2)$ 时段内发出的电能，称为该时段的发电量。记为

$$E_t = \int_{t_1}^{t_2} N\mathrm{d}t = AQH_{净}\ t \quad (\mathrm{kWh}) \tag{7-41}$$

式(7-41)便为水电站发电量的计算公式。

(二)水电站的开发方式分类

由上述可知，水电站出力主要取决于流量和水头。修建水电站，必须同时具备流量和水头这两个条件。天然河流的流量是不断变化的，落差是分散的，根据集中落差方式的不同，水电站的开发方式可分为坝式、引水式和混合式三种基本类型。根据径流调节方式的不同，水电站又分为蓄水式和径流式两大类。根据对天然来水的调节程度，则可分为无调节水电站、日调节水电站和年调节水电站等类型。

1. 坝式水电站

在河道上修建拦河坝，抬高上游水位，形成水库，因而集中了落差，又集中了水量，具有良好的发电条件。

坝式水电站分为河床式和坝后式两种。当拦河坝较低，水电站厂房直接起拦水作用，承受上游水压力时，为河床式水电站。当拦河坝较高，水电站厂房常建于坝后(下游)，厂房不起拦水作用时，为坝后式水电站(见图 7-15(a))。

2. 引水式水电站

引水式水电站如图 7-15(b)所示。在河道上筑一低坝，将水导入引水道(渠道或隧洞)，引水道的坡降比天然河道的坡降小，故在引水道末端和天然河道之间就形成了一个落差；再在引水道末端接压力水管，将水引入水电站厂房发电。引水式水电站适用于流量较小、坡度较大的山区河道。在河道急弯处裁弯取直也可获得落差修建引水式水电站。当两条相邻河道的两个断面相距不远，而水面高程相差很大时，则可用隧洞跨流域引水发电。

3. 混合式水电站

混合式水电站是前两种开发形式的结合，如图 7-15(c)所示。在河段的上游筑一拦河坝集中一部分落差，并形成一个调节水库；再用压力引水道引水至河段下游，又集中一部分落差，然后用压力钢管引水入厂房发电。当河段上游坡降平缓而淹没又小，下游坡降较大且有条件集中较大的落差时，采用这种开发方式往往是比较经济的。

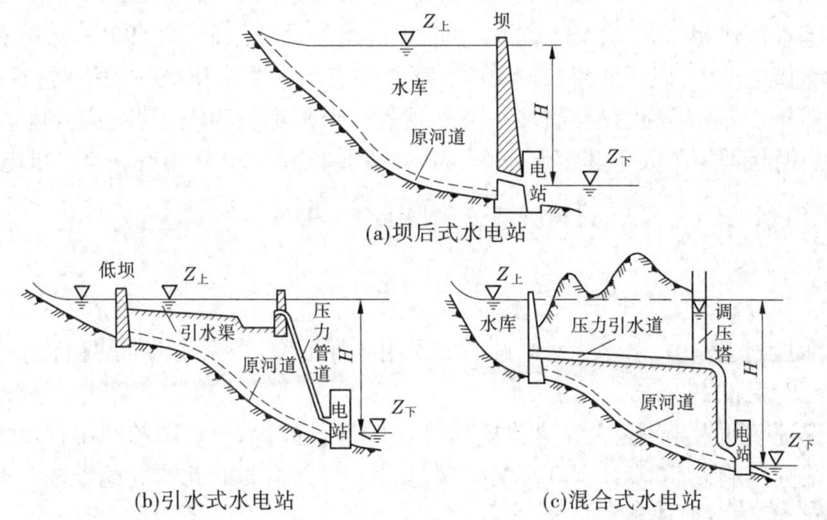

图 7-15 各类水电站示意图

(三)水能计算的任务和所需的资料

水能计算是水电站规划设计中一项关系全局的关键性工作，其主要任务是：

(1)确定水电站的功能指标。包括保证出力及多年平均发电量。

(2)确定水电站参变数以及参变数与功能指标之间的关系。参变数主要包括装机容量、正常蓄水位和死水位等。

(3)对水电站的经济效益进行计算和分析。在规划设计阶段，进行多方案比较，确定既经济又合理的设计方案；在运行期间，确定水电站的最优运行方式。

水能计算所需的基本资料有：

(1)水库特性曲线。包括水库面积曲线和水库库容曲线。

(2)水文资料。包括流域特征、坝址历年流量系列、水电站尾水断面处水位—流量关系曲线、历年降雨量和蒸发量等资料。

(3)综合利用资料。包括灌溉、航运、给水等方面的需水资料和上下游防洪任务，以及水电站供电范围内的电力负荷等资料。

(四)水电站的设计保证率

水电站的设计保证率是指它在多年工作期间正常工作得到保证的程度。我们知道，水电站的出力与流量和水头有关，而河川径流的多变性使得水电站的出力经常处于变化之中，以致各年各月的出力和发电量也不同。水电站的正常工作不仅在枯水时会由于水量不足而遭受破坏，低水头电站甚至在洪水期也可能因水头过小而使正常工作遭到破坏。因此，在水电站规划设计中，要预先确定一个设计保证率，作为设计的依据。

水电站的设计保证率若按正常供电的相对年数表示,称年保证率,即

$$P_{年}=\frac{正常供电年数}{总供电年数}\times 100\% \tag{7-42}$$

若按正常供电的相对历时表示,则称历时保证率,即

$$P_{历时}=\frac{正常供电历时(月、旬或日数)}{总供电历时(月、旬或日数)}\times 100\% \tag{7-43}$$

两者基本形式相同,但含义不同。例如,水电站的设计保证率为90%,第一种表示方法是指多年供电期中,破坏的年数占10%;第二种表示方法则指破坏的历时占10%。所谓供电破坏年份,是指不论该年破坏一个月或若干个月都认为该年供电遭到破坏。一个水电站的历时保证率常大于其年保证率,例如,某水电站在20年中有一个月供电不足,则

$$P_{年}=\frac{20-1}{20}\times 100\%=95\%$$

而

$$P_{历时}=\frac{12\times 20-1}{12\times 20}\times 100\%=99.6\%$$

在实际规划工作中,引水式水电站一般采用年保证率,径流式水电站和灌溉引水电站一般采用历时保证率。

设计保证率的大小不仅关系到供电的可靠性,而且对水力资源的利用程度及发电站投资都有很大影响,所以设计保证率的确定是一个十分重要的问题。通常按照有关规范规定,并结合具体情况选定。

在实践中,常根据水电站供电对象的性质、是否联网、设计电站在电网中的作用、水库调节能力、地区动能资源和经济条件等因素,全面分析后选定。水电站设计保证率不宜选得过低或过高。过低时,水电站保证出力就大,相应的装机容量和总的供电量也大,水力资源能得到充分利用,但供电可靠性差,对用户有一定的影响;同时装机容量一大,投资也相应增大,一旦出力减少后,就有一部分装机容量用不上,机电设备利用率不高。反之,如果设计保证率选得过高,水电站的保证动力就小,虽然供电可靠性增加了、设备投资减少了,但到了水多时,由于受机组发电能力的限制,就经常白白地放走一部分水量,水资源便得不到充分利用。小型水电站的设计保证率一般为70%~90%,可参照下列原则选定。

(1)地方电网中的骨干电站,在常年担任连续生产的较大工业负荷(如化肥厂、水泥厂)时,其设计保证率可取85%~90%,甚至更高。

(2)担负一般地方工业或农村负荷,装机容量在1 000~12 000 kW的水电站,其设计保证率可取80%~85%。

(3)装机容量为500~1 000 kW的水电站,设计保证率一般可取75%~80%。其中主要供农村用电的,设计保证率可取得更低些。

(4)在水能资源丰富地区,水电站的设计保证率可选取较高值,以提高供电可靠性;在水能资源短缺地区,水电站设计保证率宜选较低值,以提高水能利用率。

(5)枯水期可以得到电网内水电站或其他电源补偿的水电站,可适当降低设计保证率。

(6)建在灌渠上或以灌溉为主结合发电的小型发电站,其工作情况主要取决于灌溉用水。若水电站生产的电能又以供农田排灌等作业为主,则水电站设计保证率可与灌溉

设计保证率取相同值。

(五)电力系统的负荷及其容量组成

1. 电力系统

现代的电力供应往往由许多不同类型的电站(包括水电站、火电站以及迅速发展的核电站等),一起联合供电。这样做,可以使各电站互相取长补短,既改善了各电站的工作条件,又提高了供电可靠性,同时也节省了发电费用。一个地区内,在各电站之间及电站与用户之间用输电线路连成一个整体,称为电力系统或电网。过去,电网都是指一个大地区范围的。但最近以来,以一个县或几个县为单位的小电网(也称地方电网)不断出现,所以小型水电站的设计必须考虑这一因素。在任何瞬时内用户要求电力系统供应的电力总和,称电力系统负荷。

电力系统中有各种类型的用户,各种用户又有不同的用电要求。地方电网通常将用户分为下面四大类。现将各类用户的用电方式及其对电力系统负荷的影响分述如下:

(1)工业用电。在一年之内负荷变化一般不大,但在一昼夜内则随工作班生产制度和生产类型的不同有较大的变化。

(2)农业用电。包括大量排灌用电、乡镇企业用电、田间耕作用电、收获用电、畜牧业用电及农村生活与公用事业用电等。目前农业用电主要是排灌用电及收获用电。农业用电的特点是具有明显的季节性。

(3)城镇和农村生活照明用电。在一年内和一昼夜之间均有较大的变化。如冬季耗电比夏天多,而晚间耗电比白天多。

(4)交通运输用电。主要是电气化铁路运输。在一日或一年内用电变化都比较均匀,仅在电气火车启动时才出现瞬时的高峰负荷。

在计算电力系统总负荷时,还应计入输电线路损失和电站的厂用电。

2. 电力负荷图

由上述可知,电力系统的负荷在一日、一月及一年之内都是变化的,其变化程度与系统中的用户组成等因素有关。将系统内所有用户的负荷变化过程叠加起来,再加上线损和电厂用电,即得系统负荷变化过程线,称为电力负荷图。一日的负荷变化过程线叫日负荷图,一年的负荷变化过程线称年负荷图。

1)日负荷图

图7-16表示一般的大中型电力系统的日负荷图,图中阶梯表示每小时平均负荷值。在一天中,一般是2～4时负荷最低;清晨照明负荷增加,随后工厂陆续上班,所以在8时左右形成第一高峰;12时左右午休,负荷又下降;傍晚到入夜时出现第二高峰;深夜以后,某些工厂企业下班,负荷再次下降。一日内峰谷大小和出现时间与系统内用户的生产特性及系统所处的纬度有关,通常是第二高峰大于第一高峰。至于县及乡的小型电力系统,其日负荷的变化是各

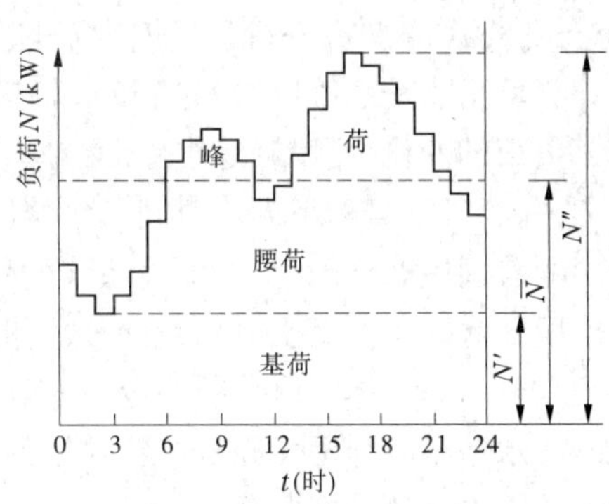

图7-16　日负荷图

式各样的,但下述日负荷图的基本性质则是共同的。

(1)日负荷图特征值。日最大负荷 N''、日平均负荷 $\overline{N}$ 及日最小负荷 N' 称为日负荷图的3个特征值。日负荷图所包围的面积就是日用电量 $E_{日}$,其与日平均负荷 $\overline{N}$ 的关系为

$$\overline{N}=\frac{E_{日}}{24}\quad(\mathrm{kW})\tag{7-44}$$

把 N''、$\overline{N}$ 和 N' 标在日负荷图上,则能将日负荷图划分成三部分:在最小负荷 N' 以下的部分为基荷,N' 与 $\overline{N}$ 之间的部分称为腰荷,$\overline{N}$ 以上至 N'' 的部分称为峰荷。

(2)日负荷特征指数。为了表明日负荷图的变化特性以及便于比较各日负荷图,一般用以下两个特征指数来表示日负荷特性,则

$$日平均负荷率(\gamma_e)=\frac{日平均负荷(\overline{N})}{日最大负荷(N'')}<1\tag{7-45}$$

在一个电力系统中,若耗电工业占的比重较大,一般日负荷在一日内变化较均匀,γ_e 往往较大;当系统中照明负荷占的比重较大时,γ_e 则小。

$$日最小负荷率(\beta_e)=\frac{日最小负荷(N')}{日最大负荷(N'')}<1\tag{7-46}$$

β_e 值大时,说明峰谷差(即 $N''-N'$)较小,日负荷较均匀;反之,说明峰谷差较大,日负荷不均匀。

利用日负荷图可以比较合理地确定所设计水电站的装机容量、合理的工作位置和调节库容,以及一日内水量的分配等。

2)年负荷图

年负荷图表示一年内电力系统负荷的变化过程。年负荷图一般采用月最大年负荷曲线和月平均年负荷曲线表示。在实际设计中,一般均以阶梯线表示,并且一个月划一个阶梯。在月最大年负荷图上,每月的阶梯高度为该月最大负荷日的最大负荷值(见图7-17线1),它表示电力系统各月所需的工作容量。在月平均年负荷图上,各月阶梯高度为该月中各日平均出力的平均值(图7-17线2),此线下面所包围的面积即为系统一年内所需的发电量。

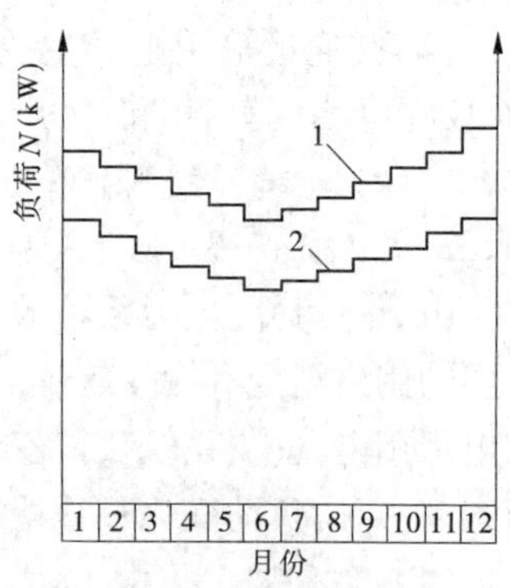

1—月最大负荷曲线;
2—月平均负荷曲线

图7-17　年负荷图

年负荷图是系统电力平衡和求装机容量的依据。根据年负荷的变化,可以确定水库调节库容及一年中水量的分配,并合理安排机组大修时间及小修时间。

随着国民经济的发展,电力系统的负荷逐年增加,故设计水电站时应从发展的观点选一个设计水平年。而水电站设计水平年的选定则应根据电力系统的动力资源、水火电比重及水电站的具体情况分析确定,一般可采用第一台机组投入运行后的5~10年。所选的设计水平年应与国民经济5年计划的年份一致。

3)电力系统的容量组成

为了满足电力用户正常用电的要求,必须在电力系统中的各电站上设置一定的发电设备容量。发电站每台机组都有一个铭牌出力,即额定容量。系统中所有各电站装机容

量的和构成了电力系统的装机容量,用 $N_{装}$ 表示。系统装机容量包括必需容量($N_{必}$)和重复容量($N_{重}$)两部分。必需容量是保证系统正常供电必不可少的容量,它又可分为最大工作容量($N_{工}$)和备用容量($N_{备}$)两部分。

(1)最大工作容量。为满足系统最大负荷的需要而设置的容量称为最大工作容量。由于月最大年负荷曲线是随时间而变化的,故系统的最大工作容量应等于月最大负荷中的最大负荷值。

(2)备用容量。电力系统内仅装设最大工作容量不能完全保证正常供电,还应装设一些备用容量。备用容量包括负荷备用容量($N_{负}$)、事故备用容量($N_{事}$)和检修备用容量($N_{检}$)三部分。

①负荷备用容量。为满足短时超过设计最高负荷所设置的跳动负荷,称为负荷备用容量($N_{负}$)。负荷备用容量值根据电力系统内负荷跳动较大的设备情况而定。控制在系统年最大负荷值的5%左右。

②事故备用容量。在电力系统中代替突然发生事故的机组进行工作的负荷,称为事故备用容量($N_{事}$)。事故备用容量的大小可控制在系统年最大负荷值的10%左右,但不得小于系统最大一台机组的容量,通常选择有调节库容的较大容量的坝式水电站承担。

③检修备用容量。为了代替检修机组而专门设置的容量称检修备用容量。一般定期检修应尽量安排在系统负荷降低,出现容量空闲的时间内进行。当无法安排时,才需要设置专门的检修备用容量。

(3)重复容量。有些水电站水库的调节能力不大,汛期即使以全部必需容量进行工作,仍会产生大量弃水。因此,为了提高水量利用率,有必要在水电站多装一部分容量,以便利用部分弃水额外生产季节电能,以节省火电站的燃料耗费。这部分容量称为重复容量($N_{季(重)}$)。

上述各种容量关系可用下式表示:

$$N_{装} = N_{必} + N_{季(重)} = N_{工} + N_{备} + N_{季(重)} = N_{工} + N_{负} + N_{事} + N_{检} + N_{季(重)} \tag{7-47}$$

值得注意的是,每个水电站的工作容量、备用容量和重复容量都是电力系统总容量的一部分,在电站实际运行中,并不是固定在某台机组上,而是经常互相转移的。一个水电站的装机容量常大于其工作容量,一般来说,除工作容量外,调节性能较好的水电站常装设备用容量,调节性能差的则装有较多的重复容量。

(六)水、火电站的工作特点

目前,我国各地区的电力系统大多是以火电站、水电站为主要电源所构成的,此外尚有少量的蓄能电站、潮汐电站等,核电站的筹建也在积极进行中。由于各类电站的特性不同,其所组成的电力系统能相互取长补短,提高输电质量和供电可靠性,因此了解各类电站的特性有助于合理拟定地区电源构成,从最优运行角度研究开发各种能源,选定水电站工程规模和装机大小。下面主要介绍火电站、水电站的工作特性。

1. 火电站的工作特点

火电站所用的燃料主要是煤、石油和天然气,故以消耗燃料来分,就有燃煤式、燃油式和燃气式几种。火电站的建设不像水电站那样受天然来水条件的限制,只要燃料供应充分,全部装机容量都可以利用。但对燃煤式火电站常有技术最小出力限制,此最小出力一般不低于额定出力的70%左右。燃煤式火电站机组启动比较费时，须先由冷状态达到热状态，其后的加载过程亦比水电站慢得多，通常每10 min内出力的上升值只有其额定出力的10% ~20%，因此从启动到满负荷运行要经过2~3 h。这一情况使这种电站一般宜担任电力系统的基荷工作。而燃气式火电站，由于启动快，机组负荷变化亦灵活，可以建在负荷中心，担任电力系统的峰荷位置，但燃料费用昂贵。

火电站建设亦不像水电站那样受地形条件的限制，一般来说，只要有燃料、有冷却水的地方都可以建火电站，而且电站本身投资也小。但以往在火电站、水电站的经济比较中，在估计火电站建设投资时，并未计入煤矿和输煤投资费用，这是不合理的。现在一般都考虑上述两种投资费用。对于燃煤式火电站，现在大力提倡建在煤矿附近，即所谓坑口电站，以输电线路替代煤的输送，这有利于铁路或水路运输紧张的地区，一般通过经济比较确定电站地点。

2. 水电站的工作特点

(1)水电站的重要特性之一是其出力和发电量随不同的天然径流情况而变化。一般来说，丰水年电能有余，而特枯水年电能则不足，会引起电力系统正常工作的破坏。水电站的出力和电量随时间的变化也将引起电力系统其他电站出力、电量的变化。

水电站有时水头太低而使水轮机不能发出额定出力。这种水头下降的原因或是洪水期下游水位太高、枯水期上游库水位过低所致。

(2)水电站的主要设备水轮机具有启动快、增减负荷灵活、自动化程度高等特性。它能适应负荷的剧烈变化(自开机后几分钟内就能达到全出力工作)，而且负荷增减并不引起水电站水量损失。所以水电站能适应电力系统的峰荷位置和担任系统的负荷备用、周波调节(即调频)等。

(3)水电站要有一系列的挡水建筑物及负担水库淹没迁移费用，通常工程总投资要比火电站大，施工期亦长，但运行费和成本都比火电站低，因为水电站的发电能源是水能，厂内用电亦小，而火电站生产电能要消耗宝贵的燃料，厂内用电也大。一般而言，当来水较丰时，让水电站多发电能，以减少火电站煤耗，在经济上是有利的。

(4)水电站在调度上的复杂性。由于天然来水年际、年内变化大，加上无可靠的长期预报，给水电站调度带来很大困难。这种困难主要反映在综合利用限制上，如防洪与发电、灌溉与发电上的矛盾等。电站本身也有水量利用和水头利用的矛盾，若为了防止弃水，汛期要降低水位，水头就比较低；若提高水库蓄水位，则弃水量可能会增加。合理地解决这些矛盾是调度中的重要课题。相反，火电站调度就比较简单，供电可靠性也大。

3. 水电站工作方式

根据火电站、水电站的特点，进一步研究它们在电力系统负荷图中的工作位置，其目的是使水力资源和其他动力得到合理的配合，使电力系统尽量达到成本低、运行灵活、供电可靠。所谓工作方式，主要是指各电站在电力系统日、年负荷图上的位置，如峰荷、腰荷和基荷。

对于无调节水电站，为了充分利用天然径流多发电能，它应在基荷工作。

至于有调节的蓄水式水电站，它在电力系统中的工作位置是经常改变的。枯水期水量不多，又可用水库调蓄以适应负荷剧变，所以任峰荷为宜，如图7-18(a)所示。在汛期，天然来水较多,甚至可能有弃水,为了充分利用径流,水电站经常以预想出力满发工作,故大多处于基荷位置,而由火电站任峰荷,如图7-18(b)所示;如果来水情况介于上述二者之间,且有部分空闲容量时,则可任腰荷,如图7-18(c)所示。当火电站任峰荷时,虽然要增加单位电能、煤耗量,但此时其总发电量将减少,总的煤耗量亦将减少,所以对系统还是有利的,若有燃气机组能适应负荷变化,就更有利了。

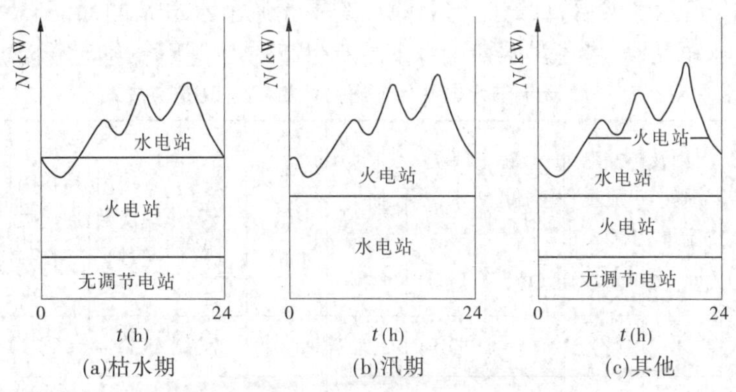

图7-18　水、火电站工作位置图

水电站的工作位置不仅一年内各季不同,而且年际间也因天然来水量不同而有变化。例如丰水年在基荷、腰荷的工作时间会长一些,而在枯水年任峰荷的时间长一些,甚至没有可能转到基荷工作。

由此可见,水电站在电力系统中的工作位置主要看来水的多少,看水电站日发电量和水电站装机容量的相对比值。换句话说,看水电站有无"空闲容量",若有空闲容量,就可任腰荷或峰荷。

对于调节性能较高的多年调节水库来说,由于需要蓄存部分丰水年水量以弥补连续枯水年的不足水量,所以水电站一般全年担任峰荷,只有在库水位较高,有可能弃水,需要加大发电量时,才转移到腰荷或基荷。

一般来说,水库调节性能越好,则在系统中担任峰荷的时间就越长。当电力系统中有几个水电站同时工作时,调节性能高且靠近负荷中心的宜任峰荷,尤其对于水文气象条件相近的一些水电站来说。

二、水电站的保证出力和发电量计算

(一)水电站的保证出力与保证电能计算

1.无调节、日调节水电站的保证出力与保证电能计算

因库容较小而不能调节天然径流的水电站,称为无调节水电站。如果库容能够按发电要求调节一日内的天然径流,称为日调节水电站。无调节、日调节水电站的出力计算,都以"日"为计算时段,故其保证出力 $N_{保}$ 为相应于设计保证率的日平均出力。

无调节与日调节水电站保证出力的计算方法基本相同,其差别在于:日调节水电站的上、下游水位 $Z_{上}$、$Z_{下}$,随一日之内用水量的不同而发生变化,故下面仅叙述无调节水电站

$N_{保}$ 的计算方法。

无调节水电站由于水库库容很小,发电主要靠天然流量,不必考虑水库调节的影响,所以各时段的出力计算比较简单,可根据长系列或丰、平、枯三个代表年的日平均流量资料,以及水电站的净水头 $H_{净}$,按公式 $N=AQH_{净}$ 逐日进行计算。为了简化计算,也可将日平均流量分组(如表7-8中第①栏所示),由大到小排列,计算并绘制其日平均出力保证率曲线,如图7-19所示。然后,从该曲线上即可查得无调节水电站的保证出力。对于水头不高的径流式水电站,要考虑洪水期尾水壅高所引起的出力下降,甚至受阻的影响。

表7-8 无调节水电站保证出力计算($N=8QH_{净}$)成果

日平均流量分组 (m^3/s)	各组日平均流量中值 (m^3/s)	引用及损失流量 (m^3/s)	发电流量 $Q_{电}$ (m^3/s)	上游水位 $Z_{上}$ (m)	下游水位 $Z_{下}$ (m)	水头损失 ΔH (m)	净水头 $H_{净}$ (m)	出力 N (kW)	各组出现次数 (日)	累积出现次数 (日)	累积频率 P (%)	保证时间(按年计) $t=8\,760P$ (h)
①	②	③	④	⑤	⑥	⑦	⑧	⑨	⑩	⑪	⑫	⑬
>220	>220	4	>216	295.85	276.38	1.1	18.37	31 740	598	598	9.1	797
220~180	200	4	196	295.85	276.32	1.1	18.43	28 900	125	723	11.0	964
180~140	160	4	156	295.85	276.23	1.1	18.52	23 110	361	1 084	16.5	1 445
140~120	130	5	125	295.85	276.10	1.1	18.65	18 650	598	1 682	25.6	2 243
120~100	110	5	105	295.85	276.02	1.1	18.73	15 730	690	2 372	36.1	3 162
100~80	90	5	85	295.85	275.90	1.1	18.85	12 820	2 260	4 632	70.5	6 176
80~60	70	6	64	295.85	275.80	1.1	18.95	9 700	1 373	6 005	91.4	8 007
60~40	50	6	44	295.85	275.65	1.1	19.10	6 720	315	6 320	96.2	8 427
40~20	30	6	24	295.85	275.45	1.1	19.30	3 710	171	6 491	98.8	8 655
<20	<20	6	<14	295.85	275.30	1.1	19.45	2 180	79	6 570	100	8 760

【例7-7】 某河床式水电站为无调节水电站,具有18年径流资料,其系列的代表性较好,有关资料列入表7-8中,设计保证率 $P=80\%$,试推求该水电站的保证出力 $N_{保}$ 和日保证电能 $E_{保}$。

解:(1)分组。将实测日平均流量资料系列分组,从大到小排列填于表7-8中第①栏,并统计日平均流量在各组出现的次数列入第⑩栏。

(2)求可能引用的发电流量。由各组流量的中值减去灌溉引水及损失的流量,列入第④栏。

(3)上游水位 $Z_{上}$。河床式无调节水电站,当溢洪道不泄洪时,采用上游正常蓄水位,如表 7-8 中第⑤栏 $Z_{上}=295.85$ m，当泄洪时应考虑溢流的超高水位。

(4) 下游水位 $Z_{下}$。河床式水电站按尾水管出口处的水位流量关系曲线得出，除发电流量外，还应考虑溢洪道泄流以及支流汇入的流量等影响。

(5) 水头损失 ΔH。可按水力学方法得出，本例采用平均值 1.1 m。

(6) 净水头。净水头 $H_{净}=Z_{上}-Z_{下}-\Delta H$，得第⑧栏。

(7) 出力。由 $N=8Q_{电}H_{净}$ 得第⑨栏，为日平均出力。

(8) 累积出现次数。第⑪栏为大于等于某日平均流量出现的总次数(日)。

(9) 累积频率 P。第⑫栏，按公式 $P=$(累积出现次数/总次数 6 570) ×100% 计算。

(10) 保证时间。按年计算 $t=8\ 760P$，即水电站在长期运行中，平均一年内对应某一组流量(或某一出力 N)，能够得到保证的时间。

(11) 求保证出力 $N_{保}$。由第⑨栏和第⑫栏绘制日平均出力保证率曲线，如图 7-19 所示。再由设计保证率 $P=80\%$，查该曲线得保证出力 $N_{保}=11\ 600$ kW。

该水电站在长期运行中，平均每年有 8 760 ×80% ≈7 000(h)(80% 的时间)出力能够大于或等于 11 600 kW，换句话说，出力 11 600 kW 有 80% 的保证程度。

(12) 求日保证电能。$E_{保}=24\ N_{保}=24\times 11\ 600=27.8$(万 kWh)

此外，在初步设计时也可采用简化的计算方法。首先绘制日平均流量保证率曲线(也称日平均流量历时曲线)，由表 7-8 中第②、⑫两栏绘出，如图 7-20 所示。其次，根据设计保证率 $P=80\%$，在该曲线上查得 $Q_P=83\ m^3/s$。然后，将相应于 Q_P 的净水头 $H_{净}=18.9$ m 代入式(7-40)，并考虑引水及损失得 $N_{保}=8Q_PH_{净}=8\times(83-6)\times 18.9=11\ 642$(kW)。与前面的计算结果 11 600 kW 仅差 0.36%。

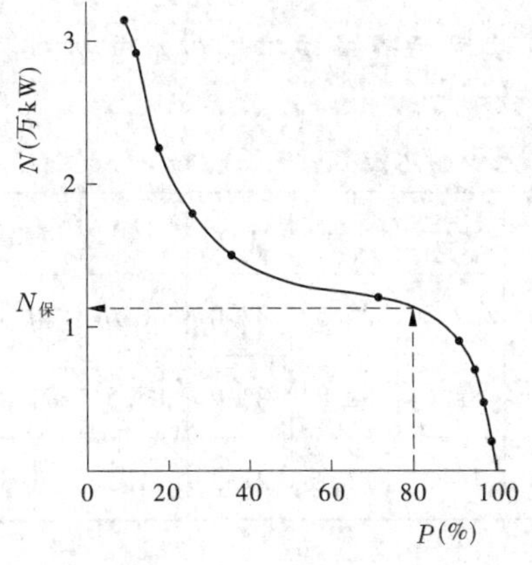

图 7-19　某河床式水电站日平均出力保证率曲线

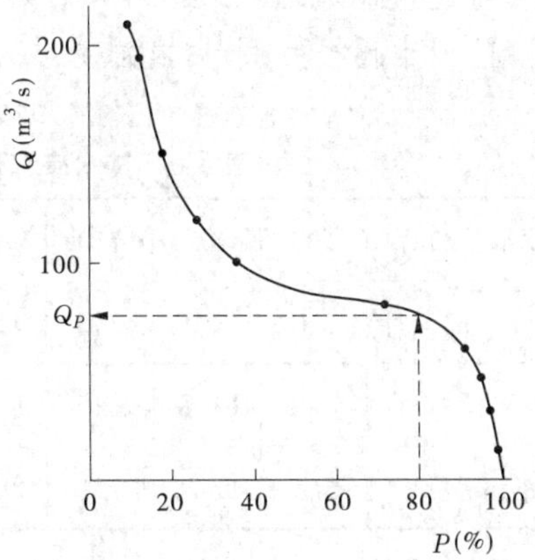

图 7-20　日平均流量保证率曲线

2. 年调节水电站的保证出力与保证电能计算

水库的兴利库容能够对一年内的天然径流进行重新分配，将丰水期的余水量蓄起来提高枯水期的发电流量，这类水电站称为年调节水电站。

在水库正常蓄水位和死水位已知的条件下，年调节水电站 $N_{保}$ 的计算可分为设计枯水年法和长系列法两类。而这两类方法的具体计算都可采用等流量法和等出力法。设计枯水年法仅对设计枯水年进行水能计算。下面通过设计枯水年的水能计算来说明等流量法和等出力法。

1)用等流量法进行设计枯水年的水能计算

设计枯水年指的是相应于水电站设计标准$P(\%)$的枯水年。水电站经过水库年调节,在设计枯水年供水期发出的平均出力,称为年调节水电站的保证出力。

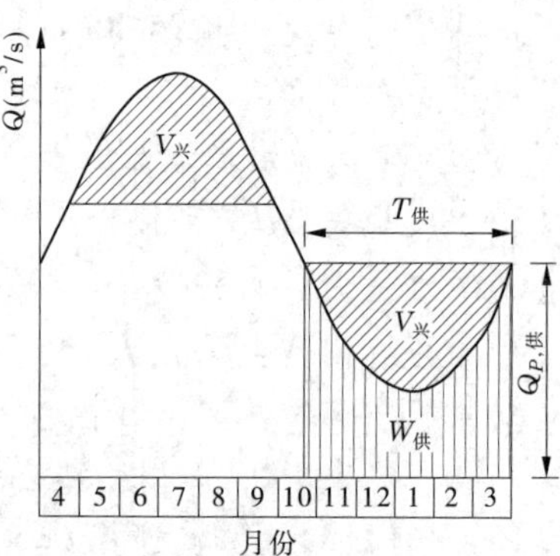

图7-21　设计枯水年调节流量计算示意图

由于年调节水库要将丰水期多余的水量蓄满兴利库容$V_兴$,以增加枯水期的调节流量,如图7-21所示,故设计枯水年供水期的调节流量为

$$Q_{P,供}=(W_供+V_兴)/T_供 \tag{7-48}$$

设计枯水年蓄水期的调节流量为

$$Q_{P,蓄}=(W_蓄-V_兴)/T_蓄 \tag{7-49}$$

式中　$W_供$、$W_蓄$——供水期、蓄水期天然来水量,m^3或$(m^3/s)\cdot$月;

$V_兴$——水库兴利库容,m^3或$(m^3/s)\cdot$月;

$T_供$、$T_蓄$——供水期、蓄水期历时,s或月。

为了计算方便,时间$T_供$、$T_蓄$常以月为单位;$W_供$、$W_蓄$、$V_兴$常以$(m^3/s)\cdot$月为单位。

【例7-8】　以发电为主的某年调节水电站,设计保证率$P=90\%$,水库正常蓄水位为133.0 m,死水位为110.0 m,水库水位库容关系、下游水位流量关系如表7-9所示。由分析计算得出坝址处的设计枯水年流量过程,如表7-10中第①、②栏所示。初步计算暂不计水库的泄水量损失,水头损失按1.0 m计算。试用等流量法推求该水电站的保证出力和保证电能。

表7-9　某水库水位库容关系及下游水位流量关系

水库水位(m)	100	105	110	115	120	125	130	135	140	145	150
库容($(m^3/s)\cdot$月)	3.0	5.0	7.7	11.6	16.5	22.3	29.5	38.0	48.5	70.6	72.6
下游水位(m)	81.6	81.8	82.0	82.2	82.4	82.6	82.8	83.0	83.5	84.0	84.5
流量(m^3/s)	3.5	5.2	7.1	9.6	11.8	14.5	17.8	21.3	31.5	44.8	60.5

解:(1)由正常蓄水位133.0 m及死水位110.0 m,查库容曲线得$V_蓄=34.5(m^3/s)\cdot$月、$V_死=7.7(m^3/s)\cdot$月,则兴利库容$V_兴=34.5-7.7=26.8((m^3/s)\cdot$月)。

(2)求供水期、蓄水期的发电调节流量。天然流量小于供水期调节流量的时期(即$Q_天<Q_{P,供}$),才是供水期$T_供$。从式(7-48)可以看出$T_供$与$Q_{P,供}$互有影响,故须试算。

首先,设$T_供$为8月~翌年2月,则7个月供水期的天然来水量为

$$W_{供,8月\sim翌年2月}=3.5+28.8+9.8+8.7+5.9+3.8+5.3=65.8((m^3/s)\cdot月)$$

供水期调节流量为

$$Q_{P,供}=(W_{供}+V_{兴})/T_{供}=(65.8+26.8)/7=13.23(m^3/s)$$

将13.23 m^3/s 与天然流量过程比较，发现8、9两个月的平均流量(3.5+28.8)/2=16.15(m^3/s)>$Q_{P,供}$，则8、9两个月不属于供水期，即$T_{供}$为7个月不合适。

重新设$T_{供}$为10月～翌年2月，$W_{供,10月～翌年2月}=9.8+8.7+5.9+3.8+5.3=33.5$(($m^3/s$)·月)，$Q_{P,供}=(W_{供}+V_{兴})/T_{供}=(33.5+26.8)/5=12.06$ (m^3/s)。再将12.06 m^3/s 与天然流量过程比较，可见10月～翌年2月的$Q_{天}$都小于$Q_{P,供}$，故所设$T_{供}$正确。12.06 m^3/s 即为所求的供水期调节流量，见表7-10中第③栏。

然后，假设蓄水期$T_{蓄}$为3～9月，则蓄水期的天然来水量$W_{蓄,3～9月}=19.8+14.9+41.5+55.3+30.2+3.5+28.8=194.0$(($m^3/s$)·月)，蓄水期调节流量$Q_{P,蓄}=(W_{蓄}-V_{兴})/T_{蓄}=(194.0-26.8)/7=23.89(m^3/s)$。

表7-10　某年调节水电站等流量水能计算(不计水量损失，P=90%)成果

时间(月)	天然流量 $Q_{天}$ (m^3/s)	引用流量 $Q_{引}$ (m^3/s)	水库蓄水(+)或供水(-) ΔQ (m^3/s)	ΔW ((m^3/s)·月)	弃水流量 $Q_{弃}$ (m^3/s)	时段末蓄水量 $V_{末}$ ((m^3/s)·月)	平均蓄水量 $\overline{V}$ ((m^3/s)·月)	上游平均水位 $Z_{上}$ (m)	下游平均水位 $Z_{下}$ (m)	水头损失 ΔH (m)	平均净水头 $\overline{H}_{净}$ (m)	平均出力 N (kW)	月发电量 E (万kWh)
①	②	③	④	⑤	⑥	⑦	⑧	⑨	⑩	⑪	⑫	⑬	⑭
3	19.8	19.8	0	0		7.70	7.70	110.0	82.90	1.0	26.10	4 134	302
4	14.9	14.9	0	0		7.70	7.70	110.0	82.90	1.0	26.10	3 111	227
5	41.5	35.0	6.50	6.50		14.20	10.95	114.2	83.65	1.0	29.55	8 274	604
6	55.3	35.0	20.30	20.30		34.50	24.35	126.5	83.65	1.0	41.85	11 718	855
7	30.2	30.2	0	0		34.50	34.50	133.0	83.45	1.0	48.55	11 730	856
8	3.5	16.15	-12.65	-12.65		21.85	28.18	129.0	82.70	1.0	45.30	5 853	427
9	28.8	16.15	12.65	12.65		34.50	28.18	129.0	82.70	1.0	45.30	5 853	427
10	9.8	12.06	-2.26	-2.26		32.24	33.37	132.3	82.42	1.0	48.88	4 716	344
11	8.7	12.06	-3.36	-3.36		28.88	30.56	130.8	82.42	1.0	47.38	4 571	334
12	5.9	12.06	-6.16	-6.16		22.72	25.80	127.8	82.42	1.0	44.38	4 282	313
1	3.8	12.06	-8.26	-8.26		14.46	18.59	122.2	82.42	1.0	38.78	3 741	273
2	5.3	12.06	-6.76	-6.76		7.70	11.08	114.5	82.42	1.0	31.08	2 999	219
Σ	227.5	227.5	0	0									5 181

将23.89 m^3/s 与天然流量过程比较，可见3月、4月、8月、9月四个月不属于蓄水期，重设$T_{蓄}$为5、6两个月，则$W_{蓄,5～6月}=41.5+55.3=96.8$(($m^3/s$)·月)，蓄水期调节流量$Q_{P,蓄}=(96.8-26.8)/2=35.0(m^3/s)$。

将35.0 m^3/s 与天然流量过程比较，$T_{蓄}$为5、6两个月比较合适。3月、4月、7月按$Q_{天}$引用，为不蓄不供期。8月、9月按两月的平均流量16.15 m^3/s 引用，列入第③栏，并

以∑③栏 = ∑②栏校核。

还需指出，$Q_{引}$ 只是为推求 $Q_{P,供}$和 $Q_{P,蓄}$而进行的调节，未考虑水电站机组最大过水流量的限制。在规划设计阶段，水电站装机容量未定，采用“无弃水调节”，所求得的出力为水电站水流出力。若考虑水电站机组最大流量的限制，在蓄水期 $Q_{天} > Q_{限}$ 时，水库可先蓄后弃（先蓄满水库的兴利库容然后才弃水），也可先弃后蓄，或按综合利用要求等各种蓄水方案进行水能调节计算。

(3)求各月水库蓄水或供水。由第②、③栏推算第④、⑤栏。

(4)计算水库各月末蓄水量：根据水库供水期末蓄水量为死库容 7.7(m^3/s)·月的原则，计算各月末蓄水量，结果列入第⑦栏。

(5)计算各月平均蓄水量 $\overline{V}$。由第⑦栏取时段始末的平均值，得第⑧栏。

(6)计算水库平均水位 $Z_{上}$。第⑨栏由第⑧栏查库容曲线得出。下游平均水位 $Z_{下}$（第⑩栏）由第③栏查下游水位流量关系曲线得出。

(7)计算水头损失 ΔH。第⑪栏按 1.0 m 计算。平均净水头 $\overline{H}_{净} = Z_{上} - Z_{下} - \Delta H$，列入第⑫栏。

(8)计算各月平均出力。按 $N = 8Q_{引}\overline{H}_{净}$ 计算，列入第⑬栏。各月发电量 $E = 730N$，列入第⑭栏。

(9)求年调节水电站的保证出力 $N_{保}$。$N_{保} = (4\ 716 + 4\ 571 + 4\ 282 + 3\ 741 + 2\ 999)/5 = 4\ 062$(kW)。

(10)求年调节水电站的保证电能 $E_{保}$。$E_{保}$ 为供水期 10 月～翌年 2 月的电能之和，即 $E_{保} = 344 + 334 + 313 + 273 + 219 = 1\ 483$(万 kWh)。

2)用等出力法进行设计枯水年的水能计算

在实际工作中，对水电站的发电要求往往不是各月流量相等，而是各月出力相等或出力随负荷要求变化。在已知正常蓄水位和死水位的条件下推求水电站的保证出力，而且整个供水期的出力又要相等，这比等流量法要复杂得多。常用的计算方法有试算法和图解法，这里仅举例介绍试算法的计算步骤。

由出力公式 $N = 8Q_{引}H_{净}$，得 $Q_{引} = N/(8H_{净})$，当 N 已知时，$Q_{引}$ 随 $H_{净}$ 变化，而 $H_{净}$ 又影响 $Q_{引}$。因 $H_{净}$ 受水库蓄水量变化的影响，蓄水量变化又与 $Q_{引}$ 有关，即 $Q_{引}$ 与 $H_{净}$ 互为函数，故上式不能直接求解，每个时段的 $Q_{引}$ 都需要试算。

【例 7-9】 根据算例 7-8 资料，按等出力试算法求该水电站的保证出力 $N_{保}$ 及保证电能 $E_{保}$。

解：(1)根据 $N_{保}$ 的可能范围拟定供水期各月的平均出力 $\overline{N} = 4\ 000$ kW，列入表 7-11 中第②栏，供水期天然流量第①、③栏抄自表 7-10 中的第①、②栏。

(2)试算发电引用流量 $Q_{引}$。从供水期初 10 月份开始，假设 $Q_{引} = 10.10\ m^3/s$，列入第④栏；水库供水 $\Delta Q = Q_{天} - Q_{引} = 9.8 - 10.1 = -0.3$($m^3$/s)，列入第⑤栏；水库供水量 $\Delta W = -0.3$(m^3/s)·月，列入第⑥栏；设计枯水年供水期无弃水，故 $Q_{弃} = 0$；时段末水库蓄水量 $V_{末}$，为时段初的蓄水量（从 $V_{兴}$ 蓄满开始）减去供水量，即第⑧栏 $V_{末} = 34.5 - 0.3 = 34.2$(($m^3$/s)·月)；第⑨栏 $\overline{V} = (34.5 + 34.2)/2 = 34.35$(($m^3$/s)·月)；由 34.35($m^3$/s)·月

查库容曲线得第⑩栏 $Z_{上}=133.02$ m；由 $Q_{引}=10.10\ m^3/s$ 查下游水位流量关系曲线，得第⑪栏 $Z_{下}=82.25$ m；第⑫栏仍按 1.0 m 计算；第⑬栏 $\overline{H}_{净}=Z_{上}-Z_{下}-\Delta H=49.77(m)$；第⑭栏校核出力 $N_{校}=8Q_{引}\overline{H}_{净}=8\times10.10\times49.77=4\ 021(kW)$。它与已知出力 4 000 kW 相差较大，故需重新假设 $Q_{引}$。

再假设 $Q_{引}=10.05\ m^3/s$，则 $\Delta Q=-0.25\ m^3/s$；$\Delta W=-0.25(m^3/s)\cdot$月；$V_{末}=34.25(m^3/s)\cdot$月；$\overline{V}=34.38(m^3/s)\cdot$月；$Z_{上}=133.05$ m；$Z_{下}=82.24$ m；$\overline{H}_{净}=49.81$ m；$N_{校}=4\ 005$ kW，它与已知出力 4 000 kW 相近。因此，所设的 $Q_{引}$ 与相应的 $V_{末}$、$Z_{上}$ 等即为本时段所求之值，分别填入第④～⑭栏。

(3)求供水期末的水库蓄水量。10 月份试算完之后，用同样的方法，依次分别试算 11 月～翌年 2 月的 $Q_{引}$，得出水电站按 $N=4\ 000$ kW 等出力工作时，在设计枯水年供水期末水库蓄水量 $V_{供末1}=11.36(m^3/s)\cdot$月。

因 $11.36(m^3/s)\cdot$月略大于 $7.7(m^3/s)\cdot$月，说明所拟定的 $N=4\ 000$ kW 偏小，故需重新拟定供水期的平均出力。

(4)重新拟定 $N=4\ 250$ kW，逐月试算至供水期末得 $V_{供末2}=3.61(m^3/s)\cdot$月，小于 $V_{死}=7.7(m^3/s)\cdot$月，说明所拟定的 $N=4\ 250$ kW 偏大。

(5)求保证出力 $N_{保}$。通过上述试算可以看出 $N_{保}$ 为 4 000～4 250 kW，故用内插法求得 $N_{保}=4\ 000+(4\ 250-4\ 000)\times(11.36-7.7)/(11.36-3.61)=4\ 118(kW)$。与前述等流量法计算所得的值仅差 1.4%。

(6)求保证电能 $E_{保}$。$E_{保}=N_{保}T=4\ 118\times5\times730=1\ 503$(万 kWh)。

表 7-11　某年调节水电站等出力水能计算(不计水量损失，$P=90\%$)成果

时段 t (月)	已知出力 N (kW)	天然流量 $Q_{天}$ (m^3/s)	引用流量 $Q_{引}$ (m^3/s)	水库蓄水(+)或供水(-) ΔQ (m^3/s)	ΔW ((m^3/s)·月)	弃水流量 $Q_{弃}$ (m^3/s)	时段末蓄水量 $V_{末}$ ((m^3/s)·月)	平均蓄水量 $\overline{V}$ ((m^3/s)·月)	上游平均水位 $Z_{上}$ (m)	下游平均水位 $Z_{下}$ (m)	水头损失 ΔH (m)	平均净水头 $\overline{H}_{净}$ (m)	校核出力 $N_{校}$ (kW)
①	②	③	④	⑤	⑥	⑦	⑧	⑨	⑩	⑪	⑫	⑬	⑭
9							34.5						
(10)	(4 000)	(9.8)	(10.10)	(-0.3)	(-0.3)		(34.2)	(34.35)	(133.02)	(82.25)	(1.0)	(49.77)	(4 021)
10	4 000	9.8	10.05	-0.25	-0.25		34.25	34.38	133.05	82.24	1.0	49.81	4 005
11	4 000	8.7	10.17	-1.47	-1.47		32.78	33.52	132.46	82.26	1.0	49.20	4 003
12	4 000	5.9	10.59	-4.69	-4.69		28.09	30.44	130.45	82.27	1.0	47.18	3 997
1	4 000	3.8	11.65	-7.85	-7.85		20.24	24.17	126.32	82.38	1.0	42.94	4 002
2	4 000	5.3	14.18	-8.88	-8.88		11.36	15.80	118.80	82.55	1.0	35.25	3 999
9							34.5				1.0		
10	4 250	9.8	10.69	-0.89	-0.89		33.61	34.06	133.0	82.30	1.0	49.70	4 250
11	4 250	8.7	10.92	-2.22	-2.22		31.39	32.50	132.0	82.34	1.0	48.66	4 251
12	4 250	5.9	11.58	-5.68	-5.68		25.71	28.55	129.2	82.36	1.0	45.84	4 247
1	4 250	3.8	13.10	-9.30	-9.30		16.41	21.06	124.0	82.47	1.0	40.53	4 248
2	4 250	5.3	18.10	-12.80	-12.80		3.61	10.01	113.2	82.82	1.0	29.38	4 254

3）长系列法

为了比较精确地推求年调节水电站的保证出力和保证电能，用全部径流系列或具有代表性的径流系列，以月为计算时段，用前面所述的等流量法或等出力法推求每年供水期的平均出力。然后将这些出力由大到小排列，计算各出力值相应的频率，绘制供水期平均出力保证率曲线，如图 7-22 所示。最后由水电站的设计保证率 $P_{设}$，在该曲线上查得相应的供水期平均出力 N_P，即为所求的年调节水电站保证出力 $N_{保}$。

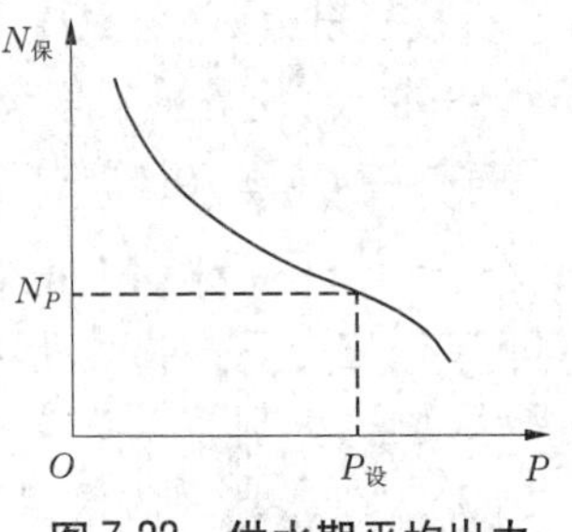

图 7-22　供水期平均出力保证率曲线

从年径流系列中选出供水期平均出力与 $N_{保}$ 相近的年份，将该年供水期当成 $N_{保}$ 的供水期，则年调节水电站的保证电能为

$$E_{保} = 730 N_{保}\, n \tag{7-50}$$

式中　n ——供水期的月数；

730——每月平均小时数。

3. 多年调节水电站的保证出力与保证电能计算

水库的兴利库容较大，能够对几年甚至十几年的天然径流进行重新分配，将丰水年组的余水蓄存起来，提高枯水年组的发电流量，这类水电站称为多年调节水电站。

水库经过多年调节，在相应于设计保证率的枯水年组内所发出的平均出力，称为多年调节水电站的保证出力。在设计枯水年组内的总发电量为保证电能，但电力系统都是以年来计算发电量的，故将按保证出力连续工作一年的发电量作为多年调节水电站的保证电能。

用时历法推求多年调节水电站 $N_{保}$ 和 $E_{保}$ 的方法步骤如下：

（1）按水电站的设计保证率 $P_{设}$ 计算水库正常供水允许破坏的年数 $T_{破}$。$T_{破} = n - (n+1)P_{设}$。例如 $P_{设} = 90\%$，有 $n = 31$ 年的年径流量资料，则 $T_{破} = 31 - (31+1) \times 90\% \approx 2$（年）。

（2）从年径流量长系列中选择最枯的连续枯水年组，从该枯水年组的最末扣除 $T_{破}$，作为设计枯水系列，其历时即为多年调节水库的供水期 $T_{供}$，并求出设计枯水系列 $T_{供}$ 内用于发电的天然来水总量 $W_{供}$。

（3）按等流量调节计算设计枯水系列的调节流量 $Q_{调}$。其方法与年调节水电站相似，即 $Q_{调} = (W_{供} + V_{兴}) / T_{供}$。此外，需用 $Q_{调}$ 值对其他枯水年组进行校核，若有正常供水被破坏的年份，则应从 $T_{破}$ 中扣除。

（4）按等流量调节计算 $N_{保}$ 和 $E_{保}$。从正常蓄水位开始，对设计枯水系列进行水能计算，求出其平均出力，即为多年调节水电站的保证出力。将保证出力乘以一年的小时数，即为多年调节水电站的保证电能。

在初步计算时，可用下列公式近似推求出多年调节水电站的 $N_{保}$ 和 $E_{保}$，即

$$N_{保} = A Q_{调} H \tag{7-51}$$

$$E_{保} = 8\ 760 N_{保} \tag{7-52}$$

其中

$$H = \overline{Z}_{上} - \overline{Z}_{下} - \Delta H \tag{7-53}$$

式中 $\overline{Z}_{上}$——设计枯水系列的平均库水位，由 $V_{死} + V_{兴}/2$ 查库容曲线得出；

$\overline{Z}_{下}$——平均下游水位；

ΔH——平均水头损失。

(二)水电站的多年平均年发电量计算

无调节、日调节、年调节及多年调节水电站的多年平均年发电量均为多年运行期间平均每年所生产的电能。根据各设计阶段对水能计算要求精度的不同，多年平均年发电量的计算方法分为代表年法(代表年组法)和长系列法。

1. 代表年法或代表年组法

对丰、平、枯(如 $P=10\%$、50%、90%)三个设计代表年的年径流量过程分别按前述方法进行出力和电能计算，用式(7-54)求出 12 个月的电能之和，即为年发电量 $E_{年}$。然后，将丰、平、枯三年的电能取平均值，即可求出多年平均年发电量 $\overline{E}_{年}$，即

$$E_{年} = \sum E_{月} = 730 \sum_{i=1}^{12} \overline{N}_{月_i} = 243 \sum_{i=1}^{36} \overline{N}_{旬_i} \tag{7-54}$$

$$\overline{E}_{年} = \frac{1}{3}(E_{丰} + E_{平} + E_{枯}) \tag{7-55}$$

式中 $E_{月}$——月发电量，kWh；

$\overline{N}_{月}$、$\overline{N}_{旬}$——月、旬平均出力；

$E_{丰}$、$E_{平}$、$E_{枯}$——丰水年、平水年、枯水年的年发电量，kWh。

这种方法一般用于水电站的初步设计阶段，在规划阶段为了减少计算工作量，可用平水年的 $E_{年}$ 代表多年平均年发电量 $\overline{E}_{年}$。

对于多年调节水电站 $\overline{E}_{年}$ 的计算，也可采取代表年组法进行计算。

2. 长系列法

对长系列水文资料的各年每一个月都作水能计算，求出各月平均出力 $\overline{N}_{月}$，按式(7-54)计算各年的年发电量 $E_{年}$，取其平均值即为多年平均年发电量 $\overline{E}_{年}$，即

$$\overline{E}_{年} = (\sum_{i=1}^{n} E_{年i})/n \tag{7-56}$$

在水库的正常蓄水位、死水位以及装机容量都确定后，有必要用这种方法较精确地求出多年平均年发电量。由于计算的工作量较大，可用计算机计算。

应当指出：上述两种方法在水能计算中，若装机容量 $N_{装}$ 未定，则无须考虑 $N_{装}$ 的限制，按水流算得的多年平均年发电量 $\overline{E}_{年}$ 为水流电能；若装机容量 $N_{装}$ 已初步确定，则当某月平均出力 $\overline{N}_{装} > N_{装}$ 时，该月按 $N_{装}$ 计，多余水量为弃水，所算得的 $\overline{E}_{年}$ 为水电站电能。

三、灌溉结合发电的水库水能计算

(一)灌溉结合发电水库水电站的保证出力

以灌溉为主结合发电的水库水电站,通常是发电服从于灌溉,利用水库发电泄放的水量进行灌溉。水电站的设计保证率与灌溉设计保证率可能相同也可能不同。其保证出力是指相应于水电站设计保证率的水流在供水时段内发出的平均出力。

以灌溉为主的水库,年调节或多年调节常以月(旬)为计算时段。根据水库的径流资料和灌溉用水资料逐月(旬)进行水能计算就能求出历年各月(旬)的平均出力。再由大到小排列,计算各出力值的经验频率,绘制月(旬)平均出力频率曲线,如图7-23所示。最后再由水电站的设计保证率,在图7-23上查得相应于$P_{设}$的出力N_P值,即为水电站的保证出力。为了简化计算,可选择丰、平、枯三种来水与用水代表年对各代表年逐月(旬)进行计算,以代替长系列的逐月(旬)水能计算。

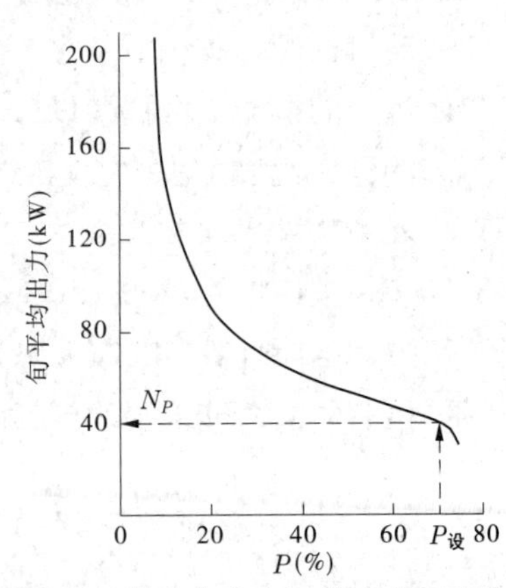

图7-23　某水电站旬平均出力频率曲线

【例7-10】　同算例7-4资料,该水库是以灌溉为主的年调节水库,为了充分利用水力资源,拟建设一座水电站。已知:①水电站的设计保证率$P=70\%$,电力负荷无特殊要求;②水库库容曲线(见图6-2);③水库设计死水位$Z_{死}=53.32$ m,正常蓄水位$Z_{蓄}=59.98$ m;④水电站下游平均尾水位$Z_{下}=47.0$ m,尾水与灌溉渠首相连;⑤丰($P=80\%$)、平($P=50\%$)、枯($P=20\%$)三个设计代表年的来水量和用水量,如表7-12所示。求水电站的保证出力及多年平均年发电量。

表7-12　某水库设计代表年来水和用水资料　　　　(单位:万 m³)

设计代表年P(%)	项目	月份																						总计
		1	2	3	4			5			6			7			8			9	10	11	12	
					上旬	中旬	下旬	上旬	中旬	下旬	上旬	中旬	下旬	上旬	中旬	下旬	上旬	中旬	下旬					
80	来水量	63	62	79	38	57	41	102	51	44	34	23	60	40	21	17	21	38	20	360	436	203	85	1 895
	灌溉水量					181		104		231	93	254	136	142	205	155	32		116					1 649
50	来水量	65	76	130	34	51	28	40	85	48	43	34	57	45	170	85	124	283	170	650	391	156	65	2 830
	灌溉水量					150		98	15	217	99	259	142	97	85	119	11		50					1 342
20	来水量	73	90	126	32	40	16	64	83	115	42	38	62	81	213	61	57	89	111	940	976	480	201	3 990
	灌溉水量					162	15	120		138	30	227	130	103		97	20		43					1 085

注:1. 各设计代表年($P=80\%$、50%、20%)的设计年来水过程由$C_v=0.42$、$C_s=2C_v$、$\overline{W}=3\ 010$万 m³求出;
2. 丰、平、枯水年的灌溉用水过程根据当地试验站的灌溉制度算出。

解:在水库正常蓄水位和死水位已经确定,主要为满足灌溉供水的条件下,对丰、平、枯三个设计代表年分别进行发电调节计算,见表7-13~表7-15。

表 7-13　某水库发电年调节出力计算（$P=80\%$）成果

时间		来水量 $W_{来}$（万 m^3）	用水量 $W_{用}$（万 m^3）	损失水量 ΔW（万 m^3）	水库下泄水量 $W_{泄}$（万 m^3）	水库蓄放 $W_{来}-\Delta W-W_{泄}$（万 m^3）		月（旬）末库容 V（万 m^3）	平均库容 $\overline{V}$（万 m^3）	平均水位 $\overline{Z}$（m）	水头损失 ΔH（m）	平均水头 $\overline{H}$（m）	发电流量 Q（m^3/s）	平均出力 $\overline{N}$（kW）
月	旬					+	−							
①		②	③	④	⑤	⑥	⑦	⑧	⑨	⑩	⑪	⑫	⑬	⑭
								1 117						
1		63		13		50		1 167	1 142	59.4	0.4	12.0		
2		62		14		48		1 215	1 191	59.6	0.4	12.2		
3		79		20		59		1 274	1 245	59.8	0.4	12.4		
4	上	38		12	4	22		1 296	1 285	59.9	0.4	12.5	0.05	4
	中	57	181	12	181		136	1 160	1 228	59.9	0.4	12.4	2.07	167
	下	41	0	11	0	30		1 190	1 175	59.6	0.4	12.2	0	0
5	上	102	104	13	104		15	1 175	1 183	59.6	0.4	12.2	1.19	94
	中	51	0	14	0	37		1 212	1 194	59.7	0.4	12.3	0	0
	下	44	231	14	231		201	1 011	1 112	59.3	0.4	11.9	2.64	205
6	上	34	93	13	93		72	939	975	58.9	0.4	11.5	1.06	79
	中	23	254	12	254		243	696	818	58.2	0.4	10.8	2.90	204
	下	60	136	11	136		87	609	653	57.5	0.4	10.1	1.55	102
7	上	40	142	8	142		110	499	554	57.0	0.4	9.6	1.62	101
	中	21	205	7	205		191	308	404	56.1	0.4	8.7	2.34	132
	下	17	155	5	155		143	165	237	54.9	0.4	7.5	1.77	86
8	上	21	32	4	32		15	150	158	54.2	0.4	6.8	0.37	16
	中	38	0	4	0	34		184	167	54.3	0.4	6.9	0	0
	下	20	116	4	116		100	84	134	53.9	0.4	6.5	1.33	56
9		360		10		350		434	259	55.1	0.4	7.7		
10		436		14		422		856	645	57.5	0.4	10.1		
11		203		14		189		1 045	951	58.8	0.4	11.4		
12		85		13		72		1 117	1 081	59.2	0.4	11.8		
合计		1 895	1 649	242	1 653	1 313	1 313							1 246

表 7-14　某水库发电年调节出力计算($P=50\%$)成果

时间		来水量 $W_{来}$ (万 m^3)	用水量 $W_{用}$ (万 m^3)	损失水量 ΔW (万 m^3)	水库下泄水量 $W_{泄}$ (万 m^3)	水库蓄放 $W_{来}-\Delta W-W_{泄}$ (万 m^3)		月(旬)末库容 V (万 m^3)	平均库容 $\overline{V}$ (万 m^3)	平均水位 $\overline{Z}$ (m)	水头损失 ΔH (m)	平均水头 $\overline{H}$ (m)	发电流量 Q (m^3/s)	平均出力 $\overline{N}$ (kW)
月	旬					+	−							
①		②	③	④	⑤	⑥	⑦	⑧	⑨	⑩	⑪	⑫	⑬	⑭
								1 165						
1		65		13	147		95	1 070	1 118	59.4	0.4	12.0	0.56	44
2		76		14	147		85	985	1 028	59.1	0.4	11.7	0.56	43
3		130		20	147		37	948	967	58.8	0.4	11.4	0.56	42
4	上	34		12	49		27	921	935	58.7	0.4	11.3	0.56	41
	中	51	150	12	150		111	810	866	58.4	0.4	11.0	1.71	122
	下	28	0	11	49		32	778	794	58.1	0.4	10.7	0.56	39
5	上	40	98	13	98		71	707	743	57.9	0.4	10.5	1.12	76
	中	85	15	14	49	22		729	718	57.8	0.4	10.4	0.56	38
	下	48	217	14	217		183	546	638	57.4	0.4	10.0	2.48	161
6	上	43	99	13	99		69	477	512	56.8	0.4	9.4	1.13	69
	中	34	259	12	259		237	240	359	55.8	0.4	8.4	2.96	162
	下	57	142	11	142		96	144	192	54.5	0.4	7.1	1.61	74
7	上	45	97	8	97		60	84	114	53.7	0.4	6.3	1.11	45
	中	170	85	7	85	78		162	123	53.8	0.4	6.4	0.97	40
	下	85	119	5	119		39	123	143	54.0	0.4	6.6	1.36	58
8	上	124	11	4	48	72		195	159	54.2	0.4	6.8	0.55	24
	中	283	0	4	48	231		426	311	55.5	0.4	8.1	0.55	29
	下	170	50	4	50	116		542	484	56.6	0.4	9.2	0.57	34
9		650		10	147	493		1 035	789	58.1	0.4	10.7	0.56	39
10		391		14	147	230		1 265	1 150	59.4	0.4	12.0	0.56	44
11		156		14	147		5	1 260	1 263	59.9	0.4	12.5	0.56	45
12		65		13	147		95	1 165	1 213	59.7	0.4	12.3	0.56	45
合计		2 830	1 342	242	2 588	1 242	1 242							1 314

表 7-15　某水库发电年调节出力计算（$P=20\%$）成果

时间 月	时间 旬	来水量 $W_{来}$（万 m^3）	用水量 $W_{用}$（万 m^3）	损失水量 ΔW（万 m^3）	水库下泄水量 $W_{泄}$（万 m^3）	水库蓄放 $W_{来}-\Delta W-W_{泄}$（万 m^3） +	水库蓄放 −	月（旬）末库容 V（万 m^3）	平均库容 $\overline{V}$（万 m^3）	平均水位 $\overline{Z}$（m）	水头损失 ΔH（m）	平均水头 $\overline{H}$（m）	发电流量 Q（m^3/s）	平均出力 $\overline{N}$（kW）
①		②	③	④	⑤	⑥	⑦	⑧	⑨	⑩	⑪	⑫	⑬	⑭
								1 510						
1		73		13	287		227	1 283	1 397	60.3	0.4	12.9	1.09	91
2		90		14	287		211	1 072	1 178	59.6	0.4	12.2	1.09	86
3		126		20	287		181	891	982	58.9	0.4	11.5	1.09	81
4	上	32		12	95		75	816	854	58.4	0.4	11.0	1.09	78
	中	40	162	12	162		134	682	749	57.9	0.4	10.5	1.85	126
	下	16	15	11	95		90	592	637	57.4	0.4	10.0	1.09	71
5	上	64	120	13	120		69	523	558	57.0	0.4	9.6	1.37	86
	中	83	0	14	95		26	497	510	56.7	0.4	9.3	1.09	66
	下	115	138	14	138		37	460	479	56.6	0.4	9.2	1.57	94
6	上	42	30	13	95		66	394	427	56.3	0.4	8.9	1.09	63
	中	38	227	12	227		201	193	294	55.4	0.4	8.0	2.59	135
	下	62	130	11	130		79	114	154	54.1	0.4	6.7	1.48	65
7	上	81	103	8	103		30	84	99	53.5	0.4	6.1	1.18	47
	中	213	0	7	95	111		195	140	54.0	0.4	6.6	1.09	47
	下	61	97	5	97		41	154	175	54.3	0.4	6.9	1.11	50
8	上	57	20	4	95		42	112	133	53.9	0.4	6.5	1.09	46
	中	89	0	4	96		11	101	107	53.6	0.4	6.2	1.10	44
	下	111	43	4	96	11		112	107	53.6	0.4	6.2	1.10	44
9		940		10	287	643		755	438	56.4	0.4	9.0	1.09	64
10		976		14	287	675		1 430	1 093	59.3	0.4	11.9	1.09	84
11		480		14	287	179		1 609	1 520	60.7	0.4	13.3	1.09	94
12		201		13	287		99	1 510	1 560	60.8	0.4	13.4	1.09	95
合计		3 990	1 085	242	3 748	1 619	1 619							1 657

1. 调节计算水库的蓄水过程

(1)水库的来水量、用水量。表7-13～表7-15中第①、②、③栏摘自表7-12。

(2)水库的水量损失。因水库在丰、平、枯三个设计代表年都是年调节,故各表中的第④栏都近似地采用算例7-4中的数值。

(3)水库的下泄水量:年总来水量－年总损失水量＝年总下泄水量,即∑②栏－∑④栏＝∑⑤栏。如表7-13中$\sum W_{泄}=1\ 895-242=1\ 653$(万$m^3$),其中除灌溉用水外的余水量$=\sum W_{泄}-\sum W_{用}=1\ 653-1\ 649=4$(万$m^3$),分配在水库蓄满之时(4月上旬)。又如表7-14中第⑤栏$\sum W_{泄}=2\ 830-242=2\ 588$(万$m^3$),大大超过灌溉用水量(1 342万$m^3$)。为了保证灌溉用水,又充分利用剩余水量发电,并考虑发电供水的均匀性,提高供电质量和机组运行小时数。因此,对灌溉用水量大于50万m^3者,按灌溉用水量下泄,其剩余水量$=2\ 588-(150+98+217+99+259+142+97+85+119+50)=1\ 272$(万$m^3$),将其均匀地分配到其余26个旬中,平均每旬$1\ 272/26\approx49$(万$m^3$),则月泄水量$=49\times3=147$(万$m^3$)。为使年水量平衡,8月上、中旬的泄水量为48万$m^3$。表7-15中第⑤栏的计算方法相同。

(4)水库蓄放水量。各时段水库蓄放水量＝来水量－损失水量－泄水量,即②栏－④栏－⑤栏,则其结果若为正值填入第⑥栏,若为负值填入第⑦栏。用∑⑥栏＝∑⑦栏验算。

(5)调节计算水库的蓄水过程:分析第⑥、⑦两栏,在供水期末为水库死库容$V_{死}=84$万m^3的时刻,即调节计算的起点。表7-13在8月末,表7-14、表7-15均在7月上旬末。从起调水位开始,按顺时序累计各月(旬)蓄放水量,得第⑧栏各月(旬)末的库容,即水库的蓄水过程。一般情况下,当库水位超过防洪限制水位和正常蓄水位时,应该泄水。年调节水库累计计算一年之后,回到起调时刻应为$V_{死}$,否则计算有误。

2. 求保证出力

(1)平均库容。当月(旬)平均库容＝[上月(旬)末库容＋当月(旬)末库容]/2,填入第⑨栏。

(2)平均库水位。由当月(旬)平均库容第⑨栏查库容曲线得出。

(3)平均水头。水头损失ΔH均按0.4 m计,月(旬)平均水头＝月(旬)平均库水位－下游水位－ΔH。

(4)发电流量。由月(旬)水库下泄水量/月(旬)的秒数＝月(旬)发电流量。则⑬栏＝⑤栏/时段秒数。(已知1月≈263万s,1旬≈87.6万s)。

(5)平均出力。$N=AQH_{净}$,取$A=6.5$。

(6)保证出力。按旬计将表7-13～表7-15中的出力值,三年共108个,由大到小排列,计算其经验频率,见表7-16。绘制旬平均出力频率曲线,如图7-23所示。由水电站的设计保证率70%,在图上查得相应的旬平均出力$N_P=40$ kW,即为该水电站的保证出力。

(二)以灌溉为主的水库水电站多年平均年发电量

以灌溉为主的水库水电站多年平均年发电量的计算与以发电为主的水库水电站多年平均年发电量的计算原理和方法是相同的,但水电站水流的出力要受装机容量的限制,当有的月(旬)平均出力超过$N_{装}$时,则只能发出$N_{装}$的出力。具体计算如例7-11。

【例 7-11】　求算例 7-10 中水电站的多年平均年发电量。

解：由表 7-13 ~ 表 7-15 求得丰、平、枯三个代表年的旬平均出力总和为：1 246 + 1 314 + 1 657 = 4 217（kW），按式（7-50）、式（7-51）得水流的 $\overline{E}'_{年} = (243 \times 4\ 217)/3 = 34.2$（万 kWh）。

若初步选择 $N_{装} = 150$ kW，则表 7-16 中前 5 项均应按 150 kW 计算。三个设计代表年旬平均出力总和为：4 217 − (205 + 204 + 167 + 162 + 161) + 150 × 5 = 4 068（kW），其多年平均年发电量 $\overline{E}_{年} = 243 \times 4\ 068/3 = 33.0$（万 kWh）。

表 7-16　某水电站旬平均出力频率计算成果

序号	出力 N (kW)	频率 $P=\frac{m}{n+1}$ (%)	序号	出力 N (kW)	频率 $P=\frac{m}{n+1}$ (%)	序号	出力 N (kW)	频率 $P=\frac{m}{n+1}$ (%)	序号	出力 N (kW)	频率 $P=\frac{m}{n+1}$ (%)
1	205	0.9	24	86	22.0	47	56	43.2	70	42	64.2
2	204	1.8	25	86	22.9	48	50	44.1	71	42	65.1
3	167	2.8	26	86	23.8	49	47	45.0	72	42	66.1
4	162	3.7	27	86	24.8	50	47	45.9	73	41	67.0
5	161	4.6	28	84	25.7	51	46	46.8	74	40	67.9
6	135	5.5	29	84	26.6	52	45	47.7	75	39	68.8
7	132	6.4	30	84	27.5	53	45	48.6	76	39	69.7
8	126	7.3	31	81	28.4	54	45	49.6	77	39	70.7
9	122	8.3	32	81	29.3	55	45	50.5	78	39	71.6
10	102	9.2	33	81	30.3	56	45	51.4	79	38	72.5
11	101	10.1	34	79	31.2	57	45	52.3	80	34	73.4
12	95	11.0	35	78	32.1	58	45	53.2	81	29	74.3
13	95	11.9	36	76	33.0	59	44	54.2	82	24	75.2
14	95	12.9	37	74	34.0	60	44	55.1	83	16	76.2
15	94	13.8	38	71	34.9	61	44	56.0	84	4	77.1
16	94	14.7	39	69	35.8	62	44	56.9	85	0	78.0
17	94	15.6	40	66	36.7	63	44	57.8	86	0	78.9
18	94	16.5	41	65	37.6	64	44	58.7	87	0	79.8
19	94	17.4	42	64	38.5	65	44	59.7	88	0	80.7
20	91	18.3	43	64	39.4	66	44	60.6	⋮	⋮	⋮
21	91	19.3	44	64	40.3	67	43	61.5	106	0	97.2
22	91	20.2	45	63	41.3	68	43	62.4	107	0	98.2
23	86	21.1	46	58	42.2	69	43	63.3	108	0	99.1

第五节　水电站装机容量的确定

装机容量是水电站主要参数之一,直接关系到水资源的利用、水电站的规模以及水电站的投资与效益。因此,装机容量的大小应在计算的基础上,全面分析、综合研究、合理确定。

根据水电站装机容量的组成,装机容量的选择应包括最大工作容量选择、备用容量选择和重复容量选择三部分。

一、水电站最大工作容量确定

(一)无调节水电站的最大工作容量确定

无调节水电站没有水库的调节,如果不及时利用天然径流就会形成弃水。为减少水能浪费,充分利用日电能,让无调节水电站担任系统负荷图中的基荷比较合适。其最大工作容量就等于保证出力。

(二)日调节水电站的最大工作容量确定

日调节水电站因有日调节能力,既要考虑利用日保证电能 $E_{保\cdot日}$($E_{保\cdot日}=24N_{保}$),又要考虑在电力系统负荷图中发挥日调节水库的作用。因此,其最大工作容量取决于 $E_{保\cdot日}$及电站在负荷图中的工作位置。

(1)如果日调节水电站担任电力系统负荷图中的峰荷,如图7-24(a)所示。在日电能累积曲线上,即 $ab=E_{保\cdot日}$,由 b 作垂线 bc,则 bc 即为日调节水电站的最大工作容量。

(2)如果日调节水电站下游河道有航运或灌溉要求,需要一定的流量,则必须将 $E_{保\cdot日}$中的一部分 $E_{保\cdot日2}$ 安排在基荷,剩余部分 $E_{保\cdot日1}=E_{保\cdot日}-E_{保\cdot日2}$ 担任峰荷。如图7-24(b)所示,在日电能累积曲线上量取 $E_{保\cdot日1}$、$E_{保\cdot日2}$,可得出 $N''_{工1}$、$N''_{工2}$。两者之和即为日调节水电站的最大工作容量 $N''_{工}$。

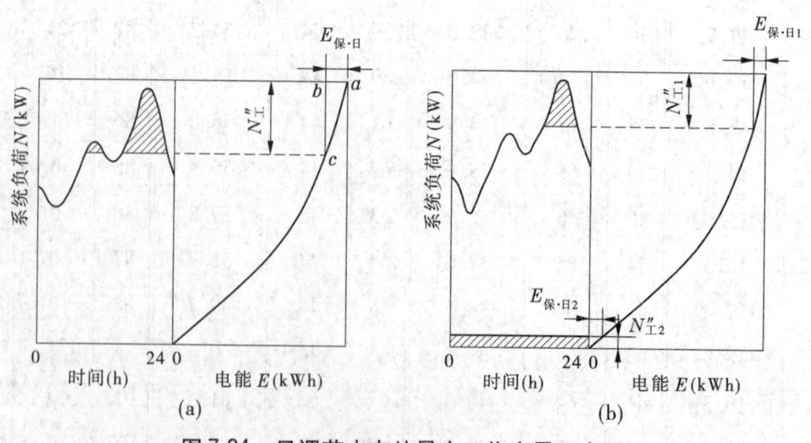

图7-24　日调节水电站最大工作容量示意图

(三)年调节水电站的最大工作容量确定

年调节水电站有较大的兴利库容,为了发挥水库的调节作用,在供水期尽量担任峰荷或腰荷，可减少电力系统中火电站的装机容量、节省投资。在蓄水期，为了减少弃水，利用丰水季节多余水量增产电能，水电站应担任基荷。

年调节水电站的最大工作容量，取决于供水期的保证电能 $E_{保}$ 及其在电力系统中的工作位置，具体计算步骤如下：

(1)推求年调节水电站供水期的保证出力 $N_{保}$ 与保证电能 $E_{保}$。

(2)由 $E_{保}$ 和供水期水电站在负荷图上的工作位置，拟定几个水电站最大工作容量方案，如 $N''_{工1}$、$N''_{工2}$、$N''_{工3}$等。

(3)分别对每个方案在供水期内各月的典型日负荷图上求出相应方案水电站应生产的日电能 $E_{日}$，再计算日平均出力 $\overline{N}=E_{日}/24$。

(4)计算各方案相应的供水期电能 $E_{供1}$、$E_{供2}$、$E_{供3}$。$E_{供}$ 为供水期的月电能之和，即

$$E_{供} = 730\sum \overline{N} \tag{7-57}$$

(5)将上述拟定的最大工作容量方案 $N''_{工1}$、$N''_{工2}$、$N''_{工3}$与推求的各方案相应供水期电能 $E_{供1}$、$E_{供2}$、$E_{供3}$绘制成关系曲线。通过供水期保证电能 $E_{保}$，即可在该曲线上查得年调节水电站的最大工作容量。

(四)多年调节水电站的最大工作容量确定

多年调节水电站最大工作容量的确定原则和计算方法与年调节水电站基本相同。区别在于：年调节水电站是对设计枯水年的供水期进行水能调节计算，求出保证出力和保证电能，在供水期内担任峰荷，计算最大工作容量；而多年调节水电站是对设计枯水系列(段)进行水能调节计算，求出多年调节情况下的保证出力和保证电能，然后按水电站全年都担任峰荷的情况，计算最大工作容量。当然，年调节或多年调节水电站在电力系统中的工作位置，根据需要也可不担任或不完全担任峰荷，其最大工作容量的计算方法相似。

二、水电站的备用容量

调节性能较好的年调节和多年调节水电站，通常根据需要都设置一部分负荷备用容量、事故备用容量或检修备用容量，以发挥其开机灵活、能较好适应负荷急剧变化的特点，维持电力系统的正常运行，保证供电的质量和可靠性。

三、水电站的重复容量确定

无调节或调节性能较差的水电站在丰水期会发生弃水。为了利用弃水发电，在必需容量外需增设一部分重复容量。调节性能较好的水电站也可以设置一部分重复容量。重复容量只能在丰水期有弃水时生产季节性电能，节省系统内的燃料消耗，而不能代替火电站的工作容量。从水文特性可知，流量愈大，其出现机会逐渐减小。虽然重复容量的加大可增加一些季节性电能，但其设备的利用率将逐渐降低。因此，必须通过弃水出力持续曲线(见图 7-25)，进行动能经济分析，合理选择水电站的重复容量。

在弃水出力持续曲线上，如果所设置的重复容量是经济的，则相应于 $N_{重}$ 的年利用小时数称为重复容量经济利用小时数 $h_{经济}$。求出 $h_{经济}$ 就可在图 7-25 的弃水出力持续曲线上查得水电站的重复容量。

【例 7-12】　推求算例 7-7 所述无调节水电站的重复容量。

解:(1)绘制该水电站的水流出力持续曲线,如图 7-25 所求。图中曲线 B 点以上的部分为弃水出力持续曲线。

(2)求 $h_{经济}$。本例 $h_{经济}$ 取 2 800 h。关于 $h_{经济}$ 的计算方法可参考有关书籍。

(3)求重复容量 $N_{重}$。在图 7-25 中横坐标上取 $h_{经济}$ = 2 800 h,作垂线交弃水出力持续曲线于 C 点,则 $N_{重} = AD = 4\ 800$ kW。图中阴影部分面积 $ABCD$ 为重复容量生产的电能 $E_{重}$。

(4)该无调节水电站的装机容量初步计算为

$$N_{装} = N_{必} + N_{重} = 11\ 600 + 4\ 800 = 16\ 400(\mathrm{kW})$$

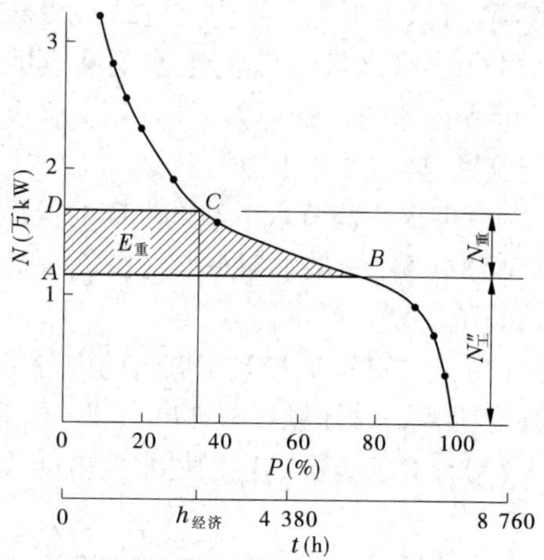

图 7-25　无调节水电站水流出力持续曲线

四、水电站装机容量的简化估算

对于大中型水电站,在初步规划阶段,为了节省计算工作量,或在小型水电站资料缺乏时,可采用下述方法估算装机容量。

(一)保证出力倍比法

装机容量 $N_{装}$ 按下式计算,即

$$N_{装} = CN_P \tag{7-58}$$

式中　N_P——水电站保证出力,kW;

C——倍比系数,可参考表 7-17 中的经验数据。

表 7-17　倍比系数 C 值参考值

水电站情况	电网中的水电站	
	比重较大	比重较小
单纯发电	2.0 ~ 3.5	2.5 ~ 4.5
发电为主结合灌溉	2.5 ~ 4.0	3.0 ~ 4.5
灌溉为主结合发电	3.0 ~ 5.0	3.5 ~ 5.5
独立运行 500 kW 以下	1.5 ~ 3.5	

(二)装机容量年利用小时数法

装机容量年利用小时数 $t_{装}$ 为水电站多年平均年发电量 $\overline{E}_{年}$ 除以装机容量,即

$$t_{装} = \overline{E}_{年}/N_{装} \tag{7-59}$$

$\overline{E}_{年}$ 与 $N_{装}$ 有关,故假设几个 $N_{装}$,即可求得相应的 $\overline{E}_{年}$,并计算 $t_{装}$,绘制 $N_{装} \sim t_{装}$ 关系曲线如图 7-26 所示。根据水电站具体情况,参考表 7-18 的经验数据选择 $t_{装}$,由图 7-26 即可查得 $N_{装}$。

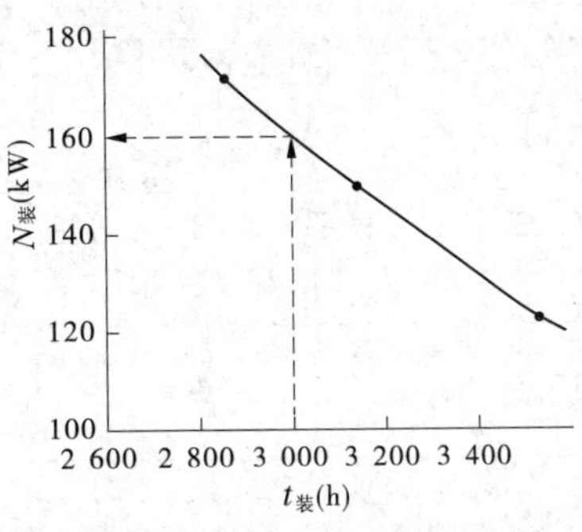

图 7-26 $N_{装}\sim t_{装}$ 关系曲线

表 7-18 水电站装机容量年利用小时数参考值

调节性能	电网中的水电站	
	比重较大	比重较小
无调节	6 000 ~ 7 000	5 000 ~ 7 000
日调节	5 000 ~ 7 000	4 000 ~ 5 000
年调节	3 500 ~ 6 000	3 000 ~ 4 000
多年调节	3 000 ~ 6 000	2 500 ~ 3 500

附　录

附表1　皮尔逊Ⅲ型频率曲线的离均系数 Φ_P 值表

C_s \ $P(\%)$	0.01	0.1	0.2	0.33	0.5	1	2	5	10	20	50	75	90	95	99	$P(\%)$ / C_s
0.0	3.72	3.09	2.88	2.71	2.58	2.33	2.05	1.64	1.28	0.84	0.00	−0.67	−1.28	−1.64	−2.33	0
0.1	3.94	3.23	3.00	2.82	2.67	2.40	2.11	1.67	1.29	0.84	−0.02	−0.68	−1.27	−1.62	−2.25	0.1
0.2	4.16	3.38	3.12	2.92	2.76	2.47	2.16	1.70	1.30	0.83	−0.03	−0.69	−1.26	−1.59	−2.18	0.2
0.3	4.38	3.52	3.24	3.03	2.86	2.54	2.21	1.73	1.31	0.82	−0.05	−0.70	−1.24	−1.55	−2.10	0.3
0.4	4.61	3.67	3.36	3.14	2.95	2.62	2.26	1.75	1.32	0.82	−0.07	−0.71	−1.23	−1.52	−2.03	0.4
0.5	4.83	3.81	3.48	3.25	3.04	2.68	2.31	1.77	1.32	0.81	−0.08	−0.71	−1.22	−1.49	−1.96	0.5
0.6	5.05	3.96	3.60	3.35	3.13	2.75	2.35	1.80	1.33	0.80	−0.10	−0.72	−1.20	−1.45	−1.88	0.6
0.7	5.28	4.10	3.72	3.45	3.22	2.82	2.40	1.82	1.33	0.79	−0.12	−0.72	−1.18	−1.42	−1.81	0.7
0.8	5.50	4.24	3.85	3.55	3.31	2.89	2.45	1.84	1.34	0.78	−0.13	−0.73	−1.17	−1.38	−1.74	0.8
0.9	5.73	4.39	3.97	3.65	3.40	2.96	2.50	1.86	1.34	0.77	−0.15	−0.73	−1.15	−1.35	−1.66	0.9
1.0	5.96	4.53	4.09	3.76	3.49	3.02	2.54	1.88	1.34	0.76	−0.16	−0.73	−1.13	−1.32	−1.59	1.0
1.1	6.18	4.67	4.20	3.86	3.58	3.09	2.58	1.89	1.34	0.74	−0.18	−0.74	−1.10	−1.28	−1.52	1.1
1.2	6.41	4.81	4.32	3.95	3.66	3.15	2.62	1.91	1.34	0.73	−0.19	−0.74	−1.08	−1.24	−1.45	1.2
1.3	6.64	4.95	4.44	4.05	3.74	3.21	2.67	1.92	1.34	0.72	−0.21	−0.74	−1.06	−1.20	−1.38	1.3
1.4	6.87	5.09	4.56	4.15	3.83	3.27	2.71	1.94	1.33	0.71	−0.22	−0.73	−1.04	−1.17	−1.32	1.4
1.5	7.09	5.23	4.68	4.24	3.91	3.33	2.74	1.95	1.33	0.69	−0.24	−0.73	−1.02	−1.13	−1.26	1.5
1.6	7.31	5.37	4.80	4.34	3.99	3.39	2.78	1.96	1.33	0.68	−0.25	−0.73	−0.99	−1.10	−1.20	1.6
1.7	7.54	5.50	4.91	4.43	4.07	3.44	2.82	1.97	1.32	0.68	−0.27	−0.72	−0.97	−1.06	−1.14	1.7
1.8	7.76	5.64	5.01	4.52	4.15	3.50	2.85	1.98	1.32	0.64	−0.28	−0.72	−0.94	−1.02	−1.09	1.8
1.9	7.98	5.77	5.12	4.61	4.23	3.55	2.88	1.99	1.31	0.63	−0.29	−0.72	−0.92	−0.98	−1.04	1.9

续附表1

C_s \ P(%)	0.01	0.1	0.2	0.33	0.5	1	2	5	10	20	50	75	90	95	99	C_s
2.0	8.21	5.91	5.22	4.70	4.30	3.61	2.91	2.00	1.30	0.61	−0.31	−0.71	−0.895	−0.949	−0.989	2.0
2.1	8.43	6.04	5.33	4.79	4.37	3.66	2.93	2.00	1.29	0.59	−0.32	−0.71	−0.869	−0.914	−0.945	2.1
2.2	8.65	6.17	5.43	4.88	4.44	3.71	2.96	2.00	1.28	0.57	−0.33	−0.70	−0.844	−0.879	−0.905	2.2
2.3	8.87	6.30	5.53	4.97	4.51	3.76	2.99	2.00	1.27	0.55	−0.34	−0.69	−0.820	−0.849	−0.867	2.3
2.4	9.08	6.42	5.63	5.05	4.58	3.81	3.02	2.01	1.26	0.54	−0.35	−0.68	−0.795	−0.820	−0.831	2.4
2.5	9.30	6.55	5.73	5.13	4.65	3.85	3.04	2.01	1.25	0.52	−0.36	−0.67	−0.772	−0.791	−0.800	2.5
2.6	9.51	6.67	5.82	5.20	4.72	3.89	3.06	2.01	1.23	0.50	−0.37	−0.66	−0.748	−0.764	−0.769	2.6
2.7	9.72	6.79	5.92	5.28	4.78	3.93	3.09	2.01	1.22	0.48	−0.37	−0.65	−0.726	−0.736	−0.740	2.7
2.8	9.93	6.91	6.01	5.36	4.84	3.97	3.11	2.01	1.21	0.46	−0.38	−0.64	−0.702	−0.710	−0.714	2.8
2.9	10.14	7.03	6.10	5.44	4.90	4.01	3.13	2.01	1.20	0.44	−0.39	−0.63	−0.680	−0.687	−0.690	2.9
3.0	10.35	7.15	6.20	5.51	4.96	4.05	3.15	2.00	1.18	0.42	−0.39	−0.62	−0.658	−0.665	−0.667	3.0
3.1	10.56	7.26	6.30	5.59	5.02	4.08	3.17	2.00	1.16	0.40	−0.40	−0.60	−0.639	−0.644	−0.645	3.1
3.2	10.77	7.38	6.39	5.66	5.08	4.12	3.19	2.00	1.14	0.38	−0.40	−0.59	−0.621	−0.624	−0.625	3.2
3.3	10.97	7.49	6.48	5.74	5.14	4.15	3.21	1.99	1.12	0.36	−0.40	−0.58	−0.604	−0.606	−0.606	3.3
3.4	11.17	7.60	6.56	5.80	5.20	4.18	3.22	1.98	1.11	0.34	−0.41	−0.57	−0.587	−0.588	−0.588	3.4
3.5	11.37	7.72	6.65	5.86	5.25	4.22	3.23	1.97	1.09	0.32	−0.41	−0.55	−0.570	−0.571	−0.571	3.5
3.6	11.57	7.83	6.73	5.93	5.30	4.25	3.24	1.96	1.08	0.30	−0.41	−0.54	−0.555	−0.556	−0.556	3.6
3.7	11.77	7.94	6.81	5.99	5.35	4.28	3.25	1.95	1.06	0.28	−0.42	−0.53	−0.540	−0.541	−0.541	3.7
3.8	11.97	8.05	6.89	6.05	5.40	4.31	3.26	1.94	1.04	0.26	−0.42	−0.52	−0.526	−0.526	−0.526	3.8
3.9	12.16	8.15	6.97	6.11	5.45	4.34	3.27	1.93	1.02	0.24	−0.41	−0.506	−0.513	−0.513	−0.513	3.9
4.0	12.36	8.25	7.05	6.18	5.50	4.37	3.27	1.92	1.00	0.23	−0.41	−0.495	−0.500	−0.500	−0.500	4.0
4.1	12.55	8.35	7.13	6.24	5.54	4.39	3.28	1.91	0.98	0.21	−0.41	−0.484	−0.488	−0.488	−0.488	4.1
4.2	12.74	8.45	7.21	6.30	5.59	4.41	3.29	1.90	0.96	0.19	−0.41	−0.473	−0.476	−0.476	−0.476	4.2
4.3	12.93	8.55	7.29	6.36	5.63	4.44	3.29	1.88	0.94	0.17	−0.41	−0.462	−0.465	−0.465	−0.465	4.3
4.4	13.12	8.65	7.36	6.41	5.68	4.46	3.30	1.87	0.92	0.16	−0.40	−0.453	−0.455	−0.455	−0.455	4.4

续附表 1

$P(\%)$ / C_s	0.01	0.1	0.2	0.33	0.5	1	2	5	10	20	50	75	90	95	99	$P(\%)$ / C_s
4.5	13.30	8.75	7.43	6.46	5.72	4.48	3.30	1.85	0.90	0.14	-0.40	-0.444	-0.444	-0.444	-0.444	4.5
4.6	13.49	8.85	7.50	6.52	5.76	4.50	3.30	1.84	0.88	0.13	-0.40	-0.435	-0.435	-0.435	-0.435	4.6
4.7	13.67	8.95	7.57	6.57	5.80	4.52	3.30	1.82	0.86	0.11	-0.39	-0.426	-0.426	-0.426	-0.426	4.7
4.8	13.85	9.04	7.64	6.63	5.84	4.54	3.30	1.80	0.84	0.09	-0.39	-0.417	-0.417	-0.417	-0.417	4.8
4.9	14.04	9.13	7.70	6.68	5.88	4.55	3.30	1.78	0.82	0.08	-0.38	-0.408	-0.408	-0.408	-0.408	4.9
5.0	14.22	9.22	7.77	6.73	5.92	4.57	3.30	1.77	0.80	0.05	-0.379	-0.400	-0.400	-0.400	-0.400	5.0
5.1	14.40	9.31	7.84	6.78	5.95	4.58	3.30	1.75	0.78	0.05	-0.374	-0.392	-0.392	-0.392	-0.392	5.1
5.2	14.57	9.40	7.90	6.83	5.99	4.59	3.30	1.73	0.76	0.03	-0.369	-0.385	-0.385	-0.385	-0.385	5.2
5.3	14.75	9.49	7.96	6.87	6.02	4.60	3.30	1.72	0.74	0.02	-0.363	-0.377	-0.377	-0.377	-0.377	5.3
5.4	14.92	9.57	8.02	6.91	6.05	4.62	3.29	1.70	0.72	0.00	-0.358	-0.370	-0.370	-0.370	-0.370	5.4
5.5	15.10	9.66	8.08	6.96	6.08	4.63	3.28	1.68	0.70	-0.01	-0.353	-0.364	-0.364	-0.364	-0.364	5.5
5.6	15.27	9.71	8.14	7.00	6.11	4.64	3.28	1.66	0.67	-0.03	-0.349	-0.357	-0.357	-0.357	-0.357	5.6
5.7	15.45	9.82	8.21	7.04	6.14	4.65	3.27	1.65	0.65	-0.04	-0.344	-0.351	-0.351	-0.351	-0.351	5.7
5.8	15.62	9.91	8.27	7.08	6.17	4.67	3.27	1.63	0.63	-0.05	-0.339	-0.345	-0.345	-0.345	-0.345	5.8
5.9	15.78	9.99	8.32	7.12	6.20	4.68	3.26	1.61	0.61	-0.06	-0.334	-0.339	-0.339	-0.339	-0.339	5.9
6.0	15.94	10.07	8.38	7.15	6.23	4.68	3.25	1.59	0.59	-0.07	-0.329	-0.333	-0.333	-0.333	-0.333	6.0
6.1	16.11	10.15	8.43	7.19	6.26	4.69	3.24	1.57	0.57	-0.08	-0.325	-0.328	-0.328	-0.328	-0.328	6.1
6.2	16.28	10.22	8.49	7.23	6.28	4.70	3.23	1.55	0.55	-0.09	-0.320	-0.323	-0.323	-0.323	-0.323	6.2
6.3	16.45	10.30	8.54	7.26	6.30	4.70	3.22	1.53	0.53	-0.10	-0.315	-0.317	-0.317	-0.317	-0.317	6.3
6.4	16.61	10.38	8.60	7.30	6.32	4.71	3.21	1.51	0.51	-0.11	-0.311	-0.313	-0.313	-0.313	-0.313	6.4

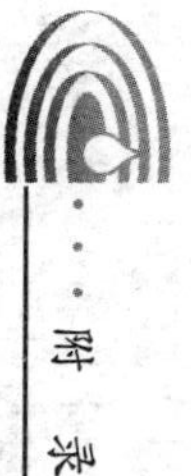

附表2 皮尔逊Ⅲ型频率曲线的模比系数 K_P 值表

(1) $C_s = C_v$

$P(\%)$ / C_v	0.01	0.1	0.2	0.33	0.5	1	2	5	10	20	50	75	90	95	99	$P(\%)$ / C_s
0.05	1.19	1.16	1.15	1.14	1.13	1.12	1.11	1.09	1.07	1.04	1.00	0.97	0.94	0.92	0.89	0.05
0.10	1.39	1.32	1.30	1.28	1.27	1.24	1.21	1.17	1.13	1.08	1.00	0.93	0.87	0.84	0.78	0.10
0.15	1.61	1.50	1.46	1.43	1.41	1.37	1.32	1.26	1.20	1.13	1.00	0.90	0.81	0.77	0.67	0.15
0.20	1.83	1.68	1.62	1.58	1.55	1.49	1.43	1.34	1.26	1.17	0.99	0.86	0.75	0.68	0.56	0.20
0.25	2.07	1.86	1.80	1.74	1.70	1.63	1.55	1.43	1.33	1.21	0.99	0.83	0.69	0.61	0.47	0.25
0.30	2.31	2.06	1.97	1.91	1.86	1.76	1.66	1.52	1.39	1.25	0.98	0.79	0.63	0.54	0.37	0.30
0.35	2.57	2.26	2.16	2.08	2.02	1.91	1.78	1.61	1.46	1.29	0.98	0.76	0.57	0.47	0.28	0.35
0.40	2.84	2.47	2.34	2.26	2.18	2.05	1.90	1.70	1.53	1.33	0.97	0.72	0.51	0.39	0.19	0.40
0.45	3.13	2.69	2.54	2.44	2.35	2.19	2.03	1.79	1.60	1.37	0.97	0.69	0.45	0.33	0.10	0.45
0.50	3.42	2.91	2.74	2.63	2.52	2.34	2.16	1.89	1.66	1.40	0.96	0.65	0.39	0.26	0.02	0.50
0.55	3.72	3.14	2.95	2.82	2.70	2.49	2.29	1.98	1.73	1.44	0.95	0.61	0.34	0.20	-0.06	0.55
0.60	4.03	3.38	3.16	3.01	2.88	2.65	2.41	2.08	1.80	1.48	0.94	0.57	0.28	0.13	-0.13	0.60
0.65	4.36	3.62	3.38	3.21	3.07	2.81	2.55	2.18	1.87	1.52	0.93	0.53	0.23	0.07	-0.20	0.65
0.70	4.70	3.87	3.60	3.42	3.25	2.97	2.68	2.27	1.93	1.55	0.92	0.50	0.17	0.01	-0.27	0.70
0.75	5.05	4.13	3.84	3.63	3.45	3.14	2.82	2.37	2.00	1.59	0.91	0.46	0.12	-0.05	-0.33	0.75
0.80	5.40	4.39	4.08	3.84	3.65	3.31	2.96	2.47	2.07	1.62	0.90	0.42	0.06	-0.10	-0.39	0.80
0.85	5.78	4.67	4.33	4.07	3.86	3.49	3.11	2.57	2.14	1.66	0.88	0.37	0.01	-0.16	-0.44	0.85
0.90	6.16	4.95	4.57	4.29	4.06	3.66	3.25	2.67	2.21	1.69	0.86	0.34	-0.04	-0.22	-0.49	0.90
0.95	6.56	5.24	4.83	4.53	4.28	3.84	3.40	2.78	2.28	1.73	0.85	0.31	-0.09	-0.27	-0.55	0.95
1.00	6.96	5.53	5.09	4.76	4.49	4.02	3.54	2.88	2.34	1.76	0.84	0.27	-0.13	-0.32	-0.59	1.00

续附表2

(2) $C_s = 2C_v$

C_v \ $P(\%)$	0.01	0.1	0.2	0.33	0.5	1	2	5	10	20	50	75	90	95	99	$P(\%)$ / C_s
0.05	1.20	1.16	1.15	1.14	1.13	1.12	1.11	1.08	1.06	1.04	1.00	0.97	0.94	0.92	0.89	0.10
0.10	1.42	1.34	1.31	1.29	1.27	1.25	1.21	1.17	1.13	1.08	1.00	0.93	0.87	0.84	0.78	0.20
0.15	1.67	1.54	1.48	1.46	1.43	1.38	1.33	1.26	1.20	1.12	0.99	0.90	0.81	0.77	0.69	0.30
0.20	1.92	1.73	1.67	1.63	1.59	1.52	1.45	1.35	1.26	1.15	0.99	0.86	0.75	0.70	0.59	0.40
0.22	2.04	1.82	1.75	1.70	1.66	1.58	1.50	1.39	1.29	1.18	0.98	0.84	0.73	0.67	0.56	0.44
0.24	2.16	1.91	1.83	1.77	1.73	1.64	1.55	1.43	1.32	1.19	0.98	0.83	0.71	0.64	0.53	0.48
0.25	2.22	1.96	1.87	1.81	1.77	1.67	1.58	1.45	1.33	1.20	0.98	0.82	0.70	0.63	0.52	0.50
0.26	2.28	2.01	1.91	1.85	1.80	1.70	1.60	1.46	1.34	1.21	0.98	0.82	0.69	0.62	0.50	0.52
0.28	2.40	2.10	2.00	1.93	1.87	1.76	1.66	1.50	1.37	1.22	0.97	0.79	0.66	0.59	0.47	0.56
0.30	2.52	2.19	2.08	2.01	1.94	1.83	1.71	1.54	1.40	1.24	0.97	0.78	0.64	0.56	0.44	0.60
0.35	2.86	2.44	2.31	2.22	2.13	2.00	1.84	1.64	1.47	1.28	0.96	0.75	0.59	0.51	0.37	0.70
0.40	3.20	2.70	2.54	2.42	2.32	2.16	1.98	1.74	1.54	1.31	0.95	0.71	0.53	0.45	0.30	0.80
0.45	3.59	2.98	2.80	2.65	2.53	2.33	2.13	1.84	1.60	1.35	0.93	0.67	0.48	0.40	0.26	0.90
0.50	3.98	3.27	3.05	2.88	2.74	2.51	2.27	1.94	1.67	1.38	0.92	0.64	0.44	0.34	0.21	1.00
0.55	4.42	3.58	3.32	3.12	2.97	2.70	2.42	2.04	1.74	1.41	0.90	0.59	0.40	0.30	0.16	1.10
0.60	4.85	3.89	3.59	3.37	3.20	2.89	2.57	2.15	1.80	1.44	0.89	0.56	0.35	0.26	0.13	1.20
0.65	5.33	4.22	3.89	3.64	3.44	3.09	2.74	2.25	1.87	1.47	0.87	0.52	0.31	0.22	0.10	1.30
0.70	5.81	4.56	4.19	3.91	3.68	3.29	2.90	2.36	1.94	1.50	0.85	0.49	0.27	0.18	0.08	1.40
0.75	6.33	4.93	4.52	4.19	3.93	3.50	3.06	2.46	2.00	1.52	0.82	0.45	0.24	0.15	0.06	1.50
0.80	6.85	5.30	4.84	4.47	4.19	3.71	3.22	2.57	2.06	1.54	0.80	0.42	0.21	0.12	0.04	1.60
0.90	7.98	6.08	5.51	5.07	4.74	4.15	3.56	2.78	2.19	1.58	0.75	0.35	0.15	0.08	0.02	1.80

续附表 2

(3) $C_s = 3C_v$

P(%) / C_v	0.01	0.1	0.2	0.33	0.5	1	2	5	10	20	50	75	90	95	99	P(%) / C_s
0.20	2.02	1.79	1.72	1.67	1.63	1.55	1.47	1.36	1.27	1.16	0.98	0.86	0.76	0.71	0.62	0.60
0.25	2.35	2.05	1.95	1.88	1.82	1.72	1.61	1.46	1.34	1.20	0.97	0.82	0.71	0.65	0.56	0.75
0.30	2.72	2.32	2.19	2.10	2.02	1.89	1.75	1.56	1.40	1.23	0.96	0.78	0.66	0.60	0.50	0.90
0.35	3.12	2.61	2.46	2.33	2.24	2.07	1.90	1.66	1.47	1.26	0.94	0.74	0.61	0.55	0.46	1.05
0.40	3.56	2.92	2.73	2.58	2.46	2.26	2.05	1.76	1.54	1.29	0.92	0.70	0.57	0.50	0.42	1.20
0.42	3.75	3.06	2.85	2.69	2.56	2.34	2.11	1.81	1.56	1.31	0.91	0.69	0.55	0.49	0.41	1.26
0.44	3.94	3.19	2.97	2.80	2.65	2.42	2.17	1.85	1.59	1.32	0.91	0.67	0.54	0.47	0.40	1.32
0.45	4.04	3.26	3.03	2.85	2.70	2.46	2.21	1.87	1.60	1.32	0.90	0.67	0.53	0.47	0.39	1.35
0.46	4.14	3.33	3.09	2.90	2.75	2.50	2.24	1.89	1.61	1.33	0.90	0.66	0.52	0.46	0.39	1.38
0.48	4.34	3.47	3.21	3.01	2.85	2.58	2.31	1.93	1.65	1.34	0.89	0.65	0.51	0.45	0.38	1.44
0.50	4.55	3.62	3.34	3.12	2.96	2.67	2.37	1.98	1.67	1.35	0.88	0.64	0.49	0.44	0.37	1.50
0.52	4.76	3.76	3.46	3.24	3.06	2.75	2.44	2.02	1.69	1.36	0.87	0.62	0.48	0.42	0.36	1.56
0.54	4.98	3.91	3.60	3.36	3.16	2.84	2.51	2.06	1.72	1.36	0.86	0.61	0.47	0.41	0.36	1.62
0.55	5.09	3.99	3.66	3.42	3.21	2.88	2.54	2.08	1.73	1.36	0.86	0.60	0.46	0.41	0.36	1.65
0.56	5.20	4.07	3.73	3.48	3.27	2.93	2.57	2.10	1.74	1.37	0.85	0.59	0.46	0.40	0.35	1.68
0.58	5.43	4.23	3.86	3.59	3.38	3.01	2.64	2.14	1.77	1.38	0.84	0.58	0.45	0.40	0.35	1.74
0.60	5.66	4.38	4.01	3.71	3.49	3.10	2.71	2.19	1.79	1.38	0.83	0.57	0.44	0.39	0.35	1.80
0.65	6.26	4.81	4.36	4.03	3.77	3.33	2.88	2.29	1.85	1.40	0.80	0.53	0.41	0.37	0.34	1.95
0.70	6.90	5.23	4.73	4.35	4.06	3.56	3.05	2.40	1.90	1.41	0.78	0.50	0.39	0.36	0.34	2.10
0.75	7.57	5.68	5.12	4.69	4.36	3.80	3.24	2.50	1.96	1.42	0.76	0.48	0.38	0.35	0.34	2.25
0.80	8.26	6.14	5.50	5.04	4.66	4.05	3.42	2.61	2.01	1.43	0.72	0.46	0.36	0.34	0.34	2.40

续附表 2

(4) $C_s = 3.5C_v$

P(%) / C_v	0.01	0.1	0.2	0.33	0.5	1	2	5	10	20	50	75	90	95	99	P(%) / C_s
0.20	2.06	1.82	1.74	1.69	1.64	1.56	1.48	1.36	1.27	1.15	0.98	0.86	0.76	0.72	0.64	0.70
0.25	2.42	2.09	1.99	1.91	1.85	1.74	1.62	1.46	1.34	1.19	0.96	0.82	0.71	0.66	0.58	0.88
0.30	2.82	2.38	2.24	2.14	2.06	1.92	1.77	1.57	1.40	1.22	0.95	0.78	0.67	0.61	0.53	1.05
0.35	3.26	2.70	2.52	2.39	2.29	2.11	1.92	1.67	1.47	1.26	0.93	0.74	0.62	0.57	0.50	1.22
0.40	3.75	3.04	2.82	2.66	2.53	2.31	2.08	1.78	1.53	1.28	0.91	0.71	0.58	0.53	0.47	1.40
0.42	3.95	3.18	2.95	2.77	2.63	2.39	2.15	1.82	1.56	1.29	0.90	0.69	0.57	0.52	0.46	1.47
0.44	4.16	3.33	3.08	2.88	2.73	2.48	2.21	1.86	1.59	1.30	0.89	0.68	0.56	0.51	0.46	1.54
0.45	4.27	3.40	3.14	2.94	2.79	2.52	2.25	1.88	1.60	1.31	0.89	0.67	0.55	0.50	0.45	1.58
0.46	4.37	3.48	3.21	3.00	2.84	2.56	2.28	1.90	1.61	1.31	0.88	0.66	0.54	0.50	0.45	1.61
0.48	4.60	3.63	3.35	3.12	2.94	2.65	2.35	1.95	1.64	1.32	0.87	0.65	0.53	0.49	0.45	1.68
0.50	4.82	3.78	3.48	3.24	3.06	2.74	2.42	1.99	1.66	1.32	0.86	0.64	0.52	0.48	0.44	1.75
0.52	5.06	3.95	3.62	3.36	3.16	2.83	2.48	2.03	1.69	1.33	0.85	0.63	0.51	0.47	0.44	1.82
0.54	5.30	4.11	3.76	3.48	3.28	2.91	2.55	2.07	1.71	1.34	0.84	0.61	0.50	0.47	0.44	1.89
0.55	5.41	4.20	3.83	3.55	3.34	2.96	2.58	2.10	1.72	1.34	0.84	0.60	0.50	0.46	0.44	1.92
0.56	5.55	4.28	3.91	3.61	3.39	3.01	2.62	2.12	1.73	1.35	0.83	0.60	0.49	0.46	0.43	1.96
0.58	5.80	4.45	4.05	3.74	3.51	3.10	2.69	2.16	1.75	1.35	0.82	0.58	0.48	0.46	0.43	2.03
0.60	6.66	4.62	4.20	3.87	3.62	3.20	2.76	2.20	1.77	1.35	0.81	0.57	0.48	0.45	0.43	2.10
0.65	6.73	5.08	4.58	4.22	3.92	3.44	2.94	2.30	1.83	1.36	0.78	0.55	0.46	0.44	0.43	2.28
0.70	7.43	5.54	4.98	4.56	4.23	3.68	3.12	2.41	1.88	1.37	0.75	0.53	0.45	0.44	0.43	2.45
0.75	8.16	6.02	5.38	4.92	4.55	3.92	3.30	2.51	1.92	1.38	0.72	0.50	0.44	0.43	0.43	2.62
0.80	8.94	6.53	5.81	5.29	4.87	4.18	3.49	2.61	1.97	1.37	0.70	0.49	0.44	0.43	0.43	2.80

续附表2

(5) $C_s = 4C_v$

C_v \ $P(\%)$	0.01	0.1	0.2	0.33	0.5	1	2	5	10	20	50	75	90	95	99	$P(\%)$ / C_s
0.20	2.10	1.85	1.77	1.71	1.66	0.58	1.49	1.37	1.27	1.16	0.97	0.85	0.77	0.72	0.65	0.80
0.25	2.49	2.13	2.02	1.94	1.87	1.76	1.64	1.47	1.34	1.19	0.96	0.82	0.72	0.67	0.60	1.00
0.30	2.92	2.44	2.30	2.18	2.10	1.94	1.79	1.57	1.40	1.22	0.94	0.78	0.68	0.63	0.56	1.20
0.35	3.40	2.78	2.60	2.45	2.34	2.14	1.95	1.68	1.47	1.25	0.92	0.74	0.64	0.59	0.54	1.40
0.40	3.92	3.15	2.92	2.74	2.60	2.36	2.11	1.78	1.53	1.27	0.90	0.71	0.60	0.56	0.52	1.60
0.42	4.15	3.30	3.05	2.86	2.70	2.44	2.18	1.83	1.56	1.28	0.89	0.70	0.59	0.55	0.52	1.68
0.44	4.38	3.46	3.19	2.98	2.81	2.53	2.25	1.87	1.58	1.29	0.88	0.68	0.58	0.55	0.51	1.76
0.45	4.49	3.54	3.25	3.03	2.87	2.58	2.28	1.89	1.59	1.29	0.87	0.68	0.58	0.54	0.51	1.80
0.46	4.62	3.62	3.32	3.10	2.92	2.62	2.32	1.91	1.61	1.29	0.87	0.67	0.57	0.54	0.51	1.84
0.48	4.86	3.79	3.47	3.22	3.04	2.71	2.39	1.96	1.63	1.30	0.86	0.66	0.56	0.53	0.51	1.92
0.50	5.10	3.96	3.61	3.35	3.15	2.80	2.45	2.00	1.65	1.31	0.84	0.64	0.55	0.53	0.50	2.00
0.52	5.36	4.12	3.76	3.48	3.27	2.90	2.52	2.04	1.67	1.31	0.83	0.63	0.55	0.52	0.50	2.08
0.54	5.62	4.30	3.91	3.61	3.38	2.99	2.59	2.08	1.69	1.31	0.82	0.62	0.54	0.52	0.50	2.16
0.55	5.76	4.39	3.99	3.68	3.44	3.03	2.63	2.10	1.70	1.31	0.82	0.62	0.54	0.52	0.50	2.20
0.56	5.90	4.48	4.06	3.75	3.50	3.09	2.66	2.12	1.71	1.31	0.81	0.61	0.53	0.51	0.50	2.24
0.58	6.18	4.67	4.22	3.89	3.62	3.19	2.74	2.16	1.74	1.32	0.80	0.60	0.53	0.51	0.50	2.32
0.60	6.45	4.85	4.38	4.03	3.75	3.29	2.81	2.21	1.76	1.32	0.79	0.59	0.52	0.51	0.50	2.40
0.65	7.18	5.34	4.78	4.38	4.07	3.53	2.99	2.31	1.80	1.32	0.76	0.57	0.51	0.50	0.50	2.60
0.70	7.95	5.84	5.21	4.75	4.39	3.78	3.18	2.41	1.85	1.32	0.73	0.55	0.51	0.50	0.50	2.80
0.75	8.76	6.36	5.65	5.13	4.72	4.03	3.36	2.50	1.88	1.32	0.71	0.54	0.51	0.50	0.50	3.00
0.80	9.62	6.90	6.11	5.53	5.06	4.30	3.55	2.60	1.91	1.30	0.68	0.53	0.50	0.50	0.50	3.20

附表 3　三点法用表——S 与 C_s 关系表

(1) $P=1\%—50\%—99\%$

S	0	1	2	3	4	5	6	7	8	9
0	0	0.03	0.05	0.07	0.10	0.12	0.15	0.17	0.20	0.23
0.1	0.26	0.28	0.31	0.34	0.36	0.39	0.41	0.44	0.47	0.49
0.2	0.52	0.54	0.57	0.59	0.62	0.65	0.67	0.70	0.73	0.76
0.3	0.78	0.81	0.84	0.86	0.89	0.92	0.94	0.97	1.00	1.02
0.4	1.05	1.08	1.10	1.13	1.16	1.18	1.21	1.24	1.27	1.30
0.5	1.32	1.36	1.39	1.42	1.45	1.48	1.51	1.55	1.58	1.61
0.6	1.64	1.68	1.71	1.74	1.78	1.81	1.84	1.88	1.92	1.95
0.7	1.99	2.03	2.07	2.11	2.16	2.20	2.25	2.30	2.34	2.39
0.8	2.44	2.50	2.55	2.61	2.67	2.74	2.81	2.89	2.97	3.05
0.9	3.14	3.22	3.33	3.46	3.59	3.73	3.92	4.14	4.44	4.90

例：当 $S=0.43$ 时，$C_s=1.13$。

(2) $P=3\%—50\%—97\%$

S	0	1	2	3	4	5	6	7	8	9
0	0	0.04	0.08	0.11	0.14	0.17	0.20	0.23	0.26	0.29
0.1	0.32	0.35	0.38	0.42	0.45	0.48	0.51	0.54	0.57	0.60
0.2	0.63	0.66	0.70	0.73	0.76	0.79	0.82	0.86	0.89	0.92
0.3	0.95	0.98	1.01	1.04	1.08	1.11	1.14	1.17	1.20	1.24
0.4	1.27	1.30	1.33	1.36	1.40	1.43	1.46	1.49	1.52	1.56
0.5	1.59	1.63	1.66	1.70	1.73	1.76	1.80	1.83	1.87	1.90
0.6	1.94	1.97	2.00	2.04	2.08	2.12	2.16	2.20	2.23	2.27
0.7	2.31	2.36	2.40	2.44	2.49	2.54	2.58	2.63	2.68	2.74
0.8	2.79	2.85	2.90	2.96	3.02	3.09	3.15	3.22	3.29	3.37
0.9	3.46	3.55	3.67	3.79	3.92	4.08	4.26	4.50	4.75	5.21

(3) $P=5\%—50\%—95\%$

S	0	1	2	3	4	5	6	7	8	9
0	0	0.04	0.08	0.12	0.16	0.20	0.24	0.27	0.31	0.35
0.1	0.38	0.41	0.45	0.48	0.52	0.55	0.59	0.63	0.66	0.70
0.2	0.73	0.76	0.80	0.84	0.87	0.90	0.94	0.98	1.01	1.04
0.3	1.08	1.11	1.14	1.18	1.21	1.25	1.28	1.31	1.35	1.38
0.4	1.42	1.46	1.49	1.52	1.56	1.59	1.63	1.66	1.70	1.74
0.5	1.78	1.81	1.85	1.88	1.92	1.95	1.99	2.03	2.06	2.10
0.6	2.13	2.17	2.20	2.24	2.28	2.32	2.36	2.40	2.44	2.48
0.7	2.53	2.57	2.62	2.66	2.70	2.76	2.81	2.86	2.91	2.97
0.8	3.02	3.07	3.13	3.19	3.25	3.32	3.38	3.46	3.52	3.60
0.9	3.70	3.80	3.91	4.03	4.17	4.32	4.49	4.72	4.94	5.43

续附表 3

(4) $P=10\%—50\%—90\%$

S	0	1	2	3	4	5	6	7	8	9
0	0	0.05	0.10	0.15	0.20	0.24	0.29	0.34	0.38	0.43
0.1	0.47	0.52	0.56	0.60	0.65	0.69	0.74	0.78	0.83	0.87
0.2	0.92	0.96	1.00	1.04	1.08	1.13	1.17	1.22	1.26	1.30
0.3	1.34	1.38	1.43	1.47	1.51	1.55	1.59	1.63	1.67	1.71
0.4	1.75	1.79	1.83	1.87	1.91	1.95	1.99	2.02	2.06	2.10
0.5	2.14	2.18	2.22	2.26	2.30	2.34	2.38	2.42	2.46	2.50
0.6	2.54	2.58	2.62	2.66	2.70	2.74	2.78	2.82	2.86	2.90
0.7	2.95	3.00	3.04	3.08	3.13	3.18	3.24	3.28	3.33	3.38
0.8	3.44	3.50	3.55	3.61	3.67	3.74	3.80	3.87	3.94	4.02
0.9	4.11	4.20	4.32	4.45	4.59	4.75	4.96	5.20	5.56	—

附表 4 三点法用表——C_s 与有关 Φ 值的关系表

C_s	$\Phi_{50\%}$	$\Phi_{1\%}-\Phi_{99\%}$	$\Phi_{3\%}-\Phi_{97\%}$	$\Phi_{5\%}-\Phi_{95\%}$	$\Phi_{10\%}-\Phi_{90\%}$
0	0	4.652	3.762	3.290	2.564
0.1	-0.017	4.648	3.756	3.287	2.560
0.2	-0.033	4.645	3.750	3.284	2.557
0.3	-0.052	4.641	3.743	3.278	2.550
0.4	-0.068	4.637	3.736	3.273	2.543
0.5	-0.084	4.633	3.732	3.266	2.532
0.6	-0.100	4.629	3.727	3.259	2.522
0.7	-0.116	4.624	3.718	3.246	2.510
0.8	-0.132	4.620	3.709	3.233	2.498
0.9	-0.148	4.615	3.692	3.218	2.483
1.0	-0.164	4.611	3.674	3.204	2.468
1.1	-0.179	4.606	3.656	3.185	2.448
1.2	-0.194	4.601	3.638	3.167	2.427
1.3	-0.208	4.595	3.620	3.144	2.404
1.4	-0.223	4.590	3.601	3.120	2.380
1.5	-0.238	4.586	3.582	3.090	2.353
1.6	-0.253	4.586	3.562	3.062	2.326
1.7	-0.267	4.587	3.541	3.032	2.296
1.8	-0.282	4.588	3.520	3.002	2.265
1.9	-0.294	4.591	3.499	2.974	2.232
2.0	-0.307	4.594	3.477	2.945	2.198
2.1	-0.319	4.603	3.469	2.918	2.164
2.2	-0.330	4.613	3.440	2.890	2.130
2.3	-0.340	4.625	3.421	2.862	2.095
2.4	-0.350	4.636	3.403	2.833	2.060
2.5	-0.359	4.648	3.385	2.806	2.024

续附表 4

C_s	$\Phi_{50\%}$	$\Phi_{1\%}-\Phi_{99\%}$	$\Phi_{3\%}-\Phi_{97\%}$	$\Phi_{5\%}-\Phi_{95\%}$	$\Phi_{10\%}-\Phi_{90\%}$
2.6	-0.367	4.660	3.367	2.778	1.987
2.7	-0.376	4.674	3.350	2.749	1.949
2.8	-0.383	4.687	3.333	2.720	1.911
2.9	-0.389	4.701	3.318	2.695	1.876
3.0	-0.395	4.716	3.303	2.670	1.840
3.1	-0.399	4.732	3.288	2.645	1.806
3.2	-0.404	4.748	3.273	2.619	1.772
3.3	-0.407	4.765	3.259	2.594	1.738
3.4	-0.410	4.781	3.245	2.568	1.705
3.5	-0.412	4.796	3.225	2.543	1.670
3.6	-0.414	4.810	3.216	2.518	1.635
3.7	-0.415	4.824	3.203	2.494	1.600
3.8	-0.416	4.837	3.189	2.470	1.570
3.9	-0.415	4.850	3.175	2.446	1.536
4.0	-0.414	4.863	3.160	2.422	1.502
4.1	-0.412	4.876	3.145	2.396	1.471
4.2	-0.410	4.888	3.130	2.372	1.440
4.3	-0.407	4.901	3.115	2.348	1.408
4.4	-0.404	4.914	3.100	2.325	1.376
4.5	-0.400	4.924	3.084	2.300	1.345
4.6	-0.396	4.934	3.067	2.276	1.315
4.7	-0.392	4.942	3.050	2.251	1.286
4.8	-0.388	4.949	3.034	2.226	1.257
4.9	-0.384	4.955	3.016	2.200	1.229
5.0	-0.379	4.961	2.997	2.174	1.200
5.1	-0.374		2.978	2.148	1.173
5.2	-0.370		2.960	2.123	1.145
5.3	-0.365			2.098	1.118
5.4	-0.360			2.072	1.090
5.5	-0.356			2.047	1.063
5.6	-0.350			2.021	1.035

附表 5　瞬时单位线 S 曲线查用表

t/K \ n	1.0	1.1	1.2	1.3	1.4	1.5	1.6	1.7	1.8	1.9	2.0	2.1	2.2	2.3	2.4	2.5	2.6	2.7	2.8	2.9	3.0
0	0	0	0	0	0	0	0	0	0	0	0	0	0	0	0	0	0	0	0	0	0
0.1	0.095	0.072	0.054	0.041	0.030	0.022	0.017	0.012	0.009	0.007	0.005	0.003	0.002	0.002	0.001	0.001	0.001	0	0	0	0
0.2	0.181	0.147	0.118	0.095	0.075	0.060	0.047	0.036	0.029	0.022	0.018	0.014	0.010	0.008	0.006	0.004	0.003	0.002	0.002	0.001	0.001
0.3	0.259	0.218	0.182	0.152	0.126	0.104	0.086	0.069	0.057	0.045	0.037	0.030	0.024	0.019	0.015	0.012	0.010	0.007	0.006	0.005	0.004
0.4	0.330	0.285	0.244	0.209	0.178	0.150	0.127	0.107	0.089	0.074	0.061	0.051	0.042	0.034	0.028	0.023	0.019	0.015	0.012	0.010	0.008
0.5	0.393	0.346	0.305	0.266	0.230	0.198	0.171	0.146	0.126	0.106	0.090	0.076	0.065	0.054	0.045	0.037	0.031	0.025	0.022	0.018	0.014
0.6	0.451	0.403	0.360	0.318	0.281	0.237	0.216	0.188	0.164	0.142	0.122	0.104	0.090	0.076	0.065	0.055	0.046	0.039	0.033	0.028	0.023
0.7	0.503	0.456	0.411	0.369	0.331	0.294	0.261	0.231	0.200	0.178	0.156	0.136	0.117	0.101	0.088	0.075	0.065	0.056	0.044	0.039	0.034
0.8	0.551	0.505	0.461	0.418	0.378	0.340	0.306	0.273	0.243	0.216	0.191	0.169	0.149	0.130	0.113	0.098	0.086	0.074	0.064	0.056	0.047
0.9	0.593	0.549	0.505	0.464	0.423	0.385	0.349	0.315	0.285	0.255	0.228	0.202	0.180	0.160	0.141	0.124	0.109	0.096	0.084	0.073	0.063
1.0	0.632	0.589	0.547	0.506	0.466	0.428	0.392	0.356	0.324	0.293	0.264	0.238	0.213	0.190	0.170	0.151	0.134	0.118	0.104	0.092	0.080
1.1	0.667	0.626	0.585	0.545	0.506	0.468	0.431	0.396	0.363	0.331	0.301	0.273	0.247	0.222	0.200	0.179	0.160	0.143	0.127	0.113	0.100
1.2	0.699	0.660	0.621	0.582	0.544	0.506	0.470	0.436	0.400	0.368	0.337	0.308	0.281	0.255	0.231	0.219	0.188	0.169	0.151	0.135	0.121
1.3	0.728	0.691	0.654	0.616	0.579	0.543	0.506	0.471	0.447	0.405	0.373	0.343	0.315	0.288	0.262	0.239	0.216	0.196	0.171	0.159	0.143
1.4	0.753	0.719	0.684	0.648	0.612	0.577	0.541	0.507	0.473	0.440	0.408	0.378	0.348	0.321	0.294	0.269	0.246	0.224	0.203	0.184	0.167
1.5	0.777	0.744	0.711	0.677	0.643	0.608	0.574	0.540	0.507	0.474	0.442	0.411	0.382	0.353	0.326	0.300	0.275	0.252	0.231	0.210	0.191
1.6	0.798	0.768	0.736	0.704	0.671	0.638	0.605	0.572	0.539	0.507	0.475	0.444	0.414	0.385	0.357	0.331	0.305	0.281	0.258	0.237	0.217
1.7	0.817	0.789	0.759	0.729	0.698	0.666	0.634	0.602	0.570	0.538	0.507	0.476	0.446	0.417	0.389	0.361	0.335	0.310	0.287	0.264	0.243
1.8	0.835	0.808	0.781	0.752	0.722	0.692	0.661	0.630	0.599	0.568	0.537	0.507	0.477	0.448	0.419	0.392	0.365	0.330	0.315	0.292	0.269
1.9	0.850	0.826	0.800	0.773	0.745	0.716	0.687	0.657	0.627	0.596	0.566	0.536	0.507	0.478	0.449	0.421	0.395	0.368	0.343	0.319	0.296
2.0	0.865	0.842	0.818	0.792	0.766	0.739	0.710	0.682	0.653	0.623	0.594	0.565	0.536	0.507	0.478	0.451	0.423	0.397	0.372	0.347	0.323
2.1	0.878	0.856	0.834	0.810	0.785	0.759	0.733	0.706	0.679	0.649	0.620	0.592	0.565	0.535	0.507	0.479	0.452	0.425	0.400	0.375	0.350
2.2	0.890	0.870	0.849	0.826	0.803	0.778	0.753	0.727	0.700	0.673	0.645	0.618	0.590	0.562	0.534	0.507	0.480	0.453	0.427	0.402	0.377
2.3	0.900	0.882	0.862	0.841	0.819	0.796	0.772	0.748	0.722	0.696	0.669	0.642	0.615	0.588	0.560	0.533	0.507	0.480	0.454	0.429	0.404
2.4	0.909	0.895	0.875	0.855	0.835	0.813	0.790	0.767	0.742	0.717	0.692	0.665	0.639	0.613	0.586	0.559	0.533	0.507	0.481	0.455	0.430

续附表 5

n / t/K	1.0	1.1	1.2	1.3	1.4	1.5	1.6	1.7	1.8	1.9	2.0	2.1	2.2	2.3	2.4	2.5	2.6	2.7	2.8	2.9	3.0
2.5	0.918	0.902	0.886	0.868	0.849	0.828	0.807	0.784	0.761	0.737	0.713	0.688	0.662	0.636	0.610	0.584	0.558	0.532	0.506	0.481	0.456
2.6	0.926	0.912	0.896	0.879	0.861	0.842	0.822	0.801	0.779	0.756	0.733	0.708	0.684	0.659	0.634	0.608	0.582	0.557	0.532	0.506	0.482
2.7	0.933	0.920	0.905	0.890	0.873	0.855	0.836	0.816	0.796	0.774	0.751	0.728	0.704	0.680	0.656	0.631	0.606	0.581	0.556	0.531	0.506
2.8	0.939	0.928	0.914	0.899	0.884	0.867	0.849	0.831	0.811	0.790	0.769	0.747	0.724	0.701	0.677	0.653	0.629	0.604	0.579	0.555	0.531
2.9	0.945	0.934	0.922	0.908	0.894	0.878	0.862	0.844	0.825	0.806	0.785	0.764	0.742	0.720	0.697	0.674	0.650	0.626	0.602	0.578	0.554
3.0	0.950	0.940	0.929	0.916	0.903	0.888	0.873	0.856	0.839	0.820	0.801	0.781	0.750	0.738	0.716	0.694	0.671	0.648	0.624	0.600	0.577
3.1	0.955	0.946	0.935	0.924	0.911	0.898	0.883	0.868	0.851	0.834	0.815	0.796	0.776	0.756	0.734	0.713	0.691	0.668	0.645	0.622	0.599
3.2	0.959	0.951	0.941	0.930	0.919	0.906	0.893	0.878	0.863	0.846	0.829	0.811	0.792	0.772	0.752	0.731	0.709	0.688	0.665	0.643	0.620
3.3	0.963	0.955	0.946	0.936	0.926	0.914	0.902	0.888	0.873	0.858	0.841	0.824	0.806	0.787	0.768	0.748	0.727	0.706	0.685	0.663	0.641
3.4	0.967	0.959	0.951	0.942	0.932	0.921	0.910	0.897	0.883	0.869	0.853	0.837	0.820	0.802	0.783	0.764	0.744	0.724	0.703	0.682	0.660
3.5	0.970	0.963	0.956	0.947	0.938	0.928	0.917	0.905	0.892	0.879	0.864	0.849	0.832	0.815	0.798	0.779	0.760	0.741	0.721	0.700	0.679
3.6	0.973	0.967	0.960	0.952	0.944	0.934	0.924	0.913	0.901	0.888	0.874	0.860	0.844	0.828	0.811	0.794	0.776	0.757	0.738	0.718	0.697
3.7	0.975	0.970	0.963	0.956	0.948	0.940	0.930	0.920	0.909	0.897	0.884	0.870	0.856	0.840	0.824	0.807	0.790	0.772	0.753	0.734	0.715
3.8	0.978	0.973	0.967	0.960	0.953	0.945	0.936	0.926	0.916	0.905	0.893	0.880	0.866	0.851	0.846	0.820	0.804	0.786	0.768	0.750	0.731
3.9	0.980	0.975	0.970	0.964	0.957	0.950	0.941	0.932	0.923	0.912	0.901	0.889	0.876	0.862	0.848	0.834	0.817	0.800	0.783	0.765	0.747
4.0	0.982	0.977	0.973	0.967	0.961	0.954	0.946	0.938	0.929	0.919	0.908	0.897	0.885	0.872	0.858	0.844	0.829	0.813	0.796	0.779	0.762
4.2	0.985	0.981	0.977	0.973	0.967	0.962	0.955	0.948	0.940	0.931	0.922	0.912	0.901	0.890	0.877	0.864	0.851	0.837	0.822	0.806	0.790
4.4	0.988	0.985	0.981	0.977	0.973	0.968	0.962	0.956	0.949	0.942	0.934	0.925	0.915	0.905	0.894	0.883	0.870	0.857	0.844	0.830	0.815
4.6	0.990	0.987	0.985	0.981	0.975	0.973	0.963	0.963	0.957	0.951	0.944	0.936	0.928	0.919	0.909	0.899	0.888	0.876	0.864	0.851	0.837
4.8	0.992	0.990	0.987	0.985	0.981	0.978	0.974	0.969	0.964	0.958	0.952	0.946	0.938	0.930	0.922	0.913	0.903	0.892	0.881	0.870	0.857
5.0	0.993	0.992	0.990	0.987	0.984	0.981	0.978	0.974	0.970	0.965	0.960	0.954	0.947	0.940	0.933	0.925	0.916	0.907	0.897	0.886	0.875
5.5	0.996	0.995	0.994	0.992	0.990	0.988	0.986	0.983	0.980	0.977	0.973	0.969	0.965	0.960	0.955	0.949	0.942	0.935	0.928	0.920	0.912
6.0	0.998	0.997	0.996	0.995	0.994	0.993	0.991	0.989	0.987	0.985	0.983	0.980	0.977	0.973	0.969	0.965	0.961	0.956	0.950	0.944	0.938
7.0	0.999	0.999	0.998	0.998	0.998	0.997	0.996	0.996	0.995	0.994	0.993	0.991	0.990	0.988	0.986	0.984	0.982	0.980	0.977	0.974	0.970
8.0			0.999	0.999	0.999	0.999	0.999	0.998	0.998	0.997	0.997	0.996	0.996	0.995	0.994	0.993	0.992	0.991	0.989	0.988	0.986
9.0								0.999	0.999	0.999	0.999	0.999	0.998	0.998	0.997	0.997	0.997	0.996	0.995	0.995	0.994

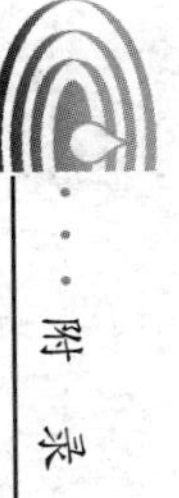

续附表5

t/K \ n	3.0	3.1	3.2	3.3	3.4	3.5	3.6	3.7	3.8	3.9	4.0	4.1	4.2	4.3	4.4	4.5	4.6	4.7	4.8	4.9	5.0
0	0	0	0	0	0	0	0	0	0	0	0	0	0	0	0	0	0	0	0	0	0
0.5	0.014	0.012	0.010	0.008	0.006	0.005	0.004	0.003	0.003	0.002	0.002	0.001	0.001	0.001	0.001	0.001	0	0	0	0	0
1.0	0.080	0.070	0.061	0.053	0.046	0.040	0.035	0.030	0.026	0.022	0.019	0.016	0.014	0.012	0.010	0.009	0.007	0.006	0.005	0.004	0.004
1.1	0.100	0.088	0.077	0.068	0.060	0.052	0.045	0.040	0.034	0.030	0.026	0.022	0.019	0.016	0.014	0.012	0.010	0.009	0.008	0.006	0.005
1.2	0.121	0.107	0.095	0.084	0.074	0.066	0.058	0.051	0.044	0.039	0.034	0.029	0.026	0.022	0.019	0.017	0.014	0.012	0.011	0.009	0.008
1.3	0.143	0.128	0.114	0.102	0.091	0.081	0.071	0.063	0.056	0.049	0.043	0.038	0.033	0.029	0.025	0.022	0.019	0.017	0.014	0.012	0.011
1.4	0.167	0.150	0.135	0.121	0.109	0.097	0.087	0.077	0.069	0.061	0.054	0.047	0.042	0.037	0.032	0.028	0.025	0.022	0.019	0.016	0.014
1.5	0.191	0.173	0.157	0.142	0.128	0.115	0.103	0.092	0.083	0.074	0.066	0.058	0.052	0.046	0.040	0.036	0.031	0.028	0.024	0.021	0.019
1.6	0.217	0.198	0.180	0.164	0.148	0.134	0.121	0.109	0.098	0.088	0.079	0.070	0.063	0.056	0.050	0.044	0.039	0.035	0.031	0.027	0.024
1.7	0.243	0.223	0.204	0.186	0.170	0.154	0.140	0.127	0.115	0.103	0.093	0.084	0.075	0.067	0.060	0.054	0.048	0.043	0.038	0.033	0.030
1.8	0.269	0.248	0.228	0.210	0.192	0.175	0.160	0.146	0.132	0.120	0.109	0.098	0.089	0.080	0.072	0.064	0.058	0.051	0.046	0.041	0.036
1.9	0.296	0.274	0.253	0.234	0.215	0.197	0.181	0.166	0.151	0.138	0.125	0.114	0.103	0.093	0.084	0.076	0.068	0.061	0.055	0.049	0.044
2.0	0.323	0.301	0.279	0.258	0.239	0.220	0.203	0.186	0.171	0.156	0.143	0.130	0.119	0.108	0.098	0.089	0.080	0.072	0.065	0.059	0.053
2.1	0.350	0.327	0.305	0.283	0.263	0.244	0.225	0.208	0.191	0.176	0.161	0.148	0.135	0.123	0.112	0.102	0.093	0.084	0.076	0.069	0.062
2.2	0.377	0.354	0.331	0.309	0.287	0.267	0.248	0.230	0.212	0.196	0.181	0.166	0.153	0.140	0.128	0.117	0.107	0.097	0.088	0.080	0.072
2.3	0.404	0.380	0.356	0.334	0.312	0.291	0.271	0.252	0.234	0.217	0.201	0.185	0.171	0.157	0.144	0.132	0.121	0.111	0.101	0.092	0.084
2.4	0.430	0.406	0.382	0.359	0.337	0.316	0.295	0.275	0.256	0.238	0.221	0.205	0.190	0.175	0.161	0.149	0.137	0.125	0.115	0.105	0.096
2.5	0.456	0.432	0.408	0.385	0.362	0.340	0.319	0.299	0.279	0.260	0.242	0.225	0.209	0.194	0.179	0.166	0.153	0.141	0.129	0.119	0.109
2.6	0.482	0.457	0.433	0.410	0.387	0.364	0.343	0.322	0.302	0.283	0.264	0.246	0.229	0.213	0.198	0.183	0.170	0.157	0.145	0.133	0.123
2.7	0.506	0.482	0.458	0.434	0.411	0.389	0.367	0.346	0.325	0.305	0.286	0.268	0.250	0.233	0.217	0.202	0.187	0.174	0.161	0.149	0.137
2.8	0.531	0.506	0.482	0.459	0.436	0.413	0.391	0.369	0.348	0.328	0.308	0.289	0.271	0.253	0.237	0.221	0.206	0.191	0.178	0.165	0.152
2.9	0.554	0.530	0.506	0.483	0.460	0.437	0.414	0.392	0.371	0.350	0.330	0.311	0.292	0.274	0.257	0.240	0.224	0.209	0.195	0.181	0.168
3.0	0.577	0.553	0.530	0.506	0.483	0.460	0.438	0.416	0.394	0.373	0.353	0.333	0.314	0.295	0.277	0.260	0.244	0.228	0.213	0.198	0.185
3.1	0.599	0.576	0.552	0.529	0.506	0.483	0.461	0.439	0.417	0.396	0.375	0.355	0.335	0.316	0.298	0.280	0.263	0.246	0.231	0.216	0.202
3.2	0.620	0.603	0.574	0.552	0.528	0.506	0.484	0.462	0.440	0.418	0.397	0.377	0.357	0.338	0.319	0.301	0.283	0.266	0.250	0.234	0.219

续附表 5

t/K \ n	3.0	3.1	3.2	3.3	3.4	3.5	3.6	3.7	3.8	3.9	4.0	4.1	4.2	4.3	4.4	4.5	4.6	4.7	4.8	4.9	5.0
3.3	0.641	0.618	0.596	0.573	0.551	0.528	0.506	0.484	0.462	0.441	0.420	0.399	0.379	0.359	0.340	0.321	0.304	0.286	0.269	0.253	0.237
3.4	0.660	0.638	0.616	0.594	0.572	0.550	0.528	0.506	0.484	0.463	0.442	0.421	0.400	0.380	0.361	0.342	0.324	0.306	0.289	0.272	0.256
3.5	0.679	0.658	0.636	0.615	0.593	0.571	0.549	0.528	0.506	0.485	0.462	0.442	0.422	0.404	0.382	0.363	0.344	0.326	0.308	0.291	0.275
3.6	0.697	0.677	0.656	0.634	0.613	0.592	0.570	0.549	0.527	0.506	0.484	0.464	0.443	0.423	0.403	0.384	0.365	0.346	0.328	0.311	0.293
3.7	0.715	0.695	0.674	0.653	0.633	0.612	0.590	0.569	0.548	0.527	0.506	0.485	0.464	0.444	0.424	0.404	0.385	0.366	0.348	0.330	0.313
3.8	0.731	0.712	0.692	0.672	0.651	0.631	0.610	0.589	0.568	0.547	0.527	0.506	0.485	0.465	0.445	0.425	0.406	0.387	0.368	0.350	0.332
3.9	0.747	0.728	0.709	0.689	0.670	0.649	0.629	0.609	0.588	0.567	0.548	0.526	0.506	0.485	0.465	0.446	0.426	0.407	0.388	0.370	0.352
4.0	0.762	0.744	0.725	0.706	0.687	0.667	0.647	0.627	0.607	0.587	0.567	0.546	0.526	0.506	0.486	0.466	0.446	0.427	0.403	0.389	0.371
4.2	0.790	0.773	0.756	0.738	0.720	0.701	0.682	0.663	0.644	0.624	0.605	0.585	0.565	0.545	0.525	0.506	0.486	0.467	0.448	0.429	0.410
4.4	0.815	0.799	0.783	0.767	0.750	0.733	0.715	0.697	0.678	0.660	0.641	0.621	0.602	0.582	0.563	0.544	0.525	0.506	0.486	0.468	0.449
4.6	0.837	0.823	0.809	0.793	0.778	0.761	0.745	0.728	0.710	0.692	0.674	0.656	0.637	0.619	0.600	0.581	0.562	0.543	0.524	0.505	0.487
4.8	0.857	0.845	0.831	0.817	0.803	0.788	0.772	0.756	0.740	0.723	0.706	0.688	0.671	0.653	0.634	0.616	0.598	0.579	0.560	0.542	0.524
5.0	0.875	0.864	0.851	0.838	0.825	0.811	0.797	0.782	0.767	0.751	0.735	0.718	0.702	0.683	0.667	0.650	0.632	0.614	0.596	0.578	0.560
5.2	0.891	0.881	0.870	0.858	0.846	0.833	0.820	0.806	0.792	0.777	0.762	0.746	0.731	0.714	0.698	0.681	0.664	0.647	0.629	0.612	0.594
5.4	0.905	0.896	0.886	0.875	0.864	0.852	0.840	0.828	0.814	0.801	0.787	0.772	0.757	0.742	0.726	0.710	0.694	0.678	0.661	0.644	0.627
5.6	0.918	0.909	0.900	0.891	0.880	0.870	0.859	0.847	0.835	0.822	0.809	0.796	0.782	0.768	0.753	0.738	0.722	0.707	0.691	0.674	0.658
5.8	0.928	0.921	0.913	0.904	0.895	0.885	0.875	0.865	0.854	0.842	0.830	0.818	0.805	0.791	0.777	0.763	0.749	0.734	0.719	0.703	0.687
6.0	0.938	0.930	0.924	0.916	0.908	0.899	0.890	0.881	0.870	0.860	0.849	0.837	0.825	0.813	0.800	0.787	0.773	0.759	0.745	0.730	0.715
6.5	0.957	0.952	0.947	0.941	0.935	0.927	0.921	0.913	0.905	0.897	0.888	0.879	0.869	0.859	0.848	0.837	0.826	0.814	0.802	0.789	0.776
7.0	0.970	0.967	0.963	0.958	0.954	0.949	0.943	0.938	0.932	0.925	0.918	0.911	0.903	0.895	0.887	0.878	0.868	0.859	0.848	0.838	0.827
7.5	0.980	0.977	0.974	0.971	0.968	0.964	0.960	0.956	0.951	0.946	0.941	0.935	0.929	0.923	0.916	0.911	0.602	0.894	0.886	0.877	0.868
8.0	0.986	0.984	0.982	0.980	0.978	0.975	0.972	0.969	0.965	0.962	0.958	0.953	0.949	0.944	0.939	0.933	0.927	0.921	0.915	0.908	0.900
9.0	0.994	0.993	0.991	0.990	0.989	0.988	0.986	0.985	0.983	0.981	0.979	0.976	0.974	0.971	0.968	0.965	0.961	0.958	0.954	0.950	0.945
10.0	0.997	0.997	0.996	0.996	0.995	0.994	0.994	0.993	0.992	0.991	0.990	0.988	0.987	0.985	0.984	0.982	0.980	0.978	0.976	0.973	0.971
11.0	0.999	0.999	0.998	0.998	0.998	0.997	0.997	0.997	0.996	0.996	0.995	0.994	0.994	0.993	0.992	0.991	0.990	0.989	0.988	0.986	0.985
12.0			0.999	0.999	0.999	0.999	0.999	0.998	0.998	0.998	0.998	0.997	0.997	0.997	0.996	0.996	0.995	0.994	0.994	0.993	0.992

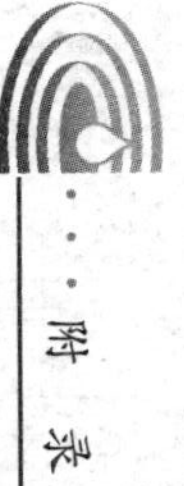

续附表5

t/K \ n	5.0	5.1	5.2	5.3	5.4	5.5	5.6	5.7	5.8	5.9	6.0	6.1	6.2	6.3	6.4	6.5	6.6	6.7	6.8	6.9	7.0
0	0	0	0	0	0	0	0	0	0	0	0	0	0	0	0	0	0	0	0	0	0
0.5	0	0	0	0	0	0	0	0	0	0	0	0	0	0	0	0	0	0	0	0	0
1.0	0.004	0.003	0.003	0.002	0.002	0.002	0.001	0.001	0.001	0.001	0.001	0	0	0	0	0	0	0	0	0	0
1.5	0.019	0.016	0.014	0.012	0.011	0.009	0.008	0.007	0.006	0.005	0.004	0.004	0.003	0.003	0.002	0.002	0.002	0.001	0.001	0.001	0.001
2.0	0.053	0.047	0.042	0.038	0.034	0.030	0.027	0.024	0.021	0.019	0.017	0.015	0.013	0.011	0.010	0.009	0.008	0.007	0.006	0.005	0.004
2.5	0.109	0.100	0.091	0.083	0.076	0.069	0.063	0.057	0.051	0.047	0.042	0.038	0.034	0.031	0.028	0.025	0.022	0.020	0.018	0.016	0.014
3.0	0.185	0.172	0.160	0.148	0.137	0.127	0.117	0.108	0.099	0.091	0.084	0.077	0.071	0.065	0.059	0.054	0.049	0.045	0.041	0.037	0.034
3.2	0.219	0.205	0.192	0.179	0.166	0.155	0.144	0.133	0.123	0.114	0.105	0.098	0.090	0.083	0.076	0.070	0.064	0.059	0.053	0.049	0.045
3.4	0.256	0.240	0.226	0.211	0.198	0.185	0.173	0.161	0.150	0.139	0.129	0.120	0.111	0.103	0.095	0.088	0.081	0.075	0.069	0.063	0.058
3.6	0.294	0.217	0.261	0.246	0.231	0.217	0.204	0.191	0.179	0.167	0.156	0.146	0.135	0.126	0.117	0.109	0.100	0.093	0.086	0.080	0.073
3.8	0.332	0.315	0.298	0.282	0.266	0.251	0.237	0.223	0.210	0.197	0.184	0.173	0.162	0.151	0.141	0.132	0.122	0.114	0.106	0.098	0.091
4.0	0.371	0.353	0.336	0.319	0.303	0.287	0.271	0.256	0.242	0.228	0.215	0.202	0.190	0.178	0.167	0.157	0.146	0.137	0.128	0.119	0.111
4.1	0.391	0.373	0.355	0.338	0.321	0.305	0.289	0.274	0.259	0.244	0.231	0.218	0.205	0.193	0.181	0.170	0.159	0.149	0.139	0.130	0.121
4.2	0.410	0.392	0.374	0.357	0.340	0.323	0.307	0.291	0.276	0.261	0.247	0.233	0.220	0.208	0.195	0.184	0.172	0.162	0.151	0.142	0.133
4.3	0.430	0.411	0.393	0.375	0.358	0.341	0.325	0.309	0.293	0.278	0.263	0.249	0.236	0.223	0.210	0.198	0.186	0.175	0.164	0.154	0.144
4.4	0.449	0.430	0.412	0.394	0.377	0.360	0.343	0.327	0.311	0.295	0.280	0.266	0.251	0.238	0.225	0.212	0.200	0.189	0.177	0.167	0.156
4.5	0.468	0.449	0.431	0.413	0.395	0.378	0.361	0.345	0.328	0.312	0.297	0.282	0.268	0.254	0.240	0.227	0.214	0.203	0.191	0.180	0.169
4.6	0.487	0.469	0.450	0.432	0.414	0.397	0.379	0.363	0.346	0.330	0.314	0.299	0.284	0.270	0.256	0.243	0.229	0.217	0.205	0.193	0.182
4.7	0.505	0.487	0.469	0.451	0.433	0.415	0.398	0.381	0.364	0.348	0.332	0.316	0.301	0.286	0.272	0.258	0.244	0.232	0.219	0.207	0.195
4.8	0.524	0.505	0.487	0.469	0.451	0.433	0.416	0.399	0.382	0.365	0.349	0.333	0.318	0.303	0.288	0.274	0.260	0.247	0.234	0.221	0.209
4.9	0.542	0.524	0.505	0.487	0.469	0.452	0.434	0.417	0.400	0.383	0.366	0.350	0.335	0.320	0.304	0.290	0.276	0.262	0.249	0.236	0.223
5.0	0.560	0.541	0.523	0.505	0.487	0.470	0.452	0.435	0.418	0.401	0.384	0.368	0.352	0.336	0.321	0.306	0.292	0.278	0.264	0.251	0.238
5.1	0.577	0.559	0.541	0.523	0.505	0.488	0.470	0.453	0.435	0.418	0.402	0.385	0.369	0.353	0.338	0.323	0.308	0.294	0.279	0.266	0.253
5.2	0.594	0.576	0.558	0.541	0.523	0.505	0.488	0.470	0.453	0.436	0.419	0.403	0.386	0.370	0.354	0.339	0.324	0.310	0.395	0.281	0.268
5.3	0.610	0.593	0.575	0.558	0.540	0.523	0.505	0.488	0.471	0.453	0.437	0.420	0.403	0.387	0.371	0.356	0.340	0.326	0.311	0.297	0.283

续附表 5

t/K \ n	5.0	5.1	5.2	5.3	5.4	5.5	5.6	5.7	5.8	5.9	6.0	6.1	6.2	6.3	6.4	6.5	6.6	6.7	6.8	6.9	7.0
5.4	0.627	0.609	0.592	0.575	0.557	0.540	0.522	0.505	0.488	0.471	0.454	0.437	0.421	0.404	0.388	0.373	0.357	0.342	0.327	0.313	0.298
5.5	0.642	0.626	0.608	0.591	0.574	0.557	0.539	0.522	0.505	0.488	0.471	0.454	0.438	0.421	0.405	0.389	0.374	0.358	0.343	0.328	0.314
5.6	0.658	0.641	0.624	0.607	0.590	0.573	0.556	0.539	0.522	0.505	0.488	0.471	0.455	0.438	0.422	0.406	0.390	0.375	0.359	0.345	0.330
5.7	0.673	0.656	0.640	0.623	0.606	0.590	0.573	0.556	0.539	0.522	0.505	0.488	0.472	0.455	0.439	0.423	0.407	0.391	0.376	0.361	0.346
5.8	0.687	0.671	0.655	0.639	0.622	0.606	0.589	0.572	0.555	0.538	0.522	0.505	0.488	0.472	0.456	0.439	0.423	0.408	0.392	0.377	0.362
5.9	0.701	0.686	0.670	0.654	0.638	0.621	0.605	0.588	0.571	0.555	0.538	0.522	0.505	0.489	0.472	0.456	0.440	0.424	0.408	0.393	0.378
6.0	0.715	0.700	0.684	0.668	0.652	0.636	0.620	0.604	0.587	0.571	0.554	0.538	0.521	0.505	0.489	0.472	0.456	0.440	0.425	0.409	0.394
6.2	0.741	0.726	0.712	0.696	0.681	0.666	0.650	0.634	0.618	0.602	0.586	0.570	0.553	0.537	0.521	0.505	0.489	0.473	0.457	0.441	0.426
6.4	0.765	0.751	0.737	0.723	0.708	0.693	0.678	0.663	0.648	0.632	0.616	0.600	0.585	0.568	0.553	0.537	0.521	0.505	0.489	0.473	0.458
6.6	0.787	0.774	0.761	0.748	0.734	0.720	0.705	0.690	0.676	0.661	0.645	0.630	0.614	0.597	0.583	0.568	0.552	0.536	0.520	0.505	0.489
6.8	0.808	0.796	0.783	0.771	0.758	0.744	0.730	0.716	0.702	0.688	0.673	0.658	0.643	0.628	0.613	0.597	0.582	0.566	0.551	0.536	0.520
7.0	0.827	0.816	0.804	0.792	0.780	0.767	0.754	0.741	0.727	0.713	0.699	0.685	0.671	0.656	0.641	0.626	0.611	0.596	0.581	0.566	0.550
7.2	0.844	0.834	0.823	0.812	0.800	0.788	0.776	0.764	0.751	0.738	0.724	0.710	0.697	0.682	0.668	0.654	0.639	0.624	0.610	0.595	0.580
7.4	0.860	0.851	0.841	0.830	0.819	0.808	0.797	0.785	0.773	0.760	0.747	0.734	0.721	0.708	0.694	0.680	0.666	0.652	0.637	0.623	0.608
7.6	0.875	0.866	0.857	0.845	0.837	0.826	0.816	0.805	0.793	0.781	0.769	0.757	0.744	0.732	0.718	0.705	0.691	0.678	0.664	0.650	0.635
7.8	0.888	0.880	0.871	0.862	0.853	0.843	0.833	0.823	0.812	0.801	0.790	0.778	0.766	0.754	0.741	0.729	0.716	0.702	0.689	0.675	0.662
8.0	0.900	0.893	0.885	0.877	0.868	0.859	0.850	0.840	0.830	0.819	0.809	0.798	0.786	0.775	0.763	0.751	0.738	0.725	0.713	0.700	0.637
8.5	0.926	0.920	0.913	0.907	0.899	0.892	0.884	0.876	0.868	0.859	0.850	0.841	0.831	0.821	0.811	0.800	0.790	0.778	0.767	0.755	0.744
9.0	0.945	0.940	0.935	0.930	0.924	0.918	0.912	0.906	0.899	0.892	0.884	0.876	0.869	0.860	0.851	0.842	0.833	0.823	0.814	0.804	0.793
9.5	0.960	0.956	0.952	0.948	0.943	0.938	0.933	0.928	0.923	0.917	0.911	0.905	0.898	0.891	0.884	0.877	0.869	0.861	0.853	0.844	0.835
10.0	0.971	0.968	0.965	0.962	0.958	0.955	0.951	0.946	0.942	0.938	0.933	0.928	0.922	0.917	0.911	0.905	0.898	0.892	0.885	0.877	0.870
11.0	0.985	0.983	0.982	0.979	0.978	0.975	0.973	0.971	0.968	0.965	0.962	0.959	0.956	0.952	0.949	0.945	0.940	0.936	0.931	0.926	0.921
12.0	0.992	0.992	0.991	0.990	0.988	0.981	0.986	0.985	0.983	0.981	0.980	0.978	0.976	0.974	0.971	0.969	0.966	0.963	0.961	0.957	0.954
13.0	0.996	0.995	0.995	0.995	0.994	0.993	0.993	0.992	0.991	0.990	0.989	0.988	0.987	0.986	0.984	0.983	0.981	0.980	0.978	0.976	0.974
14.0	0.998	0.998	0.998	0.997	0.997	0.997	0.996	0.996	0.996	0.995	0.994	0.994	0.993	0.993	0.992	0.991	0.990	0.989	0.988	0.987	0.986
15.0	0.999	0.999	0.999	0.999	0.999	0.998	0.998	0.998	0.998	0.997	0.997	0.997	0.997	0.996	0.996	0.995	0.995	0.994	0.994	0.993	0.992

参考文献

[1] 黎国胜,王颖.工程水文与水利计算[M].郑州:黄河水利出版社,2009.
[2] 叶秉如.水利计算及水资源规划[M].北京:中国水利水电出版社,1995.
[3] 朱伯俊.水利水电规划[M].北京:中国水利水电出版社,1992.
[4] 朱岐武,拜存有.水文与水利水电规划[M].郑州:黄河水利出版社,2003.
[5] 张子贤.工程水文及水利计算[M].北京:中国水利水电出版社,2008.
[6] 耿鸿江.工程水文基础[M].北京:中国水利水电出版社,2003.
[7] 魏永霞,王丽学. 工程水文学[M].北京:中国水利水电出版社,2005.
[8] 詹道江,叶守泽.工程水文学[M].3版.北京:中国水利水电出版社,2000.
[9] 蒋金珠.工程水文与水利计算[M].北京:水利电力出版社,1992.
[10] 吴明远,詹道江.工程水文学[M].北京:水利电力出版社,1987.
[11] 林辉,汪繁荣,黄泽钧. 水文及水利水电规划[M]. 北京:中国水利水电出版社,2007.
[12] 武鹏林,霍德敏,马存信,等. 水利计算与水库调度[M].北京:地震出版社,2000.
[13] 刘洪波. 水文水利计算[M].郑州:黄河水利出版社,2006.
[14] 崔振才. 水文及水利水电规划[M].北京:中国水利水电出版社,2007.
[15] 林益冬,孙保沭.工程水文学[M].南京:河海大学出版社,2003.
[16] 华东水利学院,西北农学院,武汉水利电力学院.水文及水利水电规划[M].北京:水利出版社,1982.
[17] 周之豪,沈曾源,施熙灿,等.水利水能规划[M].2版.北京:中国水利水电出版社,1997.
[18] 唐德善,王锋,段力平.水资源综合规划[M].南昌:江西高校出版社,2001.
[19] 王燕生.工程水文学[M].2版.北京:水利电力出版社,1991.
[20] 刘光文.水文分析与计算[M].北京:水利电力出版社,1988.
[21] 杨诚芳.地表水资源与水文分析[M].北京:水利电力出版社,1990.
[22] 殷兆熊,毛启平.水文水利计算[M].2版.北京:水利电力出版社,1994.
[23] 丁炳坤.工程水文学[M].3版.北京:中国水利水电出版社,1994.
[24] 叶守泽.水文水利计算[M].北京:水利电力出版社,1995.
[25] 钮本良,朱岐武.水利水电工程规划[M].郑州:黄河水利出版社,2002.
[26] 崔振才.水资源与水文分析计算[M].北京:中国水利水电出版社,2004.
[27] 袁作新.水利计算[M].北京:水利水电出版社,1987.
[28] 钱正英,张光斗.中国可持续发展水资源战略研究报告集[M].北京:中国水利水电出版社,2001.
[29] 中华人民共和国水利部. SL 252—2000 水利水电工程等级划分及洪水标准[S].北京:中国水利水电出版社,2000.
[30] 国家技术监督局,中华人民共和国建设部. GB 50201—2014 防洪标准[S].北京:中国计划出版社,2014.
[31] 中华人民共和国能源局.NB/T 35046—2014 水电工程设计洪水计算规范[S].北京:中国计划出版社,2015.

[32] 中华人民共和国水利部. SL 618—2013 水利水电工程可行性报告编制规程[S]. 北京:中国水利水电出版社,2014.

[33] 国家技术监督局,中华人民共和国建设部. GB/T 51051—2014 水资源规划规范[S]. 北京: 中国计划出版社,2015.

[34] 中华人民共和国水利部. SL 627—2014 城市供水水源规划导则[S]. 北京: 中国水利水电出版社,2014.

[35] 中华人民共和国水利部. SL 201—2015 江河流域规划编制规范[S]. 北京: 中国水利电力出版社,2015.

[36] 中华人民共和国水利部. SL 525—2011 水利水电建设项目水资源论证导则[S]. 北京: 中国水利水电出版社,2011.

[37] 中华人民共和国水利部. SL 322—2013 建设项目水资源论证导则[S]. 北京: 中国水利水电出版社,2014.

[38] 中华人民共和国水利部. SL/Z 479—2010 河湖生态需水评估导则(试行)[S]. 北京:中国水利水电出版社,2010.

全国水利行业规划教材　高职高专水利水电类
全国水利职业教育优秀教材
中国水利教育协会策划组织

工程水文与水利计算综合训练

（第2版）

主　编　黎国胜　刘贤娟　于　玲
副主编　张志刚　徐成汉　张　雄
　　　　张　涛
主　审　关洪林

黄河水利出版社
·郑州·

目 录

第一章 绪论

一、填空题

1. 水文现象的三种基本特性是:__________、__________和__________。

2. 根据水文现象变化的基本规律,水文计算的基本方法可分为__________、__________和__________。

3. 工程水文学主要研究与水利水电工程建设有关的水文问题,即为工程的__________、__________、__________阶段提供水文数据。

二、选择题

1. 水文现象的发生(　　)。

A. 完全是偶然性的　　B. 完全是必然性的

C. 完全是随机性的　　D. 既有必然性也有随机性

2. 如果在一条河流流域上降一场暴雨,则这条河流就会出现一次洪水,称为水文现象的(　　)。

A. 必然性　　B. 随机性　　C. 地区性　　D. 偶然性

3. 水文预报,是预计某一水文变量在(　　)的大小和时程变化。

A. 任一时期内　　B. 预见期内　　C. 以前很长的时期内　　D. 某一时刻

4. 水资源是一种(　　)。

A. 取之不尽、用之不竭的资源　　B. 再生资源

C. 非再生资源　　D. 无限的资源

5. 水文现象的发生、发展,都具有偶然性,因此它的发生和变化(　　)。

A. 杂乱无章　　B. 具有统计规律

C. 具有完全的确定性规律　　D. 没有任何规律

6. 水文现象的发生、发展,都是有成因的,因此其变化(　　)。

A. 具有完全的确定性规律　　B. 具有完全的统计规律

C. 具有成因规律　　D. 没有任何规律

三、判断题

1. 水文现象的产生和变化,都有其相应的成因。因此,只能应用成因分析法进行水文计算和水文预报。(　　)

2. 水文现象的产生和变化,都有某种程度的随机性。因此,都要应用数理统计法进行水文计算和水文预报。(　　)

3. 工程水文学的主要目标,是为工程的规划设计、施工、管理提供水文数据和水文预报成果,如设计洪水、设计年径流、预见期间的水位、流量等。(　　)

4. 水文现象的变化,既有确定性又有随机性。因此,水文计算和水文预报中,应根据

具体情况，采用成因分析法或数理统计法，或二者相结合的方法进行研究。(　　)

四、简答题

1. 水资源的基本特性是什么？

2. 工程水文及水利计算在水资源开发利用工程的各个阶段有何作用？

3. 长江三峡工程主要由哪些建筑物组成？其规划设计、施工和运行管理中将涉及哪些方面的水文问题？

第二章　水文循环与水文资料

水文循环部分

一、填空题

1. 按水文循环的规模和过程不同，水文循环可分为________循环和________循环。

2. 自然界中，海陆之间的水文循环称________________。

3. 自然界中，海洋或陆面局部的水文循环称________________。

4. 水文循环的外因是______________________，内因是______________________。

5. 水文循环的重要环节有__________，__________，__________，__________。

6. 河流的水资源之所以源源不断，是由于自然界存在着永不停止的__________。

7. 水文循环过程中，某一区域、某一时段的水量平衡方程可表述为____。

8. 一条河流，沿水流方向，自上而下可分为______、______、______、______、______五段。

9. 河流某一断面的集水区域称为________________。

10. 地面分水线与地下分水线在垂直方向彼此重合，且在流域出口河床下切较深的流域，称________________流域；否则，称________________流域。

11. 自河源沿主流至河流某一断面的距离称该断面以上的________________。

12. 单位河长的落差称为____________________。

13. 在闭合流域中，流域蓄水变量的多年平均值近似为____________。

14. 按暖湿空气抬升而形成动力冷却的原因，降雨可分为______雨、______雨、______雨、______雨。

15. 冷气团向暖气团方向移动并占据原属暖气团的地区，这种情况形成的降雨称为__________。

16. 暖气团向冷气团方向移动并占据原属冷气团的地区，这种情况形成的降雨称为__________。

17. 对流雨的特点是________________、________________和________________。

18. 计算流域平均降雨量的方法通常有___________、___________、___________。

19. 降水量累积曲线上每个时段的平均坡度是____________，某点的切线坡度则为____________。

20. 流域总蒸发包括________________、________________和________________。

21. 流域的总蒸发主要取决于________________蒸发和________________蒸散发。

22. 在充分供水条件下,干燥土壤的下渗率(f)随时间(t)呈__________变化,为__________曲线。

23. 降雨初期的损失包括________、________、________、________。

24. 河川径流的形成过程可分为__________过程和__________过程。

25. 某一时段的降雨与其形成的径流深之比值称为__________。

26. 单位时间内通过某一断面的水量称为__________。

27. 流域出口断面的流量与流域面积的比值称为__________。

二、选择题

1. 使水资源具有再生性的原因是自然界的(　　)。

A. 径流　　B. 水文循环　　C. 蒸发　　D. 降水

2. 流域面积是指河流某断面以上(　　)。

A. 地面分水线和地下分水线包围的面积之和

B. 地下分水线包围的水平投影面积

C. 地面分水线所包围的面积

D. 地面分水线所包围的水平投影面积

3. 某河段上、下断面的河底高程分别为 725 m 和 425 m,河段长 120 km,则该河段的河道纵比降为(　　)。

A. 0.25　　B. 2.5　　C. 2.5%　　D. 2.5‰

4. 山区河流的水面比降一般比平原河流的水面比降(　　)。

A. 相当　　B. 小　　C. 平缓　　D. 大

5. 日降水量 50 ~ 100 mm 的降水称为(　　)。

A. 小雨　　B. 中雨　　C. 大雨　　D. 暴雨

6. 暴雨形成的条件是(　　)。

A. 该地区水汽来源充足,且温度高

B. 该地区水汽来源充足,且温度低

C. 该地区水汽来源充足,且有强烈的空气上升运动

D. 该地区水汽来源充足,且没有强烈的空气上升运动

7. 因地表局部受热,气温向上递减率增大,大气稳定性降低,因而使地表的湿热空气膨胀,强烈上升而降雨,称这种降雨为(　　)。

A. 地形雨　　B. 锋面雨　　C. 对流雨　　D. 气旋雨

8. 暖锋雨一般较冷锋雨(　　)。

A. 雨强大,雨区范围大,降雨历时短

B. 雨强大,雨区范围小,降雨历时长

C. 雨强小,雨区范围大,降雨历时短

D. 雨强小,雨区范围大,降雨历时长

9. 地形雨的特点是多发生在(　　)。

A. 平原湖区中　　B. 盆地中

C. 背风面的山坡上　　D. 迎风面的山坡上

10. 某流域有甲、乙两个雨量站，它们的权重分别为0.4、0.6，已测到某次降水量，甲为80.0 mm，乙为50.0 mm，用泰森多边形法计算该流域平均降雨量为(　　)。

A. 58.0 mm　　B. 66.0 mm　　C. 62.0 mm　　D. 54.0 mm

11. 对于比较干燥的土壤，在充分供水条件下，下渗的物理过程可分为三个阶段，它们依次为(　　)。

A. 渗透阶段—渗润阶段—渗漏阶段

B. 渗漏阶段—渗润阶段—渗透阶段

C. 渗润阶段—渗漏阶段—渗透阶段

D. 渗润阶段—渗透阶段—渗漏阶段

12. 决定土壤稳定入渗率f_c大小的主要因素是(　　)。

A. 降雨强度　　B. 降雨初期的土壤含水量

C. 降雨历时　　D. 土壤特性

13. 河川径流组成一般可划分为(　　)。

A. 地面径流、坡面径流、地下径流

B. 地面径流、表层流、地下径流

C. 地面径流、表层流、深层地下径流

D. 地面径流、浅层地下径流潜水、深层地下径流

14. 形成地面径流的必要条件是(　　)。

A. 雨强等于下渗能力　　B. 雨强大于下渗能力

C. 雨强小于下渗能力　　D. 雨强小于或等于下渗能力

15. 流域汇流过程主要包括(　　)。

A. 坡面漫流和坡地汇流　　B. 河网汇流和河槽集流

C. 坡地汇流和河网汇流　　D. 坡面漫流和坡面汇流

16. 一次流域降雨的净雨深形成的洪水，在数量上应该(　　)。

A. 等于该次洪水的径流深

B. 大于该次洪水的径流深

C. 小于该次洪水的径流深

D. 大于或等于该次洪水的径流深

17. 某闭合流域多年平均降水量为950 mm，多年平均径流深为450 mm，则多年平均年蒸发量为(　　)。

A. 450 mm　　B. 500 mm　　C. 950 mm　　D. 1 400 mm

18. 某流域面积为500 km^2，多年平均流量为7.5 m^3/s，换算成多年平均径流深为(　　)。

A. 887.7 mm　　B. 500 mm　　C. 473 mm　　D. 805 mm

19. 某流域面积为1 000 km^2，多年平均降水量为1 050 mm，多年平均流量为15 m^3/s，该流域多年平均的径流系数为(　　)。

A. 0.55　　B. 0.45　　C. 0.65　　D. 0.68

20. 某水文站控制面积为680 km^2，多年平均年径流模数为10 $L/(s \cdot km^2)$，则换算成

年径流深为(　　)。

A. 315.4 mm　B. 587.5 mm　C. 463.8 mm　D. 408.5 mm

21. 某闭合流域的面积为 1 000 km^2,多年平均降水量为 1 050 mm,多年平均蒸发量为 576 mm,则多年平均流量为(　　)。

A. 150 m^3/s　B. 15 m^3/s　C. 74 m^3/s　D. 18 m^3/s

22. 某流域多年平均降水量为 800 mm,多年平均径流深为 400 mm,则该流域多年平均径流系数为(　　)。

A. 0.47　B. 0.50　C. 0.65　D. 0.35

23. 我国年径流深分布的总趋势基本上是(　　)。

A. 自东南向西北递减　B. 自东南向西北递增

C. 分布基本均匀　D. 自西向东递减

24. 流域围湖造田和填湖造田,将使流域蒸发(　　)。

A. 增加　B. 减少　C. 不变　D. 难以肯定

25. 流域退田还湖,将使流域蒸发(　　)。

A. 增加　B. 减少　C. 不变　D. 难以肯定

26. 下渗率总是(　　)。

A. 等于下渗能力　B. 大于下渗能力

C. 小于下渗能力　D. 小于或等于下渗能力

三、判断题

1. 水资源是再生资源,因此总是取之不尽,用之不竭的。(　　)

2. 河川径流来自降水,因此流域特征对径流变化没有重要影响。(　　)

3. 用泰森多边形法计算流域平均降雨量时,它的出发点是流域上各点的雨量用离该点最近的雨量站的降雨量代表。(　　)

4. 采用流域水量平衡法推求多年平均流域蒸发量,常常是一种行之有效的计算方法。(　　)

5. 降雨过程中,土壤实际下渗过程始终是按下渗能力进行的。(　　)

6. 降雨过程中,当降雨强度大于下渗能力时,下渗按下渗能力进行;当降雨强度小于下渗能力时,下渗按降多少下渗多少进行。(　　)

四、简答题

1. 何谓自然界的水文循环?产生水文循环的原因是什么?

2. 何谓水资源?为什么说水资源是再生资源?

3. 简述土壤下渗各阶段的特点。

4. 写出某闭合流域的年水量平衡方程式，并说明各符号的物理意义。

5. 影响径流的因素中，人类活动措施包括哪些方面？

6. 河川径流是由流域降雨形成的，为什么久晴不雨河水仍然川流不息？

五、计算题

1. 已知某河从河源至河口总长 L 为 5 500 m，其纵断面如图 2-1 所示，A、B、C、D、E 各点地面高程分别为 48 m、24 m、17 m、15 m、14 m，各河段长度 l_1、l_2、l_3、l_4 分别为 800 m、1 300 m、1 400 m、2 000 m，试推求该河流的平均纵比降。

2. 某流域如图 2-2 所示，流域面积 $F = 350\ \text{km}^2$，流域内及其附近有 A、B 两个雨量站，其上有一次降雨，它们的雨量依次为 360 mm 和 210 mm，试绘出泰森多边形图，并用算术平均法和泰森多边形法计算该次降雨的平均面雨量，比较二者的差异。（提示：A、B 雨量站泰森多边形权重分别为 0.78、0.22）

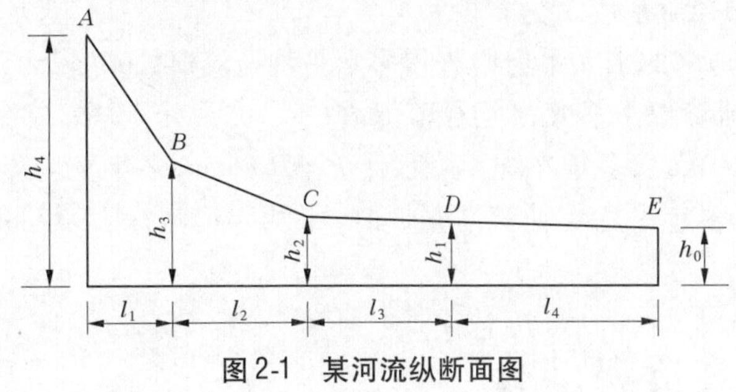

图 2-1　某河流纵断面图

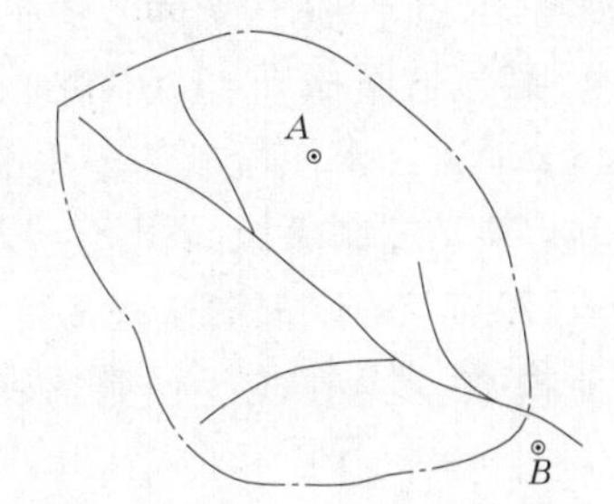

图 2-2　某流域及其附近雨量站及一次雨量分布

3. 已知某流域及其附近的雨量站位置如图 2-3 所示，试绘出该流域的泰森多边形，并在图上标出 A、B、C、D 站各自代表的面积 F_A、F_B、F_C、F_D，写出泰森多边形法计算本流域的平均雨量公式。

4. 已知某次暴雨的等雨量线图（见图 2-4），图中等雨量线上的数字以 mm 计，各等雨量线之间的面积 F_1、F_2、F_3、F_4 分别为 500 km^2、1 500 km^2、3 000 km^2、4 000 km^2，试用等雨

量线法推求流域平均降雨量。

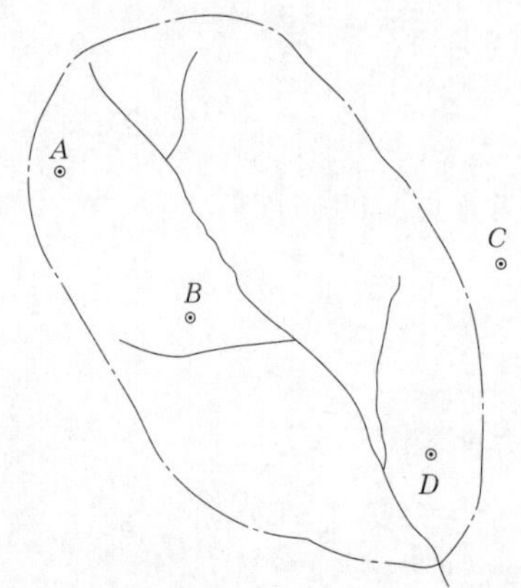

图 2-3 某流域及其附近的雨量站分布

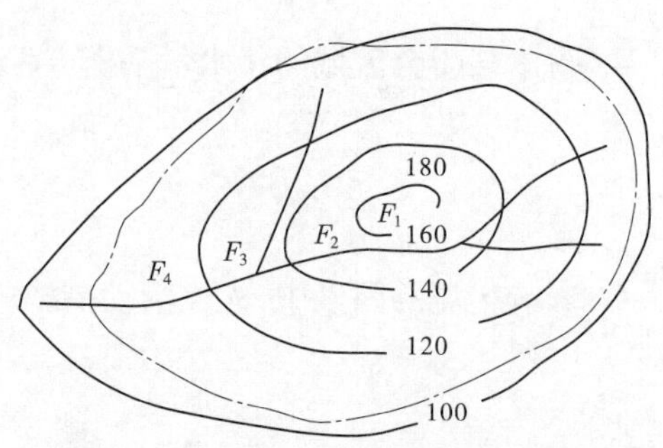

图 2-4 某流域上一次降雨的等雨量线图

5. 某雨量站测得一次降雨的各时段雨量如表 2-1 所示,试计算和绘制该次降雨的时段平均降雨强度过程线和累积雨量过程线。

表 2-1 某站一次降雨实测的各时段雨量

时间 t(h)	(1)	0~8	8~12	12~14	14~16	16~20	20~24
雨量 ΔP_i(mm)	(2)	8.0	36.2	48.6	54.0	30.0	6.8

6. 某流域面积 $F=600\ km^2$,其上有一次暴雨洪水,测得该次洪水的径流总量 $W=$ 9 000万 m^3,试求该次暴雨产生的净雨深。

7. 某流域面积 $F=600\ km^2$,其上有一次暴雨洪水,测得流域平均雨量 $\overline{P}=190$ mm,该次洪水的径流总量 $W=8\ 000$ 万 m^3,试求该次暴雨的损失量。

8. 某水文站测得多年平均流量 $\overline{Q}=140\ m^3/s$,该站控制流域面积 $F=8\ 200\ km^2$,多年平均年降水量 $\overline{P}=1\ 050$ mm,多年平均径流系数 α 为多少?

9. 某流域面积 $F=120\ km^2$,从该地区的水文手册中查得多年平均径流模数 $\overline{M}=26.5$ L/(s·km²),试求该流域的多年平均流量 $\overline{Q}$ 和多年平均径流深 $\overline{R}$。

10. 某站控制流域面积 $F=121\ 000\ km^2$,多年平均年降水量 $\overline{P}=767$ mm,多年平均流量 $\overline{Q}=822\ m^3/s$,试根据这些资料计算多年平均年径流总量、多年平均年径流深、多年平均流量模数、多年平均年径流系数。

水文资料部分

一、填空题

1. 水文测站是指____。

2. 根据水文测站的性质,测站可分为__________、__________两大类。

3. 水文测站的建站包括__________和__________两项工作。

4. 根据不同用途,水文站一般应布设__________、__________和__________、

________及________、________各种断面。

5. 目前,按信息采集工作方式的不同,采集水文信息的基本途径可分为________、________和________。

6. 观测降水量最常用的仪器通常有________和________。

7. 自记雨量计是观测降雨过程的自记仪器。常用的自记雨量计有三种类型:________、________和________。

8. 用雨量器观测降水量的方法一般是采用________观测,一般采用________进行观测,即________及________各观测一次,日雨量是将________至________的降水量作为本日的降水量。

9. 水面蒸发量________观测一次,日蒸发量是以________为分界,将________至________的蒸发水深,作为本日的水面蒸发量。

10. 水位是指________________。

11. 水位观测的常用设备有________和________两类。

12. 我国计算日平均水位的日分界是从________时至________时。

13. 由各次观测或从自记水位资料上摘录的瞬时水位值计算日平均水位的方法有________和________两种。

14. 单位时间内通过河流某一断面的水量称为________,时段 T 内通过河流某一断面的总水量称为________,将径流量平铺在整个流域面积上所得的水层深度称为________。

15. 流量测量工作实质上是由________和________两部分工作组成的。

16. 断面测量包括________、________和________。

17. 为了消除水流脉动的影响,用流速仪测速的历时一般不应少于________。

18. 河流中的泥沙,按其运动形式可分为________、________和________三类。

19. 描述河流中悬移质的情况,常用的两个定量指标是________和________。

20. 悬移质含沙量测验,我国目前使用较多的采样器有________和________。

21. 输沙率测验是由________与________两部分工作组成的。

22. 水文调查的内容分为________、________、________、________四大类。

23. 水位流量关系可分为________和________两类,同一水位只有一个相应流量,其关系呈单一的曲线,这时的水位流量关系称为________,同一水位不同时期断面通过的流量不是一个定值,点绘出的水位流量关系曲线,其点据分布比较散乱,这时的水位流量关系称为________。

24. 为推求全年完整流量过程,必须对水位流量关系曲线高水或低水作适当延长,一般要求高水外延幅度不超过当年实测水位变幅的________,低水外延不超过________。

二、选择题

1. 对于测验河段的选择，主要考虑的原则是(　　)。

A. 在满足设站目的要求的前提下，测站的水位与流量之间呈单一关系

B. 在满足设站目的要求的前提下，尽量选择在距离城市近的地方

C. 在满足设站目的要求的前提下，应更能提高测量精度

D. 在满足设站目的要求的前提下，任何河段都行

2. 基线的长度一般(　　)。

A. 愈长愈好　　B. 愈短愈好

C. 长短对测量没有影响　　D. 视河宽 B 而定，一般应为 $0.6B$

3. 目前全国水位统一采用的基准面是(　　)。

A. 大沽基面　　B. 吴淞基面　　C. 珠江基面　　D. 黄海基面

4. 水位观测的精度一般精确到(　　)。

A. 1 m　　B. 0.1 m　　C. 0.01 m　　D. 0.001 m

5. 当一日内水位变化不大时，计算日平均水位应采用(　　)。

A. 加权平均法　　B. 几何平均法

C. 算术平均法　　D. 面积包围法

6. 当一日内水位变化较大时，由水位查水位流量关系曲线以推求日平均流量，其水位是用(　　)。

A. 算术平均法计算的日平均水位

B. 12 时的水位

C. 面积包围法计算的日平均水位

D. 日最高水位与最低水位的平均值

7. 我国计算日平均水位的日分界是从(　　)时至(　　)时。

A. 0、24　　B. 08、08　　C. 12、12　　D. 20、20

8. 水文测验中断面流量的确定，关键是(　　)。

A. 施测过水断面　　B. 测流期间水位的观测

C. 计算垂线平均流速　　D. 测点流速的施测

9. 一条垂线上测三点流速计算垂线平均流速时，应从河底开始分别施测(　　)处的流速。

A. $0.2h$、$0.6h$、$0.8h$　　B. $0.2h$、$0.4h$、$0.8h$

C. $0.4h$、$0.6h$、$0.8h$　　D. $0.2h$、$0.4h$、$0.6h$

10. 用流速仪施测某点的流速，实际上是测出流速仪在该点的(　　)。

A. 转速　　B. 水力螺距　　C. 摩阻常数　　D. 测速历时

11. 历史洪水的洪峰流量是由(　　)得到的。

A. 在调查断面进行测量

B. 由调查的历史洪水的洪峰水位查水位流量关系曲线

C. 查当地洪峰流量的频率曲线

D. 向群众调查

12. 进行水文调查的目的是(　　)。

A. 使水文系列延长一年　　B. 提高水文资料系列的代表性

C. 提高水文资料系列的一致性　　D. 提高水文资料系列的可靠性

13. 如图 2-5 所示，*A* 线为稳定情况下的水位流量关系曲线，则涨洪情况的水位流量关系曲线一般为(　　)。

A. *A* 线　　B. *B* 线　　C. *C* 线　　D. *A* 线和 *B* 线

14. 受冲淤影响，河流断面的水位流量关系如图 2-6 所示，*A* 线为稳定时的水位流量关系，则冲刷后河流断面的水面流量关系为(　　)。

A. *A* 线　　B. *B* 线　　C. *C* 线　　D. *A* 线和 *C* 线

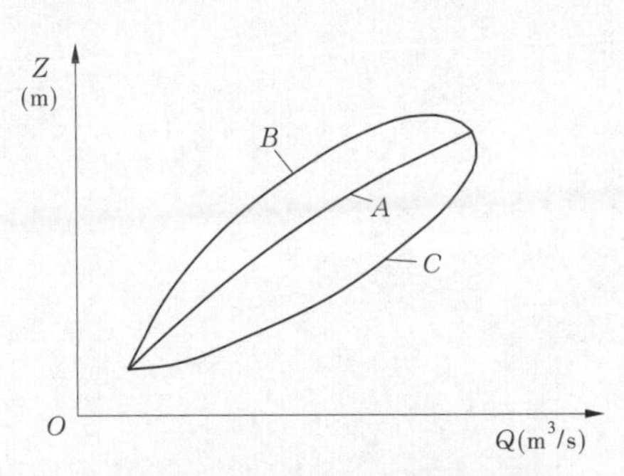

图 2-5　某站的水位流量关系曲线

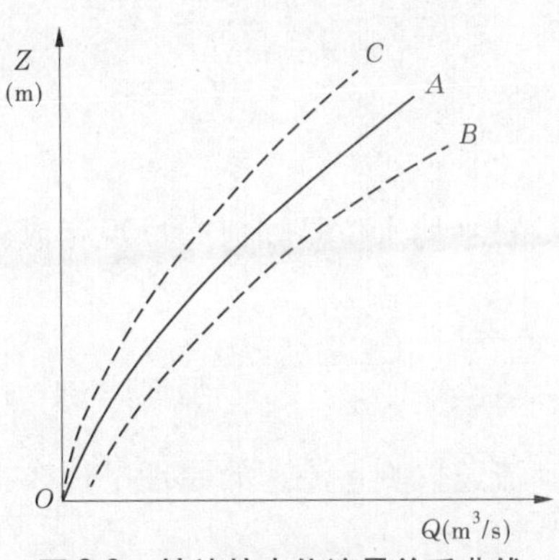

图 2-6　某站的水位流量关系曲线

15. 水位流量关系曲线低水延长方法中的断流水位为(　　)。

A. 水位为零　　B. 河床最低点

C. 流量等于零的水位　　D. 断面中死水区的水位

三、判断题

1. 水文测站所观测的项目有水位、流量、泥沙、降水、蒸发、水温、冰凌、水质、地下水位、风等。(　　)

2. 水文测站可以选择在离城市较近的任何河段。(　　)

3. 水文调查是为弥补水文基本站网定位观测的不足或其他特定目的，采用其他手段而进行的收集水文及有关信息的工作。它是水文信息采集的重要组成部分。(　　)

4. 水位就是河流、湖泊等水体自由水面线的海拔高度。(　　)

5. 自记水位计只能观测一定时间间隔内的水位变化。(　　)

6. 水位的观测是分段定时观测，每日 8 时和 20 时各观测一次(称 2 段制观测，8 时是基本时)。(　　)

7. 水道断面指的是历年最高洪水位以上 0.5 ~ 1.0 m 的水面线与岸线、河床线之间的范围。(　　)

8. 用流速仪测点流速时，为消除流速脉动影响，每个测点的测速历时愈长愈好。(　　)

四、简答题

1. 什么是水文测站？其观测的项目有哪些？

2. 收集水文信息的基本途径有哪些？

3. 什么是水位？观测水位有何意义？

4. 日平均水位是如何通过观测数据计算的？

5. 流速仪测量流速的原理是什么？

6. 如何利用流速仪测流的资料计算当时的流量？

7. 水位流量关系不稳定的原因何在？

8. 水位流量关系曲线的高低水延长有哪些方法？

9. 如何利用测点含沙量和测点流速及断面面积资料推求断面含沙量？

10.《水文年鉴》和《水文手册》有什么不同？其内容各如何？

五、计算题

1. 某水文站观测水位的记录如图 2-7 所示，试用算术平均法和面积包围法推求该日的日平均水位。

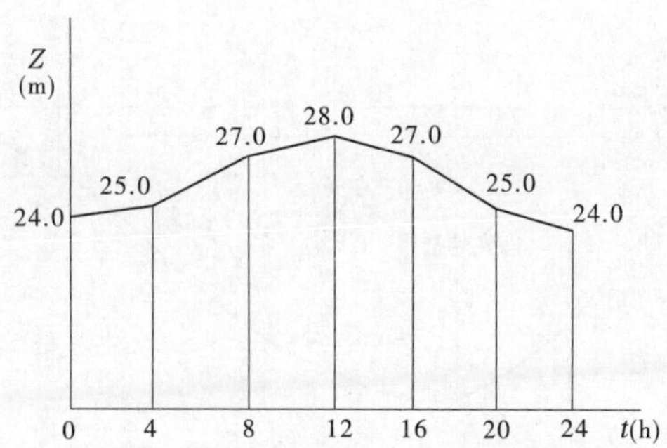

图 2-7　某水文站观测的水位记录

2. 某河某站 7 月 5 ~7 日水位变化过程如图 2-8 所示，试用面积包围法推求 6 日的平均水位。

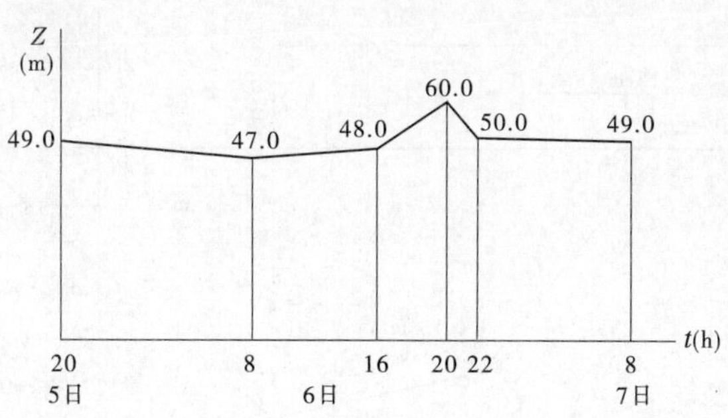

图 2-8　某水文站观测的水位记录

3. 某河某站横断面如图 2-9 所示，试根据图中所给测流资料计算该站流量和断面平均流速。图中测线水深 $h_1 = 1.5$ m，$h_2 = 0.5$ m，$v_{0.2}$、$v_{0.6}$、$v_{0.8}$ 分别表示测线在 0.2h、0.6h、0.8h 处的测点流速，$\alpha_{左}$、$\alpha_{右}$ 分别表示左、右岸的岸边系数。

4. 某河某站横断面如图 2-10 所示，试根据图中所给测流资料计算该站流量和断面平均流速。图中测线水深 $h_1 = 1.5$ m，$h_2 = 1.0$ m，$h_3 = 0.5$ m，$v_{0.2}$、$v_{0.6}$、$v_{0.8}$ 分别表示测线在 0.2h、0.6h、0.8h 处的测点流速，$\alpha_{左}$、$\alpha_{右}$ 分别表示左、右岸的岸边系数。

5. 按照图 2-11 资料计算断面流量和断面平均流速。

6. 某河测站测流段比较稳定，测算得各级水位的断面平均流速和断面面积，并绘制出该站的水位流量关系曲线，如图 2-12 所示，试求水位为 5.5 m 时的流量。

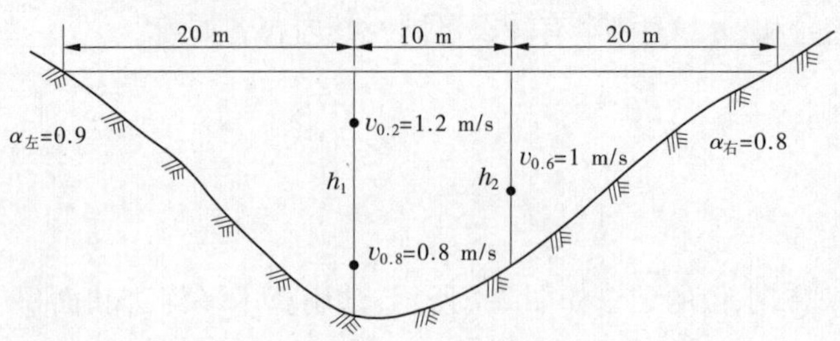

图 2-9　某河某站横断面及测流资料(1)

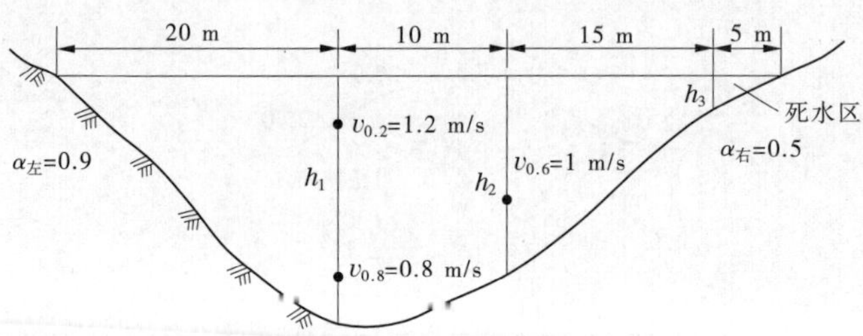

图 2-10　某河某站横断面及测流资料(2)

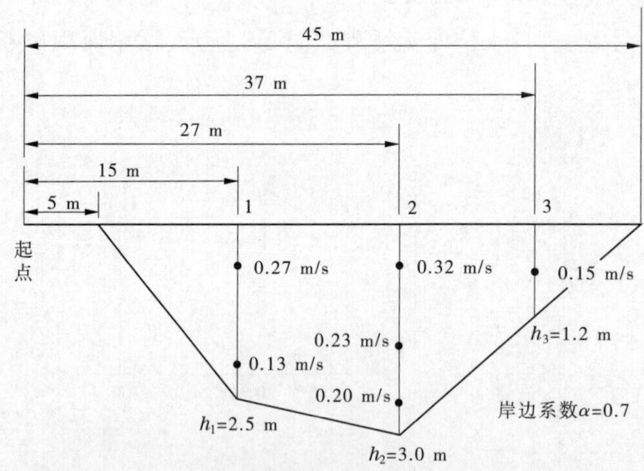

图 2-11　某河某站横断面及测流资料(3)

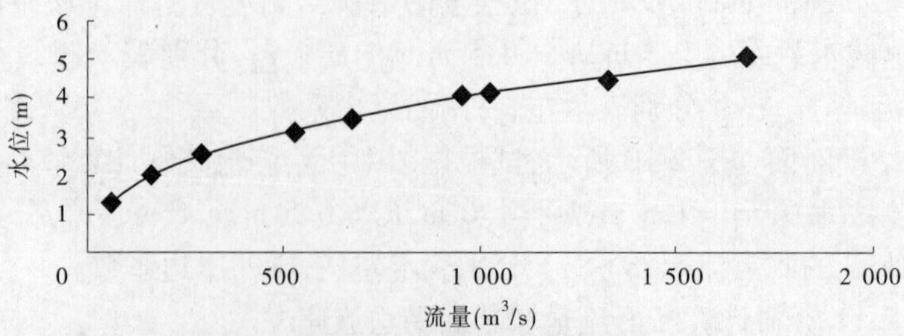

图 2-12　水位流量关系曲线

第三章　水文统计

一、填空题

1. 必然现象是指________________。

2. 偶然现象是指________________。

3. 概率是指________________。

4. 频率是指________________。

5. 对于一个统计系列，当 $C_s=0$ 时称为________________；当 $C_s>0$ 时称为________________；当 $C_s<0$ 时称为________________。

6. 分布函数 $F(X)$ 代表随机变量 X ________________某一取值 x 的概率。

7. x、y 两个系列，它们的变差系数分别为 C_{vx}、C_{vy}，已知 $C_{vx}>C_{vy}$，说明 x 系列较 y 系列的离散程度________________。

8. 皮尔逊Ⅲ型频率曲线中包含的三个统计参数分别是________、________、________。

9. 计算经验频率的数学期望公式为________________。

10. 发电年设计保证率为95%，相应重现期则为________年。

11. 十年一遇的枯水年是指________________。

12. 设计频率是指________________，设计保证率是指________________。

13. 频率计算中，用样本估计总体的统计规律时必然产生________________，统计学上称为________________。

14. 水文上研究样本系列的目的是用样本的________________。

15. 抽样误差是指________________。

16. 在洪水频率计算中，总希望样本系列尽量长些，其原因是________________。

17. 用三点法初估均值 $\bar{x}$ 和 C_v、C_s 时，一般分以下两步进行：(1)________________；(2)________________。

18. 对于我国大多数地区，频率分析中配线时选定的线型为________________。

19. 皮尔逊Ⅲ型频率曲线，当 $\bar{x}$、C_s 不变，减小 C_v 值时，则该线________________。

20. 皮尔逊Ⅲ型频率曲线，当 $\bar{x}$、C_v 不变，减小 C_s 值时，则该线________________。

21. 皮尔逊Ⅲ型频率曲线，当 C_v、C_s 不变，减小 $\bar{x}$ 值时，则该线________________。

22. 相关分析中，两变量的关系有________、________和________三种情况。

23. 确定 y 倚 x 的相关线的准则是________________。

24. 相关系数 r 表示________________。

25. 利用 y 倚 x 的回归方程展延资料是以________________为自变量，展延

________________。

二、选择题

1. 水文现象是一种自然现象,它具有(　　)。

A. 不可能性　　B. 偶然性

C. 必然性　　D. 既具有必然性,又具有偶然性

2. 水文统计的任务是研究和分析水文随机现象的(　　)。

A. 必然变化特性　　B. 自然变化特性

C. 统计变化特性　　D. 可能变化特性

3. 在一次随机试验中可能出现也可能不出现的事件叫作(　　)。

A. 必然事件　　B. 不可能事件

C. 随机事件　　D. 独立事件

4. 一颗骰子投掷一次,出现4点或5点的概率为(　　)。

A. $\frac{1}{3}$　　B. $\frac{1}{4}$　　C. $\frac{1}{5}$　　D. $\frac{1}{6}$

5. 必然事件的概率等于(　　)。

A. 1　　B. 0　　C. 0~1　　D. 0.5

6. 偏态系数 $C_s>0$,说明随机变量 x(　　)。

A. 出现大于均值 $\bar{x}$ 的机会比出现小于均值 $\bar{x}$ 的机会多

B. 出现大于均值 $\bar{x}$ 的机会比出现小于均值 $\bar{x}$ 的机会少

C. 出现大于均值 $\bar{x}$ 的机会和出现小于均值 $\bar{x}$ 的机会相等

D. 出现小于均值 $\bar{x}$ 的机会为0

7. 水文现象中,大洪水出现机会比中、小洪水出现机会小,其频率密度曲线为(　　)。

A. 负偏　　B. 对称　　C. 正偏　　D. 双曲函数曲线

8. 在水文频率计算中,我国一般选配皮尔逊Ⅲ型曲线,这是因为(　　)。

A. 已从理论上证明它符合水文统计规律

B. 已制成该线型的 Φ 值表供查用,使用方便

C. 已制成该线型的 K_P 值表供查用,使用方便

D. 经验表明该线型能与我国大多数地区水文变量的频率分布配合良好

9. 正态频率曲线绘在频率格纸上为一条(　　)。

A. 直线　　B. S形曲线

C. 对称的铃形曲线　　D. 不对称的铃形曲线

10. $P=5\%$ 的丰水年,其重现期 T 等于(　　)年。

A. 5　　B. 50　　C. 20　　D. 95

11. $P=95\%$ 的枯水年,其重现期 T 等于(　　)年。

A. 95　　B. 50　　C. 5　　D. 20

12. 百年一遇洪水,是指(　　)。

A. 大于等于这样的洪水每隔100年必然会出现一次

B. 大于等于这样的洪水平均100年可能出现一次

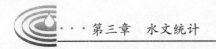

C. 小于等于这样的洪水正好每隔 100 年出现一次

D. 小于等于这样的洪水平均 100 年可能出现一次

13. 减少抽样误差的途径是(　　)。

A. 增大样本容量　　B. 提高观测精度

C. 改进测验仪器　　D. 提高资料的一致性

14. 如图 3-1 所示为不同的三条概率密度曲线,由图可知(　　)。

A. $C_{s1}>0, C_{s2}<0, C_{s3}=0$　　B. $C_{s1}<0, C_{s2}>0, C_{s3}=0$

C. $C_{s1}=0, C_{s2}>0, C_{s3}<0$　　D. $C_{s1}>0, C_{s2}=0, C_{s3}<0$

15. 如图 3-2 所示,若两频率曲线的 $\overline{x}$、C_s 值分别相等,则二者的 C_v(　　)。

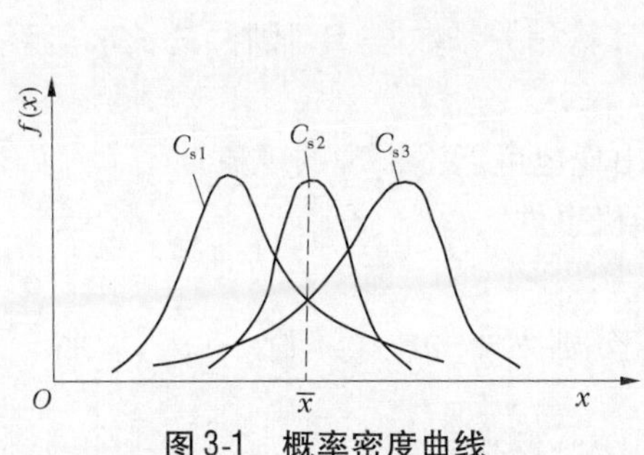

图 3-1　概率密度曲线

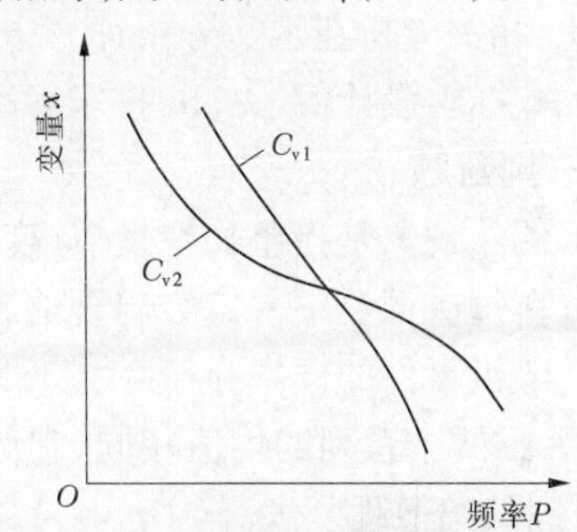

图 3-2　C_v 值相比较的两条频率曲线

A. $C_{v1}>C_{v2}$　　B. $C_{v1}<C_{v2}$　　C. $C_{v1}=C_{v2}$　　D. $C_{v1}=0, C_{v2}>0$

16. 如图 3-3 所示,绘在频率格纸上的两条皮尔逊Ⅲ型频率曲线,它们的 $\overline{x}$、C_v 值分别相等,则二者的 C_s(　　)。

A. $C_{s1}>C_{s2}$　　B. $C_{s1}<C_{s2}$　　C. $C_{s1}=C_{s2}$　　D. $C_{s1}=0, C_{s2}<0$

17. 如图 3-4 所示,若两条频率曲线的 C_v、C_s 值分别相等,则二者的均值 $\overline{x}_1$、$\overline{x}_2$ 相比较,(　　)。

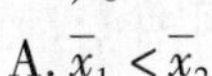
A. $\overline{x}_1<\overline{x}_2$　　B. $\overline{x}_1>\overline{x}_2$　　C. $\overline{x}_1=\overline{x}_2$　　D. $\overline{x}_1=0$

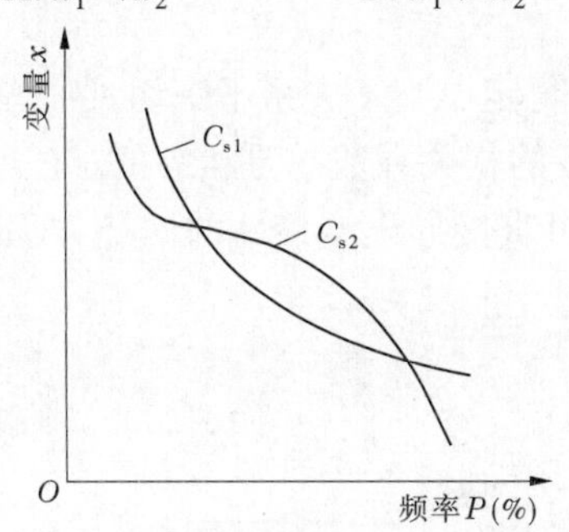

图 3-3　C_s 值相比较的两条频率曲线

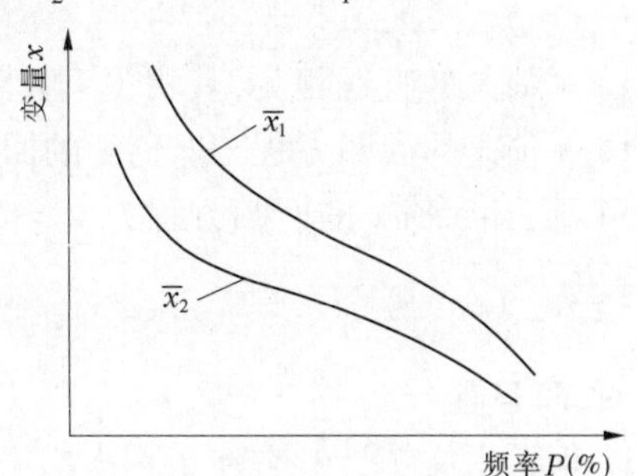

图 3-4　均值相比较的两条频率曲线

18. 用配线法进行频率计算时,判断配线是否良好所遵循的原则是(　　)。

A. 抽样误差最小的原则

B. 统计参数误差最小的原则

C. 理论频率曲线与经验频率点据配合最好的原则

D. 设计值偏于安全的原则

19. 已知 y 倚 x 的回归方程为 $y=\bar{y}+r\frac{\sigma_y}{\sigma_x}(x-\bar{x})$，则 x 倚 y 的回归方程为(　　)。

A. $x=\bar{y}+r\frac{\sigma_y}{\sigma_x}(y-\bar{x})$　B. $x=\bar{y}+r\frac{\sigma_y}{\sigma_x}(y-\bar{y})$

C. $x=\bar{x}+r\frac{\sigma_x}{\sigma_y}(y-\bar{y})$　D. $x=\bar{x}+\frac{1}{r}\frac{\sigma_x}{\sigma_y}(y-\bar{y})$

20. 相关系数 r 的取值范围是(　　)。

A. $r>0$　B. $r<0$　C. $r=-1\sim1$　D. $r=0\sim1$

21. 相关分析在水文分析计算中主要用于(　　)。

A. 推求设计值　B. 推求频率曲线　C. 计算相关系数　D. 插补、延长水文系列

三、判断题

1. 偶然现象是指事物在发展、变化中可能出现也可能不出现的现象。(　　)

2. 在每次试验中一定会出现的事件叫作随机事件。(　　)

3. 随机事件的概率介于 0 与 1 之间。(　　)

4. x、y 两个系列的均值相同，它们的均方差分别为 σ_x、σ_y，已知 $\sigma_x>\sigma_y$，说明 x 系列较 y 系列的离散程度大。(　　)

5. 均方差 σ 是衡量系列不对称(偏态)程度的一个参数。(　　)

6. 在频率曲线上，频率 P 愈大，相应的设计值 x_P 就愈小。(　　)

7. 重现期是指某一事件出现的平均间隔时间。(　　)

8. 百年一遇的洪水，每 100 年必然出现一次。(　　)

9. 由于矩法计算偏态系数 C_s 的公式复杂，所以在统计参数计算中不直接用矩法公式推求 C_s 值。(　　)

10. 水文系列的总体是无限长的，它是客观存在的，但我们无法得到它。(　　)

11. 相关系数是表示两变量相关程度的一个量，若 $r=-0.95$，说明两变量没有关系。(　　)

12. y 倚 x 的直线相关，其相关系数 $r<0.4$，可以肯定 y 与 x 关系不密切。(　　)

13. y 倚 x 的回归方程与 x 倚 y 的回归方程，两者的相关系数总是相等的。(　　)

14. 已知 y 倚 x 的回归方程为 $y=Ax+B$，则可直接导出 x 倚 y 的回归方程为 $x=\frac{1}{A}y-\frac{B}{A}$。(　　)

四、简答题

1. 何谓水文统计？它在工程水文中一般解决什么问题？

2. 概率和频率有什么区别和联系？

3. 什么叫总体？什么叫样本？为什么能用样本的频率分布推估总体的概率分布？

4. 统计参数 $\bar{x}$、σ、C_v、C_s 的含义如何？

5. 皮尔逊Ⅲ型概率密度曲线的特点是什么？

6. 何谓经验频率？经验频率曲线如何绘制？

7. 重现期(T)与频率(P)有何关系？$P = 90\%$ 的枯水年,其重现期(T)为多少年？含义是什么？

8. 简述三点法的具体做法与步骤？

9. 何谓抽样误差？如何减小抽样误差？

10. 现行水文频率计算配线法的实质是什么？简述配线法的方法步骤。

11. 统计参数 $\bar{x}$、C_v、C_s 含义及其对频率曲线的影响如何？

12. 用配线法绘制频率曲线时，如何判断配线是否良好？

13. 何谓相关分析？如何分析两变量是否存在相关关系？

五、计算题

1. 随机变量 X 系列为 10、17、8、4、9，试求该系列的均值 $\bar{x}$、模比系数 k、均方差 σ、变差系数 C_v、偏态系数 C_s。

2. 某站年雨量系列符合 P－Ⅲ型分布，经频率计算已求得该系列的统计参数：均值 $\overline{P}=900$ mm，$C_v=0.20$，$C_s=0.60$。试结合表 3-1 推求百年一遇年雨量。

表 3-1　P－Ⅲ型曲线 Φ 值表

C_s	不同 P(%) Φ 值				
	1	10	50	90	95
0.30	2.54	1.31	－0.05	－1.24	－1.55
0.60	2.75	1.33	－0.10	－1.20	－1.45

3. 某水库，设计洪水频率为 1%，设计年径流保证率为 90%，分别计算其重现期，说明两者含义有何差别？

4. 某站共有 18 年实测年径流资料列于表 3-2,试用矩法的无偏估值公式估算其均值 $\overline{R}$、均方差 σ、变差系数 C_v、偏态系数 C_s。

表 3-2　某站年径流深资料

年份	1967	1968	1969	1970	1971	1972
R(mm)	1 500.0	959.8	1 112.3	1 005.6	780.0	901.4
年份	1973	1974	1975	1976	1977	1978
R(mm)	1 019.4	817.9	897.2	1 158.9	1 165.3	835.8
年份	1979	1980	1981	1982	1983	1984
R(mm)	641.9	1 112.3	527.5	1 133.5	898.3	957.6

5. 根据某站 18 年实测年径流资料(见表 3-2),计算年径流的经验频率?

6. 某山区年平均径流深 R(mm)及流域平均高度 H(m)的观测数据如表 3-3 所示,试推求 R 和 H 系列的均值、均方差及它们之间的相关系数。

表 3-3　年平均径流深 R 及流域平均高度 H 的观测数据

R(mm)	405	510	600	610	710	930	1 120
H(m)	150	160	220	290	400	490	590

7. 已知某流域年径流深 R 和年降水量 P 同期系列呈直线相关,且 $\overline{R}=760$ mm,$\overline{P}=1\ 200$ mm,$\sigma_R=160$ mm,$\sigma_P=125$ mm,相关系数 $r=0.90$,试写出 R 倚 P 的相关方程。已知该流域 1954 年年降水量为 1 800 mm,试求 1954 年的年径流深。

第四章　设计径流

一、填空题

1. 某一年的年径流量与多年平均的年径流量之比称为________。

2. 描述河川径流变化特性时可用________变化和________变化来描述。

3. 对同一条河流而言，一般年径流流量系列 Q_i（m^3/s）的均值从上游到下游是________。

4. 对同一条河流而言，一般年径流量系列 C_v 值从上游到下游是________。

5. 湖泊和沼泽对年径流的影响主要反映在两个方面：一方面由于增加了________，年径流量减少；另一方面由于增加了________，径流的年内和年际变化趋缓。

6. 流域的大小对年径流的影响主要通过流域的________而影响年径流的变化。

7. 根据水文循环周期特征，使年降水量和其相应的年径流量不被分割而划分的年度称为________。

8. 为方便兴利调节计算而划分的年度称为________。

9. 水文资料的“三性”审查是指对资料的________、________和________进行审查。

10. 当年径流系列一致性遭到破坏时，必须对受到人类活动影响时期的水文资料进行________计算，使之________状态。

11. 流量历时曲线是________。

12. 在一定的兴利目标下，设计年径流的设计频率愈大，则相应的设计年径流量就愈________，要求的水库兴利库容就愈________。

13. 当缺乏实测径流资料时，可以基于参证流域用________法来推求设计流域的年、月径流系列。

14. 推求设计代表年年径流量的年内分配时，选择典型年的原则有二：（1）________；（2）________。

15. 设计代表年法选取典型年后，求设计年径流量的年内分配所需的缩放系数 K 等于________。

16. 实际代表年法选取典型年后，该典型年的各月径流量________。

二、选择题

1. 我国年径流深分布的总趋势基本上是（　　）。

A. 自东南向西北递减　　B. 自东南向西北递增

C. 分布基本均匀　　D. 自西向东递增

2. 径流是由降水形成的，故年径流与年降水量的关系（　　）。

A. 一定密切　B. 一定不密切

C. 在湿润地区密切　D. 在干旱地区密切

3. 流域中的湖泊围垦以后，流域多年平均年径流量一般比围垦前（　　）。

A. 增大　B. 减少　C. 不变　D. 不肯定

4. 人类活动（例如修建水库、灌溉、水土保持等）通过改变下垫面的性质间接影响年径流量，一般说来，这种影响使得（　　）。

A. 蒸发量基本不变，从而年径流量增加

B. 蒸发量增加，从而年径流量减少

C. 蒸发量基本不变，从而年径流量减少

D. 蒸发量增加，从而年径流量增加

5. 一般情况下，对于大流域由于（　　），从而使径流的年际、年内变化减小。

A. 调蓄能力弱，各区降水相互补偿作用大

B. 调蓄能力强，各区降水相互补偿作用小

C. 调蓄能力弱，各区降水相互补偿作用小

D. 调蓄能力强，各区降水相互补偿作用大

6. 绘制年径流频率曲线，必须已知（　　）。

A. 年径流的均值、C_v、C_s 和线型

B. 年径流的均值、C_v、线型和最小值

C. 年径流的均值、C_v、C_s 和最小值

D. 年径流的均值、C_v、最大值和最小值

7. 频率为 $P=90\%$ 的枯水年的年径流量为 $Q_{90\%}$，则十年一遇枯水年是指（　　）。

A. $\geqslant Q_{90\%}$ 的年径流量每隔十年必然发生一次

B. $\geqslant Q_{90\%}$ 的年径流量平均十年可能出现一次

C. $\leqslant Q_{90\%}$ 的年径流量每隔十年必然发生一次

D. $\leqslant Q_{90\%}$ 的年径流量平均十年可能出现一次

8. 某站的年径流量频率曲线的 $C_s>0$，那么频率为 50% 的中水年的年径流量（　　）。

A. 大于多年平均年径流量　B. 大于等于多年平均年径流量

C. 小于多年平均年径流量　D. 等于多年平均年径流量

9. 频率为 $P=10\%$ 的丰水年的年径流量为 $Q_{10\%}$，则十年一遇丰水年是指（　　）。

A. $\leqslant Q_{10\%}$ 的年径流量每隔十年必然发生一次；

B. $\geqslant Q_{10\%}$ 的年径流量每隔十年必然发生一次；

C. $\geqslant Q_{10\%}$ 的年径流量平均十年可能出现一次；

D. $\leqslant Q_{10\%}$ 的年径流量平均十年可能出现一次。

10. 甲乙两河，通过实测年径流量资料的分析计算，获得各自的年径流均值 $\overline{Q}_{甲}$、$\overline{Q}_{乙}$ 和离势系数 $C_{v甲}$、$C_{v乙}$ 如下：甲河：$\overline{Q}_{甲}=100\ m^3/s$，$C_{v甲}=0.42$；乙河：$\overline{Q}_{乙}=500\ m^3/s$，$C_{v乙}=0.25$，二者比较可知（　　）。

A. 甲河水资源丰富,径流量年际变化大

B. 甲河水资源丰富,径流量年际变化小

C. 乙河水资源丰富,径流量年际变化大

D. 乙河水资源丰富,径流量年际变化小

11. 中等流域的年径流 C_v 值一般较邻近的小流域的年径流 C_v 值(　　)。

A. 大　　B. 小　　C. 相等　　D. 大或相等

12. 某流域根据实测年径流系列资料,经频率分析计算(配线)确定的频率曲线如图 4-1所示,则推求出的二十年一遇的设计枯水年的年径流量为(　　)。

A. Q_1　　B. Q_2　　C. Q_3　　D. Q_4

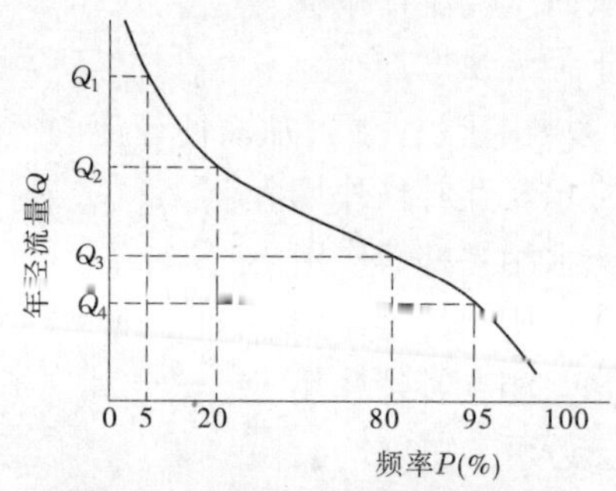

图 4-1　某流域年径流的频率曲线

13. 设计年径流量随设计频率(　　)。

A. 增大而减小　　B. 增大而增大　　C. 增大而不变　　D. 减小而不变

14. 衡量径流的年际变化常用(　　)。

A. 年径流偏态系数　　B. 多年平均径流量

C. 年径流变差系数　　D. 年径流模数

15. 用多年平均径流深等值线图,求图 4-2 所示的设计小流域的多年平均径流深 y_0 为(　　)。

A. $y_0 = y_1$　　B. $y_0 = y_3$　　C. $y_0 = y_5$　　D. $y_0 = \frac{1}{2}(y_1 + y_5)$

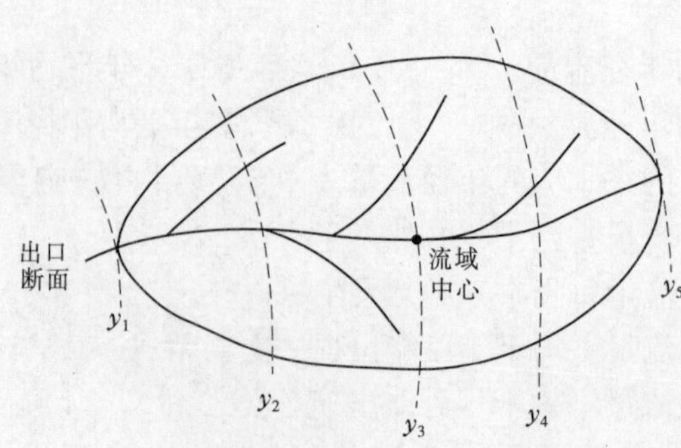

图 4-2　用多年平均径流深等值线图求设计小流域的多年平均径流深

16. 在设计年径流的分析计算中,把短系列资料展延成长系列资料的目的是(　　)。

A. 增加系列的代表性　　B. 增加系列的可靠性

C. 增加系列的一致性　　D. 考虑安全

17. 在典型年的选择中,当选出的典型年不只一个时,对灌溉工程应选取(　　)。

A. 灌溉需水期的径流比较枯的年份

B. 非灌溉需水期的径流比较枯的年份

C. 枯水期较长,且枯水期径流比较枯的年份

D. 丰水期较长,但枯水期径流比较枯的年份

18. 在典型年的选择中,当选出的典型年不只一个时,对水电工程应选取(　　)。

A. 灌溉需水期的径流比较枯的年份

B. 非灌溉需水期的径流比较枯的年份

C. 枯水期较长,且枯水期径流比较枯的年份

D. 丰水期较长,但枯水期径流比较枯的年份

19. 在进行频率计算时,说到某一重现期的枯水流量时,常以(　　)。

A. 大于该径流的概率来表示　　B. 大于或等于该径流的概率来表示

C. 小于该径流的概率来表示　　D. 小于或等于该径流的概率来表示

三、判断题

1. 下垫面对年径流量的影响,一方面表现在流域蓄水能力上,另一方面通过对气候条件的改变间接影响年径流量。(　　)

2. 小流域与同一地区中等流域相比较,一般小流域的多年平均径流深 C_v 值小。(　　)

3. 影响年径流变化的主要因素是下垫面条件。(　　)

4. 流域上游修建引水工程后,下游实测资料的一致性遭到破坏,在资料一致性改正中,一定要将资料修正到工程建成后的同一基础上。(　　)

5. 年径流系列的代表性,是指该样本对年径流总体的接近程度。(　　)

6.《水文年鉴》上刊布的数字是按日历年分界的。(　　)

7. 五年一遇的设计枯水年,其相应频率为 80% 。(　　)

8. 五年一遇的丰水年,其相应频率为 80% 。(　　)

9. 设计频率为 50% 的平水年,其设计径流量等于多年平均径流量。(　　)

10. 设计年径流计算中,设计频率愈大,其相应的设计年径流量就愈大。(　　)

11. 利用相关分析展延得到的年径流资料不宜过多,否则有使设计站设计年径流量减小的趋势。(　　)

12. 参证变量与设计断面径流量的相关系数愈大,说明两者在成因上的关系愈密切。(　　)

13. 减小年径流系列的抽样误差,最有效的方法是提高资料的代表性。(　　)

14. 当设计代表站具有长系列实测径流资料时,枯水流量可按年最小选样原则,选取一年中最小的时段径流量,组成样本系列。(　　)

四、简答题

1. 何谓年径流？它的表示方法和度量单位是什么？

2. 某流域下游有一个较大的湖泊与河流连通，后经人工围垦湖面缩小很多。试定性分析围垦措施对正常年径流量，径流年际、年内变化有何影响？

3. 人类活动对年径流有哪些方面的影响？其中，间接影响如修建水利工程等措施的实质是什么？如何影响年径流及其变化？

4. 何谓保证率？若某水库在运行 100 年中有 85 年保证了供水要求，其保证率为多少？破坏率又为多少？

5. 日历年度、水文年度、水利年度的含义各是什么？

6. 水文资料的“三性”审查指的是什么？如何审查资料的代表性？

7. 缺乏实测资料时，怎样推求设计年径流量？

8. 水文比拟法的实质怎样？在推求设计年径流量时如何运用这一方法？

9. 长系列年、月径流资料和代表年、月径流资料的用途有何不同？

10. 推求设计年径流量的年内分配时，应遵循什么原则选择典型年？

11. 简述具有长期实测资料情况下，用设计代表年法推求年内分配的方法步骤。

五、计算题

1. 某流域的集水面积为 600 km^2，其多年平均径流总量为 5 亿 m^3，试问其多年平均流量、多年平均径流深、多年平均径流模数各为多少？

2. 某水库坝址处共有 21 年年平均流量 Q_i 的资料，已计算出 $\sum_{i=1}^{21} Q_i = 2\,898\ m^3/s$，$\sum_{i=1}^{21}(k_i-1)^2 = 0.80$。

(1)求年径流量均值 $\overline{Q}$、离势系数 C_v、均方差 σ。

(2)设 $C_s=2.0C_v$，P－Ⅲ型曲线与经验点配合良好，试按表 4-1 求设计保证率为 90%时的设计年径流量。

表 4-1　P－Ⅲ型曲线离均系数 Φ 值表(P=90%)

C_s	0.2	0.3	0.4	0.5	0.6
Φ	－1.26	－1.24	－1.23	－1.22	－1.20

3. 某河某站有 24 年实测径流资料，经频率计算已求得理论频率曲线为 P－Ⅲ型，年径流深均值 $\overline{R}$=667 mm，C_v=0.32，C_s=2.0C_v，试结合表 4-2 求十年一遇枯水年和十年一遇丰水年的年径流深。

表 4-2　P－Ⅲ型曲线离均系数 Φ 值表

C_s	不同 P(%)时 Φ 值				
	1	10	50	90	99
0.64	2.78	1.33	−0.09	−0.19	−1.85
0.66	2.79	1.33	−0.09	−0.19	−1.84

4. 某水库多年平均流量 $\overline{Q}=15\ \mathrm{m^3/s}$，$C_v=0.25$，$C_s=2.0C_v$，年径流理论频率曲线为 P－Ⅲ型。

(1)按表 4-3 求该水库设计频率为 90% 的年径流量。

(2)按表 4-4 径流年内分配典型，求设计年径流的年内分配。

表 4-3　P－Ⅲ型频率曲线模比系数 K_P 值表($C_s=2.0C_v$)

C_v	不同 P(%)时 K_P 值					
	20	50	75	90	95	99
0.20	1.16	0.99	0.86	0.75	0.70	0.89
0.25	1.20	0.98	0.82	0.70	0.63	0.52
0.30	1.24	0.97	0.78	0.64	0.56	0.44

表 4-4　枯水代表年年内分配典型

月份	1	2	3	4	5	6	7	8	9	10	11	12	年
年内分配(%)	1.0	3.3	10.5	13.2	13.7	36.6	7.3	5.9	2.1	3.5	1.7	1.2	100

5. 某水库设计保证率 $P=80\%$，设计年径流量 $Q_P=8.76\ \mathrm{m^3/s}$，从坝址 18 年径流资料中选取接近设计年径流量且分配较为不利的 1953～1954 年作为设计代表年(典型年)，其分配过程列于表 4-5，试求设计年径流量的年内分配。

表 4-5　某水库 1953～1954 年(典型年)年径流过程

月份	5	6	7	8	9	10	11	12	1	2	3	4	年平均
$Q(\mathrm{m^3/s})$	6.00	5.28	32.9	26.3	5.84	3.55	4.45	3.27	3.75	4.72	5.45	4.18	8.81

6. 某站 1958～1976 年各月径流量列于表 4-6，试结合表 4-7 求 $P=10\%$ 的设计丰水年、$P=50\%$ 的设计平水年、$P=90\%$ 的设计枯水年的设计年径流量。

表 4-6　某站年、月径流量　（单位：m^3/s）

年份	月平均流量 $Q_月$												年平均流量 $Q_年$
	3	4	5	6	7	8	9	10	11	12	1	2	
1958～1959	16.5	22.0	43.0	17.0	4.63	2.46	4.02	4.84	1.98	2.47	1.87	21.6	11.9
1959～1960	7.25	8.69	16.3	26.1	7.15	7.50	6.81	1.86	2.67	2.73	4.20	2.03	7.78
1960～1961	8.21	19.5	26.4	24.6	7.35	9.62	3.20	2.07	1.98	1.90	2.35	13.2	10.0
1961～1962	14.7	17.7	19.8	30.4	5.20	4.87	9.10	3.46	3.42	2.92	2.48	1.62	9.64
1962～1963	12.9	15.7	41.6	50.7	19.4	10.4	7.48	2.97	5.30	2.67	1.79	1.80	14.4
1963～1964	3.20	4.98	7.15	16.2	5.55	2.28	2.13	1.27	2.18	1.54	6.45	3.87	4.73
1964～1965	9.91	12.5	12.9	34.6	6.90	5.55	2.00	3.27	1.62	1.17	0.99	3.06	7.87
1965～1966	3.90	26.6	15.2	13.6	6.12	13.4	4.27	10.5	8.21	9.03	8.35	8.48	10.4
1966～1967	9.52	29.0	13.5	25.4	25.4	3.58	2.67	2.23	1.93	2.76	1.41	5.30	10.2
1967～1968	13.0	17.9	33.2	43.0	10.5	3.58	1.67	1.57	1.82	1.42	1.21	2.36	10.9
1968～1969	9.45	15.6	15.5	37.8	42.7	6.55	3.52	2.54	1.84	2.68	4.25	9.00	12.6
1969～1970	12.2	11.5	33.9	25.0	12.7	7.30	3.65	4.96	3.18	2.35	3.88	3.57	10.3
1970～1971	16.3	24.8	41.0	30.7	24.2	8.30	6.50	8.75	4.52	7.96	4.10	3.80	15.1
1971～1972	5.08	6.10	24.3	22.8	3.40	3.45	4.92	2.79	1.76	1.30	2.23	8.76	7.24
1972～1973	3.28	11.7	37.1	16.4	10.2	19.2	5.75	4.41	4.53	5.59	8.47	8.89	11.3
1973～1974	15.4	38.5	41.6	57.4	31.7	5.86	6.56	4.55	2.59	1.63	1.76	5.21	17.7
1974～1975	3.28	5.48	11.8	17.1	14.4	14.3	3.84	3.69	4.67	5.16	6.26	11.1	8.42
1975～1976	22.4	37.1	58.0	23.9	10.6	12.4	6.26	8.51	7.30	7.54	3.12	5.56	16.9

表 4-7　P－Ⅲ型频率曲线 K_P 值表

C_v	不同 $P(\%)K_P$ 值									
	0.1	1	5	10	20	50	75	90	95	99
0.20	1.73	1.52	1.35	1.26	1.16	0.99	0.86	0.75	0.70	0.59
0.30	2.19	1.83	1.54	1.40	1.24	0.97	0.78	0.64	0.56	0.44
0.35	2.44	2.00	1.64	1.47	1.28	0.98	0.75	0.59	0.51	0.37

第五章　设计洪水

一、填空题

1. 设计洪水的标准按保护对象的不同分为两类：第一类为保障＿＿＿＿＿＿＿免除一定洪水灾害的防洪标准；第二类为确保水库大坝等水工建筑物自身安全的洪水标准。

2. 设计洪水的标准高时，其相应的洪水数值就＿＿＿＿＿＿；则水库规模亦＿＿＿＿＿，造价亦＿＿＿＿＿；水库安全所承担风险则＿＿＿＿＿。

3. 目前我国的防洪规划及水利水电工程设计中采用先选定＿＿＿＿＿，再推求与此＿＿＿＿＿相应的洪峰、洪量及洪水过程线。

4 设计永久性水工建筑物需考虑＿＿＿＿＿＿及＿＿＿＿＿＿两种洪水标准，通常称前者为设计标准，后者为校核标准。

5. 通常用＿＿＿＿＿＿＿＿、＿＿＿＿＿＿＿＿及＿＿＿＿＿＿＿＿三要素描述洪水过程。

6. 洪水资料系列有两种情况：一是系列中没有特大洪水值，称为＿＿＿＿＿＿＿系列；二是系列中有特大洪水值，称为＿＿＿＿＿＿＿＿系列。

7. 用矩法计算不连续系列（N 年中有 a 次特大洪水）统计参数时，假定实测洪水（n 年）除去实测特大洪水（l 次）后构成的（$n-l$）年系列的＿＿＿＿＿＿＿和＿＿＿＿＿＿＿＿与除去特大洪水后的（$N-a$）年系列相等。

8. 在设计洪水计算中，洪峰及各时段洪量采用不同倍比，使放大后的典型洪水过程线的洪峰及各历时的洪量分别等于设计洪峰和设计洪量值，此种放大方法称为＿＿＿＿＿＿＿＿法。

9. 对特大洪水进行处理时，洪水经验频率计算的方法有＿＿＿＿＿＿＿和＿＿＿＿＿＿＿＿。

10. 采用典型洪水过程线放大的方法推求设计洪水过程线，两种放大方法是＿＿＿＿＿和＿＿＿＿＿。

11. 一般说来，设计洪水的径流深应＿＿＿相应的设计暴雨深，而洪水的 C_v 值应＿＿＿相应暴雨的 C_v 值。

12. 在进行设计洪水成果合理性分析时，将 1 d、3 d、7 d 洪量系列的频率曲线画在同一张频率格纸上，它们不应＿＿＿＿＿＿。

13. 同一个测站，1 d 洪量系列的 C_v 值，一般＿＿＿＿＿＿于 3 d 洪量系列的 C_v 值。

14. 典型洪水同频率放大法推求设计洪水，其放大的先后顺序是＿＿＿＿＿、＿＿＿＿＿、＿＿＿＿＿。

15. 图 5-1 是一次实测洪水过程，ac 为分割线，ad 为水平线，请指出下列各面积的含义：$abca$ 代表＿＿＿＿＿；$acdefa$ 代表＿＿＿＿＿；$abcdefa$ 代表＿＿＿＿＿。

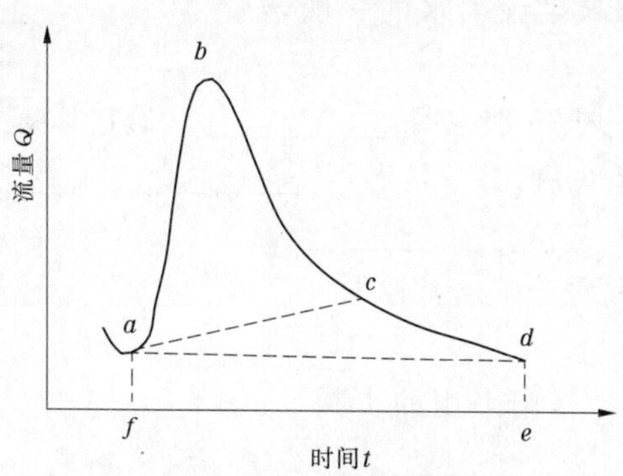

图5-1　一次实测洪水过程

16. 按蓄满产流模式,当流域蓄满后,下渗的水量将成为________径流。

17. 按蓄满产流模式,当流域蓄满后,超过下渗雨水的部分将成为________径流。

18. 我国常用的流域前期影响雨量 P_a 的计算公式为 $P_{a,t+1}=K(P_{a,t}+P_t)$,其中 $P_{a,t+1}$ 为________; $P_{a,t}$ 为________; P_t 为第 t 天的降雨量; K 为蓄水的日消退系数,并必须控制________。

19. 超渗产流是以________为产流控制的条件的。

20. 按超渗产流原理,当满足初期损失后,若雨强大于下渗率,则超渗部分产生________径流。

21. 初损后损法将下渗损失简化为________和________两个阶段。

22. 初损后损法中的初损是指________的损失,后损则是________的损失。

23. 净雨从流域最远点流到流域出口的时间称为________。

24. 等流时线是________;等流时面积是________。

25. 根据单位线的假定,同一流域上,两次净雨历时相同的净雨深 h_1、h_2 各自产生的地面径流过程线底宽、涨洪历时、退洪历时都应该________。

26. 根据单位线的假定,同一流域上,两相邻单位时段 Δt 的净雨各自在出口形成的地面径流过程线的洪峰,在时间上恰好错开________。

27. 瞬时单位线的 S 曲线是________。

28. 瞬时单位线 $u(t)=\frac{1}{K\Gamma(n)}\left(\frac{t}{K}\right)^{n-1}e^{-t/K}$ 中的 n、K 可由实测的________和________求得。

29. 暴雨点面关系是________,它用于由设计点雨量推求________。

30. 由暴雨资料推求设计洪水时,假定设计暴雨与设计洪水频率________。

31. 推求设计暴雨过程时,典型暴雨过程的放大计算一般采用________法。

32. 由暴雨资料推求设计洪水的一般步骤是＿＿＿＿＿＿、＿＿＿＿＿＿、＿＿＿＿＿＿。

33. 暴雨频率分析,我国一般采用＿＿＿＿＿＿法确定其概率分布函数及统计参数。

34. 暴雨点面关系有两种,其一是＿＿＿＿＿＿＿＿＿＿＿＿;其二是＿＿＿＿＿＿＿＿＿＿＿＿。

35. 设计面雨量的时程分配通常选取＿＿＿＿＿＿＿＿＿＿作为典型,经放大后求得。

36. 小流域推求设计暴雨采用的步骤是:(1)＿＿＿＿＿＿＿＿＿＿;(2)＿＿＿＿＿＿＿＿＿＿。

二、选择题

1. 一次洪水中,涨水期历时比落水期历时(　　)。
   A. 长　　B. 短　　C. 一样长　　D. 不能肯定

2. 设计洪水是指(　　)。
   A. 符合设计标准要求的洪水　　B. 设计断面的最大洪水
   C. 任一频率的洪水　　D. 历史最大洪水

3. 设计洪水的三个要素是(　　)。
   A. 设计洪水标准、设计洪峰流量、设计洪水历时
   B. 洪峰流量、洪水总量和洪水过程线
   C. 设计洪峰流量、1 d 洪量、3 d 洪量
   D. 设计洪峰流量、设计洪水总量、设计洪水过程线

4. 大坝的设计洪水标准比下游防护对象的防洪标准(　　)。
   A. 高　　B. 低　　C. 一样　　D. 不能肯定

5. 选择水库防洪标准是依据(　　)。
   A. 集水面积的大小　　B. 大坝的高度
   C. 国家规范　　D. 来水大小

6. 在洪水峰、量频率计算中,洪峰流量选样的方法是(　　)。
   A. 最大值法　　B. 年最大值法
   C. 超定量法　　D. 超均值法

7. 在洪水峰、量频率计算中,洪量选样的方法是(　　)。
   A. 固定时段最大值法　　B. 固定时段年最大值法
   C. 固定时段超定量法　　D. 固定时段超均值法

8. 确定历史洪水重现期的方法是(　　)。
   A. 根据适线确定　　B. 按暴雨资料确定
   C. 按国家规范确定　　D. 由历史洪水调查考证确定

9. 某一历史洪水从发生年份以来为最大,则该特大洪水的重现期为(　　)。
   A. N = 设计年份 - 发生年份　　B. N = 发生年份 - 设计年份 + 1
   C. N = 设计年份 - 发生年份 + 1　　D. N = 设计年份 - 发生年份 - 1

10. 对特大洪水进行处理的内容是(　　)。

A. 插补展延洪水资料　　B. 代表性分析

C. 经验频率和统计参数的计算　　D. 选择设计标准

11. 资料系列的代表性是指(　　)。

A. 是否有特大洪水　　B. 系列是否连续

C. 能否反映流域特点　　D. 样本的频率分布是否接近总体的概率分布

12. 三点法配线适用于(　　)。

A. 连续系列和不连续系列　　B. 连续系列

C. 不连续系列　　D. 视系列的长短而定

13. 在同一气候区,河流从上游向下游,其洪峰流量的 C_v 值一般是(　　)。

A. $C_{v上} > C_{v下}$　　B. $C_{v上} < C_{v下}$　　C. $C_{v上} = C_{v下}$　　D. $C_{v上} \leqslant C_{v下}$

14. 用典型洪水同倍比法(按峰的倍比)放大推求设计洪水,则(　　)。

A. 峰等于设计洪峰、量等于设计洪量

B. 峰等于设计洪峰、量不一定等于设计洪量

C. 峰不一定等于设计洪峰、量等于设计洪量

D. 峰和量都不等于设计值

15. 用典型洪水同频率放大法推求设计洪水,则(　　)。

A. 峰不一定等于设计洪峰、量等于设计洪量

B. 峰等于设计洪峰、量不一定等于设计洪量

C. 峰等于设计洪峰、各历时量等于设计洪量

D. 峰和量都不等于设计值

16. 用典型洪水同倍比法(按量的倍比)放大推求设计洪水,则(　　)。

A. 峰等于设计洪峰、量等于设计洪量

B. 峰等于设计洪峰、量不一定等于设计洪量

C. 峰不一定等于设计洪峰、量等于设计洪量

D. 峰和量都不等于设计值

17. 选择典型洪水的原则是“可能”和“不利”,所谓不利是指(　　)。

A. 典型洪水峰型集中,主峰靠前

B. 典型洪水峰型集中,主峰居中

C. 典型洪水峰型集中,主峰靠后

D. 典型洪水历时长,洪量较大

18. 典型洪水同频率放大的次序是(　　)。

A. 短历时洪量、长历时洪量、峰

B. 峰、长历时洪量、短历时洪量

C. 短历时洪量、峰、长历时洪量

D. 峰、短历时洪量、长历时洪量

19. 对放大后的设计洪水进行修匀是依据(　　)。

A. 过程线光滑　　B. 过程线与典型洪水相似

C. 水量平衡　　D. 典型洪水过程线的变化趋势

20. 某流域的一场洪水中,地面径流的消退速度与地下径流的相比(　　)。

A. 前者大于后者　　B. 前者小于后者

C. 前者小于等于后者　　D. 二者相等

21. 某流域一次暴雨洪水的地面净雨与地面径流深的关系是(　　)。

A. 前者大于后者　　B. 前者小于后者

C. 前者等于后者　　D. 二者可能相等或不等

22. 下渗容量(能力)曲线,是指(　　)。

A. 降雨期间的土壤下渗过程线　　B. 充分供水条件下的土壤下渗过程线

C. 充分湿润后的土壤下渗过程线　　D. 下渗累积过程线

23. 在湿润地区,当流域蓄满后,若雨强 i 大于稳渗率 f_c,则此时下渗率 f 为(　　)。

A. $f>i$　　B. $f=i$　　C. $f=f_c$　　D. $f<f_c$

24. 以前期影响雨量(P_a)为参数的降雨(P)径流(R)相关图 $P\sim P_a\sim R$,当 P 相同时,应该 P_a 愈大,(　　)。

A. 损失愈大,R 愈大　　B. 损失愈小,R 愈大

C. 损失愈小,R 愈小　　D. 损失愈大,R 愈小

25. 以前期影响雨量(P_a)为参数的降雨(P)径流(R)相关图 $P\sim P_a\sim R$,当 P_a 相同时,应该 P 愈大,(　　)。

A. 损失相对于 P 愈大,R 愈大　　B. 损失相对于 P 愈大,R 愈小

C. 损失相对于 P 愈小,R 愈大　　D. 损失相对于 P 愈小,R 愈小

26. 对于湿润地区的蓄满产流模型,当流域蓄满后,若雨强 i 小于稳渗率 f_c,则此时的下渗率 f 应为(　　)。

A. $f=i$　　B. $f=f_c$　　C. $f>f_c$　　D. $f<i$

27. 按蓄满产流模式,当某一地点蓄满后,该点雨强 i 小于稳渗率 f_c,则该点此时降雨产生的径流为(　　)。

A. 地面径流和地下径流　　B. 地面径流

C. 地下径流　　D. 零

28. 对于超渗产流,一次降雨所产生的径流量取决于(　　)。

A. 降雨强度　　B. 降雨量和前期土壤含水量

C. 降雨量　　D. 降雨量、降雨强度和前期土壤含水量

29. 当降雨满足初损后,形成地面径流的必要条件是(　　)。

A. 雨强大于枝叶截留　　B. 雨强大于下渗能力

C. 雨强大于填洼量　　D. 雨强大于蒸发量

30. 某流域由某一次暴雨洪水分析出不同时段的 10 mm 净雨单位线,它们的洪峰将随所取时段的增长而(　　)。

A. 增高　　B. 不变　　C. 减低　　D. 增高或不变

31. 用暴雨资料推求设计洪水的原因是(　　)。

A. 用暴雨资料推求设计洪水精度高

B. 用暴雨资料推求设计洪水方法简单

C. 流量资料不足或要求多种方法比较

D. 大暴雨资料容易收集

32. 暴雨资料系列的选样是采用(　　)。

A. 固定时段选取年最大值法　　B. 年最大值法

C. 年超定量法　　D. 与大洪水时段对应的时段年最大值法

33. 对于中小流域,其特大暴雨的重现期一般可通过(　　)。

A. 现场暴雨调查确定

B. 对河流洪水进行观测

C. 查找历史文献灾情资料确定

D. 调查该河特大洪水,并结合历史文献灾情资料确定

34. 对设计流域历史特大暴雨调查考证的目的是(　　)。

A. 提高系列的一致性　　B. 提高系列的可靠性

C. 提高系列的代表性　　D. 使暴雨系列延长一年

35. 暴雨动点动面关系是(　　)。

A. 暴雨与其相应洪水之间的相关关系

B. 不同站暴雨之间的相关关系

C. 任一雨量站雨量与流域平均雨量之间的关系

D. 暴雨中心点雨量与相应的面雨量之间的关系

36. 暴雨定点定面关系是(　　)。

A. 固定站雨量与其相应流域洪水之间的相关关系

B. 流域出口站暴雨与流域平均雨量之间的关系

C. 流域中心点暴雨与流域平均雨量之间的关系

D. 各站雨量与流域平均雨量之间的关系

37. 某一地区的暴雨点面关系,对于同一历时,点面折算系数 α(　　)。

A. 随流域面积的增大而减小　　B. 随流域面积的增大而增大

C. 随流域面积的变化时大时小　　D. 不随流域面积而变化

38. 某一地区的暴雨点面关系,对于同一面积,折算系数 α(　　)。

A. 随暴雨历时的增长而减小　　B. 随暴雨历时的增长而增大

C. 随暴雨历时的变化时大时小　　D. 不随暴雨历时而变化

39. 选择典型暴雨的原则是“可能”和“不利”,所谓不利是指(　　)。

A. 典型暴雨主雨峰靠前　　B. 典型暴雨主雨峰靠后

C. 典型暴雨主雨峰居中　　D. 典型暴雨雨量较大

40. 用典型暴雨同倍比放大法推求设计暴雨,则(　　)。

A. 各历时暴雨量都等于设计暴雨量

B. 各历时暴雨量都不等于设计暴雨量

C. 各历时暴雨量可能等于、也可能不等于设计暴雨量

D. 所用放大倍比对应的历时暴雨量等于设计暴雨量,其他历时暴雨量不一定等于

设计暴雨量

41. 地区经验公式法计算设计洪水,一般(　　)。

A. 仅推求设计洪峰流量　　B. 仅推求设计洪量

C. 推求设计洪峰和设计洪量　　D. 仅推求设计洪水过程线

三、判断题

1. 设计洪水的标准,是根据工程的规模及其重要性,依据国家有关规范选定。(　　)

2. 水利枢纽校核洪水标准一般高于设计标准,设计洪水标准一般高于防护对象的防洪标准。(　　)

3. 同倍比放大法不能同时满足设计洪峰、设计峰量具有相同频率。(　　)

4. 同频率放大法计算出来的设计洪水过程线,一般来讲各时段的洪量与典型洪水相应时段洪量的倍比是相同的。(　　)

5. 所谓"长包短"是指短时段洪量包含在长时段洪量内,在用典型洪水进行同频率放大计算时,采用的是"长包短"的方式逐段控制放大。(　　)

6. 在统计各时段洪量时,所谓"长包短"是指短时段洪量在长时段洪量内统计,在选取各时段洪量样本时,不一定要采用"长包短"方式。(　　)

7. 在用同倍比放大法时,已求得洪峰放大倍比 $K_Q = 1.5$,洪量放大倍比 $K_W = 1.2$,则按峰放大后的洪量小于设计洪量,按量放大后的洪峰大于设计洪峰。(　　)

8. 净雨强度大于下渗强度的部分形成地下径流,小于的部分形成地面径流。(　　)

9. 应用降雨径流相关图查算降雨过程形成净雨过程的计算中,都必须且只能采用将累积时段降雨,从相关图坐标原点查算出相应累积时段净雨的方法。(　　)

10. 在干旱地区,当降雨满足初损后,若雨强 i 大于下渗率 f 则开始产生地面径流。(　　)

11. 按等流时线原理,当净雨历时 t_c 小于流域汇流时间 τ_m 时,流域上全部面积的全部净雨参与形成最大洪峰流量。(　　)

12. 按等流时线原理,当净雨历时 t_c 大于流域汇流时间 τ_m 时,流域上全部面积的部分净雨参与形成最大洪峰流量。(　　)

13. 已知某一地区24小时暴雨量均值 $\overline{P}_{24}$ 及 C_v、C_s 值,即可求得设计24小时雨量 $P_{24,P}$。(　　)

14. 对于小流域可以采用暴雨公式 $i = S_P/t^n$ 推求设计暴雨。(　　)

15. 推理公式中的损失参数 μ 代表产流历时内的平均下渗率。(　　)

16. 推理公式法中的汇流参数 m,是汇流速度中的经验性参数,它与流域地形、地貌、面积、河道长度、坡度等因素有关,可由实测暴雨洪水资料求得。(　　)

17. 计算洪峰流量的地区经验公式,不可无条件地到处移用。(　　)

四、简答题

1. 推求设计洪水有哪几种途径?

2. 如何选取水利工程的防洪标准？

3. 水库枢纽工程防洪标准分为几级？各是什么含义？

4. 按百年一遇洪水设计的工程，在工程运行的 n 年内，其风险率怎样？

5. 洪水的峰、量频率计算中，如何选择峰、量样本系列？

6. 什么叫特大洪水？特大洪水的重现期如何确定？

7. 由流量资料（包含特大洪水）推求设计洪水时，为什么要对特大洪水进行处理？处理的内容是什么？

8. 选择典型洪水的原则是什么？

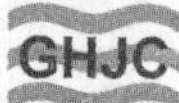

9. 设计洪水过程线的同频率放大法和同倍比放大法各适用于什么条件?

10. 用同频率放大法推求设计洪水过程线有何特点?写出各时段的放大倍比计算公式。

11. 简述有长期流量资料(其中有特大洪水)时,推求设计洪水过程线的方法步骤。

12. 在进行流域产汇流分析计算时,为什么还要将总净雨过程分为地面、地下净雨过程?简述蓄满产流模型法如何划分地面、地下净雨。

13. 何为前期影响雨量?简述其计算方法与步骤。

14. 何谓超渗产流?何谓蓄满产流?它们的主要区别是什么?

15. 试述绘制降雨径流相关图($P \sim P_a \sim R$)的方法和步骤。

16. 初损后损法的基本假定是什么?

17. 用初损后损法计算地面净雨时,需首先确定初损 I_0,试问:影响 I_0 的主要因素有哪些?

18. 用初损后损法计算地面净雨时,需确定平均后损率 $\bar{f}$,试述影响 $\bar{f}$ 的主要因素是什么?

19. 何谓等流时线? 简述等流时线法汇流计算的方法和步骤。

20. 简述时段单位线的定义及基本假定?

21. 什么叫 S 曲线,如何用 S 曲线进行单位线的时段转换?

22. 为什么要用暴雨资料推求设计洪水?

23. 选择典型暴雨的原则是什么?

24. 写出典型暴雨同频率放大法推求设计暴雨过程的放大公式。

25. 试写出小流域洪峰计算中全面汇流及部分汇流形成洪峰流量的推理公式的基本形式,并说明其中符号的意义和单位。

26. 简述小流域推理公式的基本原理和基本假定。

27. 小流域设计洪峰流量计算一般采用哪些方法?(最少举出三种)

28. 小流域设计洪水过程线一般怎样计算?

五、计算题

1. 某水库属中型水库,已知年最大洪峰流量系列的频率计算结果为 $\overline{Q}=1\ 650\ m^3/s$、$C_v=0.6$、$C_s=3.5C_v$。试确定大坝设计洪水标准,并计算该工程设计和校核标准下的洪峰流量。给出 P-Ⅲ型曲线模比系数 K_P 值见表5-1。

表 5-1　P-Ⅲ型曲线模比系数 K_P 值（$C_s=3.5C_v$）

C_v	P(%)							
	0.1	1	2	10	50	90	95	99
0.60	4.62	3.20	2.76	1.77	0.81	0.48	0.45	0.43
0.70	5.54	3.68	3.12	1.88	0.75	0.45	0.44	0.43

2. 某水库洪水设计频率为2%，试计算该工程连续20年都安全的概率是多少？风险率是多少？

3. 已求得某桥位断面年最大洪峰流量频率计算结果为 $\overline{Q}=365\ m^3/s$、$C_v=0.72$、$C_s=3C_v$。试推求该桥位断面50年一遇设计洪峰流量。P-Ⅲ型曲线离均系数 Φ 值见表5-2所示。

表 5-2　P-Ⅲ型曲线离均系数 Φ 值

C_s	P(%)				
	2	10	50	90	97
2.1	2.93	1.29	-0.32	-0.869	-0.935
2.2	2.96	1.28	-0.33	-0.844	-0.900

4. 某水库坝址断面处有1958~1995年的年最大洪峰流量资料，其中最大的三年洪峰流量分别为7 500 m^3/s、4 900 m^3/s 和3 800 m^3/s。由洪水调查知道，自1835年到1957年，发生过一次特大洪水，洪峰流量为9 700 m^3/s，并且可以肯定调查期内没有漏掉6 000 m^3/s以上的洪水，试计算各次洪水的经验频率，并说明理由。

5. 某水库坝址处有1960~1992年实测洪水资料，其中最大的两年洪峰流量为1 480 m^3/s、1 250 m^3/s。此外洪水资料如下：①经实地洪水调查，1935年曾发生过流量为5 100 m^3/s 的大洪水，1896年曾发生过流量为4 800 m^3/s 的大洪水，依次为近150年以来的两次最大的洪水；②经文献考证，1802年曾发生过流量为6 500 m^3/s 的大洪水，为近200年以来的最大一次洪水。试用统一样本法推求上述各项洪峰流量的经验频率。

6. 某水文站有1960~1995年的连续实测流量记录，系列年最大洪峰流量之和为350 098 m^3/s，另外调查考证至1890年，得三个最大流量为 $Q_{1895}=30\ 000\ m^3/s$、$Q_{1921}=35\ 000\ m^3/s$、$Q_{1991}=40\ 000\ m^3/s$，求此不连序系列的平均值。

7. 某水文站有1950~2001年的实测洪水资料，其中1998年的洪峰流量2 680 m^3/s，为实测期内的特大洪水。另根据洪水调查，1870年发生的洪峰流量为3 500 m^3/s 和1932年发生的洪峰流量为2 400 m^3/s 的洪水，是1850年以来仅有的两次历史特大洪水。现已根据1950~2001年的实测洪水资料序列（不包括1998年洪峰）求得实测洪峰流量系列的均值为560 m^3/s，变差系数 C_v 为0.95。试用矩法公式推求1850年以来的不连序洪峰流量系列的均值及其变差系数为多少？

8. 某水文站根据实测洪水和历史调查洪水资料，已经绘制出洪峰流量经验频率曲线,现从经验频率曲线上读取三点(2 080,5%)、(760,50%)、(296,95%),试按三点法计算这一洪水系列的统计参数。给出 S 与 C_s 关系表和 P－Ⅲ型曲线离均系数 Φ 值如表 5-3、表 5-4 所示。

表 5-3　$P=5\%\sim50\%\sim95\%$ 时 S 与 C_s 关系

S	0.45	0.46	0.47	0.48	0.49	0.50	0.51
C_s	1.59	1.63	1.66	1.70	1.74	1.78	1.81

表 5-4　P－Ⅲ型曲线离均系数 Φ 值

C_s	P(%)							
	1	5	10	50	80	90	95	99
1.60	3.39	1.96	1.33	－0.25	－0.81	－0.99	－1.10	－1.20
1.70	3.44	1.97	1.32	－0.27	－0.81	－0.97	－1.06	－1.14

9. 已求得某站 3 d 洪量频率曲线为:$\overline{W}_{3\,d}=2\,460(m^3/s)\cdot h$、$C_v=0.60$,$C_s=2C_v$,选得典型洪水过程线见表 5-5,试按量的同倍比法推求千年一遇设计洪水过程线。

表 5-5　某站典型洪水过程线

时段($\Delta t=12$ h)	0	1	2	3	4	5	6
流量 $Q(m^3/s)$	680	1 220	6 320	3 310	1 430	1 180	970

10. 已求得某站洪峰流量频率曲线,其统计参数为:$\overline{Q}=500\ m^3/s$、$C_v=0.60$、$C_s=3C_v$,线型为 P－Ⅲ型,并选得典型洪水过程线见表 5-6,并给出 P－Ⅲ型曲线模比系数 K_P 值见表 5-7,试按洪峰同倍比放大法推求百年一遇设计洪水过程线。

表 5-6　某站典型洪水过程线

时段($\Delta t=6$ h)	0	1	2	3	4	5	6	7	8
典型洪水 $Q(m^3/s)$	20	150	900	850	600	400	300	200	120

表 5-7　P－Ⅲ型曲线模比系数 K_P 值($C_s=3C_v$)

C_v	P(%)							
	1	2	10	20	50	90	95	99
0.60	2.89	2.57	1.80	1.44	0.89	0.35	0.26	0.13
0.70	3.29	2.90	1.94	1.50	0.85	0.27	0.18	0.08

11. 已求得某站百年一遇洪峰流量和 1 d、3 d、7 d 洪量分别为:$Q_{m,P}=2\,790\ m^3/s$、$W_{1\,d,P}=1.20$ 亿 m^3、$W_{3\,d,P}=1.97$ 亿 m^3、$W_{7\,d,P}=2.55$ 亿 m^3。选得典型洪水过程线,并计算得典型洪水洪峰及各历时洪量分别为:$Q_m=2\,180\ m^3/s$、$W_{1\,d}=1.06$ 亿 m^3、$W_{3\,d}=1.48$ 亿

m^3、$W_{7\,d}=1.91$ 亿 m^3。试按同频率放大法计算百年一遇设计洪水的放大系数。

12. 已求得某站千年一遇洪峰流量和 1 d、3 d、7 d 洪量分别为：$Q_{m,P}=10\ 245\ m^3/s$、$W_{1\,d,P}=114\ 000\ (m^3/s)\cdot h$、$W_{3\,d,P}=226\ 800\ (m^3/s)\cdot h$、$W_{7\,d,P}=348\ 720\ (m^3/s)\cdot h$。选得典型洪水过程线如表 5-8，试按同频率放大法计算千年一遇设计洪水过程线。

表 5-8　典型设计洪水过程线

时间(月-日 T 时)	典型洪水 Q (m^3/s)	时间(月-日 T 时)	典型洪水 Q(m^3/s)
08-04T08	268	08-07T08	1 070
08-04T20	375	08-07T20	885
08-05T08	510	08-07T08	727
08-04T20	915	08-07T20	576
08-06T02	1 780	08-09T08	411
08-06T08	4 900	08-09T20	365
08-04T14	3 150	08-10T08	312
08-06T20	2 583	08-10T20	236
08-07T02	1 860	08-11T08	230

13. 按表 5-9 所给资料，推求某水文站 6 月 22 ~ 25 日的前期影响雨量 P_a。

表 5-9　某水文站实测雨量与蒸发能力资料

<table>
<tr><th>时间 t(月-日)</th><th>雨量 P(mm)</th><th>蒸发能力 E_m(mm/d)</th><th>P_a(mm)</th><th>备注</th></tr>
<tr><td>06-20</td><td>90</td><td>5.0</td><td>80</td><td rowspan="6">1 m = 100 mm</td></tr>
<tr><td>06-21</td><td>100</td><td>5.0</td><td>100</td></tr>
<tr><td>06-22</td><td>10</td><td>5.0</td><td></td></tr>
<tr><td>06-23</td><td>1.5</td><td>5.0</td><td></td></tr>
<tr><td>06-24</td><td></td><td>5.0</td><td></td></tr>
<tr><td>06-25</td><td></td><td>5.9</td><td></td></tr>
</table>

14. 某流域由实测雨洪资料绘制 $P+P_a\sim R$ 相关图，如图 5-2 所示，该流域有一场降雨如表 5-10 降雨初期流域前期影响雨量 $P_a=20$ mm，求各时段净雨深。

表 5-10　某流域实测雨量过程

<table>
<tr><td>时间(日-时)</td><td colspan="2">05-06</td><td colspan="2">05-12</td><td colspan="2">05-18</td></tr>
<tr><td>降雨量(mm)</td><td></td><td colspan="2">30</td><td colspan="2">50</td><td></td></tr>
</table>

15. 某流域降雨过程如表 5-11 所示，径流系数 $\alpha=0.75$，后损率 $\bar{f}=1.5$ mm/h，试以初损后损法计算雨量损失过程和地面净雨过程。

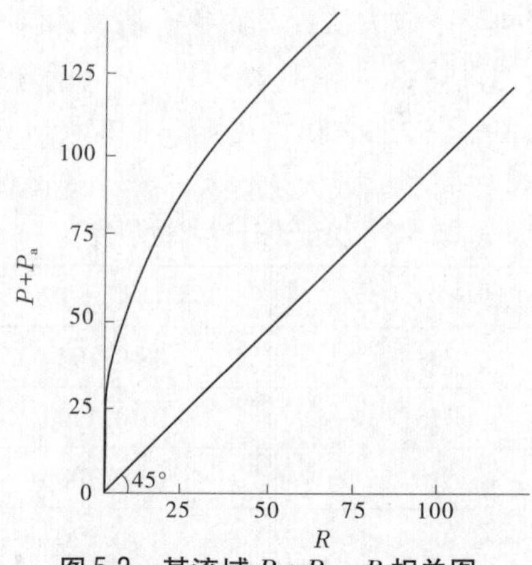

图 5-2　某流域 $P+P_a \sim R$ 相关图

表 5-11　某流域一次降雨过程

时　间(月-日 T时)	降雨量 P(mm)
06-10T08	6.5
06-10T14	5.5
06-10T20	176.0
06-11T02	99.4
06-11T08	0
06-11T14	82.9
06-11T20	49.0

16. 某流域的等流时线如图 5-3 所示，各等流时面积 ω_1、ω_2、ω_3 分别为 41 km²、72 km²、65 km²，其上一次降雨，它在各等流时面积上各时段的地面净雨如表 5-12 所示，其中时段 $\Delta t=2$ h，与单元汇流时间 $\Delta\tau$ 相等。试求第 3 时段末流域出口的地面径流量及该次降雨的地面径流总历时。

表 5-12　某流域的等流时面积及一次降雨情况

时段(Δt)	面积(km²)		
	ω_1	ω_2	ω_3
1	0	9	4
2	12	25	20
3	13	20	4

17. 已知某流域单位时段 $\Delta t=6$ h，单位净雨深 10 mm 的单位线如表 5-13 所示，一场降雨有两个时段净雨，分别为 25 mm 和 35 mm，推求其地面径流过程线。

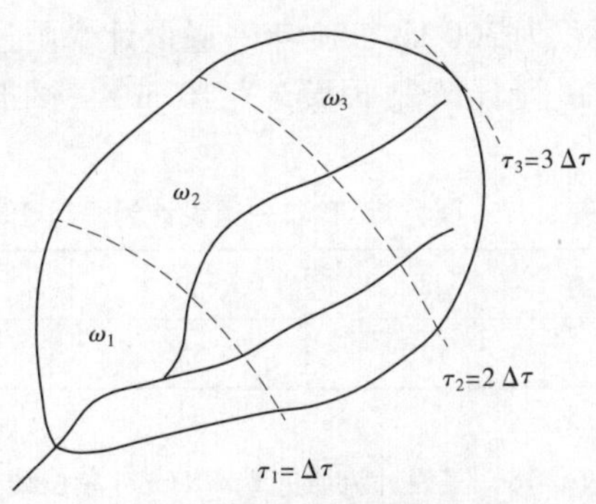

图 5-3　某流域的等流时线

表 5-13　某流域 6 h 10 mm 的单位线

时间(6 h)	0	1	2	3	4	5	6	7	8
单位线 q(m^3/s)	0	430	630	400	270	180	100	40	0

18. 某流域 6 h 10 mm 单位线如表 5-14 所示,该流域 7 月 23 日发生一次降雨,地面净雨过程列于表 5-14 中,洪水基流为 50 m^3/s,求该次暴雨在流域出口形成的洪水过程。

表 5-14　某流域 6 h 10 mm 单位线和一次地面净雨过程

时间(日-时)	23-02	23-08	23-14	23-20	24-02	24-08
单位线(m^3/s)	0	20	80	50	25	0
地面净雨(mm)		5	20			

19. 已知某流域多年平均最大 3 d 暴雨频率曲线:$\bar{x}_{24}$ = 210 mm, C_v = 0.45, C_s = 3.5C_v,试求该流域百年一遇设计暴雨。P-Ⅲ型曲线离均系数 Φ 值见表 5-15。

表 5-15　P-Ⅲ型曲线离均系数 Φ 值

C_s	P(%)							
	1	5	10	50	80	90	95	99
1.5	3.33	1.95	1.33	-0.24	-0.82	-1.02	-1.13	-1.26
1.6	3.39	1.96	1.33	-0.25	-0.81	-0.99	-1.10	-1.20

20. 已求得某流域百年一遇的 1 d、3 d、7 d 设计面暴雨量分别为 336 mm、560 mm 和 690 mm,并选定典型暴雨过程如表 5-16 所示,试用同频率控制放大法推求该流域百年一遇的设计暴雨过程。

表 5-16　某流域典型暴雨资料

时段(Δt = 12 h)	1	2	3	4	5	6	7	8	9	10	11	12	13	14
雨量(mm)	15	13	20	10	0	50	80	60	100	0	30	0	12	5

21. 某中型水库流域面积为 300 km^2,50 年一遇设计暴雨过程及单位线见表 5-17,初损为零,后损率 $\bar{f}=1.5$ mm/h,设计情况下基流为 10 m^3/s,试推求 50 年一遇设计洪水过程线。

表 5-17　某水库 50 年一遇设计暴雨过程

时段($\Delta t=6$ h)	1	2	3	4	合计
设计暴雨(mm)	35	180	55	30	300

表 5-18　某设计流域的 6 h 10 mm 单位线

时段($\Delta t=6$ h)	0	1	2	3	4	5	6	7	0	合计
单位线 q(m^3/s)	0	14	26	39	23	18	12	7	0	139

22. 已知暴雨公式 $\bar{i}_T=S_P/T^n$,其中 $\bar{i}_T$ 表示历时 T 内的平均降雨强度(mm/h);S_P 为雨力,等于 100 mm/h,n 为暴雨衰减指数,等于 0.6,试求历时为 6 h、12 h、24 h 的设计暴雨各为多少?

第六章　水库调洪计算

一、填空题

1. 按人们的需要利用水库控制径流并重新分配径流称为______________。

2. 水库径流调节可分为______________和______________。

3. 以防止或减轻洪水灾害的径流调节称______________；以拦蓄水量调节天然径流以满足用水需要的径流调节称______________。

4. 水库的调洪作用指的是拦蓄部分洪量、削减______________、推迟峰现时间及延长洪水过程。

5. 对一座水库来讲，水位高，则水库面积__________，库容也__________。

6. 水库水位与面积关系曲线称为水库__________；水库水位与库容关系曲线称为水库__________。

7. $1(m^3/s)\cdot$月 = __________ m^3。

8. 水库正常运用情况下允许消落到最低的水位称为______________。

9. 水库正常运用情况下为满足设计兴利要求而在开始供水时应蓄到的水位称为______________。

10. 正常蓄水位至死水位之间的库容称为______________。

11. 设计洪水位与防洪限制水位之间的库容称为______________；校核水位与防洪限制水位之间的库容称为______________；防洪高水位与防洪限制水位之间的库容称为______________。

12. 水库在汛期允许蓄水的上限水位称为______________。

13. 当发生设计洪水时，水库从防洪限制水位调节洪水所达到的最高水位称为______________；当发生水库校核标准洪水位时在坝前达到的最高水位称______________。

14. 当下游有防洪要求时，下游防护对象的设计标准洪水经水库调节后所达到的最高水位称为______________。

15. 校核洪水位以下的全部库容称为______________。

16. 水库的调洪作用可使水库洪水过程洪水历时______________，洪量______________。

17. 水库调洪计算的基本原理为水库______________方程和水库______________方程。

18. 水库调洪计算的方法可分______________、______________、______________。

19. 一般中小型水库的溢洪道常设计为宽顶堰或实用堰，其泄流公式为______________。

20. 在某一时间段 t 内入库水量与出库水量之差等于该时段内水库______________。

二、判断题

1. 洪水入库后经水库调节,洪峰变小,峰现时间滞后,洪水历时增长。(　　)

2. 水库防洪调节计算的任务是确定防洪库容、最高洪水位、坝高和溢洪道尺寸。(　　)

3. 下游有防洪任务时,调洪计算所需的设计洪水的资料包括大坝设计洪水和校核洪水。(　　)

4. 下游无防洪任务时,防洪调节确定溢洪道尺寸和调洪库容只要考虑大坝安全。(　　)

5. 溢洪道所通过的流量,主要取决于溢洪堰顶水头。(　　)

6. 水库蓄洪量的大小取决于入库水量与出库水量之差。(　　)

7. 水库调洪计算是解水量平衡方程式。(　　)

8. 无闸控制的水库调洪计算成果是水库下泄流量过程线 $q \sim t$ 和相应水库蓄水量(水位)过程线。(　　)

9. 双辅助曲线法进行调洪计算,可以推求时段末的 q_2, V_2。(　　)

10. 简化三角形解析法调洪演算,必须是设计洪水过程线近似三角形,起调水位与溢洪道齐平,且无闸门控制。(　　)

11. 下游有防洪要求与无防洪要求,调洪不同之处是一要 $q \leqslant q_{安}$,二要考虑大坝安全和下游防护对象安全。(　　)

12. 溢洪道设闸主要用来控制泄洪流量大小及泄洪时间,使水库的调度灵活,控制运用方便,提高防洪效果。(　　)

13. 防洪限制水位是关系到水库的防洪度汛和蓄水兴利,解决防洪与兴利矛盾的一个特征水位。(　　)

14. 满足水库防洪要求的调洪计算方法首先是考虑下游的防护要求控制 $q \leqslant q_{安}$,当洪水超标时则只考虑大坝安全,即以最大下泄量泄洪。(　　)

15. 水库防洪限制水位到死水位之间的高度称消落深度。(　　)

16. 水库调洪时,若减小泄洪建筑物尺寸,下泄流量随之减小,库水位也下降。(　　)

17. 用半图解法进行调洪演算,要求取计算时段为常数。(　　)

18. 水库用简化三角形法调洪计算的要点是概化水库入库洪水和下泄流量过程为三角形。(　　)

19. 溢洪道上设置闸门可控制泄洪流量的大小和泄流时间。(　　)

20. 如要求兴利库容与防洪库容结合利用,则汛限水位应低于堰顶高程。(　　)

三、简答题

1. 水库调洪计算时应具备哪些资料?

2. 什么叫径流调节？径流调节分哪两类？其含义各是什么？

3. 水库有哪些特征水位和特征库容？

4. 水库防洪调节的作用是什么？水库调洪计算的主要内容是什么？

5. 水库调洪计算的基本原理是什么？

6. 简述列表试算法进行防洪调节计算的方法和步骤。

7. 简述双辅助曲线法调洪计算的原理和计算步骤。

8. 简述单辅助曲线法调洪计算的原理和计算步骤。

9. 水库防洪调度的任务是什么？

10. 什么是水库防洪调度图？它有什么作用？

四、计算题

1. 某水库水位 Z 与面积 F 的关系如表 6-1 所示。

表 6-1　某水库水位 Z 与面积 F 关系

Z(m)	97	100	115	120	125	130	135	140
F(万 m^2)	0	54	120	206	328	401	480	587
Z(m)	145	150	155	160	165	170	175	
F(万 m^2)	720	925	1 080	1 260	1 490	1 983	2 560	

(1)计算确定水库水位库容关系。

(2)绘制水库水位面积曲线。

(3)绘制水位库容曲线。

2. 某中型水库,已知的资料和条件有:

(1)库容曲线 $Z \sim V$ 数据如表 6-2 所示。

表 6-2　某水库水位、库容和下泄流量关系

水位 Z (m)	库容 V (万 m^3)	堰顶水头 h (m)	下泄流量 q (m^3/s)
31.63	1 000	0	0
32.13	1 055	0.5	41
32.93	1 198	1.3	170
33.73	1 395	2.1	350
34.33	1 610	2.7	510
34.43	1 680	2.8	538
34.63	1 820	3.0	597

(2)入库设计洪水过程线的设计频率 $P = 2\%$,其最大洪峰流量 $Q_m = 1\ 020\ m^3/s$,相应的洪水总量 $W = 1\ 834$ 万 m^3,资料如表 6-3 所列。

(3)溢洪道不设闸门,堰顶高程与正常蓄水位 31.63 m 相同,堰宽 $B = 65$ m,流量系数 M_1 采用 1.77(实用堰),故泄流公式为 $q = M_1 B h^{3/2} = 115 h^{3/2}$

(4)起调水位与正常蓄水位 31.63 m 相同,即假定洪水到来时,水位刚好保持在溢洪道堰顶。试用试算法求调洪库容、设计洪水位和最大下泄流量。

表6-3 某水库调洪计算表

t (h)	Q (m^3/s)	$(Q_1+Q_2)/2$ (m^3/s)	q (m^3/s)	$(q_1+q_2)/2$ (m^3/s)	ΔV (万 m^3)	V (万 m^3)	Z (m)
0	0						
1	340						
2	680						
3	1 020						
4	875						
5	729						
6	583						
7	437						
8	291						
9	146						
10	0						
11							
12							
13							
14							
15							
16							
17							
18							

第七章　水库兴利调节计算

一、填空题

1. 水库由库空到库满再到库空循环一次所经历的时间称为________。

2. 按调节周期的长短划分,水库调节可分为________、________、________和________等类型。

3. 在一天内将径流重新分配的调节称为________;将丰水期多年的水量蓄存在水库中,补充枯水年份水量不足的这种跨年度的调节称________。

4. 水库能将设计枯水年年内全部来水量完全按用水要求重新分配而没有弃水称为________。

5. 兴利库容 $V_{兴}$ 与多年平均径流量总量 $W_{年}$ 的比值称________。

6. 设计保证率通常可用两种形式表达,分别为________和________。

7. 多年工作期间正常工作年数占运行总年数的百分比称________;多年工作期间正常工作历时占运行总历时的百分比称为________。

8. 水库在调节年度内进行充蓄泄放过程称为________。

9. 水库在一个调节年度内充蓄二次供水称为________;水库在一个调节年度内充蓄泄放多于二次称为________。

10. 专门为利用水能发电的调节计算称________。

11. 水库兴建前后所造成的蒸发水量差值称为水库的________。

12. 水流蕴藏的能量称为________。

13. 水电站在长期工作中相应于设计保证率在一定供水时段内所能发出的平均出力称为________。

14. 一个水电站所有发电机的铭牌出力之和称________。

15. 水电站的多年平均发电量是指________。

16. 表示一日内电力系统的日负荷变化过程线称为________。

17. 日负荷图划为三个区域指的是________、________、________。

18. 日负荷图中三个特征值指的是________、________、________。

19. 电力系统装机容量可用公式表示为________。

二、判断题

1. 水库容积曲线是以水库水位为纵坐标、相应库容为横坐标的关系线。(　　)

2. 水库正常运用下,允许消落的最低水位称死水位,该水位下的库容为死库容。(　　)

3. 正常蓄水位至死水位之间的库容称防洪库容。( )

4. 设计洪水位与防洪限制水位之间的库容称设计调洪库容。( )

5. 水库要计算蒸发损失是因蓄水后水位抬高、水面扩大、由原来陆面蒸发变为水面蒸发，水面蒸发又比陆面蒸发大的缘故。( )

6. 在控制施工质量，做好防渗措施的基础上，水库渗漏损失主要是考虑库底、库岸的渗漏，主要原因是与地质水文有关。( )

7. 水库死水位的确定必须依据水库的淤积、灌溉、发电的需要，以及其他用水部门的要求。( )

8. 水库将来水期多余水量存于水库，供枯水期应用，这样周期为一年的称为年调节。( )

9. 一个年调节水库把全部余水用于亏水，没有弃水，这种调节称为不完全年调节。( )

10. 年保证率的保证程度比历时保证率低。( )

11. 灌溉设计保证率，对缺水区以水稻为主的取值范围是70% ~80%。( )

12. 水电站设计保证率在电力系统中所占比重达50%以上，那么保证率取值范围为95% ~98%。( )

13. 航运设计保证率，对一至二级航道取值为97% ~99%。( )

14. 水电站年调节水库一般选丰、平、枯为设计代表年。( )

15. 兴利调节计算原理是将水库整个调节期内蓄水量的变化过程划分为若干较小时段，然后按时段进行水量平衡计算。( )

16. 兴利调节计算时，时段出库水量仅指水库蓄满后从溢洪泄出的弃水量。( )

17. 水库的水量损失是指水库的蒸发损失。( )

18. 顺时序调节计算确定 $V_{兴}$ 时，从 $V_{兴}=0$ 开始由零顺时序累加$(W_{来}-W_{用})$值，经一个调节年度又回到计算的起点，当$\sum(W_{来}-W_{用})$不为零时，则有余水量 C，所以 $V_{兴}=\sum(W_{来}-W_{用})-C$。( )

19. 计入损失列表法调节计算确定 $V_{兴}$ 时，应先进行不计损失的调节计算，然后各时段损失水量加到用水量中，重新调节计算，即可得考虑损失的 $V_{兴}$。( )

20. 在死库容 $V_{死}$ 已定时，$V_{兴}$(考虑损失)为调节计算成果，即可确定正常蓄水位 $Z_{正}$，由 $V_{死}+V_{兴}$ 查 $Z\sim V$ 曲线而得 $Z_{正}$。( )

21. 河床式水电站，厂房是建在河床上，通常与闸坝布置在一线上，也是挡水建筑物的一部分。( )

22. 水能计算在规划阶段的目的是选择水电站的主要参数和相应的动能指标。( )

23. 水电站设计保证率愈大，保证出力也愈大。( )

24. 日负荷所需出力 N(kW)与相应电能 E(kWh)的关系曲线叫日电能累积曲线，此线的作用是确定水电站在电力系统中的位置。( )

25. 水电站设计水平年一般用第一台机组投产后5 ~10 年。( )

三、简答题

1. 水库的水量损失包括哪些？兴利调节计算是怎么考虑水量损失的？

2. 在确定水库死水位时主要考虑哪些因素？

3. 试简述兴利调节计算的原理。

4. 当年调节水库一次运用、二次运用和多次运用时，如何确定兴利库容？

5. 何谓水能开发方式？有哪几种类型？

6. 简述调节流量、兴利库容和设计保证率之间的关系？

7. 什么是水电站保证出力和多年平均发电量？水能计算的目的是什么？

8. 电力系统的容量组成有哪些?

四、计算题

1. 根据图 7-1 给出的入库流量过程曲线 $Q\sim t$,调节流量 Q_P 以及图示各时段余缺水数字(单位:$10^6\ m^3$),试推求为确保按调节流量供水所需的兴利库容。

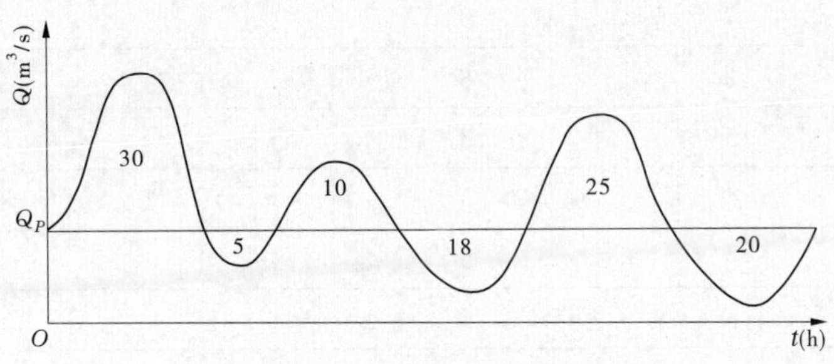

图 7-1　水库入库流量过程线

2. 已知 $V_兴=2.35$ 亿 m^3,设计枯水年来水过程见表 7-1,求供水期调节流量及蓄水期可用流量(不计水量损失)。

表 7-1　某水库设计枯水年来水过程

月份	3	4	5	6	7	8	9	10	11	12	1	2
$Q(m^3/s)$	45.1	73.2	46.0	88.8	52.2	53.6	12.4	9.0	7.3	6.4	10.2	15.5

3. 已知某年调节水库兴利运用情况如图 7-2 所示,$V_1=300$ 万 m^3,$V_2=200$ 万 m^3,$V_3=100$ 万 m^3,$V_4=150$ 万 m^3。其用水量维持不变,求兴利库容 $V_兴$。

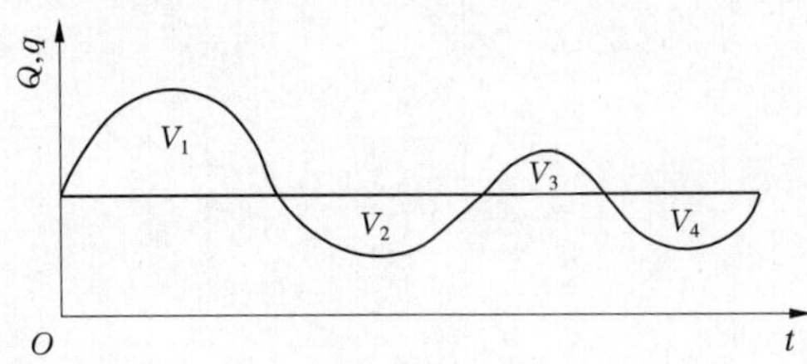

图 7-2　某年调节水库兴利运用过程线

4. 已知某水库的设计枯水年来水及用水情况如表 7-2 所示,试计算其兴利库容。

表 7-2　某水库设计枯水年来水及用水情况

时间	来水量	用水量	$W_{来}-W_{用}$ ((m³/s)·月)		$\Sigma(W_{来}-W_{用})$ (月末)
	$W_{来}$	$W_{用}$			
月份	(m^3/s)·月	(m^3/s)·月	+	−	(m^3/s)·月
5	8	6			
6	10	7			
7	12	8			
8	9	8			
9	7	9			
10	6	8			
11	5	3			
12	4	3			
1	4	5			
2	3	5			
3	3	4			
4	2	4			
求和	73	70			

5. 已知，某水电站某月水库平均水位为 25.2 m，下游平均水位为 1.6 m，水头损失为 0.1 m，平均引用流量为 6.38 m^3/s，出力系数为 7，计算当月平均出力。

第八章　水文水利计算综合练习任务书及指导书

第一节　水文水利计算综合练习任务书

一、综合练习目的

通过水文水利计算综合练习，培养学生应用所学水文水利计算理论解决实际工程中水利计算的能力。综合练习是重要的教学环节，要求每位学生在教师的指导下，独立、系统、全面、深入地完成设计任务，使学生加深和巩固已学的理论知识，初步掌握水文与水利计算的一般原理、方法和步骤。使学生在计算、绘图、查阅参考资料以及编写设计报告等方面得到初步锻炼。实践性环节的主要任务是分析处理水文资料，为工程设计提供水文数据，应用所学水文及水利计算的理论知识，提高解决实际工程中水利计算问题的能力。

根据所给的资料，绘制水文水利计算过程中相应的各种图表，进行设计年径流计算、水能计算和洪水调节计算等。实训突出应用水文水利计算方法等特点，突出水文水利计算能力的培养，加强学生能力培养；应用所学水文水利计算的理论知识，提高解决实际工程中水文水利计算问题的能力。写出综合练习报告，附上所有的计算图表，提高绘图、计算及编写设计报告等方面的综合能力。

二、综合练习要求

综合练习要求学生根据所给定的水文及工程资料，进行设计年径流计算、水能计算和洪水调节计算，编写综合练习报告。报告要求写出详细的设计过程和所采用的具体方法，做到方法正确、条理清晰，计算无误，并具有水文水利计算能力；能正确查阅图表，进行水文水利计算，正确绘图，编写综合练习报告，详细说明设计原理、步骤及方法，以及所用公式中各项的意义、单位，并附上所有的计算图表；应用所学水文及水利计算的理论知识，独立解决水利工程实际问题。

三、时间安排

时间	内容
星期一	集中讲课，布置任务，熟悉资料，准备计算工具和参考书
星期二	针对任务，熟悉所采用的方法，设计年径流的计算
星期三	保证出力、保证电能、多年平均发电量计算
星期四	讲解洪水调节计算方法、步骤，洪水调节计算
星期五	整理计算成果和图表，编写综合练习报告，考核及交成果

四、设计成果与考核

综合练习成果：报告一本，报告是计算成果的文字说明，要反映全部计算内容。方法正确、计算严谨、字迹工整，并应有必要的插图、表格。

考核标准：考勤 20% + 平时表现及答辩 30% + 报告 50%。

第二节　水利计算综合练习资料

一、流域及工程概况

某水库位于汉江支流山区，流域面积 894.6 km^2，河流全长 82.2 km，水库坝址以上流域面积 340.4 km^2，占全流域的 38.1%，河长 27.5 km，河床比降 20.1‰。该流域 4 ~ 10 月为汛期，其中 7 ~ 9 月为主汛期。流域多年平均降水量 1 212 mm，多年平均流量为 7.92 m^3/s，多年平均径流量为 2.50 亿 m^3，多年平均径流深为 734.4 mm。水库正常蓄水位为 730 m，死水位为 700 m，死库容为 650 万 m^3，兴利库容为 2 350 万 m^3，库容系数为 9.4%。电站装机容量 10 MW。调洪演算主要考虑确保工程本身的防洪安全，水库防洪标准按《防洪标准》（GB 50201—2014）的规定：本工程为中型水库，大坝及小工建筑物为Ⅲ等 3 级，水电站厂房为 4 级，大坝为混凝土坝，按 50 年一遇洪水设计，500 年一遇洪水校核，电站厂房按 30 年一遇洪水设计，100 年一遇洪水校核。

二、坝址径流系列

电站设计保证率为 85%，丰、平、枯代表年用同倍比法对设计年径流进行年内分配，得坝址设计年径流年内分配成果如表 8-1 所示。

表 8-1　坝址设计年径流年内分配成果　（单位：m^3/s）

典型年	4	5	6	7	8	9	10	11	12	1	2	3	平均
丰水年 $P=15\%$	8.63	6.73	38.6	16.4	27.3	15.2	9.38	2.92	1.92	1.3	1.56	2.59	11.04
平水年 $P=50\%$	13.9	9.81	17.9	5.71	3.57	17.9	11.9	3.69	2.08	1.64	1.62	3.59	7.77
枯水年 $P=85\%$	5.53	8.65	7.53	18.4	4.61	5.75	2.51	4.65	1.74	1.08	2.31	2.03	5.40

三、设计洪水

坝址设计洪水成果如表 8-2、表 8-3 所示。

表 8-2　坝址设计洪峰洪量成果

频率 P(%)	0.2	1	2	5	10
Q_m(m^3/s)	1 720	1 354	1 194	978	813
$W_{24\,h}$(亿 m^3)	0.545	0.453	0.414	0.358	0.314
$W_{72\,h}$(亿 m^3)	0.969	0.816	0.749	0.654	0.579

表 8-3　坝址设计洪水成果　（单位：m^3/s）

时段（$\Delta t = 3$ h）	不同 P(%)洪水成果				
	0.2	1	2	5	10
0	49.5	42.3	38.8	31.4	30.9
1	69.8	59.7	54.8	44.3	43.6
2	404	340	320	275	250
3	1 720	1 354	1 194	978	813
4	1 170	1 010	910	785	675
5	720	630	554	490	450
6	500	435	388	350	320
7	370	340	300	275	250
8	300	270	245	225	205
9	253	232	210	188	175
10	220	200	180	160	148
11	195	180	158	142	128
12	182	160	142	125	113
13	166	150	126	112	100
14	152	135	117	104	90
15	140	125	108	95	80
16	130	115	100	85	72
17	120	105	92	80	68
18	120	105	92	80	68
19	212	180	160	150	133
20	412	350	320	265	250
21	475	410	370	320	299
22	436	380	340	290	274
23	397	340	300	250	230
24	357	300	260	210	190

四、水位流量关系曲线

厂房处的水位流量关系曲线如表 8-4 所示。

表 8-4　厂房处的水位流量关系曲线

水位(m)	664.2	665	666	667	668	669	670	671	672	673
流量(m^3/s)	0	40	170	340	540	770	1 030	1 320	1 610	1 920

五、水库库容曲线

水库库容曲线如表 8-5 所示。

表 8-5　水库库容曲线

水位 Z(m)	669.0	680.0	690.0	700.0	710	720.0	730.0	740.0	750.0
容积 V(万 m^3)	0	100	310	650	1 180	1 920	3 000	4 470	6 200

六、泄流曲线

根据水工布置,水库溢洪道采用 3 孔 ×8 m(高) ×8 m(宽),泄流曲线见表 8-6。

表 8-6　泄流曲线

水位 Z(m)	730	731	732	733	734
流量 Q(m^3/s)	1 004.6	1 198.8	1 404.05	1 619.84	1 845.97

第三节　水利计算综合练习指导书

一、综合练习指导

星期一:布置任务。

1. 设计年径流的计算

(1)年径流频率计算。

(2)计算统计参数(年径流均值、C_v、C_s):可取 $C_s/C_v=2\sim3$,参见教材中公式。

多年平均流量计算:

$$\overline{Q}=\frac{1}{n}\sum_{i=1}^{n}Q_i$$

$$C_v=\sqrt{\frac{\sum_{i=1}^{n}(k_i-1)^2}{n-1}}$$

(3)绘制频率曲线,求指定频率设计年径流,求丰、平、枯三种典型年的年径流,用同倍比法推求设计代表年径流量的年内分配。

2. 水能计算

(1)设计枯水年法计算 N_P:

$$N_P=\gamma_{水}\eta_{水}\eta_{电}QH_{净}=9.81\eta_{水}\eta_{电}QH_{净}=AQH_{净}$$

式中　A——出力系数。

(2)计算保证电能 E_P:

$$E_P = \sum E_i = \sum 730N_i$$

计算表格参见年调节水电站水能计算表。

(3)多年平均发电量$E_{多}$计算(三个代表年法)。

多年平均发电量$E_{多}$见表8-7。

表8-7　年调节水电站水能计算($P=85\%$)

时间	天然流量	发电引用流量	水库蓄水(+)供水(-)		弃水流量	时段末水库蓄水量	时段平均水库蓄水量	水库平均水位	下游平均水位	水头损失	平均水头	月平均出力	月发电量
			流量	水量									
(1)	(2)	(3)	(4)	(5)	(6)	(7)	(8)	(9)	(10)	(11)	(12)	(13)	(14)
t	$Q_{天}$	$Q_{电}$	Q	V	$Q_{弃}$	$V_{末}$	$V_{平均}$	$Z_{上}$	$Z_{下}$	h	H	N	E
(月份)	(m^3/s)	(m^3/s)	(m^3/s)	(万m^3)	(m^3/s)	(万m^3)	(万m^3)	(m)	(m)	(m)	(m)	(kW)	(kWh)
4	5.51												
5	8.62												
6	7.5												
7	18.3												
8	4.59												
9	5.73												
10	2.5												
11	4.7												
12	1.76												
1	1.09												
2	2.33												
3	2.05												
合计													

3.洪水调节计算

(1)防洪标准:水库防洪标准,大坝及水工建筑物为Ⅲ等3级,厂房为4级,大坝为混凝土坝,按50年一遇洪水设计,500年一遇洪水校核。

(2)基本资料有库容曲线、泄流曲线和设计洪水过程线等。溢洪道3孔,尺寸为8 m×8 m(宽×高),堰顶高程为722 m,泄流曲线见表8-6。

(3)从正常蓄水位730 m开始起调,当来水量较小时,启用并控制闸门开启度,来多少泄多少,使水库水位维持正常蓄水位不变;当来水量增大,并大于闸孔全开的泄量时,则库水位上涨,直至达到最高洪水位。

(4)洪水调节计算方法。

洪水调节计算公式:

$$(\overline{Q} - \overline{q})\Delta t = V_2 - V_1 = \Delta V$$

洪水调节步骤如下:

①已知：Z_1（正常蓄水位）、Q_1、Q_2、V_1（正常蓄水位以下库容）；

②假定 Z_2，查 $Z \sim V$ 关系曲线，得 V_2；

③由 Z_2 查泄流曲线，得下泄流量 q_2；

④计算：

$$\overline{Q} = \frac{Q_1 + Q_2}{2} \quad ; \quad \overline{q} = \frac{q_1 + q_2}{2}$$

$$\Delta V = (\overline{Q} - \overline{q})\Delta t$$

⑤计算：$V_2' = V_1 + \Delta V$；

⑥比较 V_2' 是否等于 V_2：

若相等，则 Z_2 假设正确，Z_2 即为所求水位；

若不相等，则继续假设进行试算，直到两者相等。

洪水调节计算过程见表8-8。

表8-8　洪水调节计算过程（$P=0.2\%$）

时间 t(h)	入库洪水流量 Q(m^3/s)	时段平均入库流量 $\overline{Q}$ (m^3/s)	下泄流量 q(m^3/s)	时段平均下泄流量 $\overline{q}$(m^3/s)	时段内水库蓄水量变化 ΔV (万 m^3)	水库蓄水量 V(万 m^3)	水库水位 Z(m)
(1)	(2)	(3)	(4)	(5)	(6)	(7)	(8)
0	49.5						
3.00	69.8						
6.00	404						
6.72	1 004.6						
7.72	1 637.64						
8.22	1 727.75						
8.72	1 737.68						
9.22	1 697.19						
9.72	1 626.28						
10.72	1 439.79						
11.72	1 229.09						
12.72	1 025.49						

二、综合练习报告格式及要求

综合练习报告要求详细说明设计原理、方法、过程、步骤，并附上相关图表。

原理，即进行相关问题计算最基本的东西，如调洪计算的水量平衡原理。

方法，计算处理问题的途径，洪水资料的参数计算采用矩法公式计算，如调洪计算为列表试算法。各个题目要根据具体情况选择相应方法。

过程,由两方面表现,一是图,二是表,表示相关变量随着时间的表现过程。应通过一定的图或表表现出来。

步骤,就是详细写出计算的过程、思路。对于表格计算,要详细说明表格每一列的由来,计算方法。

相关的图表包括频率曲线、水位流量关系曲线、库容曲线、洪水调节过程线等。图纸应写清图名、坐标、单位,标明特征值,附入报告册中。

报告篇章结构、格式执行设计报告标准。报告编写装订成册,力求条理清楚、章节分明。

三、综合练习报告封面

见后面格式。

四、综合练习报告参考目录

第一章　基本资料

第二章　设计年径流计算

第三章　水能计算

第四章　洪水调节计算

　　附图1:频率曲线

　　附图2:水位流量关系曲线

　　附图3:库容曲线

　　附图4:洪水调节过程线

小　结

水文水利计算综合练习报告

（封面参考格式）

系别:水利工程系
专业:水利水电建筑工程
题目:水文水利计算综合练习
班级:
姓名:
学号:
指导教师:
成绩:
日期:2016 年 6 月 15 ~21 日